ZHIYE JINENG PEIXUN JIANDING JIAOCAI

■ 职业技能培训鉴定教材 ■

U0826668

维修电工

WEIXIU DIANGONG

（高级）

主　编　赵国良

编　者　周　钢

主　审　吴伟祥

审　稿　吴伟祥　董焕和

中国劳动社会保障出版社

图书在版编目(CIP)数据

维修电工：高级/劳动和社会保障部教材办公室组织编写．—北京：中国劳动社会保障出版社，2007

职业技能培训鉴定教材

ISBN 978-7-5045-6671-3

Ⅰ.维… Ⅱ.劳… Ⅲ.电工-维修-职业技能鉴定-教材 Ⅳ.TM07

中国版本图书馆 CIP 数据核字(2007)第 190669 号

中国劳动社会保障出版社出版发行

（北京市惠新东街 1 号 邮政编码：100029）

出 版 人：张梦欣

*

三河市华骏印务包装有限公司印刷装订 新华书店经销

787 毫米×1092 毫米 16 开本 22 印张 1 插页 475 千字

2008 年 1 月第 1 版 2021 年 11 月第 19 次印刷

定价：35.00 元

读者服务部电话：（010）64929211/84209101/64921644

营销中心电话：（010）64962347

出版社网址：http: // www.class.com.cn

内容简介

本教材由劳动和社会保障部教材办公室依据《国家职业标准——维修电工》组织编写。本教材从职业能力培养的角度出发，力求体现职业培训的规律，满足职业技能培训与鉴定考核的需要。

本教材在编写中贯穿“以职业标准为依据，以企业需求为导向，以职业能力为核心”的理念，采用模块化的编写方式。全书按职业功能分为七个模块单元，主要内容包括三相晶闸管变流技术和中高频电源电路，三相晶闸管变流设备的安装、调试及检修，数控系统基本原理，机床控制系统的调试与检修，可编程序控制器及其安装和应用，机电装置的测绘，工艺编制与培训指导等。每一单元内容在涵盖职业技能鉴定考核基本要求的基础上，详细介绍了本职业岗位工作中要求掌握的最新实用知识和技术。

为便于读者迅速抓住重点、提高学习效率，教材中还精心设置了“培训目标”“考核要点”等栏目。每一单元后附有单元测试题及答案，全书最后附有理论知识和操作技能考核试卷，供读者巩固、检验学习效果时参考使用。

本教材可作为高级维修电工职业技能培训与鉴定考核教材，也可供中、高等职业院校相关专业师生参考，以及相关从业人员参加在职培训、岗位培训使用。

前　言

1994 年以来，劳动和社会保障部职业技能鉴定中心、教材办公室和中国劳动社会保障出版社组织有关方面专家，依据《中华人民共和国职业技能鉴定规范》，编写出版了职业技能鉴定教材及其配套的职业技能鉴定指导 200 余种，作为考前培训的权威性教材，受到全国各级培训、鉴定机构的欢迎，有力地推动了职业技能鉴定工作的开展。

劳动保障部从 2000 年开始陆续制定并颁布了国家职业标准。同时，社会经济、技术不断发展，企业对劳动力素质提出了更高的要求。为了适应新形势，为各级培训、鉴定部门和广大受培训者提供优质服务，教材办公室组织有关专家、技术人员和职业培训教学管理人员、教师，依据国家职业标准和企业对各类技能人才的需求，研发了职业技能培训鉴定教材。

新编写的教材具有以下主要特点：

在编写原则上，突出以职业能力为核心。教材编写贯穿“以职业标准为依据，以企业需求为导向，以职业能力为核心”的理念，依据国家职业标准，结合企业实际，反映岗位需求，突出新知识、新技术、新工艺、新方法，注重职业能力培养。凡是职业岗位工作中要求掌握的知识和技能，均作详细介绍。

在使用功能上，注重服务于培训和鉴定。根据职业发展的实际情况和培训需求，教材力求体现职业培训的规律，反映职业技能鉴定考核的基本要求，满足培训对象参加各级各类鉴定考试的需要。

在编写模式上，采用分级模块化编写。纵向上，教材按照国家职业资格等级单独成册，各等级合理衔接、步步提升，为技能人才培养搭建科学的阶梯型培训架构。横向上，教材按照职业功能分模块展开，安排足量、适用的内容，贴近生产实际，贴近培训对象需要，贴近市场需求。

在内容安排上，增强教材的可读性。为便于培训、鉴定部门在有限的时间内把最重要的知识和技能传授给培训对象，同时也便于培训对象迅速抓住重点，提高学习效率，在教材中精心设置了“培训目标”“考核要点”等栏目，以提示应该达到的目标，需要掌握的重点、难点、鉴定点和有关的扩展知识。另外，每个学习单元后安排了单元测试题，每个级别的教材都提供了理论知识和操作技能考核试卷，方便培训对象及时巩固、检验学习效果，并对本职业鉴定考核形式有初步的了解。

本书在编写过程中得到天津市职业技能培训研究室的大力支持和热情帮助，在此一并致以诚挚的谢意。恳切希望各使用单位和个人对教材提出宝贵意见，以便修订时加以完善。

劳动和社会保障部教材办公室

目录

第1单元

三相晶闸管变流技术和中高频电源电路

本单元针对“国家职业标准”规定的高级维修电工所从事的工作内容及其对读图与分析能力的要求，介绍相关的专业知识、电路的基本组成、工作原理和读图与分析方法，主要包括三相晶闸管变流技术基础和中高频电源电路基本原理等内容。

第一节　三相晶闸管变流技术基础

培训目标

→ 了解三相晶闸管变流电路的基本组成及工作原理
→ 能够读懂三相晶闸管控制系统的电路图

一、三相晶闸管可控整流电路

三相可控整流电路比单相可控整流电路输出直流电压平均值高，波形脉动小，输出功率大，且不存在单相可控整流电路因三相负载不平衡对电网造成的影响，广泛应用于中、大功率的可控整流设备中，如直流电气传动系统、电镀电源及其他大功率直流设备等。

三相可控整流电路分为三相半波可控整流电路、三相全控桥式可控整流电路、三相半控桥式可控整流电路以及带平衡电抗器的双反星形可控整流电路等类型，其中三相半波可控整流电路较为简单。

1. 三相半波可控整流电路

三相半波可控整流电路结构简单，经常用于电阻性负载和对波形要求不高的场合。

（1）电路组成。三相半波可控整流电路（电阻负载）如图 1—1 所示，主要包括三相整流变压器、晶闸管和电阻负载。为减小三次谐波，变压器通常采用△/Y 联结；为使触发电路简单，晶闸管 V1、V2、V3 通常采用共阴极接法。

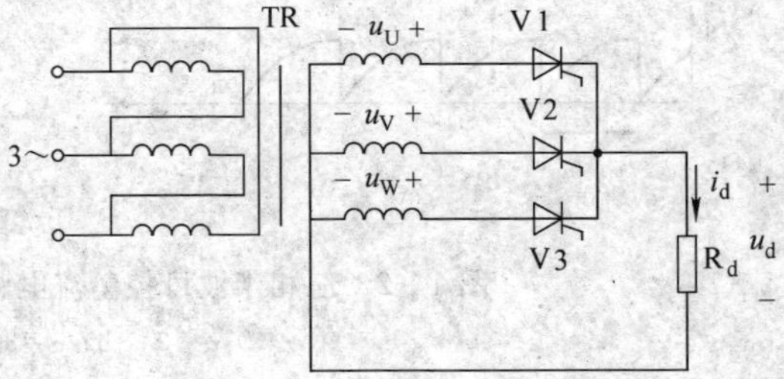

图 1—1　三相半波可控整流电路图（电阻负载）

（2）工作原理。因三相交流电压存在 120°相位差，不同时刻各相交流电压有不同的瞬时值，某时刻哪一相电压最高，则该相晶闸管承受较高的正向电压，具备触发导通条件。相差 120°轮流给各晶闸管发触发脉冲，三只晶闸管轮流触发导通。

三相交流电 u_U、u_V、u_W 三条曲线的交点是相邻两相交流电压高低的交界点，称为自然换相（换流）点，三相可控整流电路的控制角 α 应从自然换相点算起（即自然换相点处 $\alpha=0°$），因在自然换相点之前该相电压还没有前一相电压高，该相晶闸管尚不具备触发导通条件。

现通过几个时刻分析三相半波可控整流电路的工作情况，三相半波可控整流电路（电阻负载）的电压波形如图 1—2 所示。

1）当 $\alpha=0°$时。在自然换相点处依次触发各晶闸管，某一相晶闸管被触发导通后，同时使前一相晶闸管因承受反向电压而关断，称为触发换相。此时各晶闸管轮流导通 120°，输出波形与三相半波不可控整流电路相同。

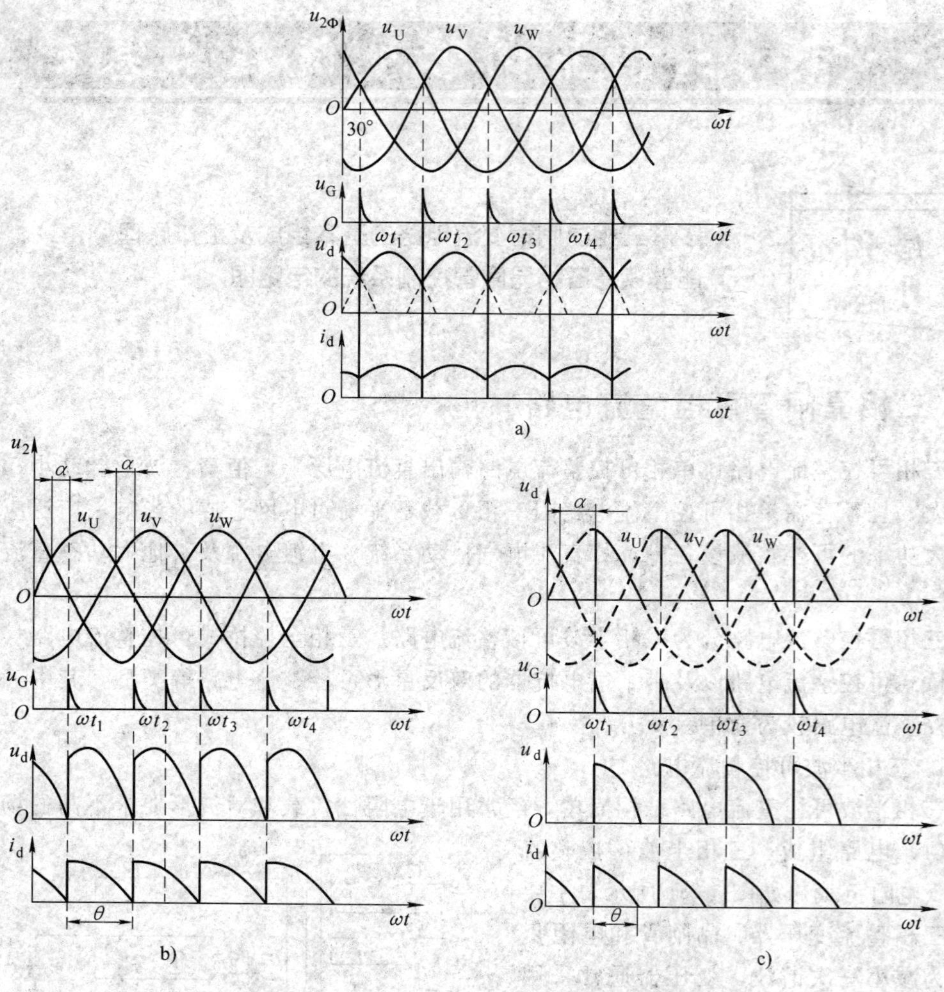

图 1—2　三相半波可控整流电路（电阻负载）的电压波形

a）$\alpha=0°$　b）$\alpha=30°$　c）$\alpha=60°$

2）当 $\alpha=30°$时。当 U 相电压过零时触发 V2（同时 V1 关断）；V 相电压过零时触发 V3（同时 V2 关断）；W 相电压过零时触发 V1（同时 V3 关断）。此时波形仍然连续，且为临界连续点。

3）当 $\alpha=60°$时。当 U 相电压过零时 V2 还没被触发；V 相电压过零时 V3 还没被触发；W 相电压过零时 V1 还没被触发。此时波形不连续。

4）当 $\alpha=150°$时。当 U 相电压过零时触发 V1；V 相电压过零时触发 V2；W 相电压过零时触发 V3。此时因各晶闸管已不再承受正向电压，不能被触发导通，故没有输出波形，输出电压为零。

（3）特点

1）当 $\alpha=0°$时，输出直流电压平均值 U_d 最大，随控制角 α 增大 U_d 不断降低，直到当 $\alpha=150°$时 $U_d=0$。所以该电路的移相范围为 0°～150°。

2）当 $\alpha\leqslant30°$时，输出波形连续，各晶闸管轮流导通 120°。

3）当 $\alpha>30°$时输出波形不连续，各晶闸管导通角 $\theta=150°-120°<120°$。

（4）有关计算

1）输出直流电压平均值：

当 $\alpha\leqslant30°$时，$U_d=1.17U_{2\Phi}\cos\alpha$（$U_{2\Phi}$为变压器二次相电压）

当 $\alpha>30°$时，$U_d=0.675U_{2\Phi}\left[1+\cos(30°+\alpha)\right]$

2）输出直流电流平均值：$I_d=\dfrac{U_d}{R}$

3）晶闸管最高反向电压：$U_{VM}=\sqrt{2}U_{2l}=\sqrt{6}U_{2\Phi}$（$U_{2l}$为变压器二次线电压）

4）晶闸管电流平均值：$I_{dV}=\dfrac{1}{3}I_d$

（5）带大电感负载的情况

1）工作情况分析。带大电感负载时，因电感释放电流，造成晶闸管不能及时关断，一直导通到下一相晶闸管触发导通，使该相晶闸管承受反向电压才关断。三相半波可控整流电路（大电感负载）和波形如图 1—3 所示，各时刻工作情况如下：

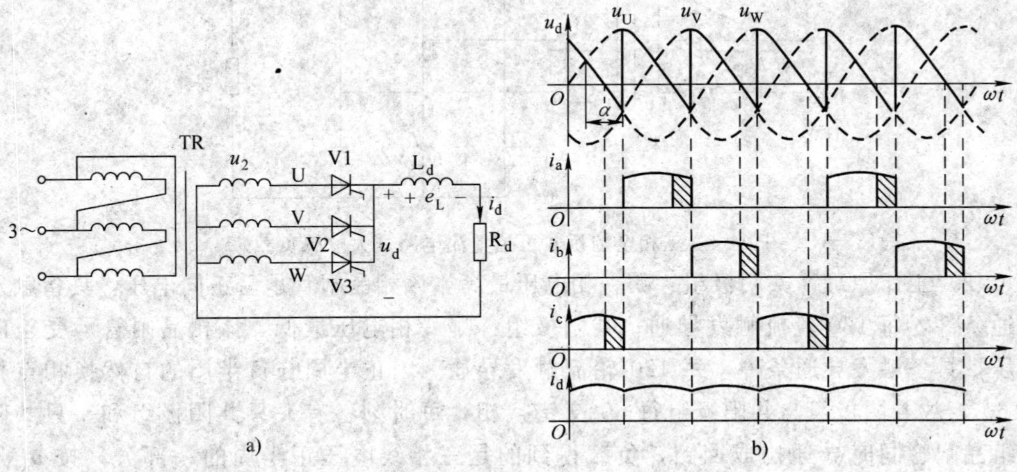

图 1—3　三相半波可控整流电路（大电感负载）和波形

a）电路　b）波形

①当 $\alpha\leqslant30°$时，某一相晶闸管触发导通时，前一相电压还没过零，输出电压不出现负波形。

②当 $\alpha>30°$时，某一相晶闸管触发导通时，前一相电压已经过零，但因电感释放电流，造成前一相晶闸管不能及时关断，一直导通到触发换相点才关断，使输出电压出现负波形。

③当 $\alpha=90°$时，输出电压波形正负面积相等，电压平均值 $U_d=0$。

2）移相范围。很明显，三相半波可控整流电路带大电感负载时的移相范围为 0°～90°。

3）有关计算

①输出直流电压平均值：$U_d=1.17U_{2\Phi}\cos\alpha$

②晶闸管最高反向电压：$U_{VM}=\sqrt{2}U_{2l}=\sqrt{6}U_{2\Phi}$

③晶闸管电流平均值：$I_{dV}=\frac{1}{3}I_d$

④晶闸管电流有效值：$I_V=\frac{1}{\sqrt{3}}I_d$

2. 三相全控桥式可控整流电路

三相全控桥式可控整流电路广泛应用于直流电动机驱动系统或要求能实现有源逆变的场合，通常为大电感负载。

（1）电路组成。三相全控桥式可控整流电路（大电感负载）如图1—4所示，主要包括三相整流变压器、晶闸管和大电感负载，变压器△/Y联结；六只晶闸管分为共阴极组V1、V3、V5和共阳极组V2、V4、V6。

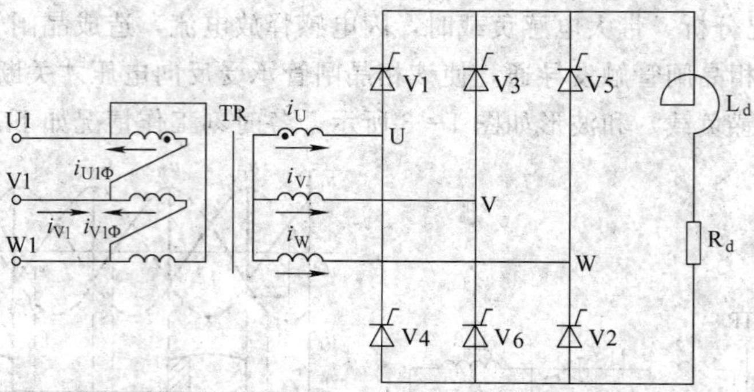

图1—4 三相全控桥式可控整流电路（大电感负载）

（2）工作原理。共阴极组：哪一相电压最高，该相晶闸管承受正向电压，具备触发导通条件，每120°轮流触发导通；共阳极组：哪一相电压最低，该相晶闸管承受正向电压，具备触发导通条件，每120°轮流触发导通。因正半周与负半周的自然换相点相差60°，故共阴极组与共阳极组每60°交错换相，每时刻各有一只共阴极组和一只共阳极组晶闸管同时导通构成回路，负载得到的是三相线电压正半周的一部分（按u_{UV}、u_{UW}、u_{VW}、u_{VU}、u_{WU}、u_{WV}、u_{UV}…顺序不断循环）。该电路的电压波形如图1—5所示，各时刻工作情况简单分析如下：

1）当$\alpha=0°$时，在自然换相点处依次触发各晶闸管，输出波形与三相桥式不可控整流电路相同。

2）当$\alpha\leqslant60°$时，触发时刻开始后移，但输出波形不会出现负的部分。

3）当$\alpha>60°$时，线电压过零时下一只晶闸管还没被触发，因电感续流使正在导通的晶闸管不能及时关断，输出波形出现负的部分。

4）当$\alpha=90°$时，输出波形正负面积相等，$U_d=0$。

（3）移相范围。由以上分析可知，三相全控桥式可控整流电路（大电感负载）的移相范围为0°～90°。

（4）有关计算

1）输出直流电压平均值（该公式适用于感性负载或电阻负载$\alpha\leqslant60°$的场合）：

$$U_d=1.35U_{2l}\cos\alpha=2.34U_{2\Phi}\cos\alpha$$

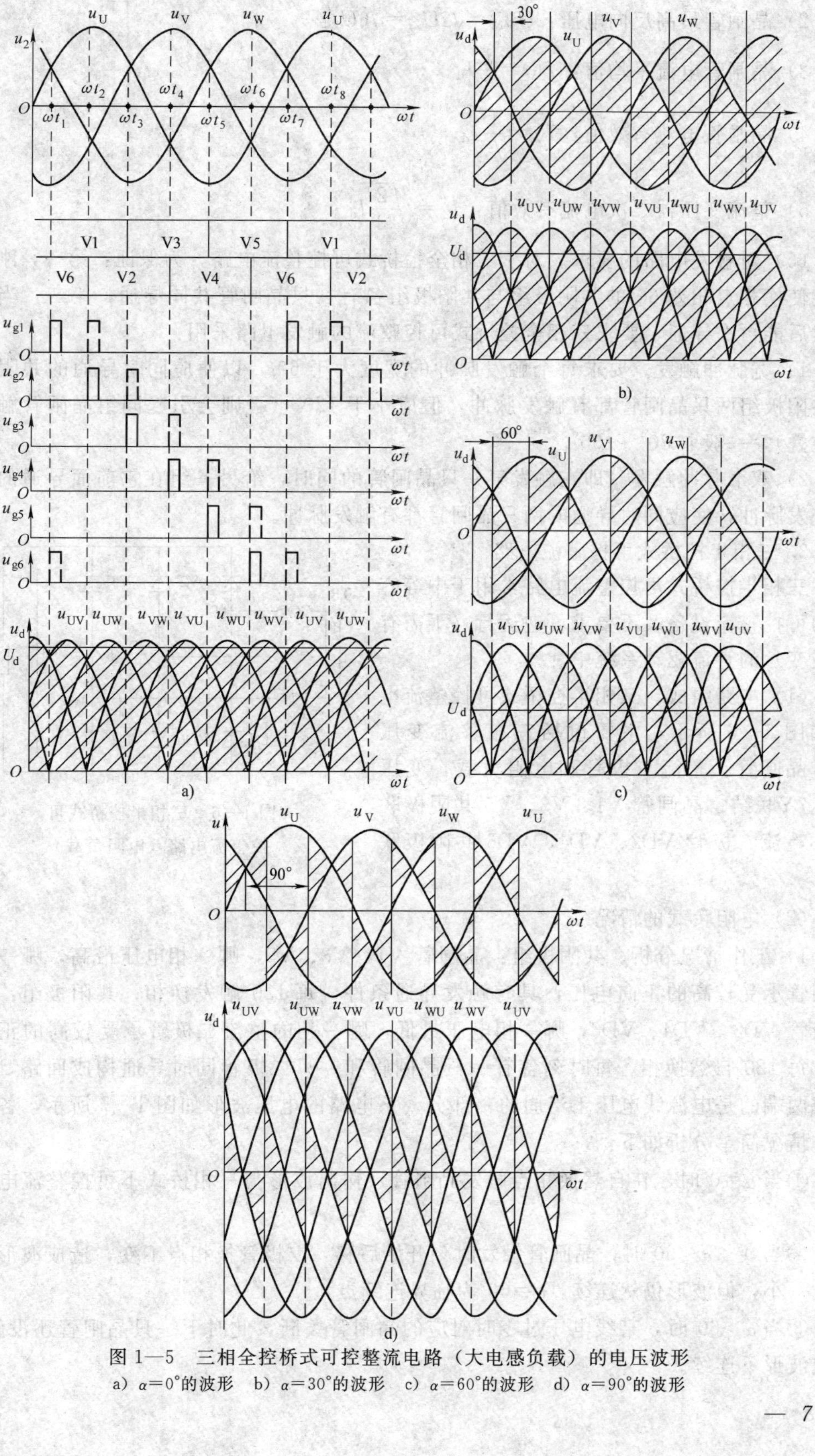

图 1—5　三相全控桥式可控整流电路（大电感负载）的电压波形

a）$\alpha=0°$的波形　b）$\alpha=30°$的波形　c）$\alpha=60°$的波形　d）$\alpha=90°$的波形

2）晶闸管最高反向电压：$U_{VM}=\sqrt{2}U_{2l}=\sqrt{6}U_{2\Phi}$

3）晶闸管电流平均值：$I_{dV}=\frac{1}{3}I_d$

4）晶闸管电流有效值：$I_V=\frac{1}{\sqrt{3}}I_d$

5）整流变压器二次电流有效值：$I_2=\sqrt{\frac{2}{3}}I_d$

（5）对触发电路的要求。对于三相全控桥式可控整流电路，为保证：第一，刚通电时能使换相点相差 60°的共阴极组与共阳极组各有一只晶闸管共同导通；第二，当电流断续后能再次导通，要求三相全控桥式可控整流的触发电路采用：

1）宽脉冲触发。要求每个触发脉冲的宽度大于 60°，以使应同时导通的共阴极组和共阳极组两只晶闸管都有触发脉冲，但应小于 120°（否则会引起同组晶闸管触发脉冲重叠），一般取 80°～100°。

2）双窄脉冲触发。即在触发某一只晶闸管的同时，给另一组在它前面导通的晶闸管补发脉冲，使应同时导通的两只晶闸管都有触发脉冲。

3. 三相半控桥式可控整流电路

三相半控桥式可控整流电路常用于中等容量的可控整流设备及不要求可逆运行（不需有源逆变）的直流驱动系统中。

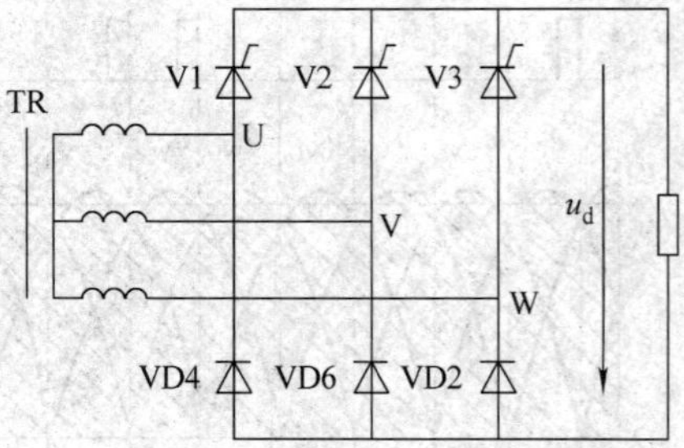

图 1—6　三相半控桥式可控整流电路（电阻负载）

单元 1

（1）电路组成。三相半控桥式可控整流电路如图 1—6 所示，主要包括三相整流变压器、晶闸管、整流二极管和电阻负载，变压器△/Y联结；晶闸管 V1、V3、V5 共阴极联结；整流二极管 VD2、VD4、VD6 共阳极联结。

（2）电阻负载的情况

1）工作情况分析。共阴极组：晶闸管 V1、V3、V5，哪一相电压最高，哪一相的晶闸管承受较高的正向电压，具有触发导通条件，每 120°触发换相；共阳极组：整流二极管 VD2、VD4、VD6，哪一相电压最低，哪一相的整流二极管承受较高的正向电压，每 120°自然换相。每时刻各有一只晶闸管和一只二极管同时导通构成回路，加到负载两端的是电源线电压正半周的一部分。该电路的电压波形如图 1—7 所示，各时刻工作情况简单分析如下：

①当 $\alpha=0°$时，在自然换相点触发晶闸管，输出波形与三相桥式不可控整流电路相同。

②当 $0°<\alpha\leqslant60°$时，晶闸管触发时刻开始后移，二极管换相点不变，造成波形峰顶一大一小，但波形仍然连续（$\alpha=60°$为临界连续点）。

③当 $\alpha>60°$时，某线电压过零时对应的晶闸管关断，此时下一只晶闸管还没触发，造成波形不连续。

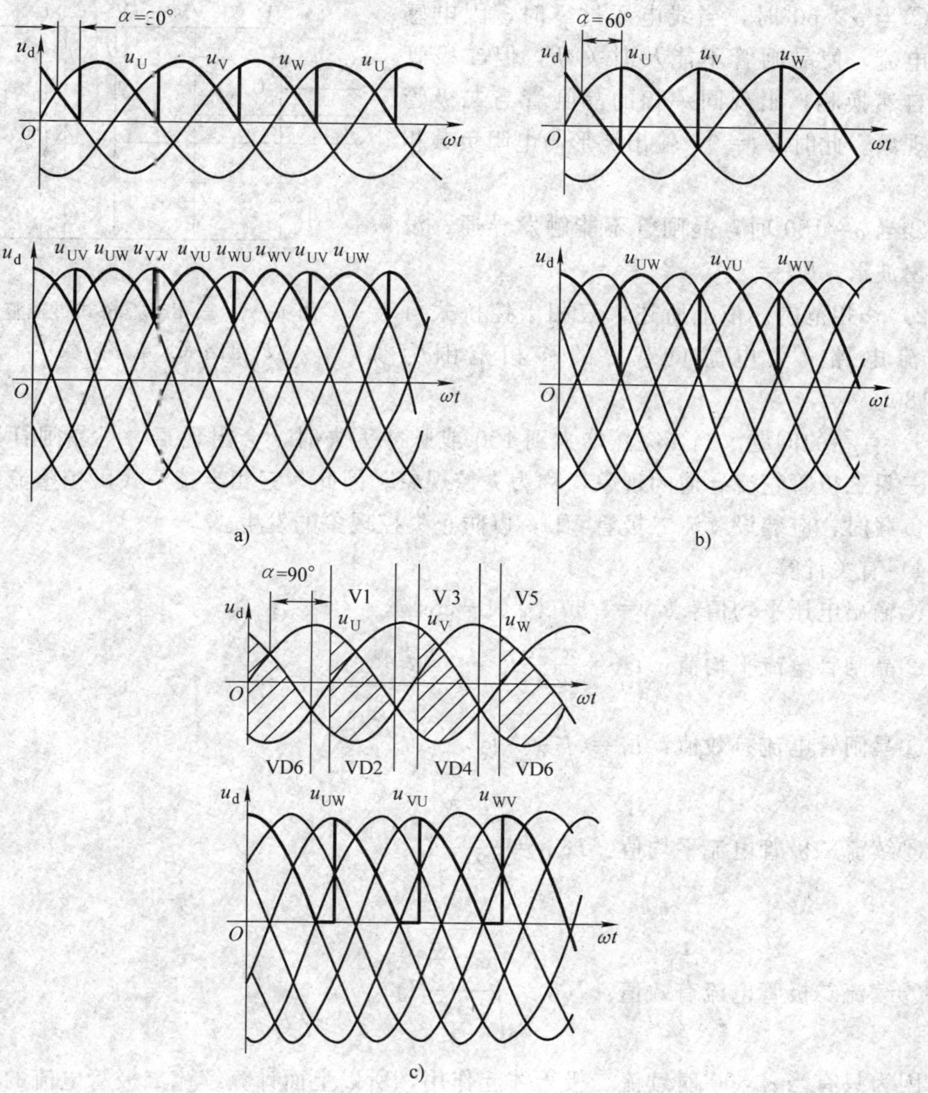

图 1—7　三相半控桥式可控整流电路（电阻负载）波形

a）$\alpha=30°$的波形　b）$\alpha=60°$的波形　c）$\alpha=90°$的波形

④当 $\alpha=180°$时，线电压过零时触发相应的晶闸管，已不能触发导通，没有输出波形，$U_d=0$。

2）移相范围。从上面的分析中可以看出，三相半控桥式可控整流电路（电阻负载）的移相范围为 0°～18C°。

3）有关计算。输出电压平均值为：

$$U_d=1.17U_{2\Phi}\cos(1+\alpha)$$

（3）大电感负载的情况

1）工作情况分析。三相半控桥式可控整流（大电感负载）电路如图 1—8 所示，各时刻工作情况分析如下：

①当 $\alpha\leqslant60°$时，在线电压过零之前触发下一只晶闸管，波形与电阻负载时相同。

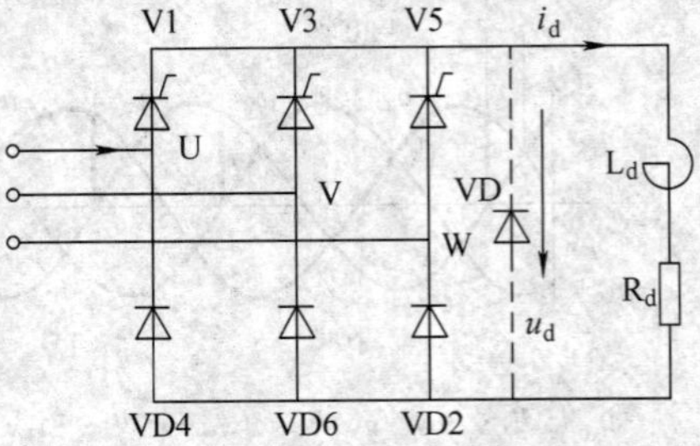

图 1—8　三相半控桥式可控整流电路（大电感负载）

②当 $\alpha>60°$ 时，当线电压过零时，因电感释放电流，使晶闸管不能及时关断，但二极管此时自然换相，出现同一相的晶闸管与二极管续流现象。此时 $U_d=0$，输出波形与电阻负载相同。

③当 $\alpha=180°$ 时，晶闸管不能触发导通，没有输出波形，$U_d=0$。

2）移相范围。依上所述，三相半控桥式可控整流电路（大电感负载）的移相范围为 0°～180°。

3）存在的问题。当 α 突然增大到 180°或脉冲丢失时，会出现某一只晶闸管持续导通，三只二极管轮流导通的现象，称为失控现象。因此，三相半控桥式可控整流电路带感性负载时，应装设续流二极管 VD，以防止失控现象的发生。

4）有关计算

①输出电压平均值：$U_d=1.17U_{2\Phi}(1+\cos\alpha)$

②晶闸管电流平均值：$I_{dV}=\frac{\pi-\alpha}{2\pi}I_d$

③晶闸管电流有效值：$I_V=\sqrt{\frac{\pi-\alpha}{2\pi}}I_d$

④续流二极管电流平均值：$I_{dVD}=\frac{\alpha-\frac{\pi}{3}}{\frac{2\pi}{3}}I_d$

⑤续流二极管电流有效值：$I_{VD}=\sqrt{\frac{\alpha-\frac{\pi}{3}}{\frac{2\pi}{3}}}I_d$

因为只有当 $\alpha>60°$ 时续流二极管才起作用，所以上面计算续流二极管电流的两个公式适用于 $60°<\alpha\leqslant180°$。

（4）特点

1）用二极管代替三个晶闸管，不需要双脉冲或宽脉冲触发，线路简单、经济，调试方便。

2）因为该电路中有二极管，输出电压不会出现负波形，所以半控桥只能工作于整流状态，不能工作于有源逆变状态。

3）当 $\alpha>60°$ 时比全控桥输出波形脉动大，需要较大的平波电抗器。

4）触发脉冲间隔时间（为 120°）比全控桥（为 60°）长，不如全控桥动态响应快，调整及时。

4. 带平衡电抗器的双反星形可控整流电路

带平衡电抗器的双反星形可控整流电路通常用于低电压、大电流的可控整流场合，如低压大功率直流电气传动、电镀等电源设备。

（1）电路组成。三相桥式电路是两组三相半波电路的串联，适合于高电压、小电流的场合；而三相双反星形电路则是两组三相半波电路的并联，适合于低电压、大电流的场合。为解决两组之间的电流平衡问题，在两组的中点间串接了平衡电抗器 L_P，如图1—9所示。因为变压器二次侧具有两个极性相反的星形绕组，所以称为双反星形。双反星形绕组的两个中点 N_1、N_2 通过平衡电抗器连接在一起，平衡电抗器的中心抽头 N 与负载相连。

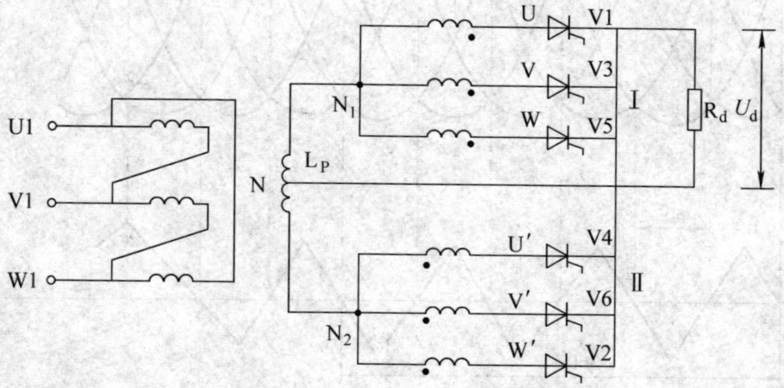

图 1—9　带平衡电抗器的双反星形可控整流电路

（2）工作原理。每时刻两组各有一只晶闸管同时导通，共同担负负载电流，每 60° 两组晶闸管交错换相，同组晶闸管仍按三相半波可控整流电路的规律 120° 轮流换相。各晶闸管的循环导通顺序为 V1、V2→V2、V3→V3、V4→V4、V5→V5、V6→V6、V1→V1、V2→…该电路输出电压波形如图 1—10 所示。带电阻负载时：当 $\alpha \leqslant 60°$ 时，输出波形连续；当 $\alpha > 60°$ 时，输出波形断续，为保证电路正常工作，应采用宽脉冲或双脉冲触发晶闸管。电阻负载时的移相范围为 0°～120°。带大电感负载时：当 $\alpha \leqslant 60°$ 时，输出波形与电阻负载时一样；当 $\alpha > 60°$ 时，电流连续，输出波形出现负的部分；当 $\alpha = 90°$ 时，$u_d = 0$，移相范围为 0°～90°。

（3）有关计算

1）电阻负载时。输出直流电压平均值：

当 $\alpha \leqslant 60°$ 时，$U_d = 1.17U_{2\Phi}\cos\alpha$

当 $\alpha > 60°$ 时，$U_d = 1.17U_{2\Phi}[1+\cos(60°+\alpha)]$

晶闸管最高反向电压：$U_{VM} = \sqrt{2}U_{2l} = \sqrt{6}U_{2\Phi}$

晶闸管电流平均值：$I_{dV} = \dfrac{1}{6}I_d$

2）大电感负载时

输出直流电压平均值：$U_d = 1.17U_{2\Phi}\cos\alpha$

晶闸管最高反向电压：$U_{VM} = \sqrt{2}U_{2l} = \sqrt{6}U_{2\Phi}$

晶闸管电流平均值：$I_{dV} = \dfrac{1}{6}I_d$

晶闸管电流有效值：$I_V = \dfrac{1}{2\sqrt{3}}I_d = 0.289I_d$

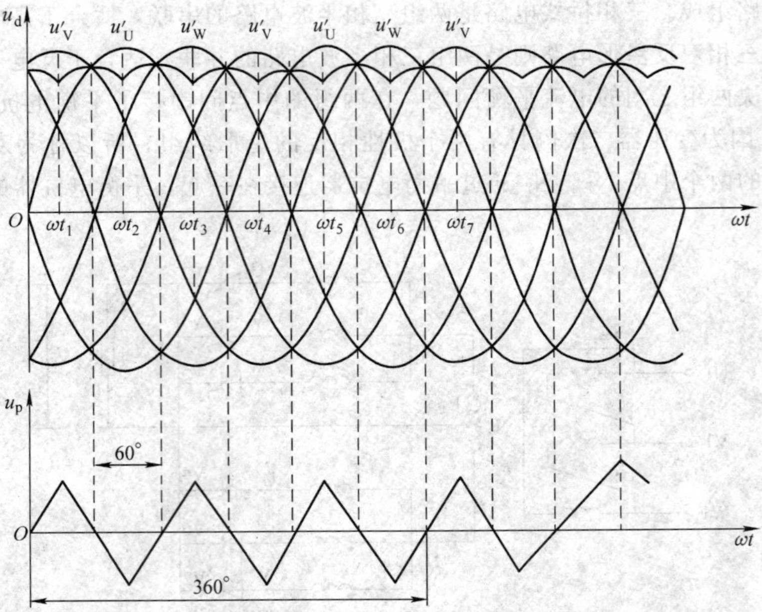

图 1—10　带平衡电抗器的双反星形可控整流电路的电压波形

（4）特点

1）带平衡电抗器的双反星形可控整流电路相当于两组半波电路反向并联，波形与六相半波相同，所以输出电压脉动比三相半波可控整流小得多。

2）由于每时刻两组半波电路同时导电，变压器磁路平衡，不存在直流磁化问题。

3）变压器绕组利用率较高，输出相同电流时，变压器容量比六相半波（不带平衡电抗器的双反星形）电路小。

4）因每组整流器承受负载电流的一半，晶闸管的工作电流较小。

二、晶闸管有源逆变电路

1. 有源逆变的基本原理

（1）有关逆变的基本知识

1）晶闸管变流装置的工作状态

①整流状态。将交流电变换为直流电的过程称为整流，即交流电→变流器（工作于整流状态）→直流电→直流用电器。

②逆变状态。将直流电变换为交流电的过程称为逆变，即直流电→变流器（工作于逆变状态）→交流电→电网或交流用电器。

2）整流与逆变的关系。逆变是整流的逆向过程。同一套变流装置，在一定条件下，既可作整流，又可作逆变，其工作状态取决于工作条件。

3）逆变的种类

①有源逆变。把直流电逆变成与电网同频率的交流电，将能量返送回电网，称为有源逆变。有源逆变的主要用途有：直流电动机可逆调速、绕线转子异步电动机串极调速、直流电动机再生制动、高压直流输电和太阳能发电等。

②无源逆变。逆变器不与电网连接，而是将逆变出来的频率固定或可变的交流电直接供给交流负载使月，称为无源逆变。无源逆变的主要用途有：交流电动机变频调速、感应加热设备和不间断供电电源（UPS）电源等。

4）变流电路的换流方式

①电网换流。由电网提供换流电压（如交流电过零），用于晶闸管可控整流和有源逆变，因无源逆变不接电网，故不能采用电网换流方式。

②负载换流。白负载提供换流电压，适用于容性负载（即电流相位超前电压的负载）。

③电容换流。由电容组成换流电路，利用电容储能提供换流电压，又称为强迫换流。例如，在图 1—11 所示电路中，当晶闸管导通时，预先给电容充上反向电压，当开关 S 闭合时，使晶闸管承受反向电压而关断。

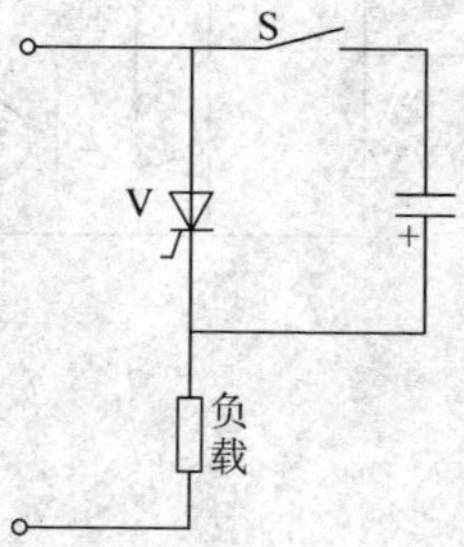

图 1—11　电容换流电路

④器件换流。利用全控型器件的自关断能力实现换流。因其线路简单，控制方便，在逆变电路（尤其是无源逆变）中应用越来越广泛。

（2）有源逆变的工作原理。如图 1—12 所示，其中 G 为发电机，M 为电动机，R 为回路总电阻。

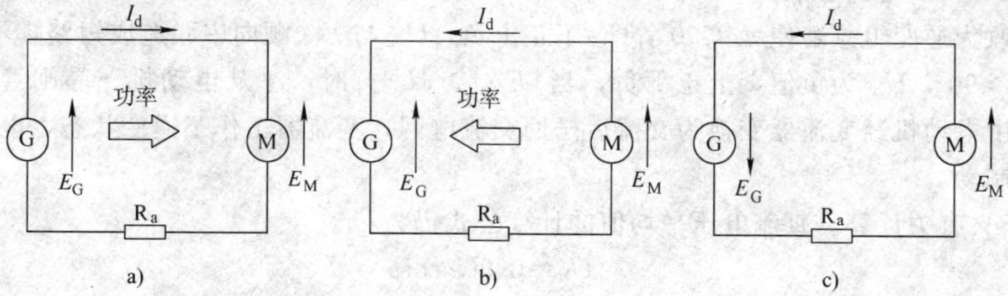

图 1—12　功率的传输方向

a）$E_G>E_M$　b）$E_M>E_G$　c）E_G 与 E_M 顺向串联

如图 1—12a 所示，当 $E_G>E_M$ 时，$I=\frac{E_G-E_M}{R}$从发电机 G 流向电动机 M，发电机 G 输出电能——发电状态，电动机 M 吸收电能——电动状态。

如图 1—12b 所示，当 $E_M>E_G$ 时，$I=\frac{E_M-E_G}{R}$从电动机 M 流向发电机 G，电动机 M 输出电能——发电状态，发电机 G 吸收电能——电动状态。

如图 1—12c 所示，E_G 与 E_M 顺向串联，此时 $I=\frac{E_G+E_M}{R}$，因 R 很小，使回路电流很大，造成短路，这种情况不允许出现。

下面以晶闸管单相全控桥式变流电路为例，具体说明有源逆变的工作原理，电路如图 1—13 所示。该电路由整流组和逆变组两组全控桥组成。

1）当 S 合向触点“1”时，使整流组晶闸管 $\alpha_1<90^\circ$，U_{d1} 上正下负，E_M 也上正下负，i_1 从晶闸管→电动机。此时电能由交流电网经变流器变换为直流后送给电动机，

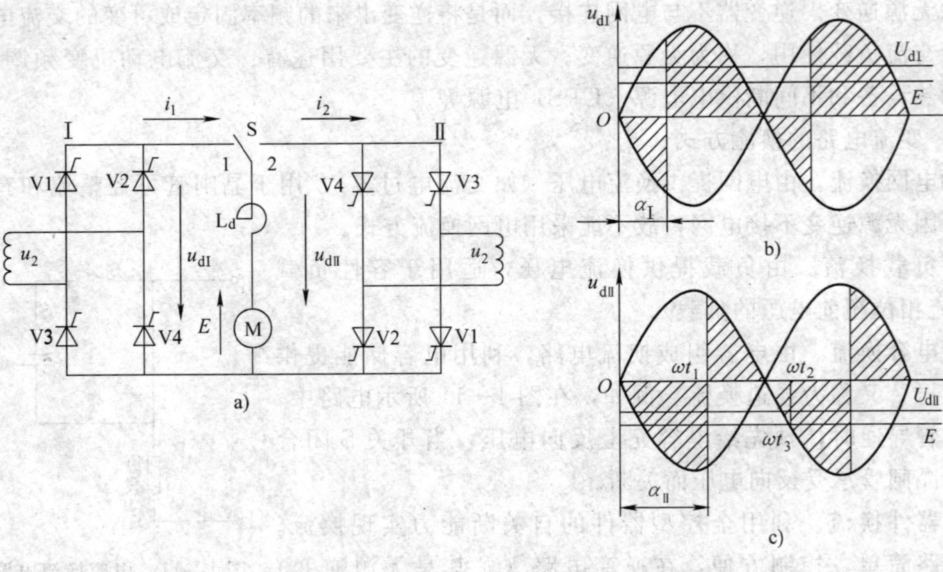

图 1—13　晶闸管单相全控桥式变流电路

a）电路　b）整流波形　c）逆变波形

变流器工作于整流状态，电动机作电动运行。

2）当 S 合向触点“2”时，M 因惯性继续原方向转动，E_M 仍为上正下负，只是晶闸管改为逆变组。若使 $\alpha_2<90°$，U_{d2} 下正上负，U_{d2} 与 E_M 顺向串联造成短路，不允许。使 $\alpha_2>90°$，U_{d2} 为负值，上正下负，当 $|E_M|>|U_{d2}|$ 时，i_2 从电动机→晶闸管。此时电能由电动机经变流器变换为交流后送回交流电网，变流器工作于逆变状态，电动机作发电制动。

3）有关计算。直流电压平均值的计算公式仍为：

$$U_d=0.9U_2\cos\alpha$$

因为逆变时 $\alpha>90°$，所以 $U_d<0$。令 $\beta=\pi-\alpha$，则有：

$$U_d=0.9U_2\cos\alpha=0.9U_2\cos(\pi-\beta)=-0.9U_2\cos\beta$$

变流器工作于逆变状态时，逆变角 β 从 $\alpha=180°$ 处向左移相。

4）实现有源逆变的条件。通过以上分析可知，实现有源逆变的条件主要有以下三个：

①变流装置直流侧必须要有电动势，且该电动势极性要与晶闸管的导通方向一致；电动势的大小符合 $|E|>|U_d|$ 的要求。

②变流装置必须工作在 $\beta<90°$（或 $\alpha>90°$）范围内，使 $U_d<0$。

③为保证电流连续，直流回路中应串接大电感。

2. 晶闸管三相有源逆变电路

（1）三相半波有源逆变电路

1）电路组成。三相半波有源逆变电路如图 1—14 所示。

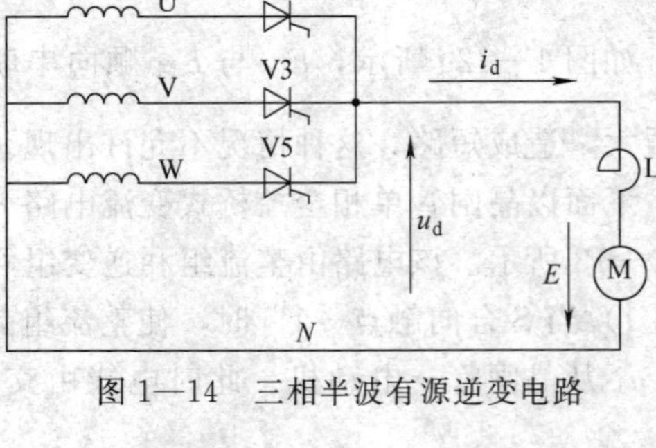

图 1—14　三相半波有源逆变电路

2）工作条件

①直流电动势 E 的方向为下正上负。

②$|E|>|U_d|$。

③$\beta<90°$（或 $\alpha>90°$）。

④直流回路串有大电感。当全部条件都满足时，该电路工作于有源逆变条件。

3）波形。以 $\beta=30°$ 为例，其输出电压、电流波形如图 1—15 所示。

当 $\beta=30°$ 时触发 V1，此时虽然 $u_U=0$，但 E 使 V1 承受正向电压，从而被触发导通，E 使 I_d 流过 V1。此时 $u_d=u_U$。

经 120°后，V 相电压过零，仍为 $\beta=30°$ 时触发 V2 导通，同时使 V1 承受反向电压而关断。此时 $u_d=u_V$。

再经 120°，W 相电压过零，仍为 $\beta=30°$ 时触发 V3 导通，同时使 V2 承受反向电压而关断。此时 $u_d=u_W$。

V1、V2、V3 轮流导通，每 120°触发换相。

4）有关计算

直流电压平均值：$U_d=-1.17U_2\cos\beta$

直流电流平均值：$I_d=\dfrac{E-|U_d|}{\sum R}$，其中 $\sum R$ 为回路总电阻。

晶闸管最高反向电压：$U_{VM}=\sqrt{2}U_{2l}=\sqrt{6}U_{2\Phi}$

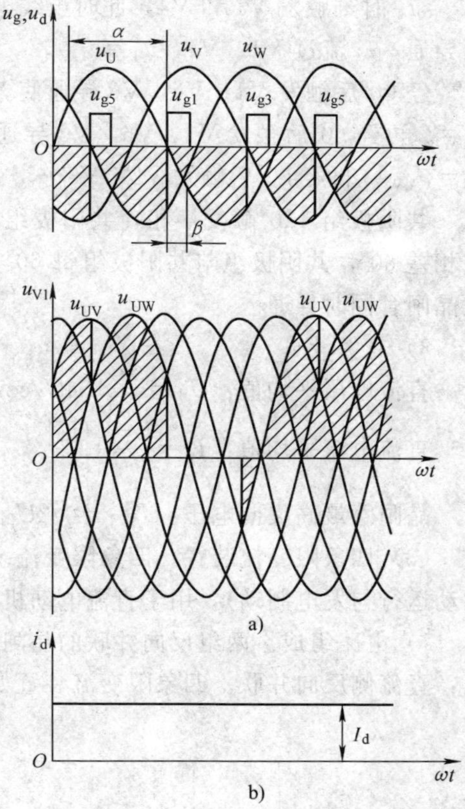

图 1—15　三相半波有源逆变波形

a）电压波形　b）电流波形

（2）三相全控桥式有源逆变电路

1）电路组成。共阴极组晶闸管：V1、V3、V5；共阳极组晶闸管：V2、V4、V6，三相全控桥式有源逆变电路如图 1—16 所示。

2）波形。以 $\beta=60°$ 为例，其电压波形如图 1—17 所示。

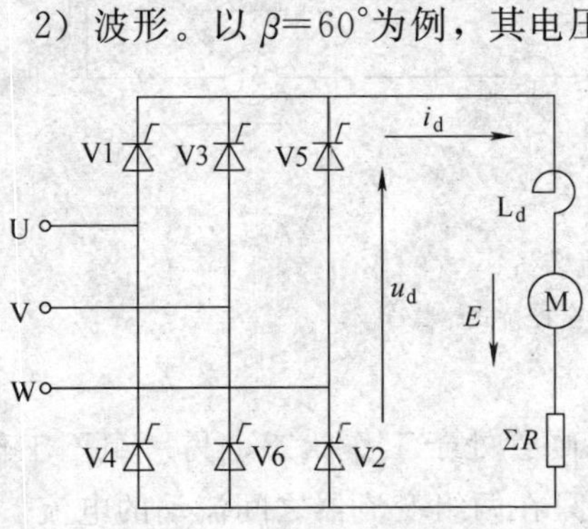

图 1—16　三相全控桥式有源逆变电路

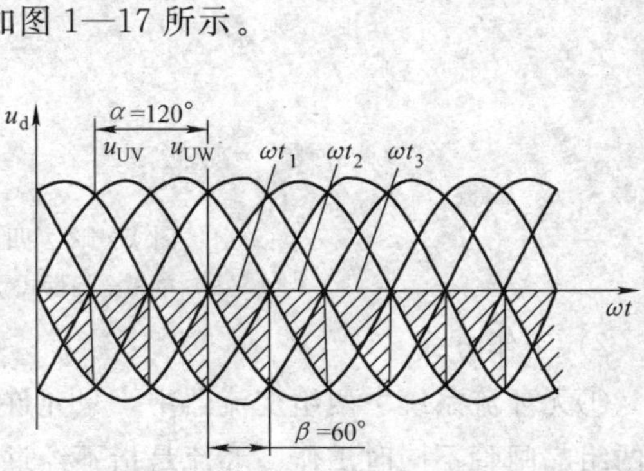

图 1—17　三相全控桥式有源逆变波形

ωt_1 时刻触发 V1 和 V4，此时虽线电压 u_{UV} 过零，但 E 使 V1 和 V4 承受正向电压而导通，i_d 流过 V1、V4，$u_d = u_{UV}$。

经 60°后触发 V1、V6，V6 导通使 V4 承受反向电压而关断，完成换相，此时 $u_d = u_{UW}$。再经 60°后触发 V3、V6，V3 导通使 V1 承受反向电压而关断，完成换相，此时 $u_d = u_{VW}$。再经 60°后触发 V2、V3…。

共阴极组 120°触发换相，共阳极组 120°触发换相。因正半周与负半周的自然换相点相差 60°，共阴极组与共阳极组每 60°交错换相，每时刻共阴极组与共阳极组各有一只晶闸管同时导通。

3）有关计算

直流电压平均值：$U_d = -2.34U_2\cos\beta$

直流电流平均值：$I_d = \dfrac{E - |U_d|}{\sum R}$

晶闸管最高反向电压：$U_{VM} = \sqrt{2}U_{2l} = \sqrt{6}U_{2\Phi}$

（3）四象限变流装置。四象限变流装置能实现电动机的四象限运行（正转与反转；电动运行与发电制动），用于直流电动机可逆调速及制动系统。

1）电路组成。两组反向并联的晶闸管变流电路。两组变流电路由同一交流电源供电，直流侧反向并联。四象限变流装置如图 1—18 所示。

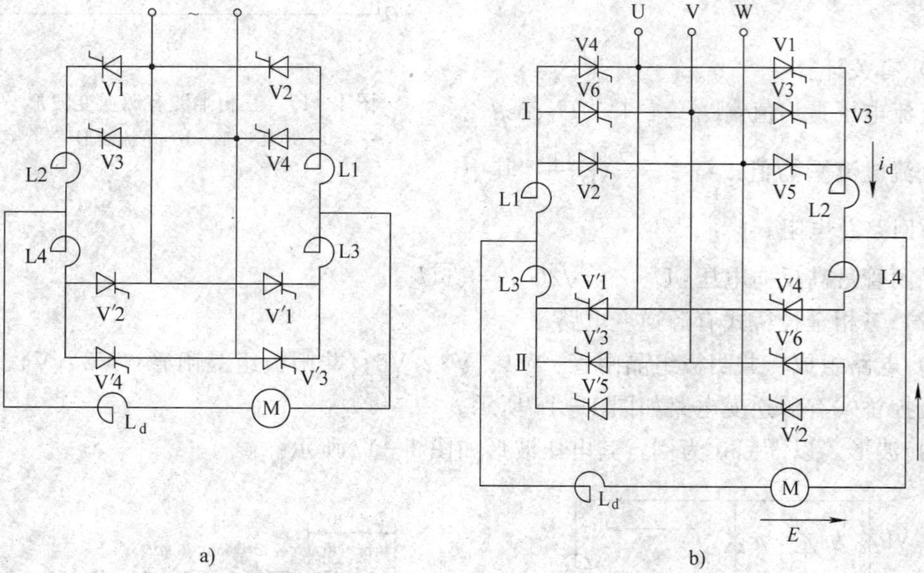

图 1—18　四象限变流装置

a）单相全控桥式　b）三相全控桥式

2）工作方式

①无环流系统。两组变流器中，只允许一组晶闸管处于工作状态，另一组不工作，即两组晶闸管不同时工作。环流是指不经过负载而只在两组变流器之间流动的电流。

②有环流系统。两组变流器的晶闸管都有触发脉冲，处于连续工作中，两组之间有

交流环流。该系统可实现四象限运行，状态变化连续，动态性能好，常用于中小功率的可逆系统。

3）工作原理

①工作条件。为防止两组变流器之间出现直流环流，要求当一组变流器工作于整流状态时，另一组变流器必须工作于有源逆变状态，且 $\alpha_{\mathrm{I}}=\beta_{\mathrm{II}}$（或 $\alpha_{\mathrm{II}}=\beta_{\mathrm{I}}$），使 $U_{d\mathrm{I}}=-U_{d\mathrm{II}}$，直流侧无环流。

②四象限工作情况，如图 1—19 所示。

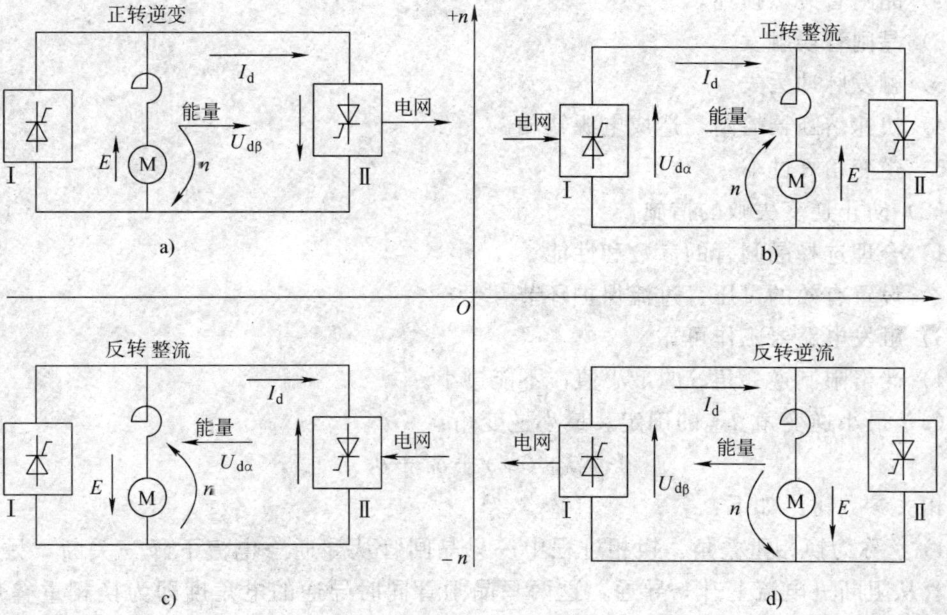

图 1—19　四象限变流装置的工作情况

a）电动机正转发电制动　b）电动机正转电动运行

c）电动机反转电动运行　d）电动机反转发电制动

当 $\alpha_{\mathrm{I}}=\beta_{\mathrm{II}}=90°$时，$U_{d\mathrm{I}}=U_{d\mathrm{II}}=0$，电动机不转。

第一象限：使 $\alpha_{\mathrm{I}}<90°$，$\alpha_{\mathrm{II}}>90°$（$\beta_{\mathrm{II}}<90°$），此时 $|U_d|>|E_M|$，Ⅰ组变流器整流（Ⅱ组待逆变），M 作正转电动运行，如图 1—19b 所示。

第二象限：使 $\alpha_{\mathrm{I}}<90°$，$\alpha_{\mathrm{II}}>90°$（$\beta_{\mathrm{II}}<90°$），此时 $|E_M|>|U_d|$，Ⅱ组变流器逆变（Ⅰ组待整流），M 作正转发电制动，如图 1—19a 所示。

第三象限：使 $\alpha_{\mathrm{I}}>90°$（$\beta_{\mathrm{I}}<90°$），$\alpha_{\mathrm{II}}<90°$，此时 $|U_d|>|E_M|$，Ⅱ组变流器整流（Ⅰ组待逆变），M 作反转电动运行，如图 1—19c 所示。

第四象限：使 $\alpha_{\mathrm{I}}>90°$（$\beta_{\mathrm{I}}<90°$），$\alpha_{\mathrm{II}}<90°$，此时 $|E_M|>|U_d|$，Ⅰ组变流器逆变（Ⅱ组待整流），M 作反转发电制动，如图 1—19d 所示。

③工作状态的转换过程。从正转到反转的过程（Ⅰ→Ⅱ→Ⅲ象限）：第一象限时，$\alpha_{\mathrm{I}}<90°$，$|U_d|>|E_M|$，Ⅰ组变流器工作于整流状态，M 作正转电动运行；将 $\alpha_{\mathrm{I}}\uparrow$、$\alpha_{\mathrm{II}}\downarrow$（即 $\beta_{\mathrm{II}}\uparrow$），使 $|U_d|\downarrow$，但 M 因惯性使 E_M 暂时不变，当 $|E_M|>|U_d|$ 时，Ⅱ组满足有源逆变条件，晶闸管导通投入工作，使 M 电流反向，工作于正转发电制动状态

（进入第二象限）；继续增大 α_{I} 和 β_{II}，当 $\alpha_{\text{I}}=\beta_{\text{II}}>90^\circ$（$\alpha_{\text{II}}<90^\circ$）时，Ⅱ组进入整流状态，$U_d$ 改变极性，M 反转，工作于反转电动运行状态（第三象限）。同理，可分析从反转到正转（Ⅲ→Ⅱ→Ⅰ象限）的转换过程，此处不再赘述。

3. 逆变失败及最小逆变角的限制

变流装置工作在有源逆变状态时，若出现直流电压平均值 U_d 与直流电动势 E 顺向串联，将形成很大的短路电流，损坏设备，造成事故，这种现象称为逆变失败。

（1）导致逆变失败的主要原因

1）晶闸管突然损坏。

2）晶闸管误触发。

3）触发脉冲丢失。

4）快速熔断器熔断，造成电源缺相。

5）逆变角 β 过小。

（2）防止逆变失败的措施

1）合理选择晶闸管的参数和性能。

2）设置有效的过压、过流保护环节。

3）触发电路要工作可靠。

4）严格限制逆变角 β 的最小值，不能过小。

（3）最小逆变角 $\beta_{\min}$ 的确定。最小逆变角：

$$\beta_{\min}\geqslant\gamma+\delta_0+\theta_a$$

式中相关参数讨论如下：

1）γ 称为换相重叠角。换相过程中一只晶闸管从导通→电流下降→关断，另一只晶闸管从阻断→电流上升→导通，这两只晶闸管同时导通的电角度即为换相重叠角 γ。为保证完成换相，防止逆变失败，一般考虑 $\gamma\approx15^\circ\sim25^\circ$。

2）晶闸管关断时间所对应的电角度 δ_0。通常晶闸管关断时间 $t_g\approx200\sim300\ \mu s$，对应的 $\delta_0\approx4^\circ\sim6^\circ$。

3）安全裕量角 θ_a。考虑触发脉冲的精确性、电网波动与畸变以及温度的影响等因素，取 $\theta_a\approx10^\circ$ 左右。

因此，最小逆变角 $\beta_{\min}\geqslant\gamma+\delta_0+\theta_a\approx30^\circ\sim35^\circ$。

（4）限制最小逆变角 $\beta_{\min}$ 的措施。在触发电路中设置保护环节，使逆变角 β 减小时不能进入 $\beta<\beta_{\min}$ 的区域。设置附加安全脉冲装置，当 $\beta<\beta_{\min}$ 时，该装置在 $\beta_{\min}$ 处自动发触发脉冲，防止逆变失败。

三、晶闸管的触发电路

为晶闸管门极提供触发信号的电路称为晶闸管的触发电路。按晶闸管的控制方式不同可分为两种类型：移相触发，通过改变晶闸管的控制角 α 实现对晶闸管的控制；过零触发，通过改变晶闸管的导通周波数实现对晶闸管的控制。按电路原理不同可分为下面几种类型：阻容移相触发电路，电路简单，但性能较差，仅用于控制精度要求不高的小功率场合；单结晶体管触发电路，电路较简单，且触发功率小，脉冲窄，移相范围

≤150°，用于小功率场合；晶体管触发电路，晶体管触发电路又有同步信号为正弦波和同步信号为锯齿波的两种，同步信号为锯齿波的晶体管触发电路性能较好，可输出双窄脉冲，用于三相全控桥式晶闸管变流电路；集成化触发电路，体积小，可靠性高，性能好，可用于要求较高的大功率变流设备。

1. 晶闸管对触发电路的要求

（1）触发信号应有足够的功率（电压与电流），主要考虑晶闸管门极特性的不一致性和温度对门极特性的影响。为使所有合格的器件在各种工作条件下都能可靠触发，要求触发脉冲必须大于晶闸管门极触发电压和触发电流的最大值，并留有足够的余量。

（2）触发信号应有足够的宽度，使晶闸管被触发后，阳极电流能上升到大于擎住电流，以便维持导通。

（3）触发脉冲的前沿要陡，以保证控制的准确性。大功率晶闸管常使用强脉冲触发，如图 1—20 所示。脉冲峰值 i_{gm} 达 i_g 的 5 倍，前沿 $t_1 < 10\ \mu s$。

（4）触发脉冲应与阳极电压同步，以使每周期控制角 α 相同，从而得到稳定的输出电压。

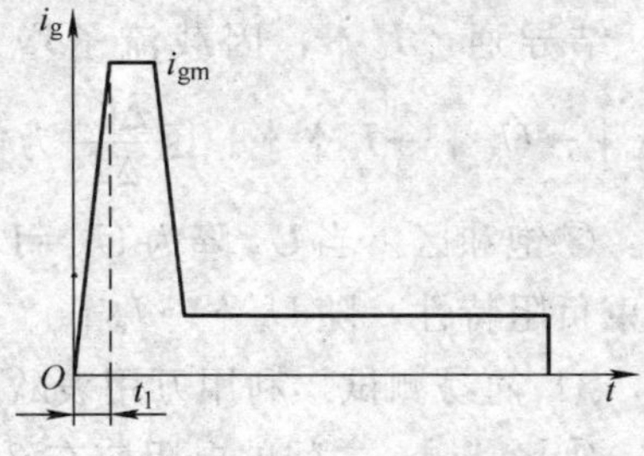

图 1—20　强触发脉冲

（5）触发脉冲的移相范围要满足电路的要求。例如，单相全控桥式整流电路电阻负载的移相范围为 0°～180°，感性负载的移相范围为 0°～90°；三相半波可控整流电阻负载的移相范围为 0°～150°，感性负载的移相范围为 0°～90°等。

2. 单结晶体管及其触发电路

（1）单结晶体管

1）结构。常用国产单结晶体管型号有 BT31（耗散功率 100 mW）、BT33（耗散功率 300 mW）和 BT35（耗散功率 500 mW）三种。其内部结构图形符号和等效电路如图 1—21 所示，在一块高电阻率的 N 型硅片两端引出两个电极：第一基极 b_1 和第二基极 b_2，在 b_1 与 b_2 之间靠近 b_2 处制作 P 型区，形成一个 PN 结，并引出发射极 e。因为只有一个 PN 结，称为单结晶体管；又因为具有两个基极，也称为双基极二极管。

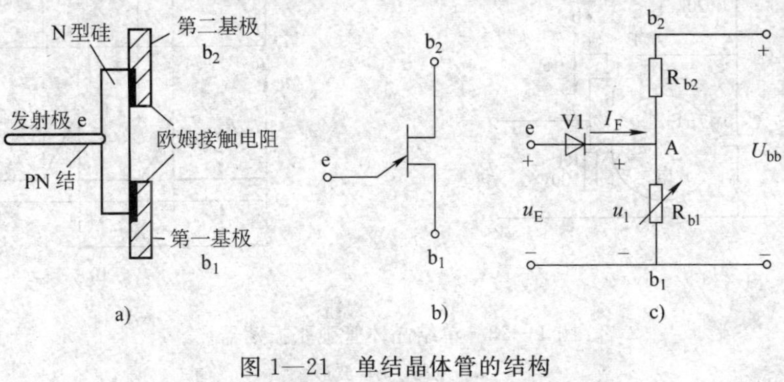

图 1—21　单结晶体管的结构

a）内部结构　b）图形符号　c）等效电路

b_1 与 b_2 之间的电阻：$R_{bb} = R_{b1} + R_{b2} \approx 2 \sim 15\ k\Omega$

中点 A 的电压：$U_A = \dfrac{R_{b1}}{R_{b1} + R_{b2}} U_{bb} = \eta U_{bb}$

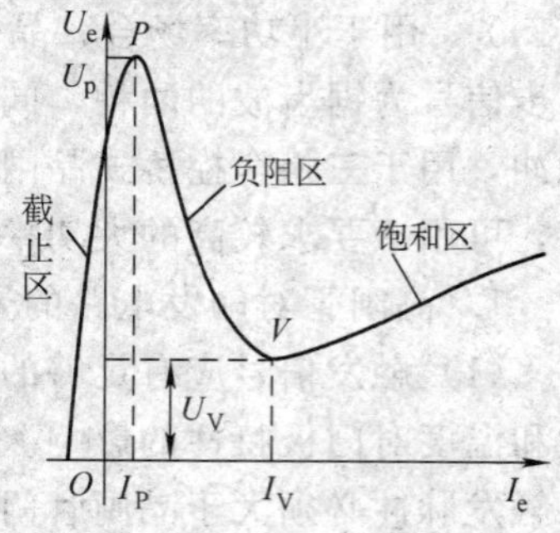

图 1—22　单结晶体管的伏安特性

式中，η 称为分压比，通常 $\eta \approx 0.3 \sim 0.8$。

2）伏安特性。其伏安特性是指当 U_{bb} 不变时，发射极电流 I_e 与发射极电压 U_e 之间的关系，如图 1—22 所示，特性曲线包括截止区、负阻区和饱和区三部分。

①截止区。当 $U_e < U_A = \eta U_{bb}$ 时，PN 结承受反向电压截止（只有反向漏电流）；当 $U_e \geqslant U_A = \eta U_{bb}$，但 $U_e < \eta U_{bb} + U_D$ 时，仍截止。

②负阻区。当 $U_e = \eta U_{bb} + U_D = U_P$（峰点电压）时，PN 结导通，$I_e \uparrow$，因载流子增多，使 $R_{b1} \downarrow \rightarrow \eta \downarrow \rightarrow U_A \downarrow \rightarrow U_e \downarrow \rightarrow I_e \uparrow \uparrow$。因 $\dfrac{\Delta U_e}{\Delta I_e}$ 为负值，称为负阻区。

③饱和区。当 U_e 降为 $U_e = U_V$（谷点电压）时，载流子浓度饱和，R_{b1} 停止变小，结束负阻特性，随 $U_e \uparrow \rightarrow I_e \uparrow$。

3）简易测试。利用万用表欧姆挡测量，方法如下：

①b_1 与 b_2 之间的电阻应在 2～15 kΩ 之间，电阻过小可能是管子被击穿，电阻极大则可能是内部断路或变质。

②发射极 e 对 b_1 与 b_2 均应单向导电，否则 PN 结损坏。

据此可测得单结晶体管的好坏，同时可区分管脚。

（2）单结晶体管弛张振荡器

1）电路组成。主要包括单结晶体管 VB、电容 C、电位器 RP、电阻 R1、R2，其电路如图 1—23a 所示。

2）工作原理。利用单结晶体管 VB 的负阻特性和电容 C 的充放电，其波形如图 1—23b 所示。

图 1—23　单结晶体管弛张振荡器

a）电路　b）波形

①充电过程。因 R_1、R_2 阻值很小，忽略其电压降，有 $U_{b2b1} \approx U_{bb}$，于是峰点电压 $U_P = U_{bb} + U_D$，U_{bb} 通过 RP 给 C 充电，$U_e = U_c$ 按指数规律上升，当 $U_e = U_c < U_P$ 时，VB 截止，$U_o \approx 0$。

②放电过程。当 $U_e=U_c=U_P$ 时，VB 导通放电，$R_{b1}\downarrow$，C 通过 R_{b1}、R_1 迅速放电，u_o 输出一个尖脉冲。$U_e=U_c=U_V$ 时，VB 停止放电，恢复截止。

3）有关计算

①RP 可按振荡条件计算：$\frac{U_{bb}-U_V}{I_V}<RP<\frac{U_{bb}-U_P}{I_P}$。

②振荡周期：因放电很快，所以振荡周期≈电容充电时间，于是：$T\approx RC\ln\frac{1}{1-\eta}$

③输出脉冲幅度：$U_{om}\approx U_P=\eta U_{bb}+U_D$

④输出脉冲宽度：输出脉冲宽度≈电容放电时间，即 $t_W=R_1C\ln\frac{U_P}{U_V}$

⑤R_2 用于温度补偿，通常取 300～500 Ω。

（3）单结晶体管同步触发电路。该电路如图 1—24 所示，主要由同步变压器、整流

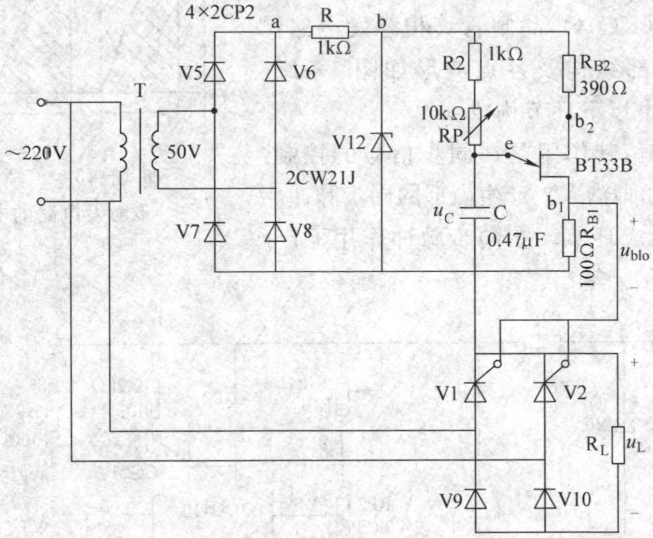

图 1—24　单结晶体管同步触发电路图

桥、稳压管和单结晶体管弛张振荡器等组成。其中同步变压器、整流桥、稳压管不仅为单结晶体管弛张振荡器提供工作电源，同时还作为同步环节，实现触发脉冲与交流电源的同步。整流桥将同步变压器的二次交流电压变换为双半波，再经稳压管变为梯形波，供给单结晶体管弛张振荡器，单结晶体管弛张振荡器产生窄脉冲列，用来触发晶闸管。由于梯形波的作用，每组脉冲列第一个脉冲的移相角都相等，从而实现与电源同步。调整电位器的阻值，即可改变晶闸管的控制角。各有关点的电压波形如图 1—25 所示。

（4）带放大环节的单结晶体管触发电路。该电路如图 1—26 所示，电路中增加了由两个三极管组成的放大环节，提高了控制性能。脉冲变压器用来实现触发电路和晶闸管主电路的电气隔离。输出端的两个二极管用于保护晶闸管门极不承受反向电压。

3. 集成化触发电路

集成化触发电路功能强、性能稳定、工作可靠、调试容易、使用方便、体积小、功耗低，在要求较高的晶闸管变流电路中应用较为广泛。

集成化触发电路有如下类型：由运算放大器、时基电路、触发器等组合而成，集成度较低，为早期产品；专用单片集成相控触发电路，通常为单相触发电路，可由多片组合构成三相触发电路；由若干触发电路组成的集成触发单元，集成度较高，功能较强，可直接用于三相晶闸管变流装置。

目前，使用较多的通用集成相控触发电路主要有两种：一种是国产的 KC、KJ 系列单相集成触发电路及其配套产品，其中 KJ 系列是 KC 系列的改进型产品；另一种是进口的 M787、M788 系列三相集成触发电路。

（1）KJ004（KC04）晶闸管移相触发电路。该集成触发器内部结构及各点波形如图 1—27 所示，结构主要由以下环节构成：

1）同步环节。其作用是在同步信号的控制下（同步信号由⑧脚输入）产生内部的同步脉冲。

2）锯齿波形成环节。在同步脉冲作用下产生锯齿波，并从④脚输出。

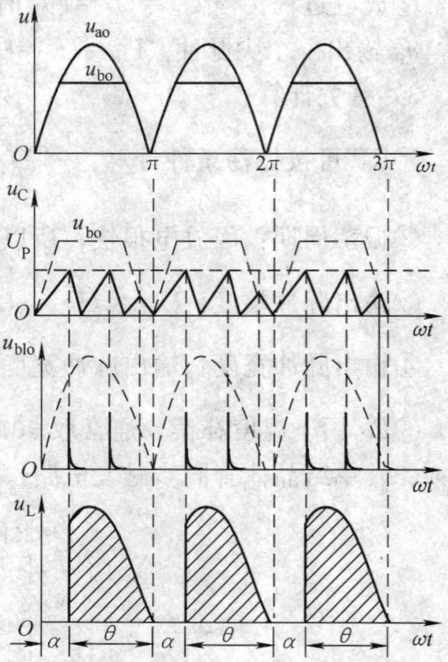

图 1—25　单结晶体管同步触发电路的电压波形

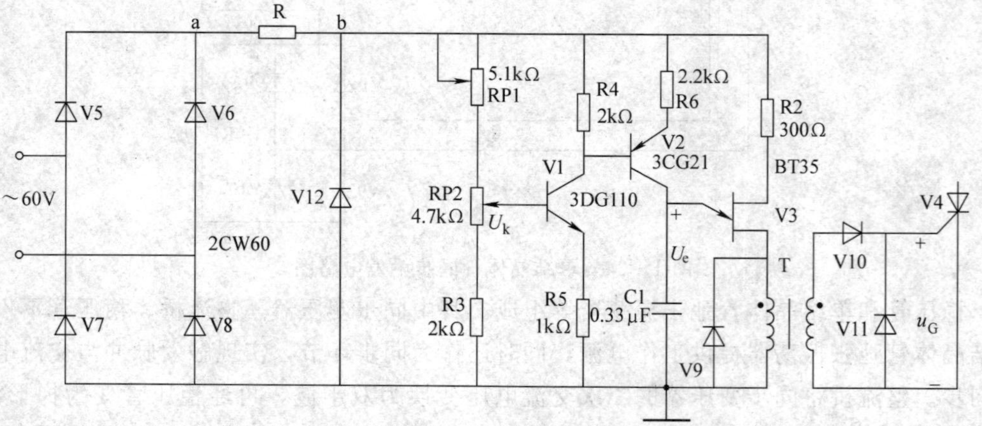

图 1—26　带放大环节的单结晶体管同步触发电路原理图

3）移相环节。将锯齿波和控制电压进行比较（由⑨脚输入），产生可移相的脉冲。

4）脉冲形成环节。在移相环节控制下产生脉宽固定的移相脉冲。

5）脉冲分选及功率放大环节。其作用是在一个周期中产生相位相差 180°的两个脉冲，并分别放大后从①、⑮脚输出。

该集成触发器采用 16 脚封装，引脚排列如图 1—28a 所示，典型接线如图 1—28b 所示。

（2）M787、M788 三相晶闸管移相触发器。用于三相晶闸管变流装置的移相触发，例如，三相全控桥式晶闸管变流装置、三相半控桥式晶闸管变流装置、三相半波晶闸管

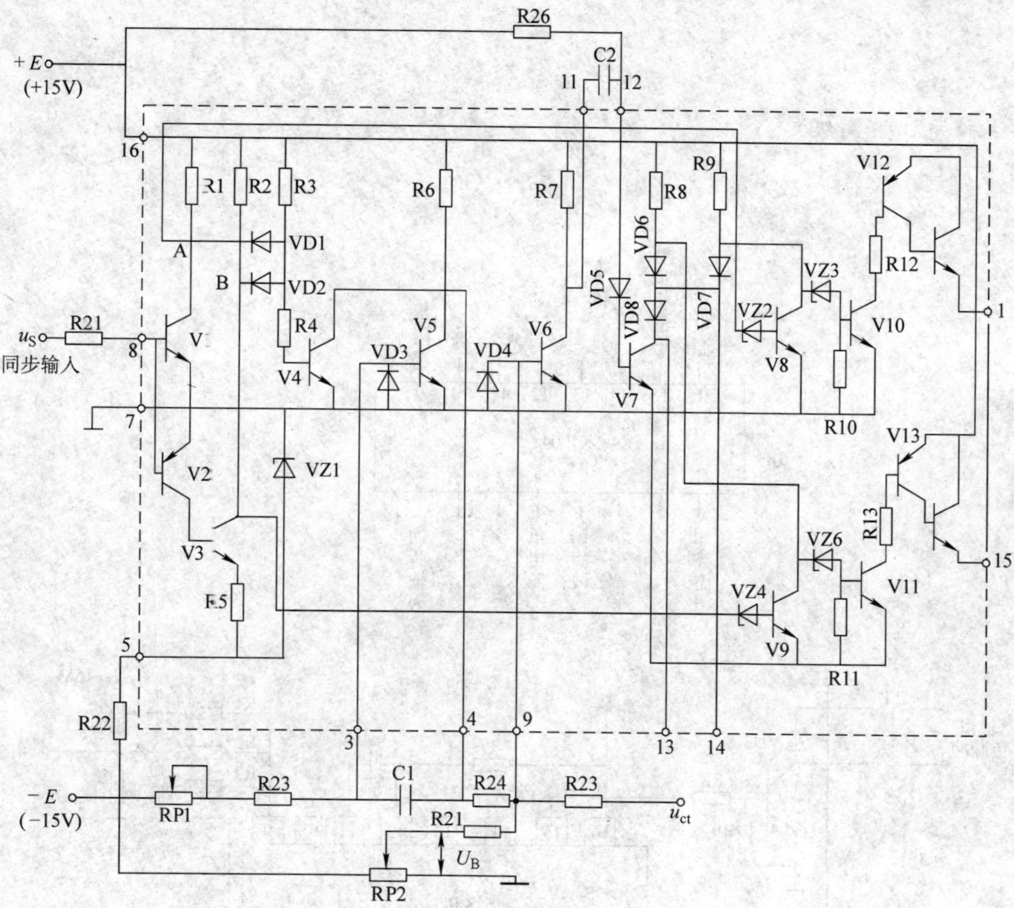

a)

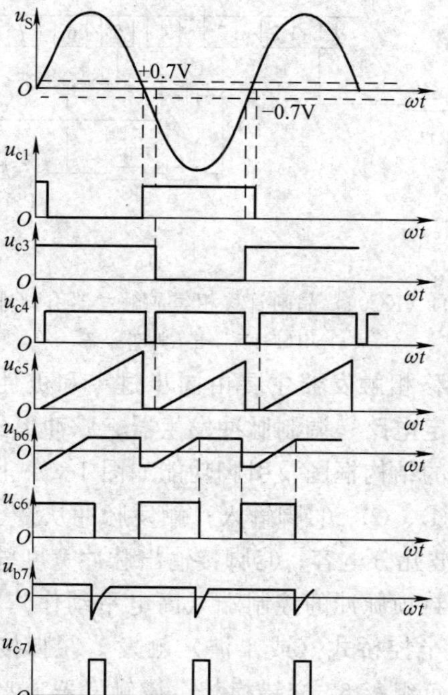

b)

图 1—27　KJ004（KC04）晶闸管移相集成触发器内部结构及各点波形

a）内部结构　b）各点电压波形

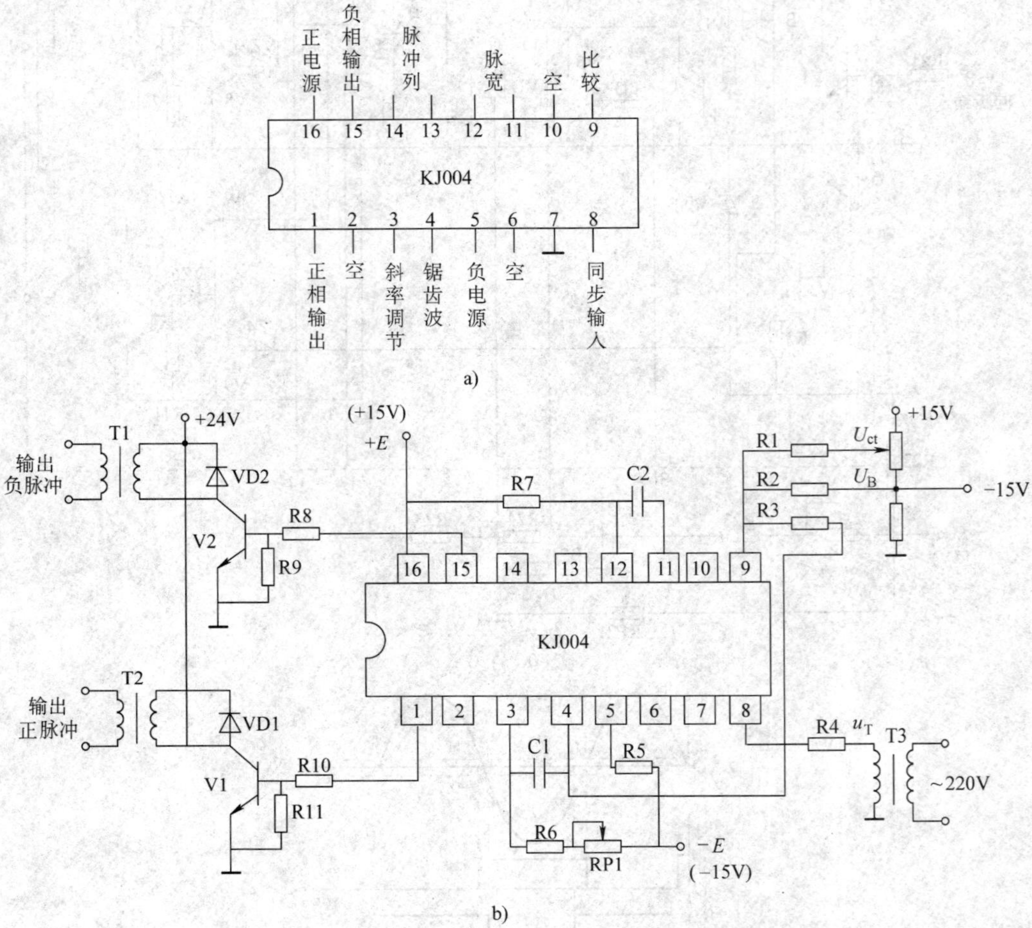

图 1—28　KJ004（KC04）晶闸管移相集成触发器引脚排列及典型接线图

a）引脚排列　b）典型接线

变流装置等。该系列集成移相触发器主要由同步过零和极性检测电路、锯齿波形成电路、比较电路、抗干扰锁定电路、调制脉冲发生器、脉冲形成电路和脉冲分配及驱动电路等单元组成。该触发器的结构框图及引脚功能如图 1—29 所示。

三相同步信号分别从①、②、⑱脚输入；触发脉冲从⑦、⑧、⑨、⑩、⑪、⑫脚输出；⑭、⑮、⑯脚接锯齿波几分电容；⑬脚接输出脉冲宽度电容；移相控制电压从④脚输入；⑤脚为故障保护时封锁脉冲的控制端（高电平动作）；⑥脚为脉冲分配方式控制端，⑥脚接低电平为三相半控桥式（或半波）触发，⑥脚接高电平为三相全控桥式触发，输出双脉冲，正组与负组每 60°交错换相。该触发器典型接线及各点电压波形如图 1—30 所示。

使用中应注意：同步电压零点取在电源电压 1/2 处，要求将同步信号用电阻作 1/2 分压后，通过电容耦合到输入端；积分电容应选用精度较高（误差＜5%）的电容器，当 $f=50$ Hz 时，取 $C=0.15\ \mu F$ 左右；⑥脚不要悬空，以防误动作。

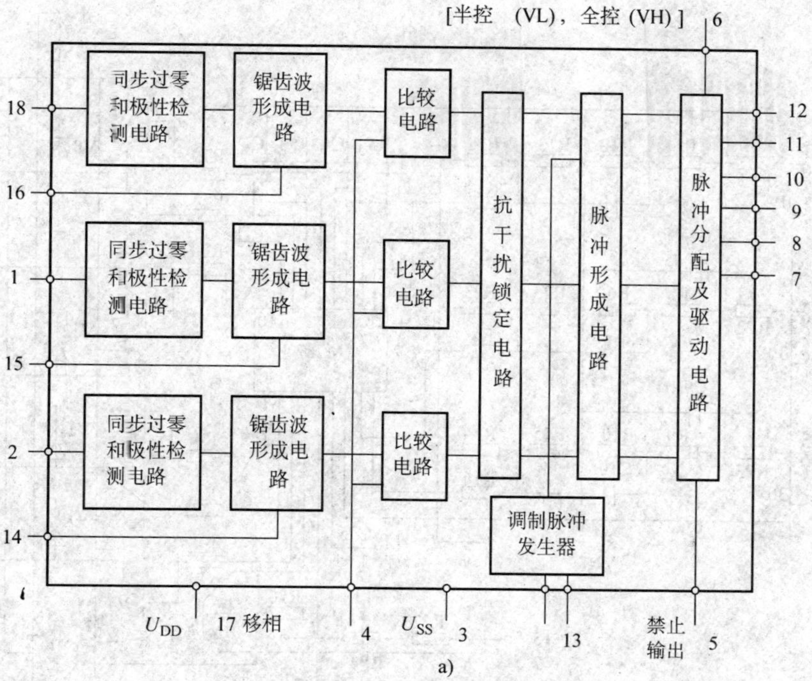

a)

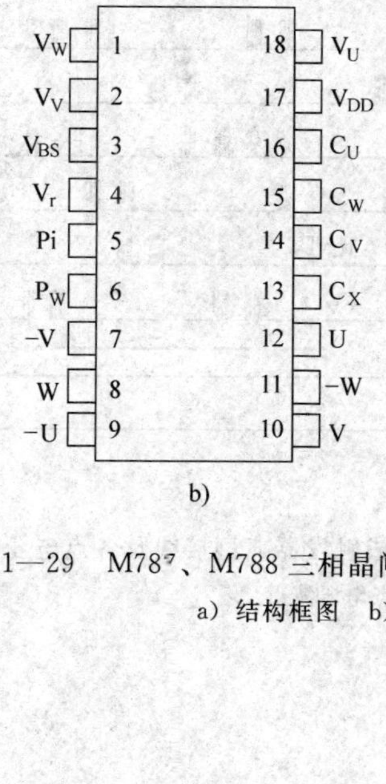

b)

引脚号	代号	功　能
1	V_W	W相同步电压输入
2	V_V	V 相同步电压输入
3	V_{BS}	地或负电源
4	V_r	移相电压输入
5	Pi	禁止端(V_H)
6	P_W	全控 V_H/半控 V_L
7	−V	−V 或 −V, U 输出
8	W	W或W, −V 输出
9	−U	−U 或 −U, W输出
10	V	V或 V, −U 输出
11	−W	−W或 −W, V输出
12	U	U 或 U, −W输出
13	C_X	输出脉宽调整电容
14	C_V	V 相积分电容
15	C_W	W相积分电容
16	C_U	U 相积分电容
17	V_{DD}	正电源
18	V_U	U 相同步电压输入

c)

图 1—29　M787、M788 三相晶闸管移相集成触发器结构框图及引脚功能

a）结构框图　b）引脚排列　c）引脚功能

单元 1

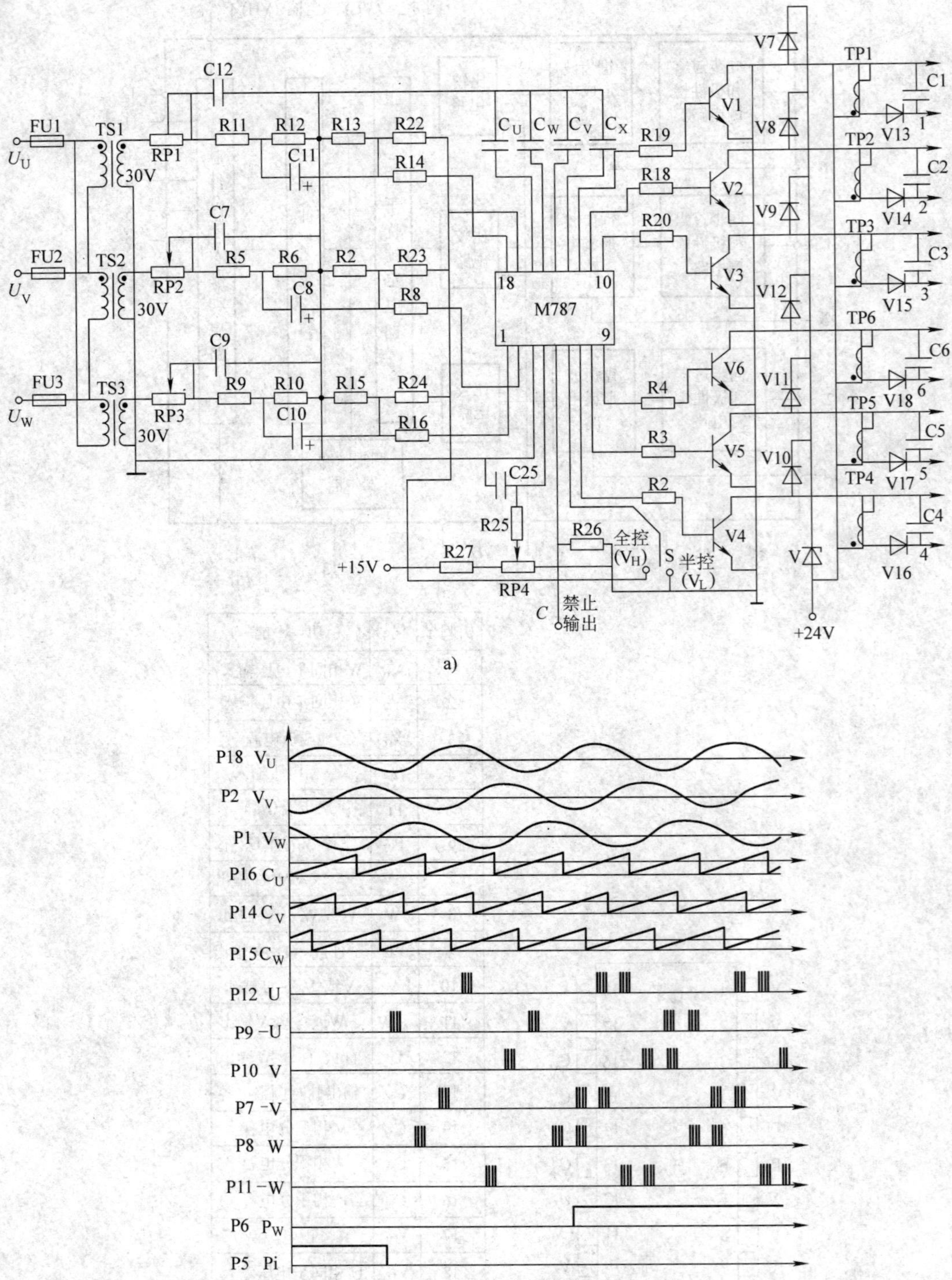

图 1—30　M787、M788 三相晶闸管移相集成触发器典型接线及各点电压波形

a）典型接线　b）各点电压波形

第二节　中高频电源电路基本原理

培训目标

- 了解中高频电源电路的基本组成和工作原理
- 能够读懂中高频电源电路的电路原理图

一、无源逆变电路

1. 无源逆变的基本原理

（1）无源逆变的工作原理。如图 1—31 所示，以单相桥式逆变电路为例，S1、S2、S3、S4 为电子开关，U 为直流电源，R 为负载。

当 S1、S4 闭合和 S2、S3 断开时，电流从 U 的正端→S1→R→S4→U 的负端，$u_o=U$；当 S2、S3 闭合和 S1、S4 断开时，电流从 U 的正端→S2→R→S3→U 的负端，$u_o=-U$。

当电子开关 S1、S4 与 S2、S3 以频率 f 交替通断（换流）时，在负载 R 上可得到周期为 T=1/f 的交流电，电压波形如图 1—32 所示。改变电子开关的切换快慢，即可改变交流电的频率。电子开关通常采用全控型器件，如可关断晶闸管（GTO）、功率晶体管（GTR）、功率场效应管（MOSFET）、绝缘栅双极型晶体管（IGBT）等。

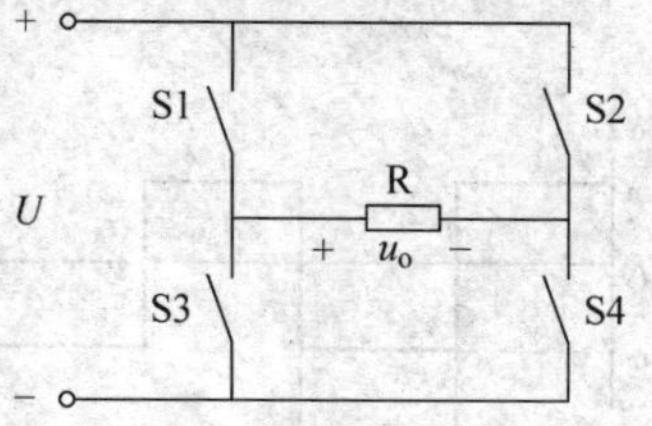

图 1—31　单相桥式逆变电路

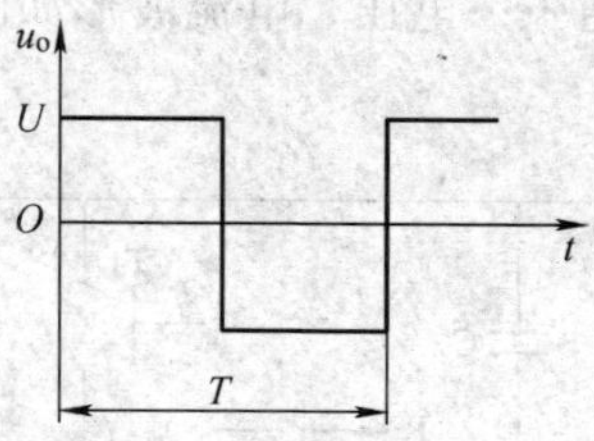

图 1—32　电压波形

（2）无源逆变的分类

1）按直流电源分为：电压型逆变电路，直流电源为恒压源；电流型逆变电路，直流电源为恒流源。其中电压型逆变电路较为常用。

2）按电路结构分为：单管式逆变电路，只用一只电子开关器件，用于小功率场合；半桥式逆变电路，采用两只开关器件、两只电容组成，用于中功率场合；全桥式逆变电路，采用四只开关器件，用于大功率无源逆变；推挽式逆变电路，用两只开关器件组成推挽式变换电路，用于低压逆变器较为适合。其中以半桥式和全桥式逆变电路应用较多。

3）按换流方式分为：负载换流型、脉冲换流（强迫换流）型和自然换流（器件换流）型三种。其中自然换流适用于采用全控型器件的逆变电路。

4）按换流方式分为：非谐振式逆变电路，输出波形为方波，用于对波形要求不严的场合；谐振式逆变电路。其中谐振式逆变电路按谐振方式不同分为串联谐振式和并联谐振式两种，串联谐振式逆变电路输出电流为正弦波，并联谐振式逆变电路输出电压为正弦波。

（3）无源逆变的主要用途

1）变频变压电源（VVVF）主要用于交流电动机变频调速。

2）恒频恒压电源（CVCF）用于 UPS 电源、航空电源、机车照明电源、通信电源等。

3）感应加热电源，用于如中频感应炉、电磁炉等感应加热设备。

2. 电压型逆变电路

（1）半桥式逆变电路

1）电路组成。如图 1—33 所示，由全控型器件和反并联二极管组成两个可控桥臂；另两个桥臂由两个容量足够大的电容器串联组成，中点电压为 $U_d/2$；负载接于电容中点与可控桥臂之间。

2）工作原理。VT1 与 VT2 交替导通，互补工作。VT1 导通时电流从 U_d 正极→VT1→负载→C2→U_d 负极，$u_o=U_d/2$；VT2 导通时电流从 U_d 正极→C1→负载→VT2→U_d 负极，$u_o=-U_d/2$。

$t_1 \sim t_2$ 期间，VT1 导通，C1 两端电压通过 VT1 加于负载两端，i_o↑（方向向左）；t_2 时刻 VT1 关断，同时给 VT2 导通信号，但电感使电流不能立即改变方向，通过 VD2 续流，i_o↓，当 $i_o=0$ 时 VD2 截止，同时 VT2 导通，i_o 反向（t_3 时刻）；t_4 时刻 VT2 关断，同时给 VT1 导通信号，i_o 通过 VD1 续流，i_o↓，当 $i_o=0$ 时，VD1 截止，VT1 导通……电压、电流波形如图 1—34 所示。

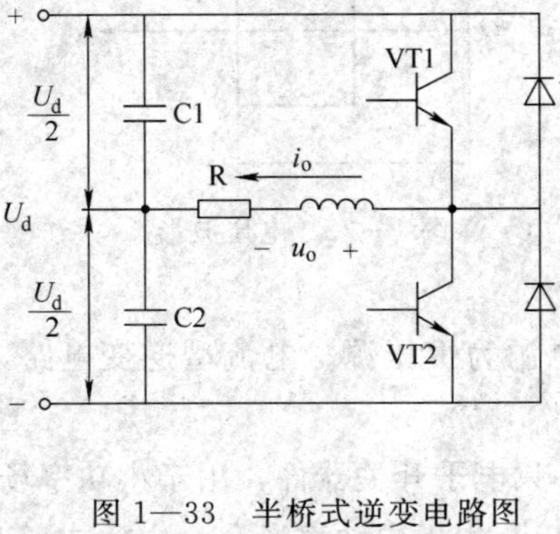

图 1—33　半桥式逆变电路图

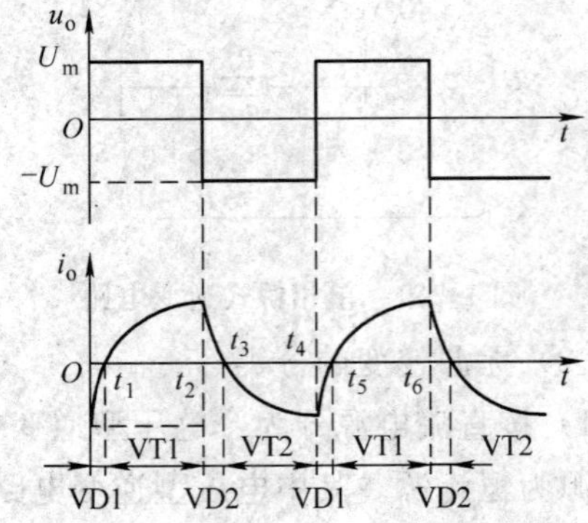

图 1—34　半桥式逆变电路电压、电流波形

3）特点。该电路简单，使用器件较少，但输出交流电压幅值较低（仅为 U_d 的一半），电容器串联存在均压问题，通常用于中小功率逆变装置中。

（2）全桥式逆变电路

1）电路组成。如图 1—35 所示，该电路

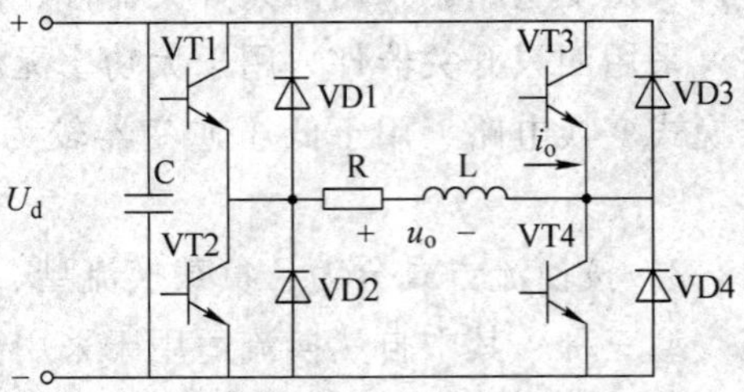

图 1—35　全桥式逆变电路

共有四个桥臂，各桥臂均由一只可控器件和一只反向并联二极管构成。

2）工作原理。VT1、VT4 与 VT2、VT3 交替轮流导通，互差 180°。

VT1、VT4 导通时，电流从 U_d 正极→VT1→负载→VT4→U_d 负极，$u_o=+u_d$；VT2 导通时，电流从 U_d 正极→VT3→负载→VT2→U_d 负极，$u_o=-u_d$。

在 VT1、VT4 关断后，VT2、VT3 导通前，VD2、VD3 续流，将负载能量反馈回直流侧；VT2、VT3 关断后，VT1、VT4 导通前，VD1、VD4 续流，将负载能量反馈回直流侧。

3）特点。全桥逆变电路与半桥逆变电路输出波形相同，但电压幅值高 1 倍，通常用于功率更大一些的逆变装置中。

4）有关计算

输出电压基波幅值：$U_{o1m}=1.27U_d$

输出电压基波有效值：$U_{o1}=0.9U_d$

（3）三相桥式逆变电路

1）电路组成。如图 1—36 所示，该电路由可控器件和反向并联的二极管组成三个半桥（六个桥臂），分别从各半桥的中点引出三相交流电源的相线。

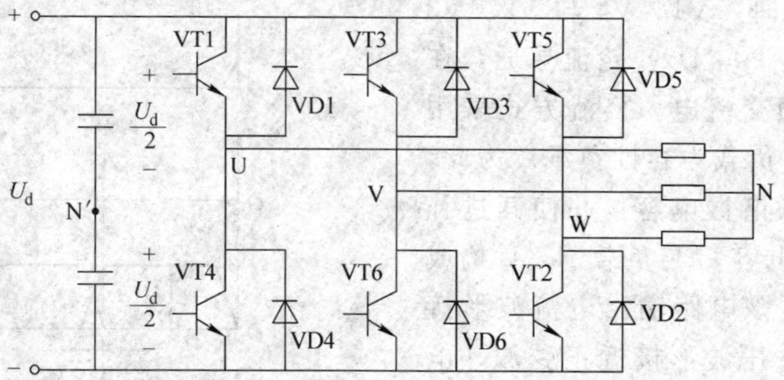

图 1—36　三相桥式逆变电路

2）工作原理。同一半桥上下两臂交替导通，180°换流（称为纵向换流），各相之间 120°换相，因此，各桥臂每 60°交错换流，每一时刻有三个桥臂同时导通，导通顺序为：VT1、VT2、VT3→VT2、VT3、VT4→VT3、VT4、VT5→VT4、VT5、VT6→VT5、VT6、VT1→VT6、VT1、VT2→VT1、VT2、VT3…。

3）有关计算

线电压有效值：$U_{UV}=0.816U_d$

线电压基波有效值：$U_{UV1}=0.78U_d$

相电压有效值：$U_{UN}=0.417U_d$

相电压基波有效值：$U_{UN1}=0.45U_d$

（4）电压型逆变电路的特点

1）直流侧接有大电容，相当于电压源，U_d 无脉动，直流回路阻抗低。

2）输出交流电压波形为方波，且与负载无关；输出电流波形按负载不同接近三角波或正弦波。

3）当负载为感性负载时，直流侧电容可缓冲无功电能。各桥臂应反向并联续流二极管，向直流侧反馈负载能量。

4）传送的功率是脉动的（因电流脉动）。

5）用于交-直-交变频调速时，若电动机工作于再生制动状态时，需给交-直整流桥再反向并联 1 组逆变桥，使电动机能向电源反馈能量。

3. 电流型逆变电路

（1）特点。输出交流电流为方波，且与负载无关；输出电压波形近似三角波或正弦波（与负载有关）。带感性负载时，因反馈无功能量时直流电流方向不变，故开关器件不用并联续流二极管，传送的功率是脉动的（因电压脉动）。

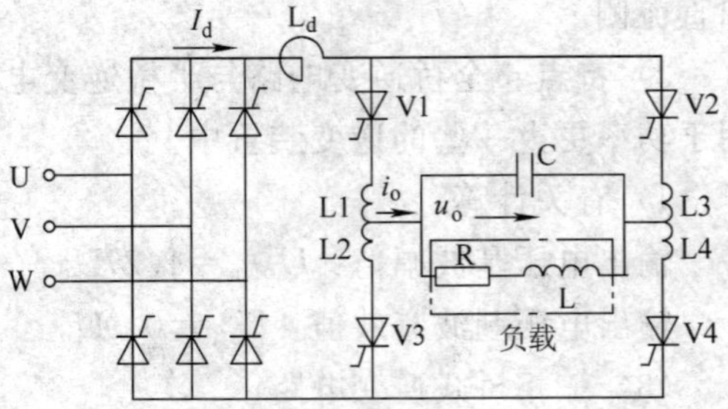

图 1—37　电流型逆变电路

（2）电路实例。单相桥式电流型（并联谐振型）逆变电路如图 1—37 所示，该电路共有四个桥臂，各桥臂由快速晶闸管（V1～V4）及换流电抗器（L1～L4）组成。

（3）工作原理。V1、V4 与 V2、V3 以中频（500～5 000 Hz）轮流导通，在负载上得到中频交流电。换流方式采用负载换流，要求负载为容性负载。为此，在负载两端并联谐振电容，并使其过补偿（呈容性）。电容 C 与负载 R、L 构成并联谐振回路。该电路输出电流波形接近方波，输出电压波形接近正弦波，电压、电流波形如图1—38所示。

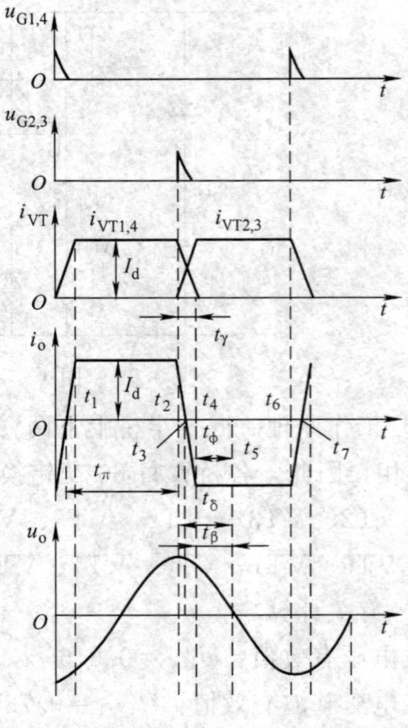

图 1—38　电流型逆变电路电压、电流波形

（4）有关计算

输出电流基波有效值：$I_{o1}=0.9I_d$

输出电压有效值：$U_o=1.11\dfrac{Ud}{\cos\varphi}$

二、交流调压与变频电路

交-交变换技术是指通过对电网交流电的电压（有效值）和频率进行控制和改变，从而向负载提供所需的交流电的技术，按控制目标分为交流调压和交流变频两种。

交流调压指保持电源频率不变，对交流电压进行控制和改变，常用于工业加热、灯光控制等场合，也可用于交流电动机降压调速和软启动等领域。交流变频是以交流电的频率为控制和调节的对象，用于交流电动机变频调速、感应加热、变频恒压电源等场合。

1. 交流调压电路

(1) 单相交流调压电路。单相交流调压电路通常采用两只普通晶闸管反向并联或一只双向晶闸管与负载串联，也可采用全控型器件组成。其电路如图 1—39 所示。

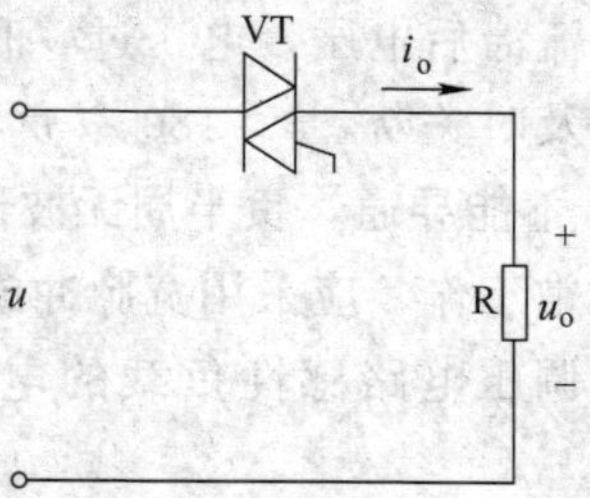

图 1—39　单相交流调压电路

1) 电阻性负载的情况。交流电正半周时，$\omega t=\alpha$之前 VT 不触发，$u_o=0$；$\omega t=\alpha$ 时 VT 触发导通，$u_o=u$，交流电的正半周加到负载两端；$\omega t=\pi$ 时，u 过零，VT 关断。

交流电负半周时，$\omega t=\pi+\alpha$ 之前 VT 不触发，$u_o=0$；$\omega t=\pi+\alpha$ 时 VT 触发导通，$u_o=u$，交流电的负半周加到负载两端；$\omega t=2\pi$ 时，u 过零，VT 关断。波形如图 1—40 所示。

若采用两只普通晶闸管反向并联，则正半周触发 VT1，负半周触发 VT2（相差 180°轮流触发）。

有关计算如下：

输出电压有效值：$U_o=U\sqrt{\frac{1}{2\pi}\sin(2\alpha+\frac{\pi-\alpha}{\pi})}$

输出电流有效值：$I_o=\frac{U_o}{R}$

电路的功率因数：$\cos\varphi=\frac{P}{S}=\frac{U_oI_o}{UI_o}=\sqrt{\frac{1}{2\pi}\sin(2\alpha+\frac{\pi-\alpha}{\pi})}$

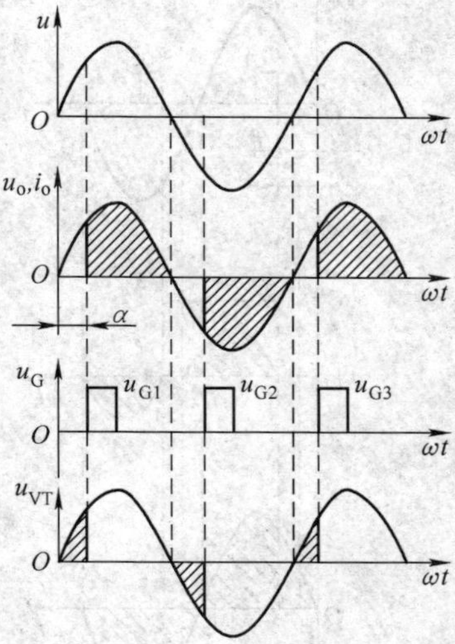

图 1—40　单相交流调压电路波形

调光台灯控制电路即为单相交流调压电路的电阻性负载的情况。如图 1—41 所示，该调光台灯控制电路较为简单，主要由双向晶闸管 VT、双向触发二极管 VD 以及电位器、电阻器、电容器等组成。调节电位器 RP 可调节电容 C2 的充电时间，从而改变 VT 的控制角，达到调节输出电压，改变灯泡亮度的目的。为使晶闸管能在半个周期移相范围内都能得到可靠触发，增加 R1、C1，从而可提高调光范围。

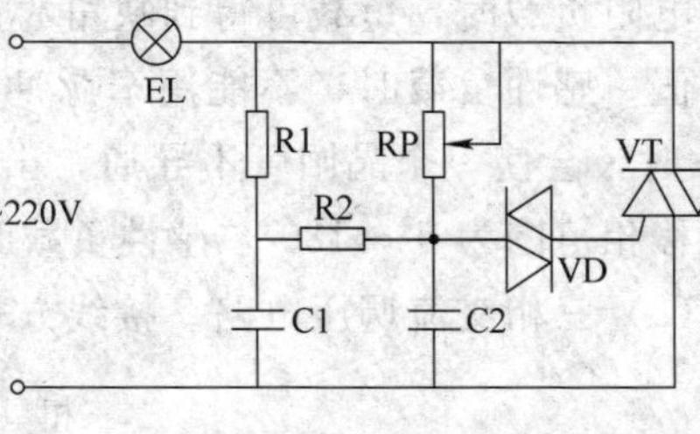

图 1—41　调光台灯控制电路

2) 感性负载的情况。该电路如图 1—42 所示。感性负载电流滞后电压，当电压过零时，电流不过零，造成晶闸管不能关断（直到电流过零时才能关断），使晶闸管的导通角与负载的阻抗角 φ 有关。

工作情况：当 $\alpha<\varphi$ 时，晶闸管导通角 $\theta<180°$，电流断续，此时 $\theta=\pi-\alpha$，随 $\alpha\uparrow\rightarrow\theta\downarrow$，负载可得到连续可调的交流电压；当 $\alpha=\varphi$ 时，$\theta=180°$，VT1、VT2 轮流导通，

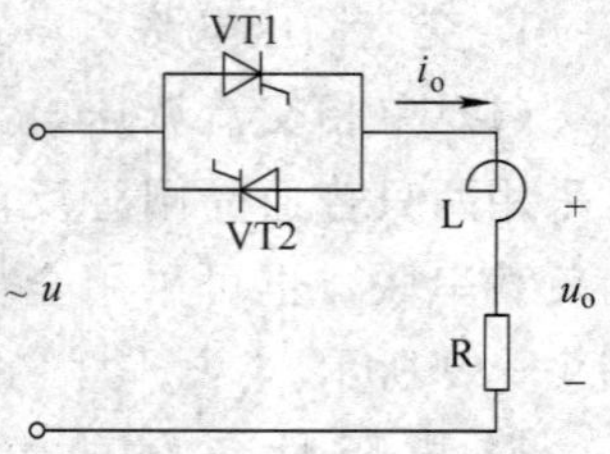

图 1—42　感性负载单相交流调压电路

波形临界连续，晶闸管失控，电路不能调压；当 $\alpha>\varphi$ 时，因电流滞后电压，电压过零时电流不能过零，造成晶闸管不能及时关断，$\theta>180°$；负半周时因 VT1 尚未关断，使 VT2 不能导通，负半周无波形，相当于半波整流。为使电路正常工作，应采用宽脉冲或脉冲列触发晶闸管。晶闸管交流调压电路感性负载的电压、电流波形如图 1—43 所示。

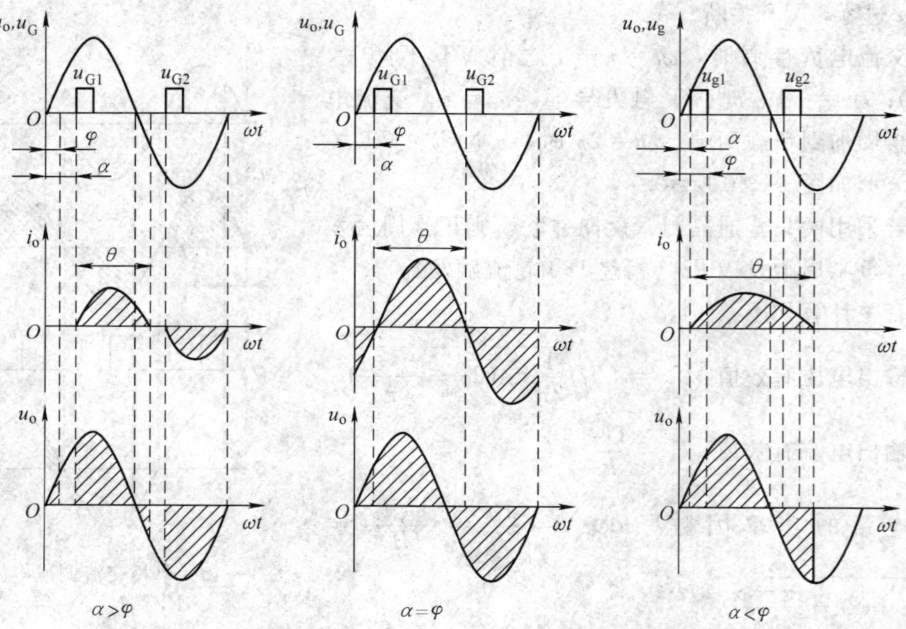

图 1—43　晶闸管交流调压电路感性负载的电压、电流波形

电阻负载时，负载可得到缺角的正弦波形，改变晶闸管控制角可连续调节负载电压有效值；感性负载时，不能用窄脉冲（应采用宽脉冲或脉冲列）触发晶闸管，否则当 $\alpha>\varphi$ 时，会使一个晶闸管不导通，出现半周工作情况，有可能烧毁电气设备；电阻负载时移相范围为 0°～180°，感性负载时移相范围为 φ～180°

（2）三相交流调压电路。接线方式如下，接线图如图 1—44 所示。

三相交流调压电路的接线方式
- 三相星形接线
  - 三相四线星形接线
  - 三相三线星形接线
- 三相三角形接线
  - 线路控制三角形接线
  - 支路控制三角形接线

1）三相四线交流调压电路。其电路由三个单相交流调压电路组合而成。各相工作情况与单相交流调压电路相同，此处不再重复。电阻负载时，每相电流为缺角的正弦波，含有较大的高次谐波，其中三次谐波流过零线，大小与控制角有关，当 $\alpha=90°$时谐波分量最大，故选择导线截面时应考虑谐波电流的影响。另外，三次谐波将在变压器中引起较大的漏磁，造成变压器发热和噪声。

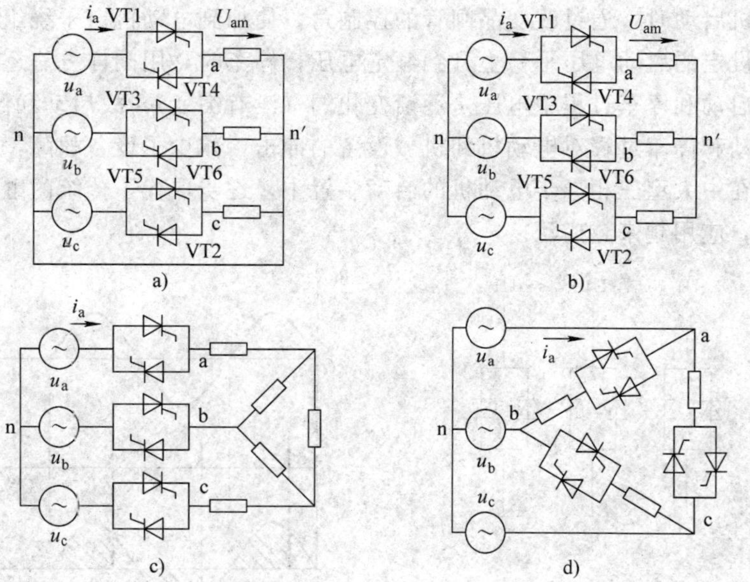

图 1—44　三相交流调压的接线方式

a）三相四线星形接线　b）三相三线星形接线

c）线路控制三角形接线　d）支路控制三角形接线

2）三相三线交流调压电路

①电路组成。晶闸管串接于三条电源线，负载可接成星形或三角形（线路控制三角形连接）。

②工作原理。当 $0°\leqslant\alpha<60°$ 时，电路工作在三个晶闸管和两个晶闸管同时导通的交替状态，每管导通（$180°-\alpha$），$\alpha=0°$ 时，三个晶闸管同时导通 180°，相当于普通三相交流电路；当 $60°\leqslant\alpha\leqslant90°$ 时，两个晶闸管同时导通，每管导通角为 120°，此时负载的相电压为导通相线电压的 1/2；当 $90°\leqslant\alpha<150°$ 时，电路工作在两个晶闸管同时导通和无晶闸管导通的交替状态，负载波形出现断续，当 $\alpha=150°$ 时，晶闸管不能被触发导通，故移相范围为 0°～150°。

③特点。该电路因没有中线，任一相晶闸管导通时必须与另一相晶闸管构成通路，即至少有两相各一只晶闸管同时导通，所以晶闸管应采用宽脉冲或双脉冲触发，三相触发脉冲相差 120°，同组反并联两个晶闸管脉冲相差 180°。三相三线交流调压电路中无三次谐波电流分量。

3）支路控制的交流调压电路

①电路组成。负载三角形连接，晶闸管与每相负载串联。

②工作原理。与单相交流调压电路相同，每一相工作于线电压。

③特点。三次谐波只在负载回路中流过，线电流无三次谐波分量；晶闸管串接于相电流回路中，比线路控制的调压电路额定电流小。

4）三相交流调压电路应用实例——软启动器。软启动器用于三相异步电动机的软启动与软停车控制，适用于轻载启动的电动机，如水泵电动机、风机电动机、压缩机电动机等场合。软启动装置的主线路采用晶闸管三相三线交流调压电路组成，如图 1—45

所示。电动机启动时，通过改变晶闸管的控制角，使加到电动机定子绕组的三相电压连续变化，从设定的启动电压平稳上升到额定电压；停车时，用同样方法逐渐降低定子绕组电压。因启动和停车过程中电压是逐渐变化的（没有突变），故启动和停车过程平稳，并降低了启动和停车过程对电动机和机械设备的冲击，减少了设备故障，提高了使用寿命。因此，在中大型三相异步电动机的启动装置中，逐步取代了传统的继电接触减压启动控制线路，应用越来越广泛。

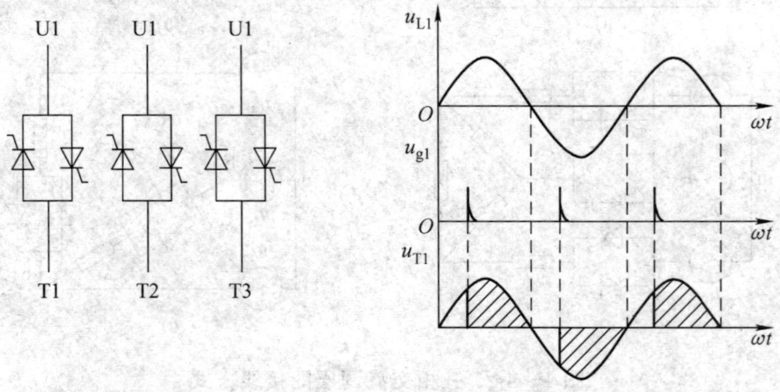

a)　　　　b)

图 1—45　软启动装置的主线路及电压波形

a）主线路　b）电压波形

（3）晶闸管交流开关和交流调功电路

1）晶闸管交流开关。这是指采用晶闸管或其他电力电子器件代替交流开关或接触器、继电器等开关电器，可实现以小电流控制高电压、大电流的通断，具有无触点、开关速度快、使用寿命长、噪声低、维修量小、可频繁操作等优点。

单元 1

晶闸管交流开关通常有三种电路形式，如图 1—46 所示。一种是采用两只普通晶闸管反向并联的线路，如图 1—46a 所示。当 S 闭合时，电源正半周 VT1 导通，负半周 VT2 导通，负载得到交流电压，当交流电过零时，晶闸管自然关断。还可采用一只双向晶闸管构成，比采用两只普通晶闸管反向并联的线路简单，如图 1—46b 所示。还有采用一只晶闸管和整流桥组成的交流开关线路，如图 1—46c 所示。该线路晶闸管只承受正向电压，但线路较复杂，压降及功耗较大。

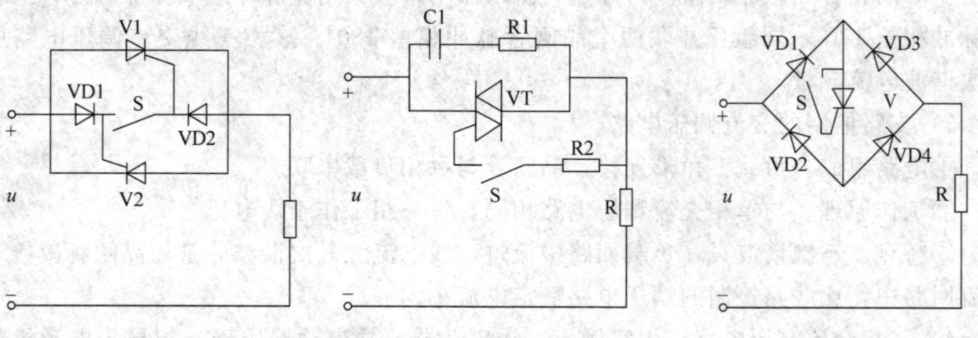

a)　　　　b)　　　　c)

图 1—46　晶闸管交流开关的线路类型

a）普通晶闸管反向并联　b）双向晶闸管　c）一只晶闸管和整流桥

2）晶闸管交流调功电路。这是指不是采用移相触发，通过改变晶闸管的控制角来改变负载电压，而是通过改变晶闸管通断的周波数（单位时间内的导通次数）来调节负载得到的平均功率。晶闸管交流调功电路采用零触发技术，在交流电过零时（3°～5°内）触发晶闸管，使负载得到几乎完整的正弦波，克服了移相触发带来的波形不好、高次谐波大的缺点。电路的通断频率低于电源频率，会造成照明负载发光闪烁，故常用于电热负载。

有关计算如下：

负载交流电压有效值：$U_o=\sqrt{\frac{n}{m}}U$

负载有功功率：$P_o=\frac{n}{m}P$

式中　n——导通周期数；

m——控制周期数；

U、P——全导通时的电压和功率。

2. 交流变频电路

交流调压电路只对交流电源的通断进行控制和对电压（有效值）进行调节，并不改变电源频率。而交流变频电路则是以电源频率为主要控制目标，可将来自电网的交流电变换为电压和频率都可调的交流电。交流变频电路广泛应用于低速大功率交流电力拖动和变频调速系统。实现变频的方案有以下两种：

第一，交-直-交变换，先经 AC/DC（整流）变换，将交流电变换为直流电，然后再经 DC/AC（逆变）变换为所需频率的交流电。

第二，交-交变换，直接将工频交流电变换为频率可变的交流电，省去了中间的直流环节。

单元 1

交流变频电路的类型有很多，按相数分有单相变频电路和三相变频电路；按输出波形分有正弦波输出的变频电路和方波输出的变频电路；按输出控制量分有电压型变频电路和电流型变频电路；按运行方式可分为有环流系统和无环流系统。

（1）交-交变频电路。交-交变频电路多由三相电源供电，电路由正反两组晶闸管变流器反向并联构成，电路如图 1—47 所示。正组工作时负载电流 i_o 为正，反组工作时负载电流 i_o 为负，两组按一定频率交替工作，负载就得到相应频率的交流电。调节控制角 α 可改变输出电压幅值。

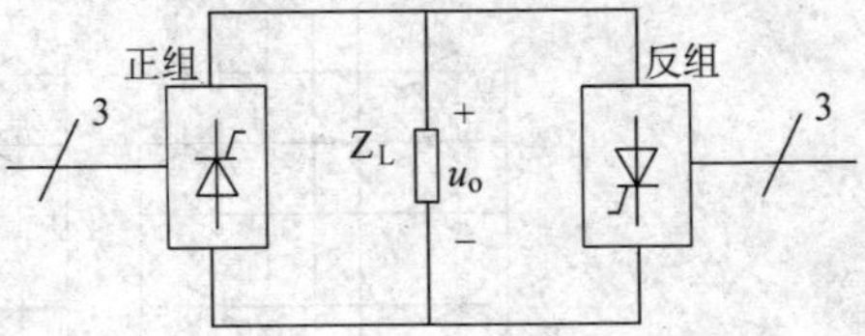

图 1—47　交-交变频电路示意图

为使 u_o 接近正弦波，可按正弦规律调节 α 角，使其在半个周期中按正弦规律从90°逐渐减小到 0°或某个角度，再逐渐增大到 90°，则输出电压将按正弦规律从零逐渐增加到最大值，再从最大值逐渐减小到零。同样，调节反组变流器的 α 角得到 u_o 的负半周，图 1—48 所示为正组变流器的工作波形。

1）三相全控桥式变流器变频电路（单相输出）。该电路如图 1—49 所示，电路采用无环流工作方式，即一组变流器工作时，另一组变流器封锁触发脉冲（不工作）。感性负载时 i_o 滞后 u_o。

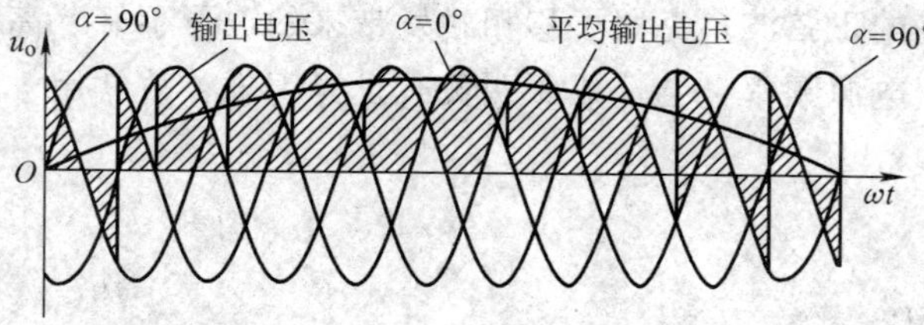

图 1—48　交-交变频电路波形图

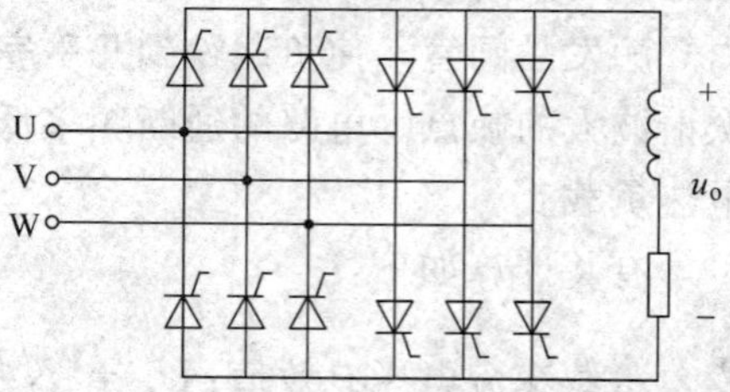

图 1—49　三相全控桥式变流器变频电路

i_o 为正半周时，只有正组工作，反组封锁脉冲。当 u_o 为正时，正组工作在整流状态，能量从电源→负载；u_o 为负时，正组工作在逆变状态，能量从负载→电源；当 i_o 过零时，电路由正组工作切换到反组工作。

i_o 为负半周时，只有反组工作，正组封锁脉冲。当 u_o 为负时，反组工作于整流状态；u_o 为正时，反组工作于逆变状态；当 i_o 过零时，电路由反组工作切换到正组工作。

所以，正组与反组的切换取决于 i_o 的正负；整流或逆变取决于 u_o 与 i_o 正负是否一致。

2）三相交-交变频电路。它由三组输出电压相位互差 120°的单相变频电路组合而成，接线方式有公共交流母线式和输出星形接线式两种。

单元 1

①公共交流母线式。该电路如图 1—50 所示，由三个彼此独立的单相变频电路组合而成，电源进线通过进线电抗器接在公共交流母线上。因电源接于同一母线，要求三组变频器输出端必须相互隔离，否则将造成相间短路，故三相电动机绕组必须拆开原来联结（Y 联结或△联结），各相单独接线。

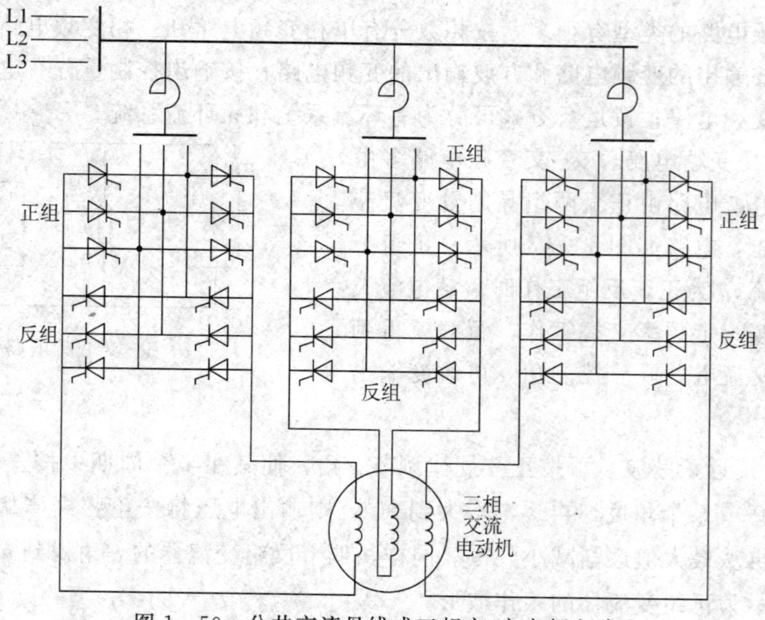

图 1—50　公共交流母线式三相交-交变频电路

②输出星形接线式。该电路如图 1—51 所示，三组变频器输出端采用星形联结，电动机绕组也采用星形联结。因输出端接在一起，为防止相间短路，变频器电源侧必须隔离，应分别由三个变压器来供电。

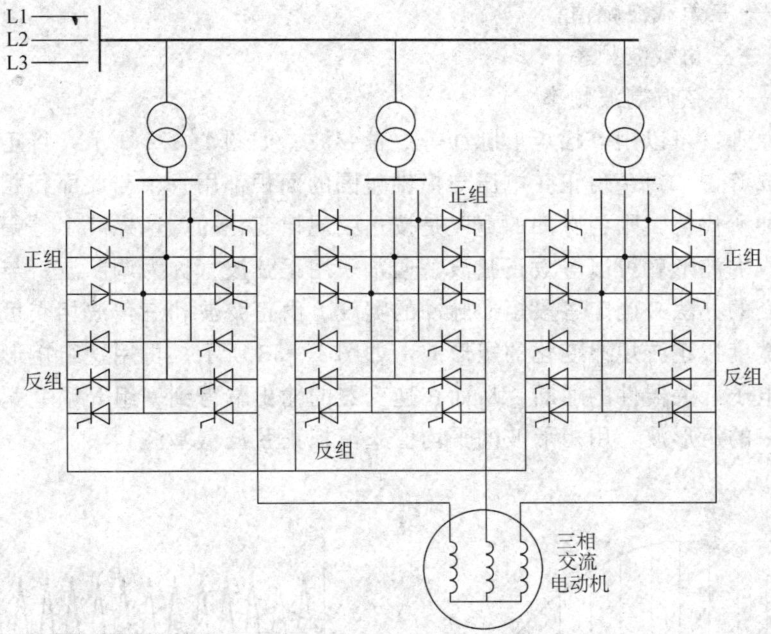

图 1—51 输出星形接线式三相交-交变频电路

3）交-交变频的优缺点

①优点。交-交变频属一次换能，没有中间直流环节，换流损耗小，效率高；采用电网自然换流，工作可靠性高；可实现整流、逆变两种工作状态，能实现四象限运行，用于可逆调速系统。

②缺点。最高输出频率必须低于电源频率（一般为电源频率的 1/3），且波形随输出频率的升高而变坏，故一般用于低速、大容量的电力驱动系统中；功率因数低，且随电压与频率的降低而下降；线路较复杂，不适合小功率场合。

（2）交-直-交变频电路。交-直-交变频电路采用正弦脉宽调制（SPWM）技术，通过控制电子开关器件的通断时间，即通过调节电子开关器件的导通脉冲宽度来改变输出电压的频率和大小。该电路具有输出波形好、频率调节范围宽、效率高、体积小、质量轻、调节性能好等优点，获得了广泛的应用。

1）正弦脉宽调制技术。用一组等幅变宽的矩形波可以模拟正弦波，且输出正弦波的频率与正弦调制波相同，只要改变调制波的频率就可以改变输出正弦电压的频率；用三角载波与正弦调制波的交点确定输出脉冲的宽度，改变调制波的幅值就可以改变输出电压的大小；由载波调制正弦波而获得脉冲宽度按正弦规律变化，并和正弦波等效的脉宽调制（PWM）波形称为正弦脉宽调制技术。SPWM 的主要参数有调制度（调制比）M 和载波比 N：

$$M=\frac{U_{\mathrm{sm}}}{U_{\mathrm{cm}}}$$

$$N=\frac{f_c}{f_s}$$

式中 U_{sm}——正弦调制波幅值；

U_{cm}——三角载波幅值；

f_c——三角载波频率；

f_s——正弦调制波频率。

其工作原理：可以用等幅矩形脉冲等效正弦波。如图 1—52 所示，将正弦波的半个周期划分为 n 等份，每一份正弦电压与横轴包围的面积都用一个与此面积相等的幅值不变的矩形脉冲所代替，则各脉冲的宽度是按正弦规律变化的。这样 n 个等幅不等宽的矩形脉冲所组成的波形就可以等效正弦波。通常采用正弦波（称为调制波）与三角波（称为载波）相交的办法来确定各段矩形脉冲的宽度。由正弦波和三角波相交可以得到一组幅值不变、宽度按正弦规律变化的矩形波，如图 1—53 所示。再用这组矩形脉冲作为控制信号控制电子开关器件的通断，从而在逆变器的输出端得到一组等幅变宽（脉宽按正弦规律变化）的矩形波，用矩形波的平均值来模拟正弦波（基波）。

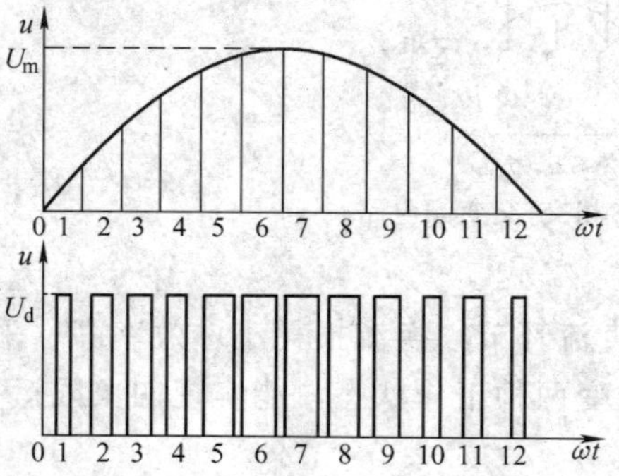

图 1—52 用等幅矩形脉冲等效正弦波

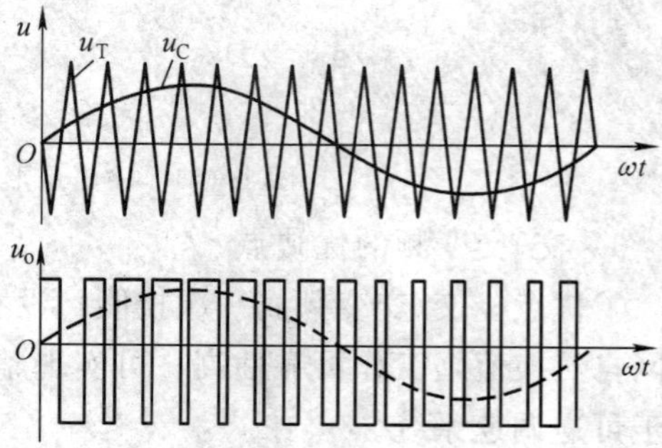

图 1—53 等效矩形脉冲的产生

单元
1

2）单极性正弦脉宽调制。正弦调制波与三角载波相交时，当正弦波电压绝对值大于三角波电压时，开关器件导通，反之截止。每半个周期内输出脉冲中间宽，两端窄，极性一致。该调制要求：

①载波比越大，则输出波形越接近正弦波，故要求 $N\gg1$。但随 $N\uparrow\rightarrow$载波频率 $f_c\uparrow\rightarrow$器件开关速度$\uparrow\rightarrow$开关损耗$\uparrow$。

②当正弦调制波幅值 U_{sm} 接近三角载波幅值 U_{cm} 时，器件关断时间过小，会造成关断速度较慢的器件来不及关断，所以要求 $M<1$。

3）双极性正弦脉宽调制。以单相桥式逆变电路为例，如图 1—54 所示。

①工作原理。由正负对称的三角波与正弦波比较得到开关管 VT1～VT4 的控制信号，VT1、VT4 与 VT2、VT3 轮流导通，每半个周期得到平均值为正极性或负极性的高频脉冲输出电压，其基波接近正弦波。控制正弦调制波 u_s 的幅值和频率就可以改变输出电压的大小和频率。

②要求。为使输出电压为奇函数，并在 0～π 内对称于 π/2，应使载波比 N 为奇数；为兼顾开关频率与开关损耗的矛盾，应选用开关损耗小的器件，如 IGBT、MOSFET 等

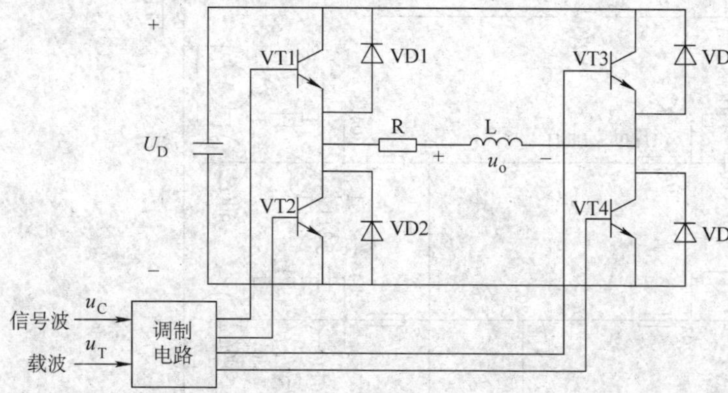

图 1—54　单相桥式逆变电路

电力电子器件；为防止上下桥臂同时导通引起短路，应在电路上采取措施，保证管子先关断后导通的换流次序。

③特点。采用 SPWM 技术的交-直-交变频器属于 PWM 电压型逆变器，输出电压接近正弦波，电动机负载运转平稳，低速运行效果好，但输出电压基波幅值较低，直流电源利用率不高。

三、中高频电源电路

1. 中频电源电路

中频电源电路是一种利用电力电子技术将 50 Hz 工频交流电变换为中频交流电的电源设备，主要用于感应加热和熔炼设备中，可取代中频发电机组，是一种较先进的静止变频设备。我国工业中频的频率等级为 1 kHz、2.5 kHz、4 kHz、8 kHz 四种。因为中频频率是晶闸管所能达到的工作频率，所以晶闸管中频电源装置在工业感应加热设备中获得了较为广泛的应用。晶闸管中频电源的基本原理是先通过三相全控桥式整流电路将三相工频交流电变换为可调的直流电，并经直流电抗器滤波，供给晶闸管单相桥式并联型逆变器，再由逆变器将直流电变换为中频交流电供给负载。因此，它是一种交-直-交型晶闸管变频装置，其基本组成主要包括晶闸管可控整流电路、滤波电路、逆变电路及其相应的晶闸管触发电路以及控制和保护电路。现以较为通用的 KGPS100－1 型晶闸管中频装置为例，简要介绍晶闸管中频电源的电路基本组成和工作原理。

(1) 基本组成及电路图。KGPS100－1 型晶闸管中频电源的输入电源为交流 380 V/50 Hz三相交流电源，输出频率为 1 kHz 的单相中频交流电，额定输出功率为 100 kW。该装置主要由整流器、滤波器、逆变器、负载和控制电路等部分组成，其电路如图 1—55～图 1—58 所示。

(2) 主电路。KGPS100－1 型晶闸管中频电源的主电路主要由整流电路、逆变电路、负载电路和滤波电抗器组成，滤波电抗器 L_d 置于整流电路和逆变电路之间，如图 1—59 所示。现将各部分电路简要介绍如下：

1) 整流电路。如图 1—55 所示，整流电路采用了晶闸管三相全控桥式整流电路，由 V1～V6 四只晶闸管组成。来自电网的 380 V 三相交流电经断路器 QF、交流接触器 KM2 送往晶闸管整流电路。为防止过电网电压和浪涌电压危害晶闸管，在电源输入端

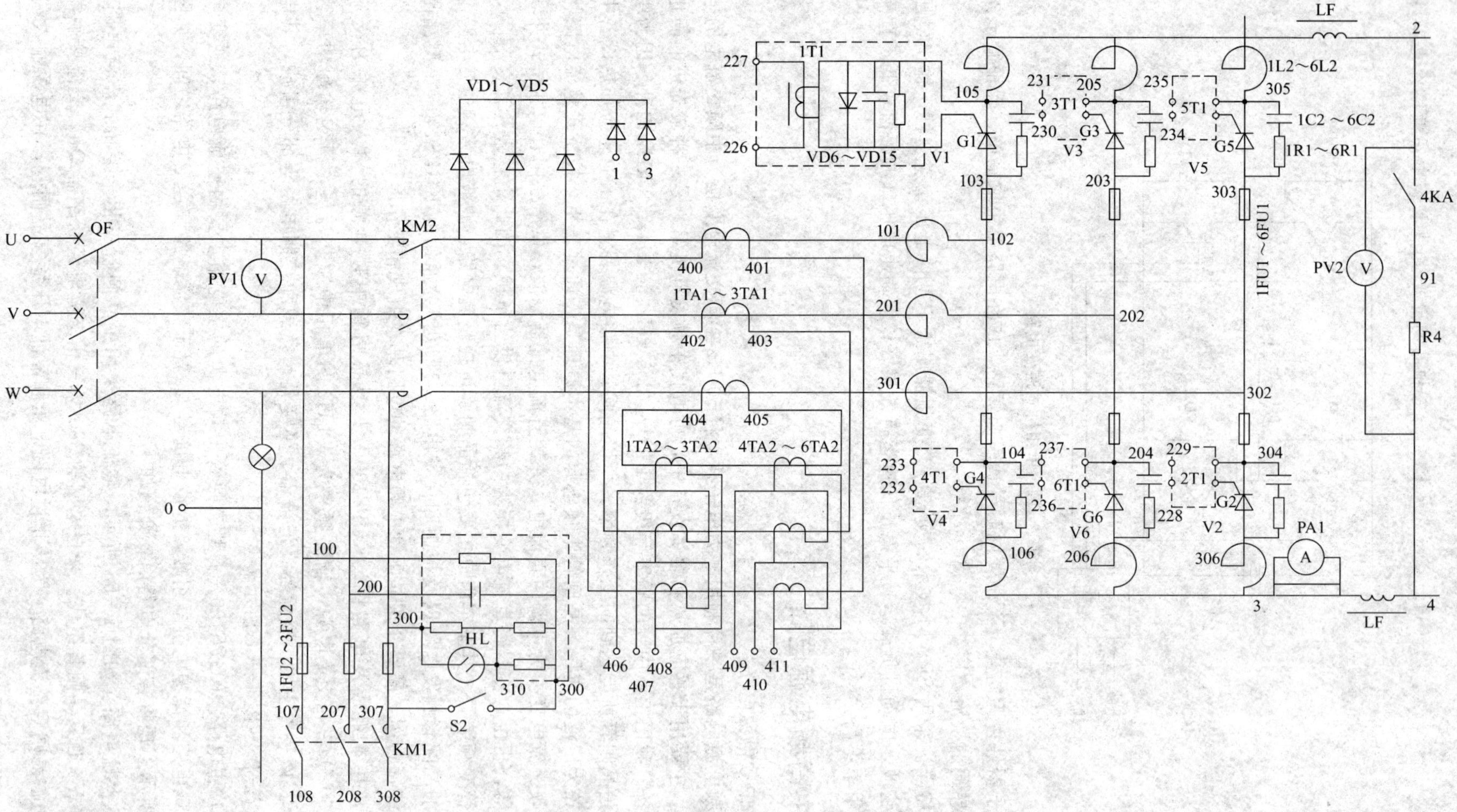

图 1—55　KGPS100-1 型晶闸管中频电源电气原理图——整流电路

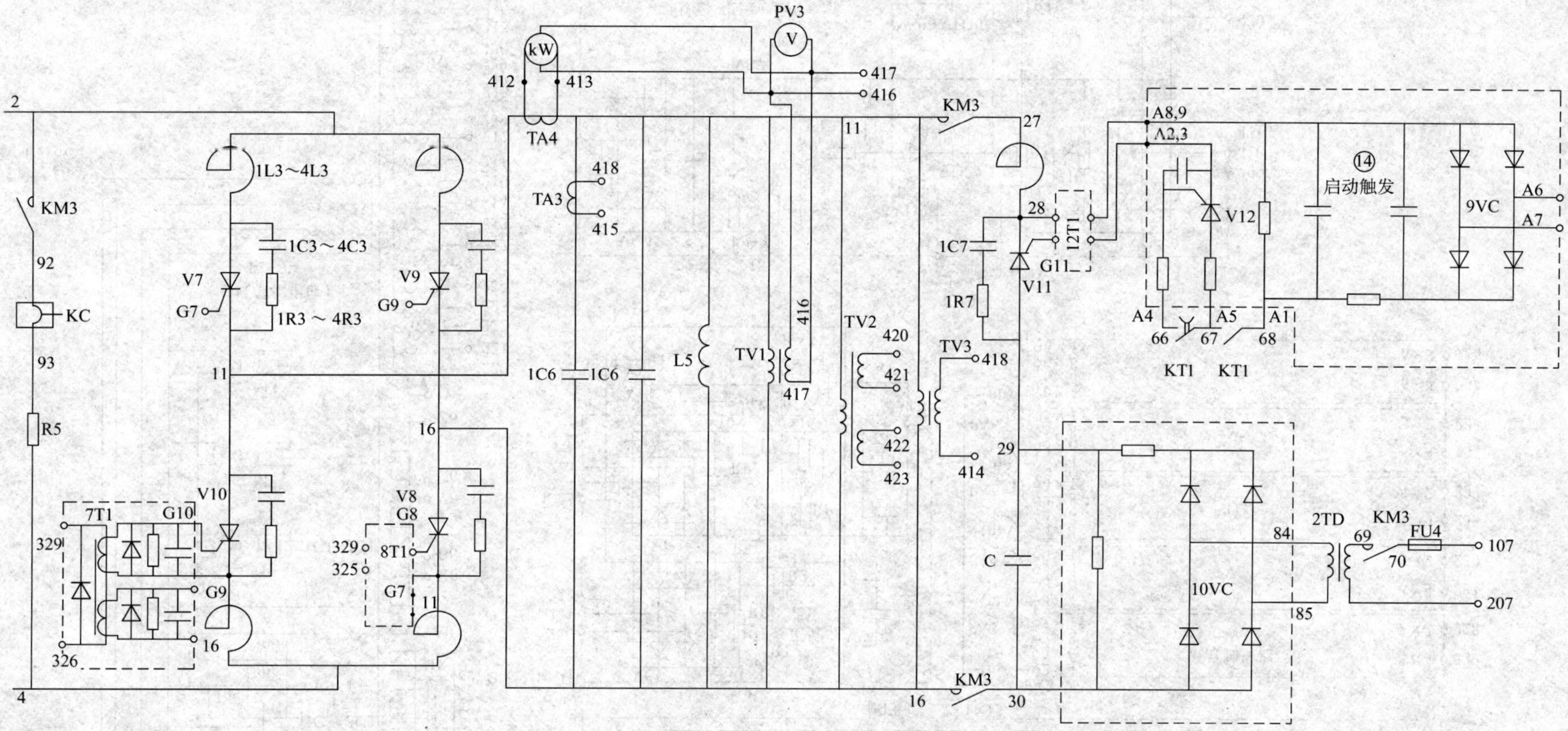

图 1—56 KGPS100－1 型晶闸管中频电源电路图——逆变电路

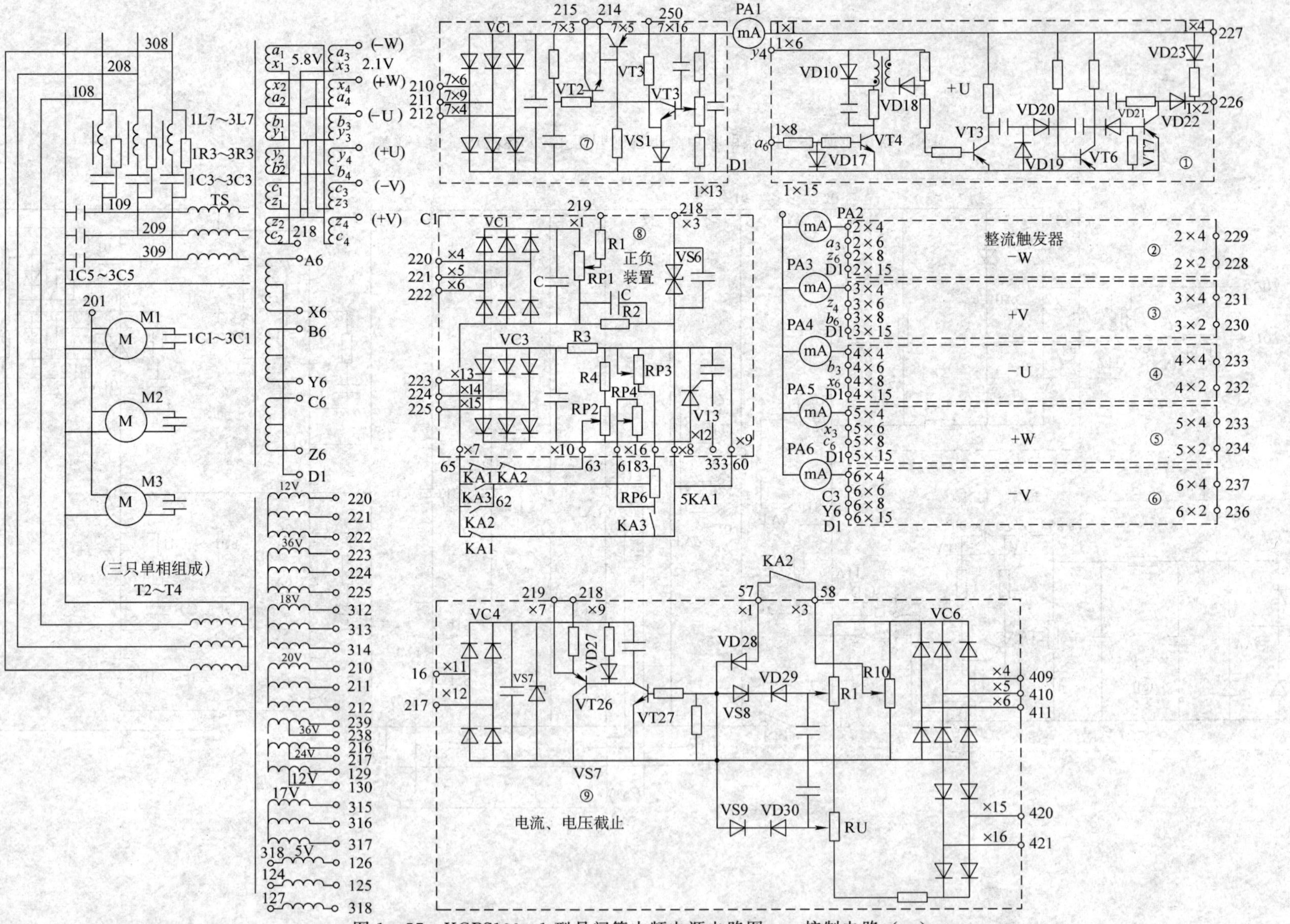

图 1—57　KGPS100 - 1 型晶闸管中频电源电路图——控制电路（一）

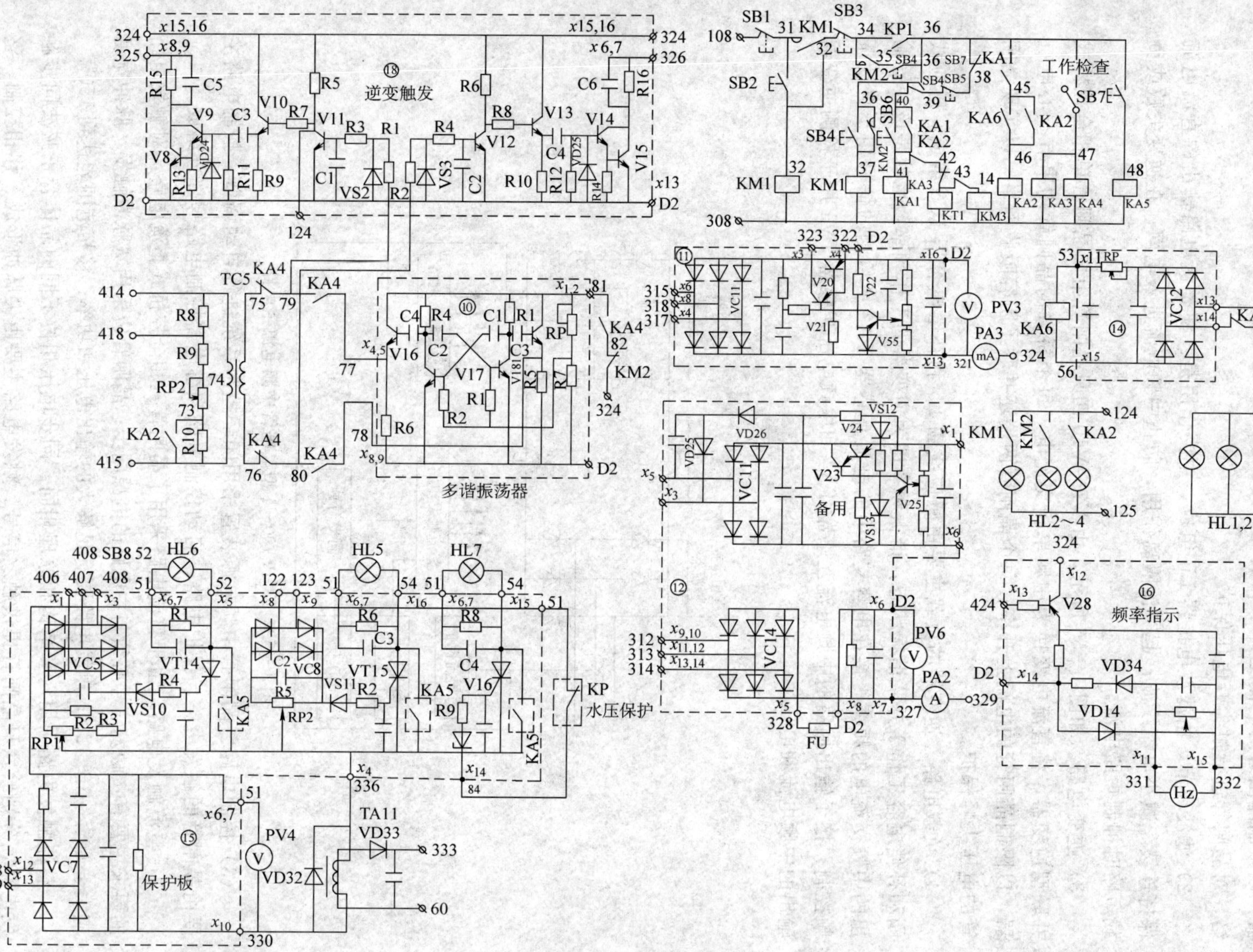

图 1—58 KGPS100 - 1 型晶闸管中频电源电路图——控制电路（二）

接入了过压保护装置（VD1～VD5）。另外，每只晶闸管还串有空心电抗器及快速熔断器，以限制晶闸管的电流上升率和实现短路保护；并且每只晶闸管均并联组容吸收网络，对晶闸管进行过尖峰电压保护。

2）滤波环节。由滤波电抗器 LF 组成，主要作用是：使整流电路输出的直流电流保持连续，减小电流纹波；起交流隔离作用，防止中频电流进入电网；在逆变失败或负载短路时抑制短路电流。

3）逆变电路。如图 1—56 所示，由 V7～V10 四只晶闸管组成晶闸管单相全控桥式并联型逆变器，将直流电变换为中频单相交流电。每个桥臂的晶闸管均串有空心电抗器，以限制晶闸管的电流上升率；每个晶闸管两端还并联了阻容吸收网络，以实现晶闸管的电压尖峰保护。

4）负载电路。逆变器的负载主要由感应线圈 L5 和补偿电容器 1C6 组成。感应线圈和补偿电容工作于并联谐振状态，谐振频率即为逆变器的工作频率，也就是该装置输出的中频交流电的频率。接在电容支路中的电流互感器 TA3 所检测的信号用于自动调频控制；接于输出回路的中频电流互感器 TA4 和中频电压互感器 TV1 用于检测逆变器输出的中频电流和电压。

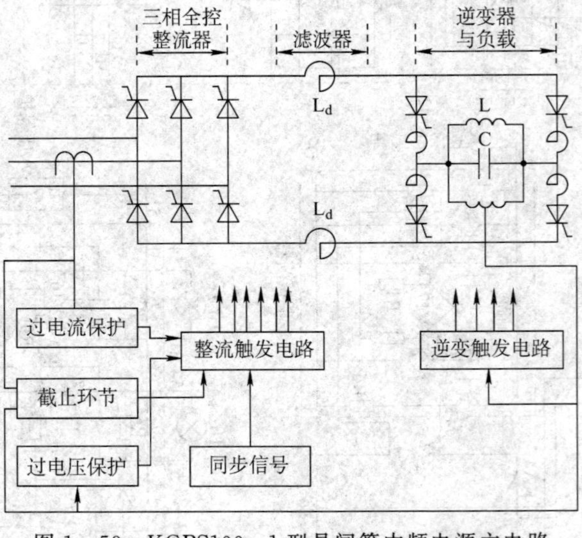

图 1—59　KGPS100－1 型晶闸管中频电源主电路

（3）控制电路。晶闸管中频电源装置采用闭环控制系统进行自动调节。控制电路主要由晶闸管的触发电路、保护电路、启动控制电路和继电器控制电路等部分组成。

1）整流触发电路。由于整流电路采用了晶闸管三相全控桥式整流电路，对触发电路的要求主要有：触发信号必须与主电路的电源同步；晶闸管应采用宽脉冲触发，脉冲宽度应大于 60°，小于 120°；触发电路要有足够大的输出电压和功率；移相范围能达到 150°。

整流触发电路采用六套结构和原理相同、同步电压相位不同的晶体管正弦波同步触发电路，分别给六只晶闸管提供触发信号。触发电路主要由尖脉冲形成、移相控制、整形功放和输出回路等环节组成，如图 1—60 所示。其工作原理如下：

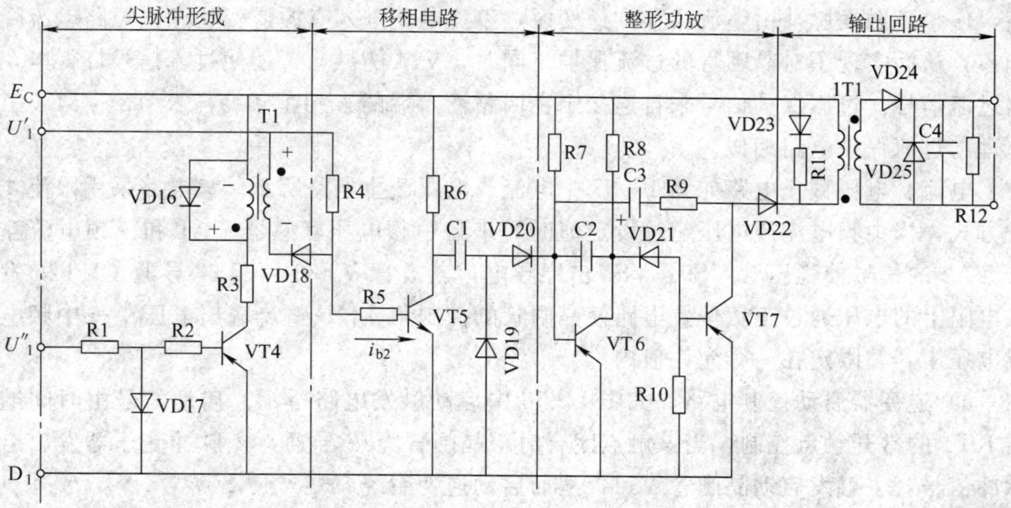

图 1—60　KGPS100－1 型晶闸管中频电源整流触发电路

取自同步变压器的超前于晶闸管阳极电压 150°的正弦波信号 U_i'（主同步信号）和与阳极电压同相位的正弦波信号 U_i''分别加到触发电路输入端，经尖脉冲形成电路（由 VT4 等组成）将 U_i''变为尖脉冲，并与 U_i'叠加后，作为同步信号加到 VT5 的基极。工作于开关状态的 VT5 和 RC 微分电路组成移相控制电路，当 VT5 由截止转变为饱和时，集电极输出一脉冲信号。该脉冲信号经整形电路变为宽度符合要求的矩形波信号，再经功率放大后，由输出回路送给晶闸管的门极。触发脉冲的相位取决于 VT5 的导通转换时刻，而 VT5 的导通时刻又取决于加到其基极信号的相交点（即交流同步信号和直流控制信号的交点）。因此，只要改变 VT5 基极信号的合成，就能达到移相的目的。

2）逆变触发电路。如图 1—58 中逆变触发电路所示，主要包括脉冲形成和逆变触发两大部分。为保证晶闸管可靠触发，由脉冲形成电路（自激多谐振荡器）产生的信号经逆变触发电路进行整形和放大后，再把功率足够大的脉冲信号送到晶闸管门极。取自中频电压互感器 TV3 和电流互感器 TA3 的信号用于中频电压和频率的自动调节。

3）正负偏置电路。如图 1—57 中正负偏置电路（虚线框⑧）所示。停机或脉冲封锁保护动作时，给定信号为零，而此时应使整流触发脉冲位于 $\alpha=150°$位置，这时所需的偏置电压称为正偏电压；负偏电压即为给定信号，改变负偏电压可以达到移相的目的。正偏电压的大小由电位器 RP1 调节；负偏电压可由 RP2、RP3 等电位器来调节。

4）保护电路。晶闸管中频电源装置的保护电路主要包括过电流、过电压保护环节和电流电压截止环节。

过电流、过电压保护电路如图 1—58 中保护板电路所示。该电路主要由二极管桥式整流电路、稳压管、晶闸管、信号灯和脉冲变压器等组成。过流保护信号来自整流电路中的电流互感器 TA2，经三相整流桥，在电阻 R2 上得到直流电压信号。当电路发生过电流时，该信号击穿稳压管 VS10，且将晶闸管 V14 触发导通。V14 导通后，通过脉冲变压器 TA11 输出一脉冲信号，触发“正负偏置”板上的晶闸管 V13，将偏置电路短

单元 1

路，使整流触发脉冲由整流区移到逆变区，整流电路进入有源逆变状态，短路电流降低到零，从而实现了对晶闸管的过流保护。同时，V14 的导通，还使过流信号灯得电，发出过流信号。过压保护信号来自连接于主回路输入端的三相工频变压器 T2～T4，工作原理与过流保护电路相似。

电流、电压截止电路如图 1—57 中电流、电压截止电路所示。该电路采用限流式保护方式，当中频电流或电压超过设定值时，来自中频电压互感器 TA1 和工频电流互感器 TA2 的信号使稳压管 VS9、VS8 击穿导电，三极管 VT26、VT27 导通，VT26 发射极电阻上的电压通过正负偏置电路使晶闸管的控制角 $\alpha\uparrow\rightarrow$整流输出电压$\downarrow\rightarrow$中频电流或电压$\downarrow$，并限定在一个允许值内。

5）逆变器启动控制电路。如图 1—56 中启动触发电路所示。启动信号由时间继电器 KT1 的常开触点控制，当该触点闭合时，晶闸管 V12 导通，经脉冲变压器发出启动脉冲信号，去触发启动晶闸管 V11，从而启动逆变系统。

6）继电器控制电路。该中频电源装置的启动、运行、停车、保护等环节都离不开继电器控制电路。继电器控制电路如图 1—58 中的右上方电路所示，主要包括工频电源控制、整流电路控制和逆变电路控制三大部分。工频电源控制部分包括主电路的接触器 KM1、KM2，由按钮 SB1～SB4 控制它们的通、断，并通过指示灯显示动作状态。整流控制电路包括继电器 KA1 和直流电压建立继电器 KA3、KA4。逆变控制电路包括时间继电器 KT1、接触器 KM3、中频工作继电器 KA2 以及复位继电器 KA5。

2. 高频电源电路

高频电源电路的工作频率为几百千赫到几兆赫，主要应用于钢质工件的表面淬火等热处理设备，在特种合金熔炼、半导体提纯和焊接等生产领域的感应加热设备中也获得了广泛的应用。由于受晶闸管开通和关断时间的影响，晶闸管逆变装置的工作频率不能太高，因此，大功率高频电源设备通常采用电子管振荡器构成。现以 GP100－C3A 型高频加热电源为例，简要介绍高频电源电路的基本组成和工作原理。

GP100－C3A 型高频电源装置主要由交流电源输入电路、高压整流电路、高频振荡电路以及控制和保护电路等部分组成，其电路图如图 1—61～图 1—63 所示。

（1）交流电源输入电路。交流电源输入电路主要由电源滤波器和交流调压电路组成。本装置的输入电源为工频三相交流电源，在电源输入端接有 LB－300 型和 LB－311 型两组 LRC 的低通滤波器，它们串接在交流电源与高频设备之间，能保证工频电源顺利进入高频设备，同时阻止设备产生的高频信号传送到交流电网，以避免对其他电子设备的工作造成影响。交流调压电路由三组反并联晶闸管（V1～V6）构成三相交流调压电路，将来自电网的 380 V 三相电压变换为 0～380 V 连续可调的三相电压。六只晶闸管的触发电路完全相同，采用晶体管锯齿波移相触发电路，触发信号为脉宽 60°～90°的宽脉冲，以保证不同相中各有一只正向晶闸管和一只反向晶闸管能同时导通，构成电流通路。

（2）高压整流电路。高压整流电路由整流变压器和整流电路组成。整流变压器是一个升压变压器，晶闸管三相交流调压电路输出的可调交流电压经整流变压器升压后送给高压整流器，当一次线电压为 380 V 时，二次电压将被升高为线电压 10 kV 的高压，

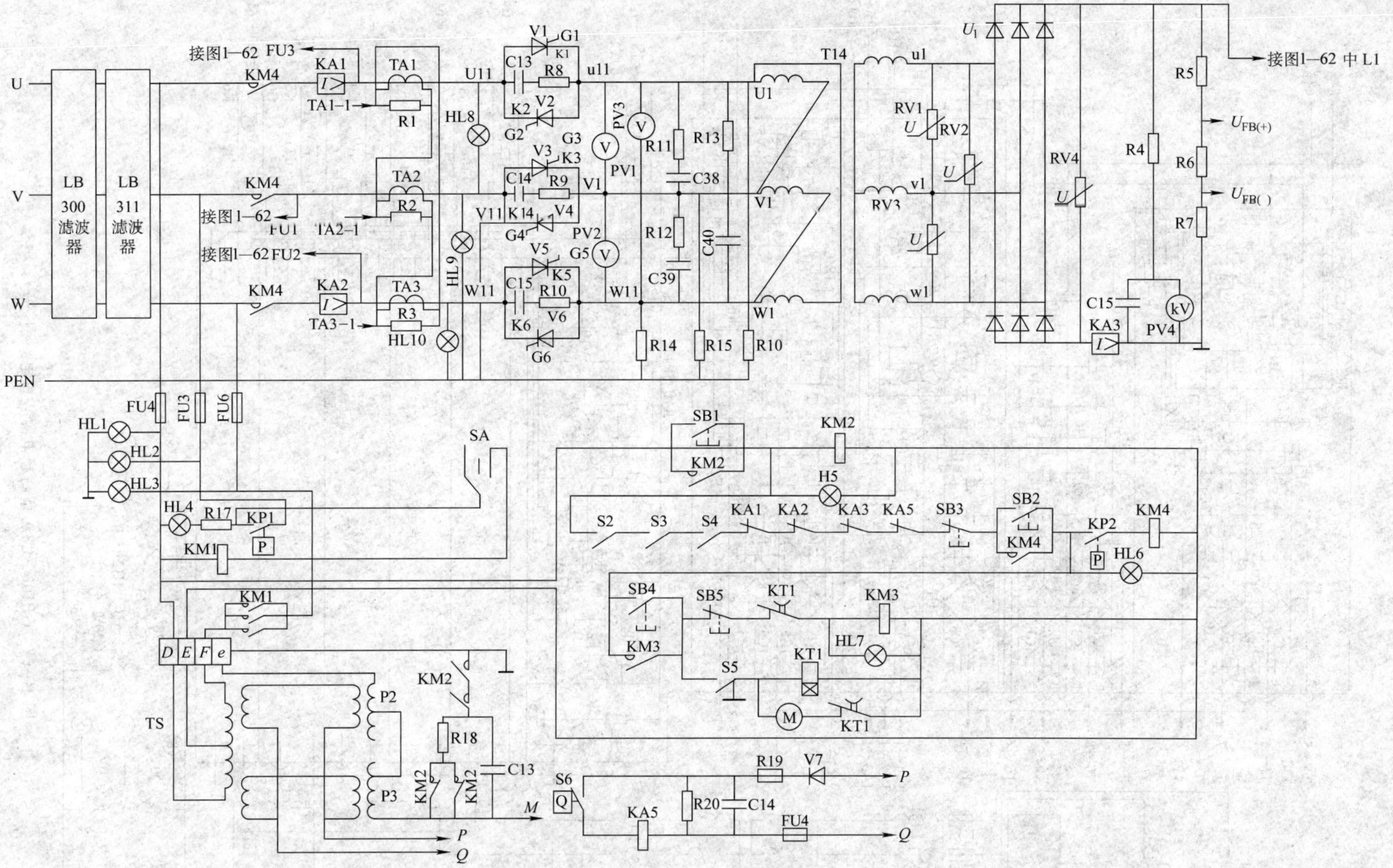

图 1—61　GP100－C3A 型高频电源装置电路图——强电部分

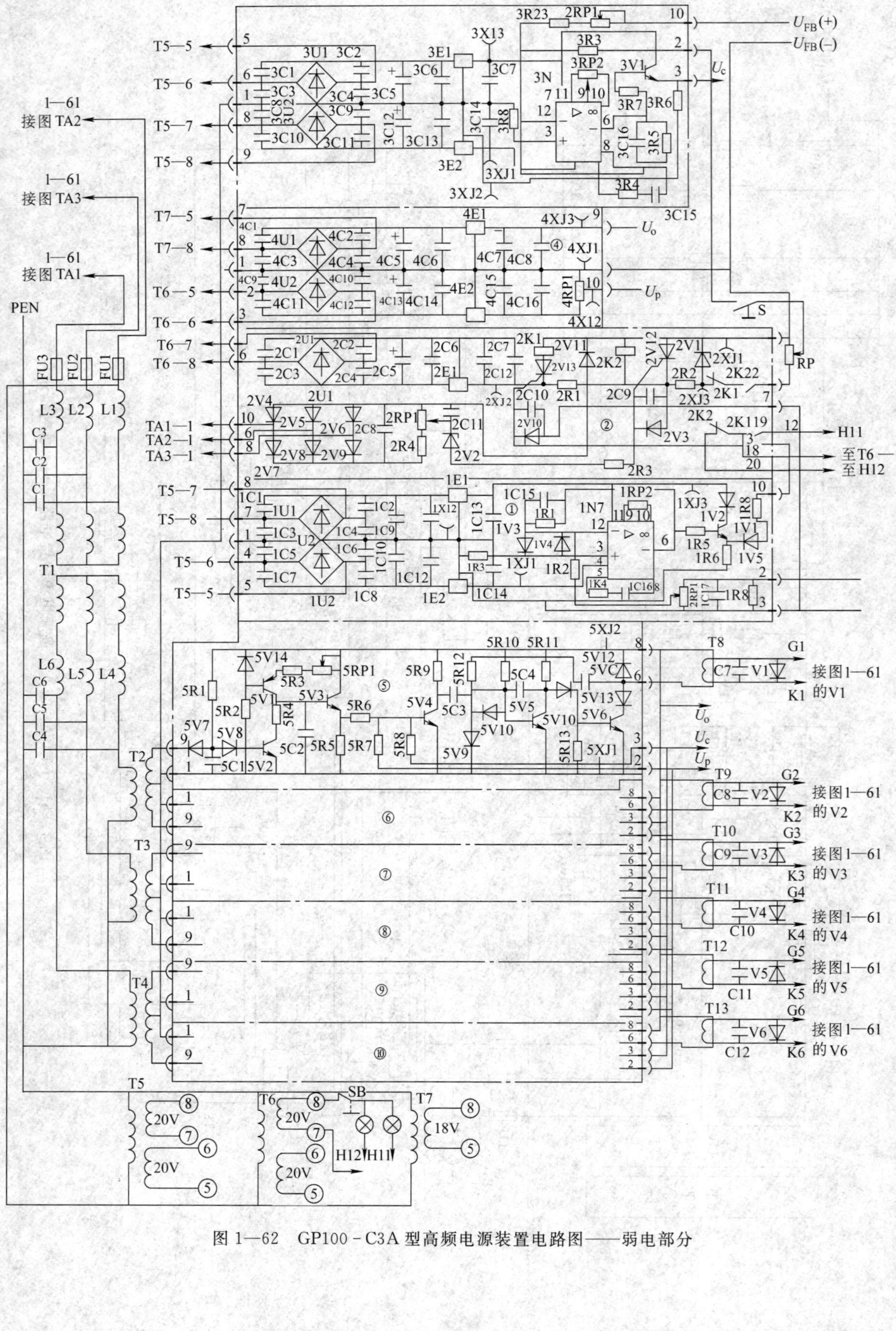

图 1—62　GP100 - C3A 型高频电源装置电路图——弱电部分

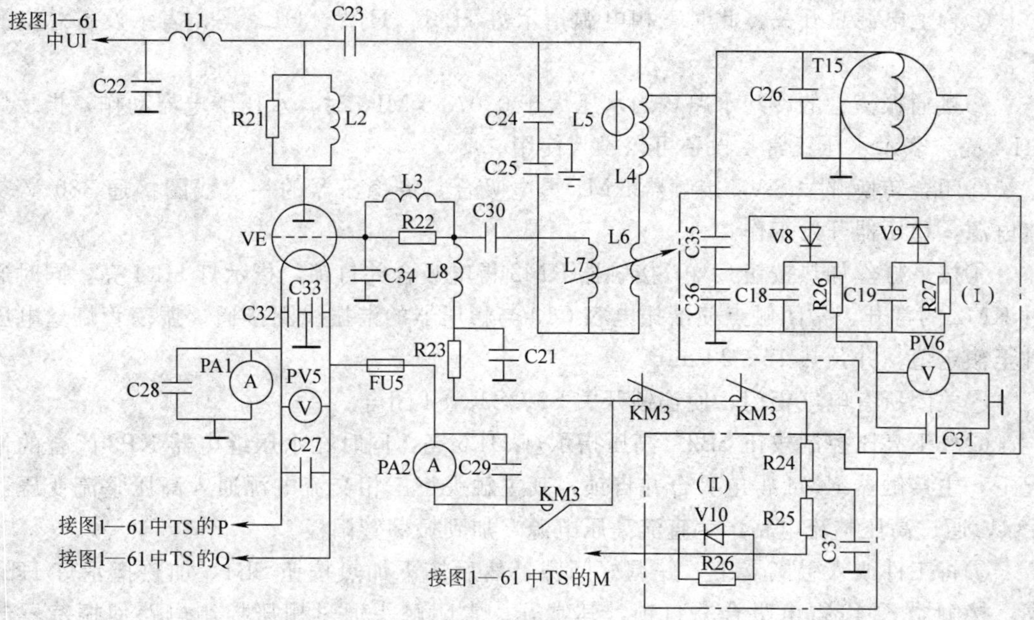

图 1—63　GP100－C3A 型高频电源装置电路图——高频振荡部分

该高压再经三相桥式整流硅堆变换为 0～12.5 kV 的可调直流电压，作为电子振荡管的阳极电压。

（3）高频振荡电路。高频振荡电路采用电子管高频振荡器，主要由电子振荡管 VE、反馈谐振回路和栅压控制电路等组成。

1）反馈谐振回路。由电容 C24、C25 和线圈 L4、L5、L6、L7 组成电容三点式与变压器反馈式混合的振荡形式，调整 L7 的方向可以改变反馈电压的大小（将 L7 沿顺时针方向旋转到与 L6 同轴时，反馈电压最大；L7 沿逆时针方向旋转 180°时，反馈电压最小）。电容 C23 为“隔直”电容，用于把反馈谐振回路与电子管阳极直流高压隔离开。L5 是安装于 L4 中的短路铜环，利用它对 L4 的去磁作用，通过调整 L5 的位置来改变 LC 谐振回路的谐振阻抗，使振荡器产生高效率下的最大振荡功率。

2）栅压控制电路。因为采用高压接触器控制阳极电压的通断，既不安全又不经济，所以大功率振荡器的起振和停振一般采用栅极控制来实现。GP100－C3A 型高频电源装置采用接触器 KM3 来切换电子振荡管的栅极电压。当 KM3 不吸合时，其常闭触点将来自截止栅压整流器的很高的负电压（约 1 000 V）接入栅极，使振荡管截止，振荡器不能起振；当 KM3 吸合时，其常闭触点分断，切断栅极截止负偏压，同时 KM3 常开触点闭合，接通栅极自给工作偏压回路，使振荡管导通，振荡器起振。

（4）控制和保护电路。为保证设备的安全使用，高频电源设备的控制和保护电路应满足下面要求：第一，设备应按正确的工作顺序投入运行。如必须在振荡管灯丝预热之后才能接通阳极高压电源，然后再接通感应加热电路等。第二，对设备及人身安全应有可靠的保护。如必须在所有电气柜门都已关闭并连锁，且振荡管阳极接通冷却水之后，才能接通高压电源；若水压不足或水温过高，则自动切断电源。

1）控制电路。GP100－C3A 型高频电源装置的控制原理及操作顺序如下：

①合上电源总开关，此时三相电源指示灯 HL1、HL2、HL3 亮，表示设备总电源正常。

②接通振荡管的冷却水路，当水压大于 0.078 5 MPa 时，水压继电器动作，指示灯 HL4 亮，表示水压正常，设备可以投入使用。

③闭合转换开关 SA，接触器 KM1 得电吸合，将稳压器的一次线圈接通 380 V 交流电源，稳压器开始工作。

④按下灯丝加热按钮 SB1，接触器 KM2 得电吸合并自锁，指示灯 HL4 亮，同时通过 KM2 的常开、常闭触点使谐振电容 C13 与稳压器的谐振线圈接通，振荡管灯丝电压升至额定值，并预热 15～20 min。

⑤关闭所有电气柜门，使连锁开关 S2、S3、S4 闭合。

⑥按下高压控制按钮 SB2，高压指示灯 HL6 亮，同时在水压继电器 KP2 闭合的情况下，主接触器 KM4 得电吸合并自锁，其主触头将三相交流电源通入高压整流变压器 T14，通过高压整流电路产生直流高压电源，加到振荡管阳极。

⑦将工件放入感应器中，并调好间隙，然后按下加热按钮 SB4，加热指示灯 HL7 亮，接触器 KM3 得电吸合并自锁，其常开、常闭触头通过栅压控制电路使振荡器起振，高频电能经高频变压器和感应线圈传入工件内部，工件被迅速加热升温。

⑧工件达到加热要求时，按下停止加热按钮 SB5，接触器 KM3 断电释放，其触点通过栅极控制电路使振荡管截止，设备停止加热。

⑨安装好新工件，再次按下加热按钮 SB4，重复上述加热过程。在反复加热过程中，不需要停止高压电源。

⑩当批量加热工件时，可将开关 S5 闭合，开始加热时时间继电器 KT1 得电，同时同步电动机 M 也得电旋转。待加热到设定时间时，时间继电器的常闭延时触点分断，使接触器 KM3 和同步电动机 M 断电，自动停止对工件的加热和旋转。安装好新工件后，再次按下 SB4，继续加热。

2）保护电路。GP100－C3A 型高频电源装置的保护电路主要包括水压保护、水温保护、过电流保护、连锁保护等。

①水压保护。通过水压继电器实现。当冷却水压力过低时，水压继电器的常开触点分断，使系统断电，设备停止工作，与电网隔离，从而保证了设备的安全。

②水温保护。当水路堵塞或振荡管阳极损耗太大时，会使冷却水温度过高。当温度达到 58℃时，水银触点 S6 接通，继电器 KA5 得电动作，常闭触点分断，使主接触器 KM4 断电，高压电路停止工作，以防止振荡管被高温烧坏。

③过电流保护。过电流保护由交流电源输入电路中的过流继电器 KA1、KA2 来实现，振荡管阳极的过载保护则由过流继电器 KA3 来实现。当设备过电流或振荡管过载时，相应的过流继电器动作，其常闭触点分断，使主接触器 KM4 断电，设备停止工作。

④连锁保护。为防止高频电源内部的高电压对操作或维修人员带来的危险，设备的电气柜门上装有连锁保护开关。当柜门打开时，连锁保护开关 S2、S3、S4 的触点断开，切断了主接触器 KM4 的线圈回路，使升压整流电路不能工作，从而保证了操作和维修安全。

⑤其他保护。为防止因感应高频高压而损坏振荡管，在灯丝回路中接有高频旁路电容器 C32、C33，在栅极偏置回路中还装有熔断器 FU5。

单元考核要点

考核类别	考核范围	考 核 点	重要程度
理论知识	三相晶闸管变流技术基础	三相晶闸管可控整流电路	★★★
		晶闸管有源逆变电路	★★★
		晶闸管的触发电路	★★★
	中高频电源电路基本原理	无源逆变电路	★★
		交流调压与变频电路	★★
		中高频电源电路	★★★
操作技能	三相晶闸管变流技术基础	电路组成及原理分析	★★★
		晶闸管变流装置的读图	★★★
	中高频电源电路基本原理	电路组成及原理分析	★★★
		中高频电源电路的读图	★★★

单元测试题

一、填空题（请将正确的答案填在横线空白处）

1. 三相可控整流电路比单相可控整流电路______，______，______，且不存在单相可控整流电路______，广泛应用于中、大功率的可控整流设备中。

2. 三相双反星形可控整流电路是两组三相半波电路的______，适合于______的场合。为解决两组之间的电流平衡问题，在两组的中点间串接了______。

3. 变流电路的换流方式有______、______、______和______四种。

4. 集成触发电路功能强、______、工作可靠、______、使用方便、______、______，在要求较高的晶闸管变流电路中应用较为广泛。

5. KC04（KJ004）晶闸管移相触发电路主要由______环节、______环节、______环节、______环节和______环节组成。

6. 较简单的调光台灯电路主要由______、______、______、______、______等组成。

7. 采用 SPWM 技术的交-直-交变频器属于______，输出电压接近______，电动机负载______，______运行效果好。

8. KGPS100－1 型晶闸管中频电源装置主要由______、______、______、______、______等部分组成。

9. GP100－C3A 型高频电源装置主要由＿＿＿＿＿电路、＿＿＿＿电路、＿＿＿＿电路以及＿＿＿＿＿电路等部分组成。

10. 晶闸管中频电源装置采用＿＿＿＿系统进行自动调节。控制电路主要由＿＿＿＿＿＿＿、＿＿＿＿、＿＿＿＿＿和＿＿＿＿＿＿等部分组成。

11. 晶闸管中频电源装置的保护电路主要包括＿＿＿＿＿＿＿＿环节和＿＿＿＿＿＿环节。

12. 晶闸管中频电源装置停机或脉冲封锁保护动作时，为使整流触发脉冲位于 $\alpha=150^{\circ}$ 的位置，所需的偏置电压称为＿＿＿＿；给定信号为＿＿＿＿，改变＿＿＿＿可以达到移相的目的。

13. 高频电源装置对控制和保护电路的主要要求有：第一＿＿＿＿＿＿＿＿＿；第二＿＿＿＿＿＿＿＿＿＿＿＿＿＿。

14. GP100－C3A 型高频电源装置的保护电路主要包括＿＿保护、＿＿保护、＿＿＿保护、＿＿保护等。

二、单项选择题（下列每题的选项中，只有 1 个是正确的，请将其代号填在横线空白处）

1. 将直流电能变换为交流电能，返送回电网称为＿＿＿＿。
   A. 可控整流　　B. 有源逆变　　C. 无源逆变　　D. 变频

2. 在晶闸管可控整流电路中，增大控制角 α，可使输出电压平均值＿＿＿＿。
   A. 增大　　B. 减小　　C. 不变　　D. 不一定

单元 1

3. 晶闸管三相半波可控整流电阻负载时的移相范围为＿＿＿＿。
   A. 30°　　B. 60°　　C. 90°　　D. 150°

4. 晶闸管三相全控桥式可控整流大电感负载时的移相范围为＿＿＿＿。
   A. 30°　　B. 60°　　C. 90°　　D. 150°

5. 晶闸管三相半控桥式可控整流电路采用＿＿＿＿。
   A. 三只晶闸管　　B. 三只二极管
   C. 六只晶闸管　　D. 三只晶闸管和三只二极管

6. 逆变角过小会导致＿＿＿＿。
   A. 触发信号功率小　　B. 触发信号宽度窄
   C. 整流输出电压低　　D. 逆变失败

7. 同步环节的作用是使晶闸管变流装置的＿＿＿＿。
   A. 触发信号与晶闸管阳极电压同步　　B. 输出电压与输入电压同步
   C. 输出电压与输出电流同步　　D. 直流电与交流电同步

8. 单结晶体管在触发电路中用于组成＿＿＿＿。
   A. 同步环节　　B. 整流与稳压环节
   C. 输出环节　　D. 弛张振荡器

9. KC04（KJ004）集成移相触发器采用＿＿＿＿个引脚封装。
   A. 8　　B. 14　　C. 16　　D. 20

10. 半桥式逆变电路的主电路采用＿＿＿＿构成逆变桥臂。

A. 两只开关器件　　B. 两只开关器件和两个电容器

C. 四只开关器件　　D. 四只开关器件和四个电容器

11. 在交流调压电路中，双向晶闸管用来代替两只________的晶闸管。

A. 顺向串联　　B. 反向串联　　C. 顺向并联　　D. 反向并联

12. 软启动器的主电路采用________。

A. 晶闸管交流调压技术　　B. 交流变频技术

C. 斩波技术　　D. 逆变技术

13. 零触发技术的优点是________。

A. 输出电压高　　B. 输出电流大　　C. 输出功率大　　D. 输出波形好

14. 交-交变频电路的最高输出频率________。

A. 高于电源频率　　B. 低于电源频率　　C. 等于电源频率　　D. 与电源频率无关

15. SPWM 技术是采用一组________的矩形波来模拟正弦波。

A. 等幅变宽　　B. 等宽变幅　　C. 等幅等宽　　D. 变幅变宽

16. 中频电源电路的工作频率是________。

A. 几十～几百 Hz　　B. 几 kHz　　C. 几十 kHz　　D. 几百 kHz

17. 大功率高频电源电路的逆变部分通常采用________。

A. 晶闸管逆变电路　　B. 晶体管振荡电路

C. 电子管振荡电路　　D. 场效应管振荡电路

三、判断题（下列判断正确的请打“√”，错误的打“×”）

1. 三相全控桥式可控整流电路应采用宽脉冲或双脉冲触发。（　）

2. 续流二极管用于变流装置带感性负载的场合。（　）

3. 三相半控桥式变流电路不能用于有源逆变。（　）

4. 有源逆变时，变流装置必须工作在 $\beta>90°$（或 $\alpha<90°$）范围内。（　）

5. M787、M788 的⑥脚接低电平为三相全控桥式触发，接高电平为三相半控桥式触发。（　）

6. 晶闸管逆变电路应采用自然换流（器件换流）方式。（　）

7. 电流型逆变电路带感性负载时，开关器件不用并联续流二极管。（　）

8. 在相同条件下，线路控制的交流调压电路比支路控制的交流调压电路负载功率大。（　）

9. 交-交变频电路由正反两组晶闸管变流器反向并联构成。（　）

10. 中频电源电路的输出频率就是感应线圈和补偿电容的谐振频率。（　）

11. 晶闸管中频电源中，与晶闸管串联的空心电抗器用于晶闸管的过尖峰电压保护。（　）

12. 在高频电源电路中，电子振荡电路采用电感三点式和变压器反馈式混合的振荡形式。（　）

四、简答题

1. 晶闸管对触发电路的要求主要有哪些？

2. 大功率高频电源电路的起振和停振一般采用怎样的控制方法来实现？为什么？

五、计算题

1. 某三相全控桥式可控整流电路，带大电感负载，已知 $U_2=100$ V，$R=5$ Ω。求当 $\alpha=60°$时的负载电压、电流平均值和晶闸管最高反向电压及电流平均值、有效值。

2. 某大电感负载，要求最高直流工作电压 220 V，电流 40 A，采用三相半控桥式整流电路供电，若最小控制角 $\alpha=30°$，求整流变压器二次电压有效值和晶闸管最高反向电压及电流平均值、有效值。

六、画图题

1. 画出三相全控桥式整流电路大电感负载的电路图和 $\alpha=60°$时的输出电压波形图。

2. 画出单结晶体管触发电路的电路图。

七、技能题

中、高频电源电路的读图与分析

1. 操作准备

中、高频电源设备及其相应技术资料。

2. 操作要求

（1）对照实物阅读中、高频电源设备的有关图样及相关技术资料。

（2）分析、叙述中、高频电源设备的电路组成和工作原理。

（3）分析中、高频电源设备某一部分电气线路（如逆变电路、电子振荡电路、触发和控制电路等）的构成、接线及工作原理。

（4）根据主考提问回答中、高频电源设备电气技术方面的有关问题。

3. 配分及评分标准

序号	主要内容	考核要求	评分标准	配分	扣分	得分
1	对照实物阅读中、高频电源设备的有关图样及相关技术资料	能读懂中、高频电源设备的有关图样及相关技术资料，并对照实物，明确各控制设备的位置及相互关系	按图样及相关技术资料的识读能力及全面程度、正确程度评分	25		
2	分析、叙述中、高频电源设备的系统组成和工作原理	能正确叙述中、高频电源设备的系统组成，分析其工作原理	按叙述和分析的正确、全面和清楚程度评分	25		
3	分析中、高频电源设备某一部分电气线路的构成、接线及工作原理	能对照实物正确分析中、高频电源设备某一部分电气线路的电路构成、接线及工作原理	按电路分析的正确、全面和清楚程度以及结合实物的能力综合评分	30		
4	根据主考提问回答中、高频电源设备电气技术方面的有关问题	正确回答主考提问	按回答问题的正确、清楚和熟练程度评分	20		
备注			合计	100		
			考评员签字		年　月　日	

单元测试题答案

一、填空题

1. 输出直流电压平均值高　波形脉动小　输出功率大　因三相负载不平衡对电网造成的影响　2. 并联　低电压、大电流　平衡电抗器　3. 电网换流　负载换流　电容换流　器件换流　4. 性能稳定　调试容易　体积小　功耗低　5. 同步　锯齿波形成　移相　脉冲形成　脉冲分选及功率放大　6. 双向晶闸管 V　双向触发二极管 VD　电位器　电阻器　电容器　7. PWM 电压型逆变器　正弦波　运转平稳　低速　8. 整流器　滤波器　逆变器　负载　控制电路　9. 交流电源输入　高压整流　高频振荡　控制和保护　10. 闭环控制　晶闸管的触发电路　保护电路　启动控制电路　继电器控制电路　11. 过电流、过电压保护　电流电压截止　12. 正偏电压　负偏电压　负偏电压　13. 设备应按正确的工作顺序投入运行　对设备及人身安全应有可靠的保护　14. 水压　水温　过电流　连锁

二、单项选择题

1. B　2. B　3. D　4. C　5. D　6. D　7. A　8. D　9. C
10. B　11. D　12. A　13. D　14. B　15. A　16. B　17. C

三、判断题

1. √　2. √　3. √　4. ×　5. ×　6. ×　7. √　8. ×　9. √
10. √　11. ×　12. ×

单元 1

四、简答题

1. 答：晶闸管对触发电路的要求主要有：(1) 触发信号应有足够的功率（电压与电流），以使所有合格的元件在各种工作条件下都能可靠触发。(2) 触发信号应有足够的宽度，使晶闸管被触发后能维持导通。(3) 触发脉冲的前沿要陡，以保证控制的准确性。(4) 触发脉冲应与阳极电压同步，以使每周期控制角 α 相同，从而得到稳定的输出电压。(5) 触发脉冲的移相范围要满足电路的要求。

2. 答：大功率高频电源电路的起振和停振一般采用控制栅极电压的方法来实现。因为采用高压接触器控制阳极电压的通断既不安全又不经济，所以大功率振荡器的起振和停振一般采用栅极控制来实现。

五、计算题

1. 解：负载直流电压平均值：$U_d = 2.34U_2\cos\alpha = 2.34\times100\times\cos60° = 117\ \text{V}$

负载直流电流平均值：$I_d = \dfrac{U_d}{R} = \dfrac{117}{5} = 23.4\ \text{A}$

晶闸管最高反向电压：$U_{VM} = \sqrt{6}U_2 = \sqrt{6}\times100 = 245\ \text{V}$

晶闸管电流平均值：$I_{dV} = \dfrac{1}{3}I_d = \dfrac{1}{3}\times23.4 = 7.8\ \text{A}$

晶闸管电流有效值：$I_V = \dfrac{1}{\sqrt{3}}I_d = \dfrac{1}{\sqrt{3}}\times23.4 = 13.5\ \text{A}$

2. 解：整流变压器二次电压有效值：$U_2 = \dfrac{U_d}{1.17(1+\cos\alpha)} = \dfrac{220}{1.17\times(1+\cos30^\circ)}$

$= 100.8\ V$

晶闸管最高反向电压：$U_{VM} = \sqrt{6}U_2 = \sqrt{6}\times 100.8 = 246.9\ V$

晶闸管电流平均值：$I_{dV} = \dfrac{\pi-\alpha}{2\pi}I_d = \dfrac{\pi-\pi/6}{2\pi}\times 40 = 16.7\ A$

晶闸管电流有效值：$I_V = \sqrt{\dfrac{\pi-\alpha}{2\pi}}I_d = \sqrt{\dfrac{\pi-\pi/6}{2\pi}}\times 40 = 25.8\ A$

六、画图题

答案略。

七、技能题

答案略。

第2单元

三相晶闸管变流设备的安装、调试及检修

晶闸管变流技术属于电力电子技术，同时也是电力电子技术中发展较早、较成熟的电流变换技术。自20世纪50～60年代以来，被广泛应用于生产设备的电气控制系统中。20世纪80～90年代后，可关断晶闸管（GTO）、功率晶体管（GTR）、功率场效应管（MOSFET）、绝缘栅双极型晶体管（IGBT）等全控型电力电子器件相继问世，这些新型功率器件以其优越的性能，在某些领域取代了晶闸管，得到了越来越多的应用。但晶闸管以其耐压高、电流大、功率放大倍数高等优点，目前在诸多领域仍然占据优势地位，尤其是用于直流调速设备的晶闸管可控整流电路应用较为广泛。因此，掌握晶闸管变流设备的安装、调试与检修，是对高级维修电工的重要技能要求。

本单元通过具体实例介绍三相可控整流设备的调试与检修、中高频加热设备的检修和软启动及变频调速设备的安装、使用及检修等内容，其中软启动和变频调速设备是电力电子技术应用领域的新技术，现已广泛应用于交流电力拖动控制系统。

第一节 三相可控整流设备的应用、特点、调试与检修

培训目标

→ 熟悉三相可控整流设备的应用及特点

→ 能够进行三相可控整流设备的调试及检修

一、三相可控整流设备的应用及特点

1. 三相可控整流设备的应用

晶闸管（又称可控硅）是一种大功率的半导体器件，因其具有功率放大倍数高、控制特性好、响应快、体积小、质量轻、功率损耗低、可靠性高、使用寿命长、维修量小、无噪声等优点，表现出强大的生命力。1956 年美国贝尔公司研制出世界上第一只晶闸管，并于两年后成功生产出具有工业价值的晶闸管产品，使晶闸管变流装置迅速取代了传统的电动机—发电机机组、汞弧整流器、闸流管等功率器件，广泛应用于对电能的变换和控制领域，使电能的变换和控制技术进入了一个全新的时代。晶闸管及其变流装置奠定了电力电子技术的基础。随着半导体制造技术的发展，自 20 世纪 80～90 年代后，又有许多新型电力电子器件投入使用，如可关断晶闸管（GTO）、功率晶体管（GTR）、功率场效应管（MOSFET）、绝缘栅双极型晶体管（IGBT）等全控型器件，它们在很多方面表现出比晶闸管更为优越的性能，但晶闸管及其变流装置目前仍为电力电子技术中的主要内容。

单元 2

如前所述，以晶闸管为主的电力电子器件主要用于可控整流装置、逆变装置、交流调压及变频装置、直流斩波装置和无触点开关等设备中对电能进行变换和控制，广泛应用于直流调速设备、交流调速（如变频调速、绕线式电动机串极调速等）设备、中频电源、电解与电镀等化工用电源、UPS 电源、灯光控制及电热温控电源等生产设备中。其中以晶闸管可控整流设备应用最为广泛，特别适用于直流电动机调速装置。直流电动机可通过改变电枢电压或励磁电压的方法实现调速，过去采用电动一发电机组，需多台电机，设备庞大，控制复杂，维修量大，采用晶闸管可控整流设备供电的直流调速系统只需一台电动机，结构简单，系统的动态及静态特性好，易于实现自动控制。目前晶闸管直流调速装置广泛应用于冶金、矿山、机械、造纸、轻纺、铁路运输及城市轨道交通等各个行业。

2. 三相可控整流设备的特点

（1）主要优点

1）与机组相比，体积小、质量轻、无噪声、没有机械磨损、维护方便、维修量小。

2）功率放大倍数高。只需几伏电压和几十或几百毫安电流的小信号，即可控制数

百安及数千伏的大功率电能。

3）控制动态特性好。机组的响应时间为秒级，而晶闸管变流装置可达毫秒级。

4）功耗小、效率高，节能效果显著。

5）经济技术指标好。

（2）主要缺点

1）过载能力差，主要表现为过电压和过电流能力低。

2）当控制角较大时，晶闸管变流装置的功率因数降低，并产生较强的高次谐波，引起电网波形畸变，对其他电气设备造成干扰。

二、三相可控整流设备的调试及检修

1. 三相可控整流设备的调试

（1）使用工具及仪器、仪表。电工常用工具主要有：万用表，交、直流电压、电流表，钳形电流表，转速表；双踪或双踪以上示波器；相序鉴别器；三相调压器；假负载（灯泡或电阻器）等。

（2）调试步骤及要求。调试前应准备好调试所需的工具、材料、仪器、仪表和相应的技术资料，并熟悉被调试设备的工作原理、技术要求、元器件及线路的安装布局和走向。

1）通电调试前，要对照有关图样和技术资料仔细检查设备的安装接线是否正确，在确认无误前，不可贸然通电调试，以免损坏元器件，造成事故。

2）调试时原则上按照由局部到整体、由简到繁、由“弱电”到“强电”、由空载到加载（由轻载到满载）的顺序进行，先调试控制回路，后调试主回路；先开环调试，后闭环调试。控制回路中应重点先调试晶闸管的触发电路。在触发脉冲的相位、幅值、宽度、移相范围等技术指标符合要求后，方可调试其他电路。

①测定三相交流电源的相序。可采用相序鉴别器或双踪（或双踪以上）示波器进行检测，若相序不对应进行调整。

②检查三相整流变压器与三相同步变压器的连接组别，用双踪（或双踪以上）示波器检测触发电路的同步电压与晶闸管主电路电压的相位关系。对于三相全控桥式整流电路，要求同步信号与被触发晶闸管阳极所承受的线电压相位同步，否则应予调整。

③触发电路的调试。用示波器观察各有关点的波形和电压，并调节有关电位器和电容器容量值，使触发脉冲的相位、幅值、宽度、移相范围、三相一致性等指标符合技术要求。

④空载接通主电路（先带假负载），缓慢调节控制电压，使触发脉冲从 α 角最大向 $\alpha=0°$ 方向逐渐移相，观察主电路输出波形和输出电压平均值是否符合要求，工作正常后再带负载调试。

⑤接入有关反馈和调节环节，作闭环调试。按技术要求考核系统的技术指标是否符合要求，当负载或给定信号变化时通过输出电压、波形和电动机转速等，观察系统的稳定性、跟随性、调节精度等动、静态性能。

3）保护环节是设备安全工作的重要保证，在系统正常工作后，应仔细调试设备的各种保护电路，使其动作可靠和及时，动作值符合要求。

（3）晶闸管触发电路的调试。晶闸管触发电路的调试是晶闸管变流设备调试的重点和核心内容。现以生产上应用较多的国产 KC04（KJ004 是 KC04 的改进型产品，功能和引脚相同）系列晶闸管触发电路为例，简要介绍晶闸管触发电路调试的主要内容、方法及要求。

1）KJZ6 集成化六脉冲触发组件构造和原理。KJZ6 集成化六脉冲触发组件主要由三片 KC04（KJ004）晶闸管移相触发器、一片 KC41C（KJ041）六路双脉冲形成器、一片 KC42（KJ042）脉冲列调制形成器和六只输出驱动管等组成，用于要求较高的三相全控桥式整流器的触发，输出脉冲能可靠地驱动大功率晶闸管。KJZ6 集成化六脉冲触发组件的电路如图 2—1 所示，印制电路板（PCB）接线图如图 2—2 所示，各有关点波形如图 2—3 所示。

其中 KC04（KJ004）晶闸管移相触发器前面单元已有介绍，此处不再赘述。KC41C（KJ041）六路双脉冲形成器内部主要由二极管或逻辑电路、电子开关和输出管组成，当来自三块 KC41C（KJ041）①～⑥的 6 个脉冲加到 KC41C（KJ041）的①～⑥脚时，能在其内部产生三相全控桥所需的补发脉冲，并从⑩～⑮脚输出六路双脉冲，波形如图 2—4 所示。⑦脚为控制端，当⑦脚接高电平（或悬空）时，封锁脉冲。⑯脚为“+”电源端，⑧脚为接地端，⑨脚为空脚。KC42（KJ042）脉冲列调制形成器用于大功率晶闸管触发电路中产生触发脉冲列，以减小脉冲变压器的体积，提高脉冲前沿陡度，减小触发功耗。其内部主要由逻辑门电路和环形振荡器组成。当其②、④、⑫脚输入来自三块 KC04（KJ004）第⑬脚的三相脉冲时，能从⑧脚输出相应的窄脉冲列，波形如图 2—5 所示，送到三块 KC04（KJ004）第⑭脚对触发脉冲进行调制。调制脉冲的频率为 5～10 kHz，通过调节⑥、⑩、⑪脚外接电阻器和电容器，可改变调制频率和占空比。

KJZ6 集成化六脉冲触发组件的主要技术特点有：第一，各相同步电压经 RCT 型网络滤波，可防干扰，并产生约 30°相移，而且可通过三只外接电位器微调各同步电压相位，保证三相六脉冲间隔均匀对称。第二，同步电压约为 30 V，电流 2～3 mA。第三，在同步电压作用下，KC04（KJ004）④脚形成 100 Hz 锯齿波，可通过③脚外接的电位器调节锯齿波斜率，锯齿波与控制电压和偏移电压比较后在⑬脚输出宽度一定的触发脉冲，改变⑯脚的电阻、电容可改变脉冲宽度。第四，经 KC42（KJ042）的调制，在 KC04（KJ004）的①、⑮脚输出被调制后的相位相差 180°的触发脉冲（三相共六个脉冲），再经 KC41C（KJ041）产生三相补发脉冲，并由 VT1～VT6 放大后，输出六路最大驱动电流达 800 mA 的双窄脉冲列。第五，控制端 A18 即 KC41C（KJ041）的⑦脚用来控制触发脉冲的输出，可用于逻辑控制可逆系统中，作逻辑切换控制或用于故障保护封锁脉冲。

2）集成化六脉冲触发电路的调试

①用示波器观测三相同步信号相位和幅值是否符合要求，并通过 RP5、RP6、RP7 三个电位器进行调节，使其符合要求。

②用示波器观测各 KC04（KJ004）的锯齿波电压（④脚），三相相互间隔应为 120°，并调整各斜率电位器（③脚），使三相锯齿波斜率一致。

③用示波器同时观测各相同步电压和锯齿波电压波形，锯齿波电压应与同步电压严格同步。

④用示波器观测各 KC04（KJ004）的⑬脚矩形脉冲，相位、脉宽和幅值是否符合要求，脉冲宽度可通过⑫脚外接的脉宽电阻器和电容器来调节。

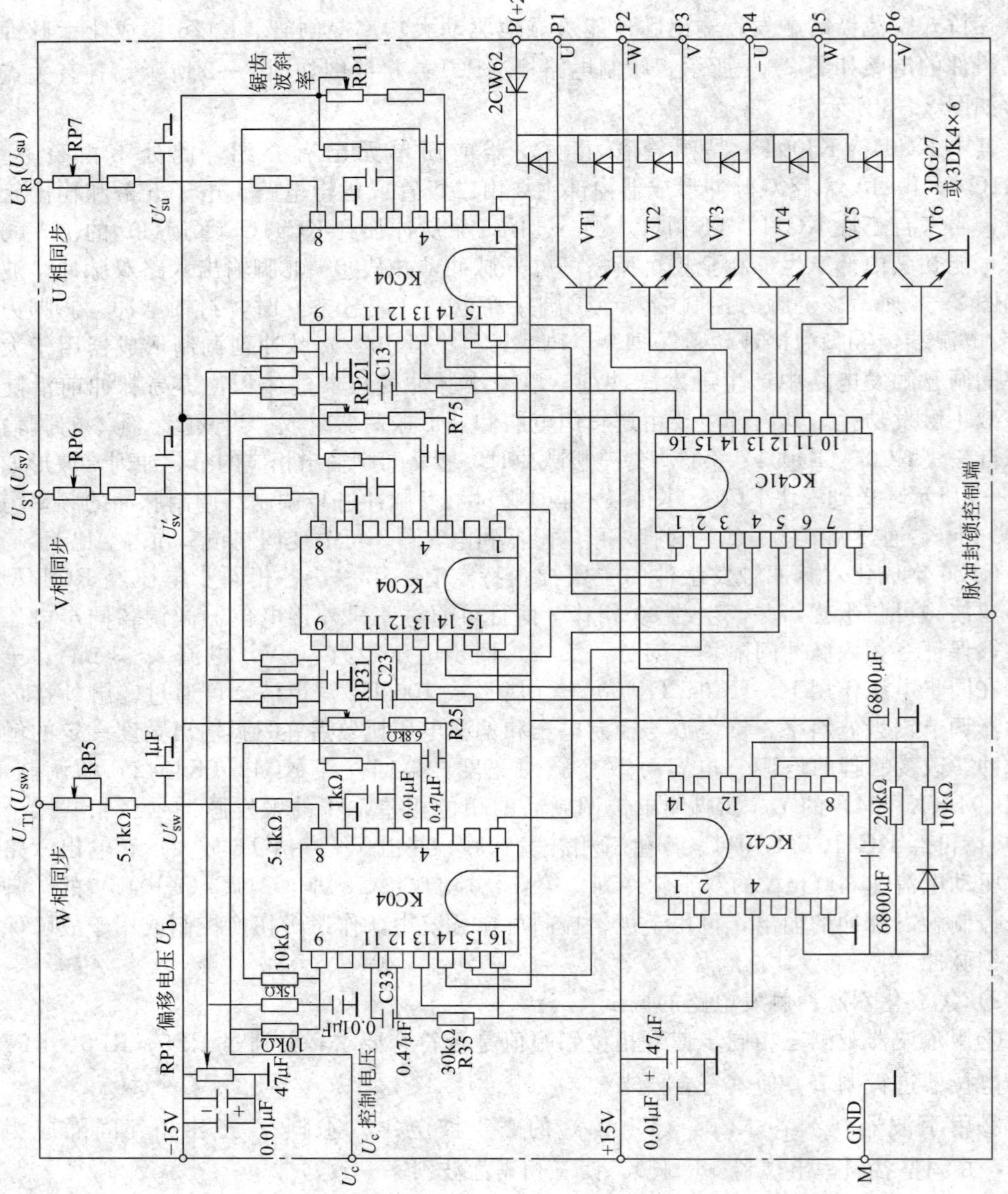

图 2—1 KJZ6 集成化六脉冲触发组件电路图

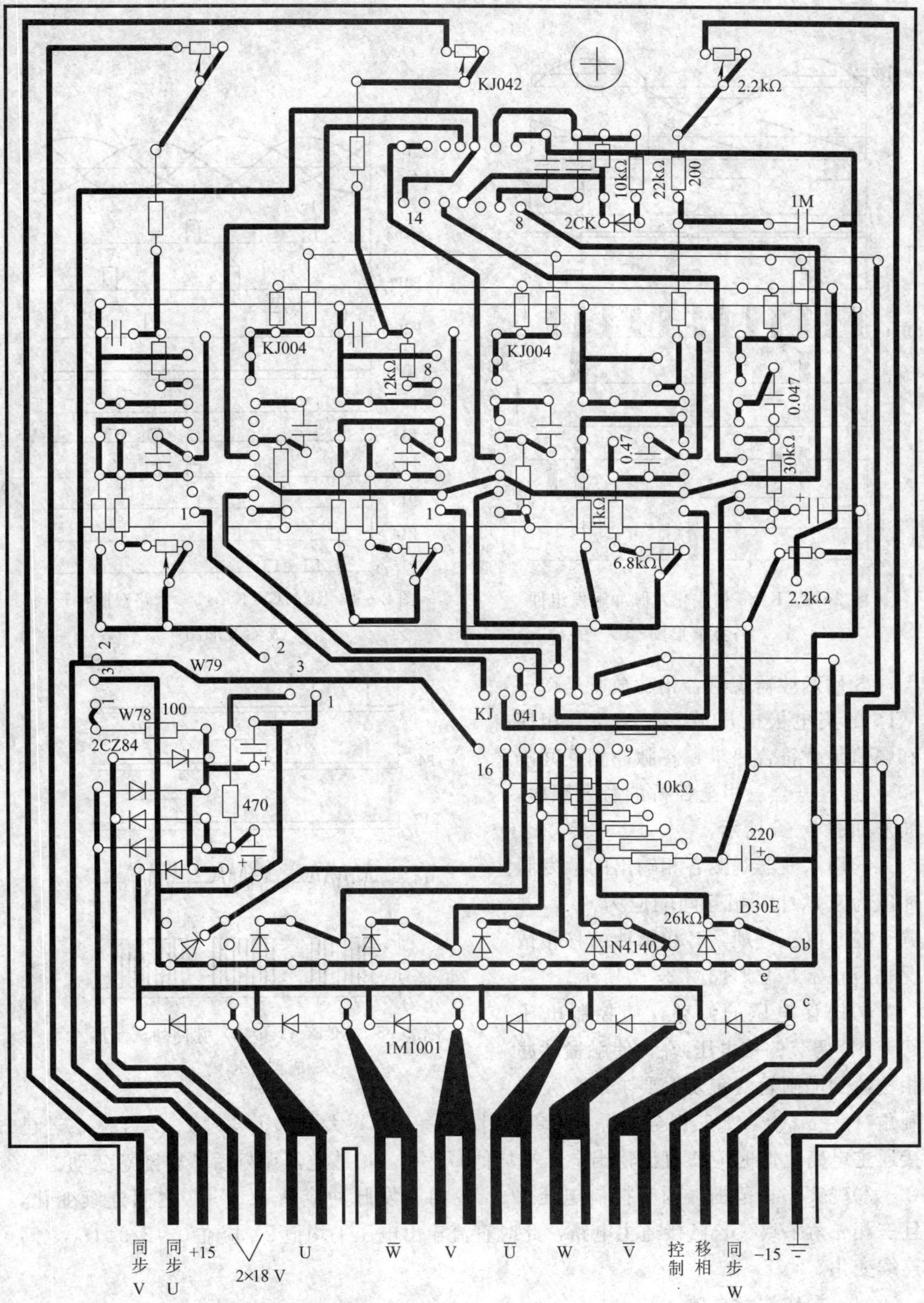

图 2—2　KJZ6 集成化六脉冲触发组件 PCB 板接线图

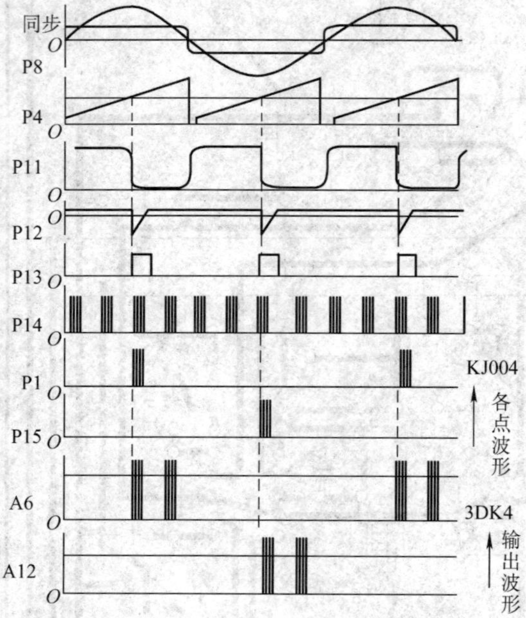

图 2—3　KJZ6 集成化六脉冲触发组件各点波形图

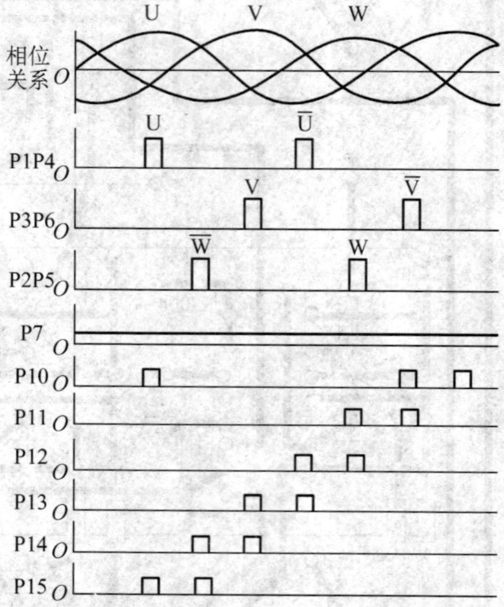

图 2—4　KC41C（KJ041）六路双脉冲形成器波形图

⑤用示波器观测各相功放管VT1～VT6 的集电极电压波形，相位、相序和幅值是否符合要求，各脉冲相互间隔 60°，且应符合三相全控桥的触发顺序，波形如图 2—6 所示。

⑥用示波器观测各相输出的触发脉冲应为双脉冲，相互间隔应为 60°，并调节控制电压，观察各相脉冲的移相情况是否正常，波形如图 2—7 所示。

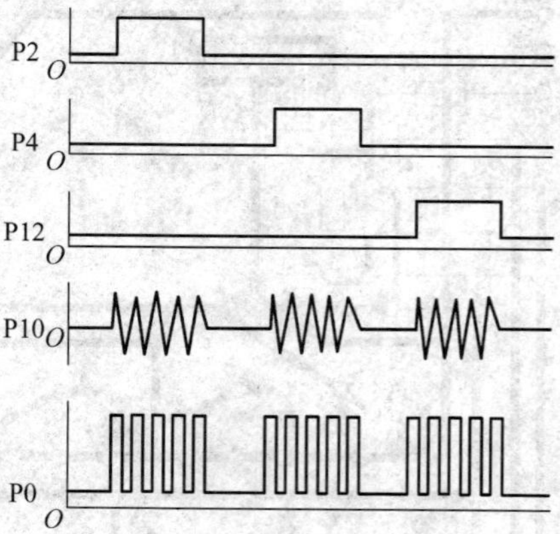

图 2—5　KC42（KJ042）脉冲列调制形成器波形

⑦偏移电压的调整：使控制电压 $U_c=0$，调节偏移电压 U_b，使触发脉冲相位达到晶闸管变流装置要求的最大控制角（$\alpha=\alpha_{max}$），如三相全控桥电阻负载时$\alpha_{max}=120°$，大电感负载时 $\alpha_{max}=120°$。若已接通主电路，此时应使直流输出电压平均值 $U_d=0$。偏移电压调好后不得随意变动。

⑧观察移相范围：调节控制电压 U_c，各相触发脉冲应从 α_{max}～0°之间连续变化，且三相 α 角一致。若已接通主电路，此时直流输出电压平均值 U_d 应在 0～2.34 U_2 之间连续变化。

（4）操作注意事项

1）正确使用仪器仪表，注意安全操作。尤其是在使用示波器时应特别注意：

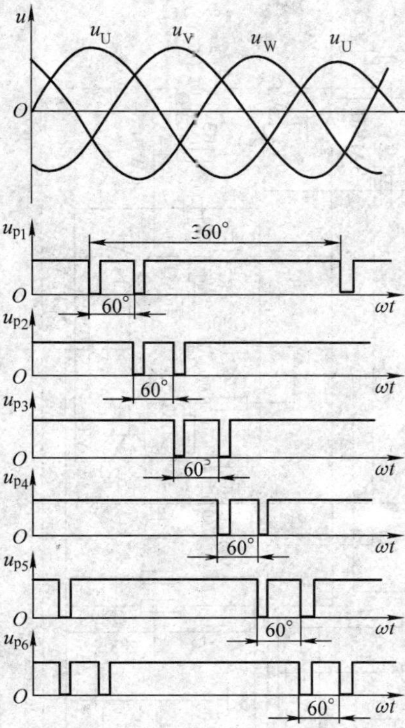

图 2—6　功放管 VT1～VT6 的集电极电压波形图

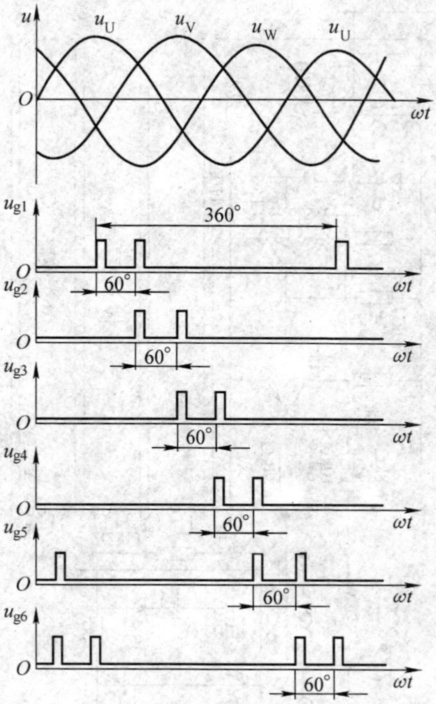

图 2—7　各相移相触发脉冲波形图

①在观测主电路波形时，示波器外壳可能带电，应注意不要触及金属外壳，以防触电。

②示波器外壳不要接地，以防观测波形时发生短路。

③双踪示波器 Y_1、Y_2 两个探头的接地端都与外壳相连接，同时使用两个探头时应注意两个探头的接地线应在同一电位上，以防发生短路。

④被测电压幅值不能超过示波器允许范围，以防损坏示波器。

2）每次通电前应将控制（或给定）电压调节为 0，使控制角 $\alpha=\alpha_{max}$，通电后再逐渐调高，减小 α 角，使输出电压 U_d 从 0 开始逐渐升高，以防突然启动而损坏设备和元器件。

3）严格按照调试步骤和技术要求进行调试，严禁在触发电路或控制电路未调试正常之前将主电路同时通电，以防损坏元器件，发生事故。

4）主电路通电时应先空载后加载，或先加假负载调试，正常后再加实际负载调试。为慎重起见，可先用三相调压器给主电路供电，电源电压从零开始逐渐调高，正常后再去掉调压器，直接接通三相电源。

5）调试时，要特别注意各触发脉冲的相位和相序正确无误，否则将造成主电路短路损坏，发生事故。

2. 三相可控整流设备的检修

现以 1 500 A/7 V 型晶闸管电镀电源为例，简要介绍三相可控整流设备的常见故障及检修方法，其电路图如图 2—8 所示。

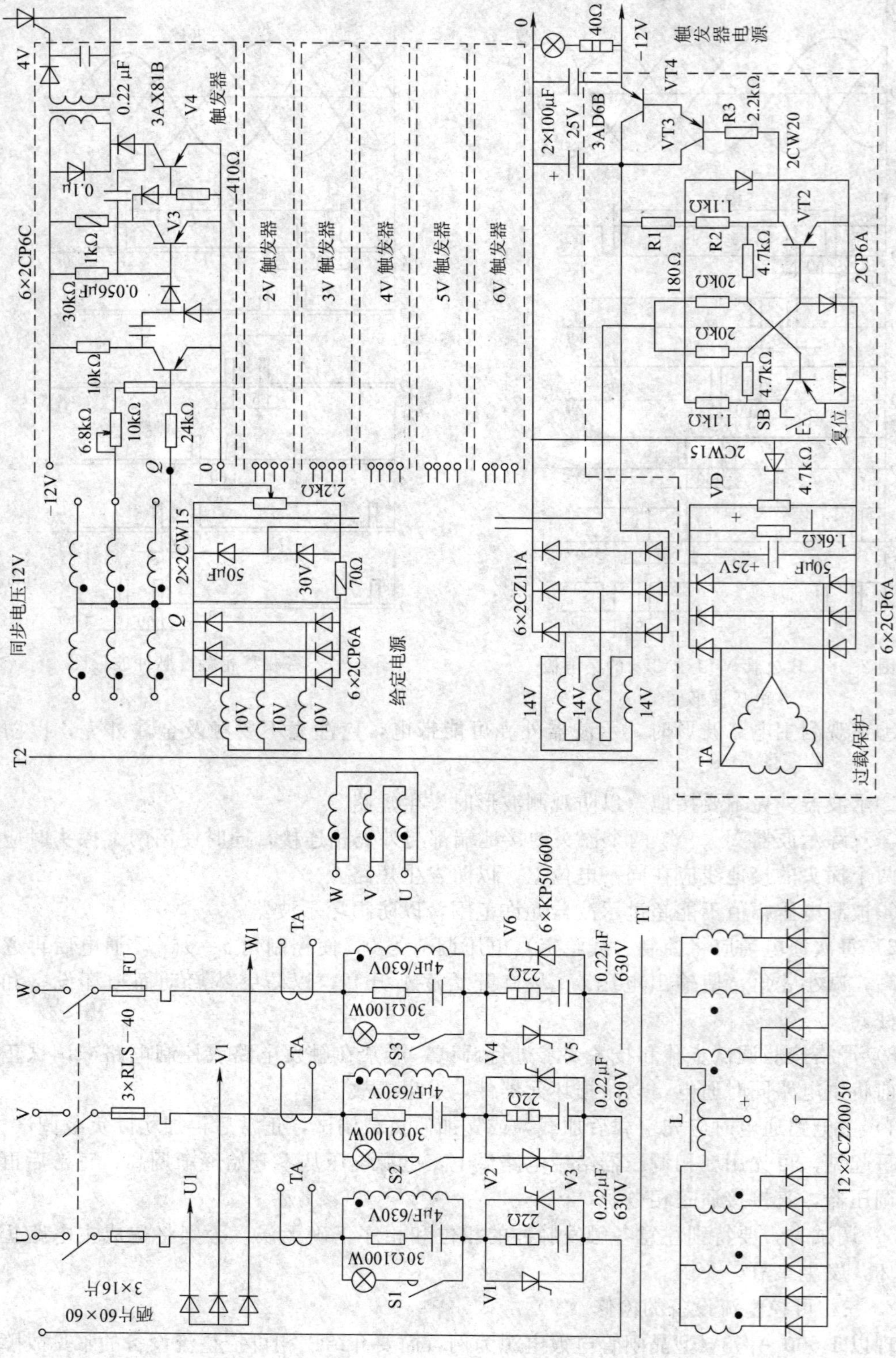

图 2—8　1 500 A/7 V 型晶闸管电镀电源电路图

(1) 电路组成介绍

1) 主电路。主要由交流调压电路和整流电路组成。

①交流调压电路。采用晶闸管三相四线 Y 接法交流调压电路。整流变压器 T1 的一次侧采用 Y 接法，每相采用两只晶闸管反向并联后串接于 T1 一次绕组电源线上，通过改变晶闸管的控制角来调节整流电源电压。串接于晶闸管调压回路的三只指示灯可供操作人员检查三相晶闸管工作是否对称，若三只指示灯亮度不一致，说明某相晶闸管工作不正常。

②整流电路。采用适合于低电压大电流场合的带平衡电抗器的双反星形整流电路。共有 12 只硅整流管，其中每两只并联使用。整流管采用共阳极接法，便于安装散热器。

2) 控制电路。主要包括晶闸管触发电路、给定电压电路和过载保护电路等。

①晶闸管触发电路。采用同步电压为正弦波的晶体管同步触发电路。触发器电源由控制变压器 T2 的二次侧 14 V 绕组电压，经三相桥式整流、电容滤波变换为直流，再通过开关管 V4 供给触发电路。

②给定电压电路。取自 T2 二次侧 10 V 绕组的电压，经三相桥式整流，再由两只稳压管稳压后得到±8 V 左右的稳定电压，作为触发电路的正、负给定电压。

③过载保护电路。主要由 VT1、VT2 组成的双稳态触发器，开关管 VT3、VT4，稳压管 VD，复位按钮 SB 等组成。正常工作时按下 SB，双稳态触发器进入 VT1 导通、VT2 截止的一个稳态，使 VT3、VT4 导通，触发器得电工作；主电路过载时，取自电流互感器 TA 的过电流信号（经三相桥式整流）将 VD 反向击穿导通，使双稳态触发器翻转为 VT1 截止、VT2 导通的另一个稳态，使 VT3、VT4 截止，切断触发器电源，从而使晶闸管因无触发脉冲而停止工作，达到过载保护的目的。

(2) 常见故障分析及处理方法见表 2—1。

表 2—1　　1 500 A/7 V 型晶闸管电镀电源常见故障分析及处理方法

故障现象		原因分析	处理方法
无直流电压输出		平衡电抗器的中心抽头断开	修复
		没有按复位按钮	重新按下复位按钮
		三极管 VT4 断开，触发器无电源，使晶闸管无触发脉冲不能导通	更换 VT4 或修复断点，使触发器电源正常供电
		12 V 触发电源板损坏	用示波器观察有关点波形，查找故障点并修复
快速熔断器熔断		电路中有短路故障	查出短路点，排除短路故障
		整流电路中有整流管击穿短路	查出损坏的管子并更换
		过载保护电路失灵，过载时保护电路不动作，只烧坏快速熔断器	检查过载保护电路，从信号输入、整流、稳压管、双稳态电路到 VT4 逐一检查，排除故障
三只指示灯亮度不一致	有一只灯泡较亮	灯泡较亮的一相晶闸管有短路故障	查出短路的管子并更换
	有一只灯泡较暗	灯泡较暗的一相晶闸管断路	用示波器观察晶闸管两端波形，查出断路的管子并更换
		灯泡较暗的一相晶闸管无触发脉冲	用示波器检查触发电路各点波形，查出故障点并修复

三、晶闸管同步电动机励磁装置及其调试

1. 晶闸管同步电动机励磁装置的性能特点和电路组成

同步电动机通常采用异步启动方式启动，启动时转子励磁绕组先不加直流励磁电流，像异步电动机一样启动，当转速达到亚同步转速（转差率 $s=0.04\sim0.05$）时，自动投入直流励磁电源，使同步电动机牵入同步运行。晶闸管同步电动机励磁装置采用晶闸管等元器件组成无触点控制系统，取代了励磁发电机及其有触点控制系统，明显提高了运行的可靠性和效率。现以较为典型的 KGLF11 系列晶闸管同步电动机励磁装置为例，简要介绍晶闸管同步电动机励磁电路的性能特点和电路组成。

（1）KGLF11 系列晶闸管同步电动机励磁装置的性能特点

1）转子励磁回路采用三相全控桥式整流固接励磁电路，保持了同步电动机的固有启动特性。

2）励磁装置与定子回路没有直接的电气联系，可用于 3 kV、6 kV、10 kV 或 380 V的同步电动机，同步电动机可采用全压或降压启动。

3）全压启动时，当同步电动机达到亚同步转速时，顺极性投入励磁，使电动机牵入同步运行。

4）降压启动时，当同步电动机达到同步转速的 90%左右时，自动切除降压设备投入全压，使电动机加速至亚同步转速，顺极性投入励磁，使电动机牵入同步运行。

单元 2

5）具有电压负反馈环节和突加强励环节，当电源电压波动时能自动保持恒定励磁，当电源电压低于设定值时自动进行突加强励磁（强励时间不超过 10 s）。

6）具有灭磁环节，当同步电动机启动或停车时能实现自动灭磁，异步运行（启动或失步）时，有灭磁保护，以免感应过电压击穿设备。

7）具有手动调节功能，可手动调节励磁电压和电流，进行功率因数调整。

8）同步电动机停车 5 s 内不得断开三相全控桥及其触发装置的电源，以便三相全控桥工作在逆变状态。

（2）KGLF11 系列晶闸管同步电动机励磁装置的电路组成。KGLF11 系列晶闸管同步电动机励磁装置由主电路、灭磁环节、投励环节、电压负反馈与给定环节、触发环节、逆变环节等组成。当同步电动机采用减压启动时，还应增加投全压环节。KGLF11 系列晶闸管同步电动机励磁装置的电路如图 2—9 所示，工作原理框图如图 2—10 所示。

同步电动机通入三相交流电源启动过程中，灭磁环节工作，转子绕组的感应电压正、负半周分别通过 R_{fd2}、VD、R_{fd1} 和 R_{fd1}、V7、V8、R_{fd2} 放电，此时主电路晶闸管 V1～V6 无触发脉冲处于阻断状态。当电动机达到亚同步转速时，投励环节自动发出投励脉冲，接通给定电压，触发环节向 V1～V6 发出触发脉冲，励磁装置向转子绕组输出励磁电流，将电动机牵入同步运行。当同步电动机正常停车时，系统给触发环节施加一控制信号，使触发脉冲后移至设定的逆变角（$\alpha_{max}=135°$即 $\beta_{max}=45°$），三相全控桥从整流状态转入逆变状态，保证转子绕组顺利灭磁。

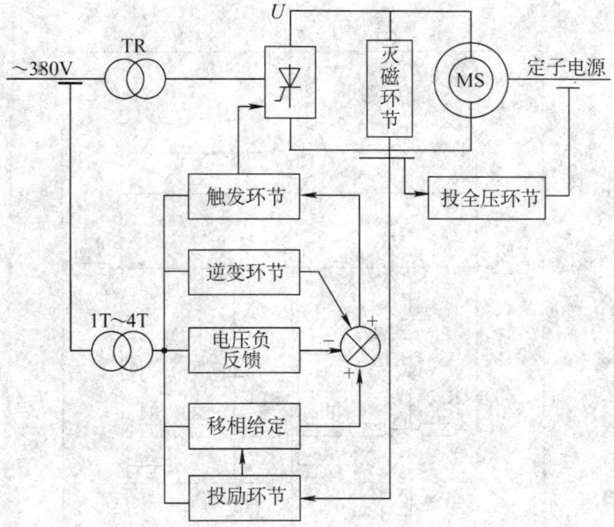

图 2—10　KGLF11 系列晶闸管同步电动机励磁装置框图

1）励磁主电路。采用三相全控桥式整流电路，如图 2—11 所示，投励和正常运行时工作在整流状态，正常停车时立即转入逆变状态，待转子绕组放电完毕结束工作。放电电阻 R_{fd1} 和 R_{fd2} 的总阻值为励磁绕组直流电阻的 5～15 倍。晶闸管的额定电压应高于额定励磁电压的 10 倍以上（与放电电阻器的阻值有关）。

励磁主电路的保护措施主要包括过电压保护和过电流保护。换相过电压保护采用并接于晶闸管两端的阻容吸收网络实现；交流侧操作过电压保护采用接在整流变压器二次侧的阻容吸收网络实现；均压保护由均压电阻器 1R～6R 实现；过电流保护利用快速熔断器 FUV1～FUV6 实现。

2）灭磁环节。在同步电动机启动过程中，晶闸管 V7、V8 导通，使正、负半周电流顺利通过放电电阻器，实现灭磁；启动完毕，V7、V8 关断，三相全控桥正常工作。

3）投励环节。用于在同步电动机启动过程中通过检测转子绕组感应电压的频率，间接检测转子转速，当达到亚同步转速时发出投励信号，启动励磁回路投入励磁。该投励环节的电路如图 2—12 所示。取自转子绕组两端的交流感应电压信号加到⑧、⑭两个输入端，使 VT3 半周导通，半周截止，C5 被反复充放电。电动机启动时转子绕组感应电压频率较高，C5 不能充电到单结晶体管 VT4 的峰点电压，VT4 不能导通，无信号输出。转子达到亚同步转速时，感应电压频率降至 2～3 Hz，C5 有足够时间充电至 VT4 的峰点电压，VT4 发出触发脉冲，使给定环节中的晶闸管 V10 导通，从而送出给定电压，使三相全控桥输出直流电压，给电动机投励。

4）电压负反馈与移相给定环节。该环节包括移相给定和电压负反馈两部分，两部分电压反极性叠加后作为移相控制电压 U_c 去控制触发电路的 α 角，其反馈与移相给定环节电路如图 2—13 所示。移相给定电压取自变压器 T4 二次侧的 65 V 绕组，经整流、滤波、稳压后得到，且受晶闸管 V10 的控制。电压负反馈信号取自同步变压器 T1～T3 二次侧的 6 V 绕组，经三相桥式整流和限流电阻 R20 后加到稳压管 VS9 两端。当电源电压不超过额定电压时，VS9 不工作，系统通过电压负反馈自动调节励磁电压维持稳

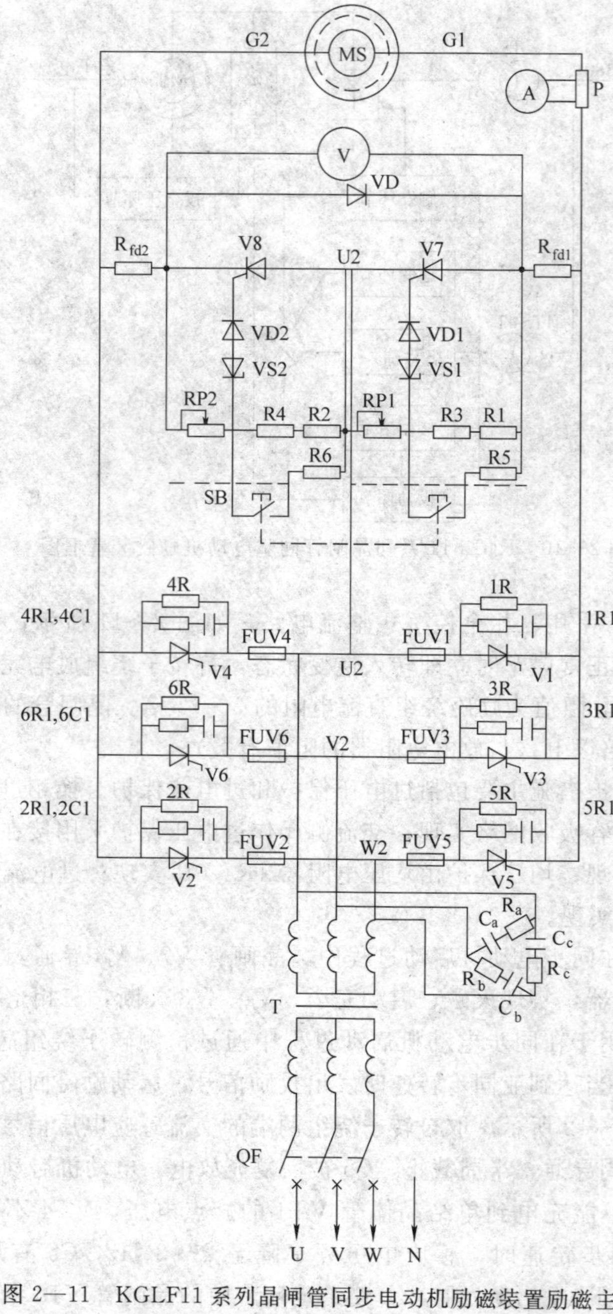

图 2—11　KGLF11 系列晶闸管同步电动机励磁装置励磁主电路

定励磁；当电源电压大于 390 V 时，VS9 开始稳压，反馈电压不再随电源电压升高而增大；当给定电压小于反馈电压时，控制信号通路被二极管 VD19 反向阻断，无移相控制电压输出。

5）移相触发环节。共有 6 块触发电路，分别控制三相全控桥的 6 只晶闸管 V1～V6。触发电路采用带小功率晶闸管放大的单结晶体管触发电路，主要由同步电压、脉冲移相与形成、脉冲放大与输出等环节构成，如图 2—14 所示。单结晶体管移相触发电路前一单元已有介绍，读者可参考有关内容自行分析，此处不再赘述。

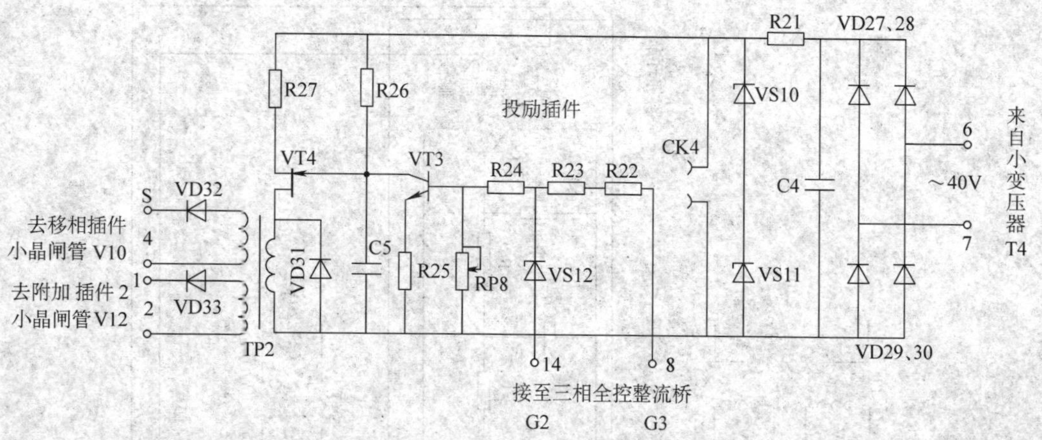

图 2—12　KGLF11 系列晶闸管同步电动机励磁装置投励环节电路图

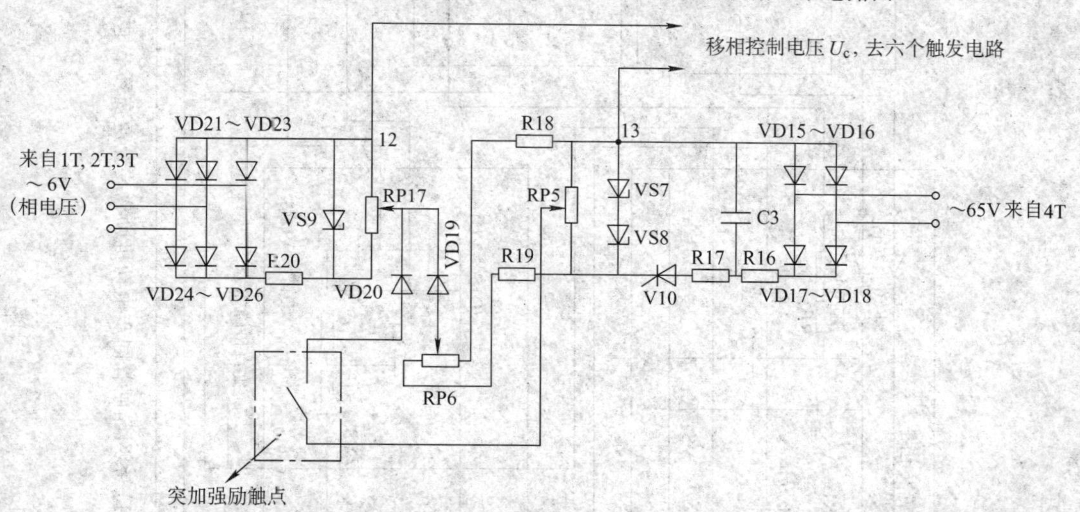

图 2—13　KGLF11 系列晶闸管同步电动机励磁装置反馈与移相给定环节电路图

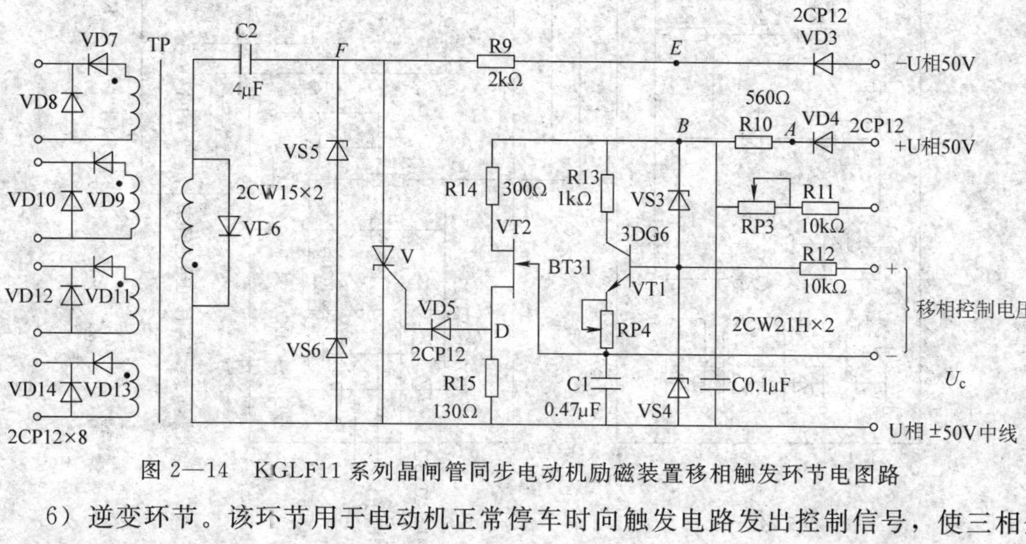

图 2—14　KGLF11 系列晶闸管同步电动机励磁装置移相触发环节电图路

6）逆变环节。该环节用于电动机正常停车时向触发电路发出控制信号，使三相全控桥从整流状态转变为逆变状态。逆变环节的电路如图 2—15 所示。在同步电动机正常

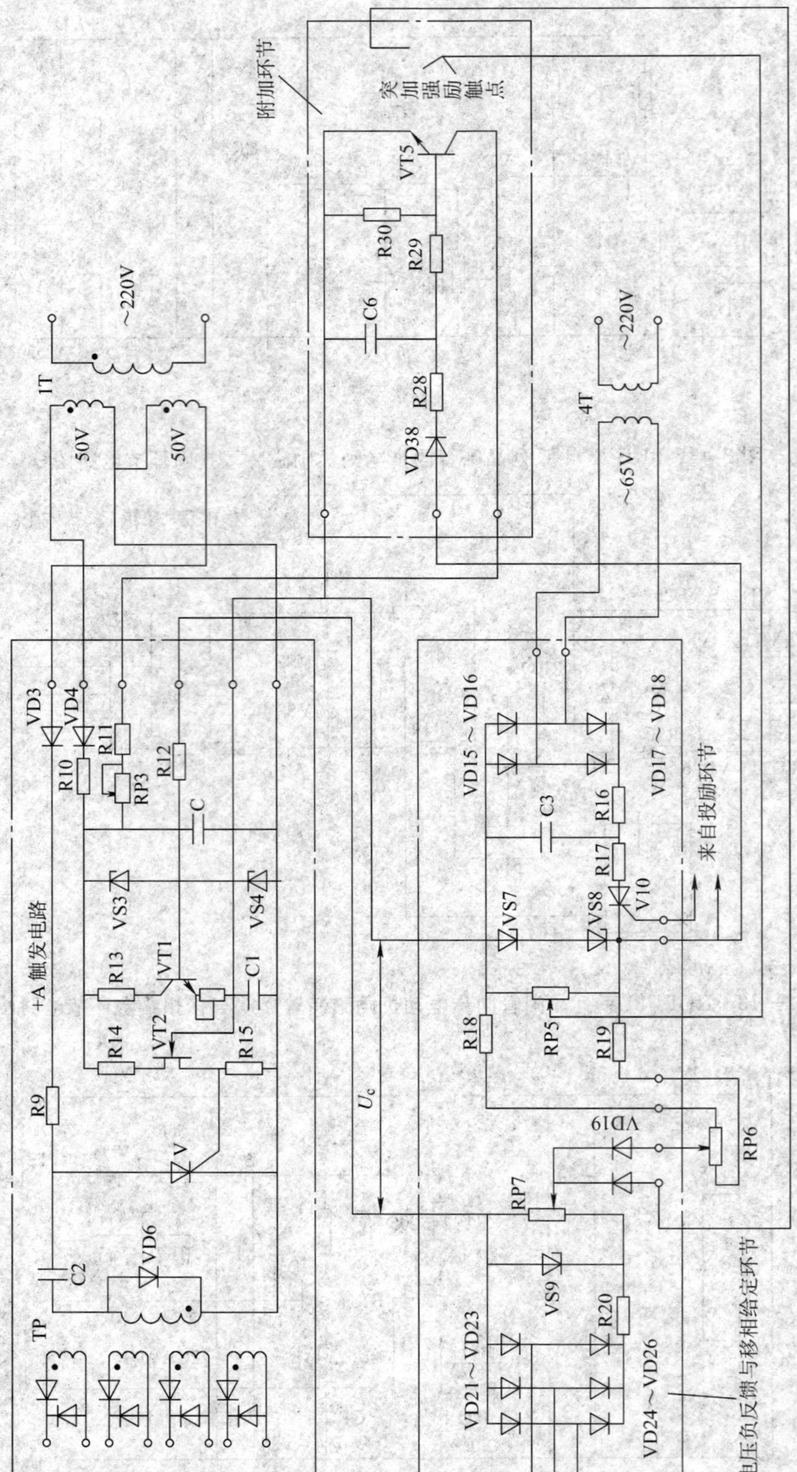

图 2—15 KGLF11 系列晶闸管同步电动机励磁装置逆变环节电路图

停车时，变压器 T4 断电，移相给定环节和投励环节失电，从而失去移相控制电压 U_c，触发电路中晶体管 VT1 截止，而逆变环节电路中 VT5 因电容 C6 维持导通，此时触发电路中电容 C1 通过 RP3、R11、VT5 供给不大的充电电流进行充电，使触发控制角 α 位于 α_{max}（可调节 RP3 使 $\alpha_{max}=135°$），励磁主电路从整流工作状态立即转为逆变工作状态，待转子绕组放电完毕，逆变结束。通常，励磁装置系统电源要在同步电动机停车 8 s 后方能断开。

2. 晶闸管同步电动机励磁装置的调试

（1）选择放电电阻。通常放电电阻 R_{fd1}、R_{fd2} 的阻值分别为所配用的同步电动机转子励磁绕组直流电阻的 5 倍。考虑短时工作，一般 R_{fd1}、R_{fd2} 的允许电流可按同步电动机额定励磁电流的 0.15 倍来选择。

（2）现场调试

1）调试步骤

①首先测定三相交流电源的相序，保证相序不能接错。

②对三相全控桥整流电路进行电阻负载调试。调节给定电位器时，注意观察电压表读数，同时用示波器观测输出直流电压波形变化是否正常。

③在同步电动机定子不送电的情况下，晶闸管励磁装置给转子励磁绕组进行大电流试验。调节给定电位器，同时观察直流电压表、电流表读数直至额定电压、额定电流，并用示波器观测输出直流电压波形变化是否正常。

2）操作注意事项

①晶闸管励磁装置输入端的 380/220 V 三相四线制电源必须与同步电动机定子回路三相电源取自同一母线，且相序正确。

②进行转子励磁绕组大电流试验时，因电动机不转、散热不好，通电时间不能过长，以防温升过高。

（3）参数调整。晶闸管励磁装置在出厂调试时均已对电路参数进行了整定，现场试运行时主要应对下面的参数进行复调：

1）灭磁晶闸管 V7、V8 导通工作电压的调整。V7、V8 的导通工作电压应分别大于整流变压器二次侧线电压的最大值，一般可按励磁装置额定电压的 2.5 倍进行整定（调节电位器 RP1、RP2）。

2）投励环节动作参数的整定。电容器 C5 的充电时间整定为 0.2 s 发出脉冲，当该环节⑧、⑨两脚间输入频率 50 Hz、有效值为 8～10 V 的交流电压（此时断开该两脚与主回路的接线）时，不应发出投励脉冲。

（4）系统试运行

1）首先按电路图认真检查励磁装置的外部接线是否正确，确认无误后方可通电试运行。

2）合上整流变压器一次侧自动空气开关，红色信号灯亮。

3）合上控制回路电源开关，绿色信号灯亮。

4）将万能转换开关转到调定位置，交流接触器动作，绿色信号灯熄灭，红色信号灯亮，风机启动运转。

5）调节给定电位器，同时观察直流电压表、电流表，监视同步电动机转子励磁绕组的励磁电压和电流。

6）按下灭磁试验按钮，若直流电压表读数变为零，直流电流表读数不变；而松开灭磁试验按钮，直流电压表读数恢复原来数值，说明灭磁环节电路基本正常。

7）拉开同步电动机定子回路隔离开关，将万能转换开关转到允许位置，现场进行系统空闭合、断开、连锁及人为故障试验。

8）完成上述步骤且动作正常后，将万能转换开关转到允许位置，按操作程序正式进行同步电动机启动运行试运行。

每次启动同步电动机前，都要完成上述 2）～6）步骤的操作，正常后将万能转换开关转到允许位置，才能启动同步电动机。

第二节　中高频加热设备的检修

培训目标

→ 熟悉中高频加热设备的应用及特点

→ 能够进行中高频加热设备的检修

一、中频加热设备的检修

1. 中频加热设备简介

晶闸管中频感应加热设备采用晶闸管变频装置，应用电磁感应原理，置工件于交变磁场中，产生涡流损耗而发热。这种加热方式具有加热快、烧损少、劳动强度低，能保证产品质量和易于组织自动生产线等特点，因此，得到越来越广泛的应用。KGPS（KGPF）系列中频感应加热电源产品是新一代中频感应加热设备，其最大功率容量已达 5 000 kW，工作频率为 0.5～8 kHz，采用优质快速晶闸管或高频晶闸管，具有稳压、稳流、恒功率调节功能及可靠性高、装置容量大、频率控制范围宽、重炉启动容易，对负载变化及种类适应性强等优点，取代了传统的中频发电机组感应加热设备。它广泛应用于铁路、冶金、汽车、拖拉机及自行车等行业的晶体生长、金属熔炼、淬火、透热、锻造、焊接、烧结、弯管成形等热处理加工工艺等领域。KGPS100－1 型中频感应加热设备的外形如图 2—16 所示，技术参数见表 2—2。其工作原理前一单元已有介绍，此处不再赘述。

表 2—2　　KGPS100－1 中频感应加热设备的技术参数

设备型号	KGPS100－1
输出功率	100 kW
工作频率	1 kHz
供电电压	3～380 V/50 Hz
冷却方式	水冷
用途	透热、熔炼

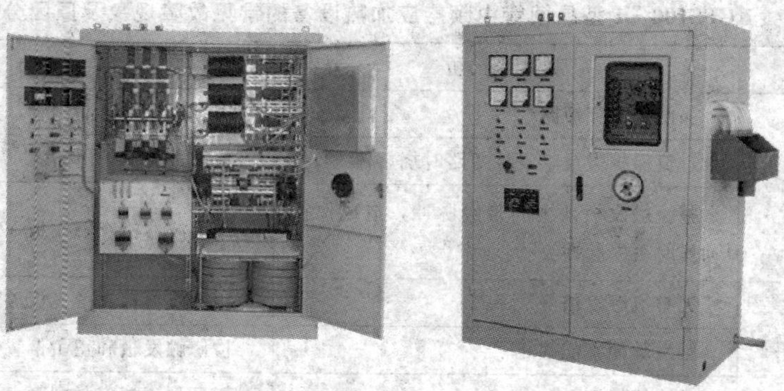

图 2—16　KGPS100 - 1 型中频感应加热设备外形

（1）晶闸管中频感应加热设备的工作特点。KGPS100 - 1 型晶闸管中频感应加热设备的工作特点主要表现在两个方面，一是工作频率较高，该设备工作于中频（kHz级），工作频率远远高于工频；二是功率大，高电压，大电流，逆变电路工作于并联谐振状态，电压比工频电网电压高得多。因此，设备在工作中出现过电压和放电现象的机会较多。

（2）晶闸管中频感应加热设备的操作注意事项。鉴于上述工作特点，在设备的运行和安装调试时应重点注意以下几方面问题：

1）主电路对地绝缘。因主电路电源直接来自三相工频电网，没有变压器隔离，要求电路对地应有足够的绝缘。使用仪器仪表进行测量时，要严格注意对地绝缘，以免造成短路或放电事故，危及人身和设备安全。

2）中频电源线的布置。因工作频率较高，且谐振回路的无功电流很大，将使导线的电抗压降增大，所以中频线要尽量缩短导线长度，补偿电容要尽量靠近感应炉。

3）水冷系统的安装。为防止管道堵塞影响冷却效果，便于随时检查水流及水压情况，冷却水应从明水漏斗流出；为防止突然停水，被加热（或熔化）的高温金属使感应线圈过热，应有备用水源，故障时冷却感应线圈。

4）水冷电缆的安装。水冷电缆用于连接感应线圈与馈电铜排，工作时水冷电缆应并排自然悬垂于电缆坑内，不得绕圈，附近不应堆放金属杂物，以免因感应发热而烧坏电缆的橡胶水套。

5）抗干扰措施。因电压和电流互感器的信号传输线较长，为防止信号受到干扰，影响系统的正常工作，甚至造成事故，信号传输线应采用屏蔽线。

6）器件的检查。重点检查主电路的晶闸管和硅堆等，硅堆最好能进行高压击穿试验，以确保其过压保护性能符合要求。

7）保护电路的检查。通过加入模拟电流、电压信号，对过电流、过电压保护和截流、截压电路的保护能力进行检查。试验时，要注意将互感器上的原接线拆除，试验完毕再将其还原。

2. 中频加热设备的检修

KGPS100 - 1 型晶闸管中频感应加热设备的常见故障现象及原因分析、处理方法见表 2—3。

表 2—3　　KGPS100－1 型晶闸管中频感应加热设备的常见故障现象及原因分析、处理方法

<table>
<tr><th>故障现象</th><th colspan="2">原因分析</th><th>处理方法</th></tr>
<tr><td rowspan="3">快速熔断器熔断</td><td colspan="2">晶闸管击穿短路</td><td>用万用表检查晶闸管，并更换</td></tr>
<tr><td colspan="2">过流保护失灵，发生短路时烧熔体</td><td>检修过流保护电路</td></tr>
<tr><td colspan="2">整流触发板缺少同步尖脉冲，造成保护动作时丢失脉冲</td><td>用示波器检查触发板 VT5 基极波形</td></tr>
<tr><td rowspan="3">无整流电压输出</td><td colspan="2">无整流触发信号</td><td>用示波器检查触发板波形</td></tr>
<tr><td colspan="2">触发脉冲不能移相</td><td>检修触发板和正负偏置调节板</td></tr>
<tr><td colspan="2">晶闸管损坏</td><td>用万用表检查晶闸管，并更换</td></tr>
<tr><td rowspan="7">整流器缺相</td><td rowspan="5">某相触发脉冲丢失</td><td>整流触发器损坏</td><td>检修触发板</td></tr>
<tr><td>脉冲变压器开路或短路</td><td>检查并更换脉冲变压器</td></tr>
<tr><td>脉冲传输线上的二极管损坏</td><td>检查并更换二极管</td></tr>
<tr><td>接线有松动</td><td>检查并修复接线</td></tr>
<tr><td>晶闸管门极损坏，使晶闸管不能触发</td><td>检查并更换晶闸管</td></tr>
<tr><td colspan="2">有一相熔断器熔断</td><td>排除短路故障，更换熔断器</td></tr>
<tr><td colspan="2">三相电源缺相</td><td>检查三相电源并排除故障</td></tr>
<tr><td rowspan="3">整流电压不稳定</td><td colspan="2">触发电路虚焊，导致接触不良（电压表不规则摆动）</td><td>检修触发板</td></tr>
<tr><td colspan="2">中频干扰导致晶闸管误触发（逆变器工作后电压不稳）</td><td>采取防干扰措施排除干扰</td></tr>
<tr><td colspan="2">滤波电抗器损坏，导致中频干扰</td><td>检修滤波电抗器</td></tr>
<tr><td rowspan="3">整流电压调不高</td><td colspan="2">晶闸管开路或快速熔断器熔断，导致缺相</td><td>检查并更换晶闸管或快速熔断器</td></tr>
<tr><td colspan="2">某一相触发电路故障或晶闸管性能变坏，导致缺相</td><td>检查晶闸管门极的触发脉冲</td></tr>
<tr><td colspan="2">触发脉冲不能调到 $\alpha=0^\circ$</td><td>检查截流截压电路有无元器件损坏或接触不良</td></tr>
<tr><td rowspan="8">逆变器不能启动</td><td rowspan="3">启动时，有整流电压，无电流</td><td>启动电路不动作</td><td>检查继电器和启动电路的元器件</td></tr>
<tr><td>启动电容没有被接入电路</td><td>检查 KM3 触点和整流二极管</td></tr>
<tr><td>无逆变触发脉冲</td><td>检查逆变触发电路及其传输线</td></tr>
<tr><td rowspan="5">启动时，过流保护动作</td><td>启动晶闸管击穿短路</td><td>检查并更换启动晶闸管</td></tr>
<tr><td>过流保护整定值过低</td><td>检查并调整过流保护整定值</td></tr>
<tr><td>逆变触发器受干扰，导致逆变电路工作不正常</td><td>逆变触发器输入端并接防干扰电容，自动调频信号线采用屏蔽线</td></tr>
<tr><td>负载故障，造成逆变电路工作不正常</td><td>检查感应线圈和水冷电缆是否有短路或断路</td></tr>
<tr><td>逆变主电路突然发生对地短路（可能出现硒堆放电现象）</td><td>停电后，检查主电路对地绝缘</td></tr>
</table>

二、高频加热设备的检修

1. 高频加热设备简介

GP－C3 系列高频感应加热设备由大功率的自激式电子管振荡器所组成，它在热处理生产中已得到广泛应用，主要应用于金属构件表面热处理，如淬火、退火、回火、钎头焊接、锯片焊接、电机转子焊接、钨杆退火等。该设备加热速度快，生产效率高，质量稳定，工艺易于控制，便于流水作业和实现自动化生产。GP100－C3A 型高频感应加热设备的外形如图 2—17 所示，技术参数见表 2—4，其工作原理前一单元已有介绍，此处不再赘述。

图 2—17　GP100－C3A 型高频感应加热设备外形

表 2—4　**GP100－C3A 型高频感应加热设备的技术参数**

设备型号	GP100－C3A
振荡功率	100 kW
振荡频率	200～250 kHz
供电电压	3～380 V/50 Hz，180 kV·A
用途	热处理、透热、钎焊

2. 高频加热设备的检修

（1）检修注意事项

1）高频感应加热设备是高电压、高频率、大功率系统，发生故障时经常伴随有放电、声响、闪光等现象，检修时应注意观察故障现象。

2）因设备工作电压很高，检修时应特别注意操作安全，以免发生触电和设备损坏事故。

（2）常见故障及检修。GP100－C3A 型高频感应加热设备的常见故障现象及原因分析、处理方法见表 2—5。

表 2—5　GP100－C3A 型高频感应加热设备的常见故障现象及原因分析、处理方法

故障现象	原因分析	处理方法
整流输出电压低	交流电源缺相	检查三相电源
	晶闸管有断路故障	检查并更换晶闸管
	晶闸管触发电路故障	检修触发电路
	整流二极管有断路故障	检查并更换整流二极管
	电压负反馈过强	检查反馈电阻 R6 是否损坏或断路
整流输出电压不稳	电网电压波动较大	不与大电机或大容量设备使用同一电源
	电压调整回路有接触不良	检查给定、反馈等环节是否有接触不良

单元 2

续表

<table>
<tr><th>故障现象</th><th colspan="2">原因分析</th><th>处理方法</th></tr>
<tr><td rowspan="6">高频振荡器不起振</td><td rowspan="3">振荡管不工作，振荡回路无电流</td><td>振荡管无灯丝电压</td><td>检查灯丝电源及灯丝接线</td></tr>
<tr><td>振荡管栅极负栅压没切除</td><td>检查切除负栅压的继电器</td></tr>
<tr><td>振荡管阳极高压没加上</td><td>检查阳极高压回路是否断线</td></tr>
<tr><td rowspan="3">振荡管阳极电流很大，但不起振</td><td>振荡回路中有电容被击穿</td><td>检查并更换电容</td></tr>
<tr><td>栅极电路有断路</td><td>检查栅极回路</td></tr>
<tr><td>KM3 常开触头没闭合</td><td>检查 KM3</td></tr>
<tr><td rowspan="7">过电流跳闸</td><td colspan="2">整流变压器绕组对地短路或滤波电容器击穿</td><td>检查变压器绝缘和滤波电容器</td></tr>
<tr><td colspan="2">晶闸管或整流二极管击穿短路</td><td>检查晶闸管和整流二极管</td></tr>
<tr><td colspan="2">振荡管阳极击穿</td><td>检查并更换振荡管</td></tr>
<tr><td colspan="2">阳极回路有对地短路、低压线距高压扼流圈太近发生闪络或高压扼流圈短路</td><td>检查阳极回路和高压扼流圈</td></tr>
<tr><td colspan="2">振荡管冷却水管太短或水质不好，使阳极对地电阻变小</td><td>检查振荡管冷却系统和冷却水水质</td></tr>
<tr><td colspan="2">阳极隔直电容器击穿</td><td>检查并更换隔直电容器</td></tr>
<tr><td colspan="2">瓷绝缘子太脏发生放电</td><td>检查并清洁高压瓷绝缘子</td></tr>
<tr><td rowspan="3">设备有打火放电现象</td><td colspan="2">放电处有潮气、灰尘或距机箱太近</td><td>检查相应部位的绝缘和与机箱的距离</td></tr>
<tr><td colspan="2">放电处有断线或接触不良现象</td><td>检查相应部位的线路及接线端子</td></tr>
<tr><td colspan="2">感应圈接地不良或断线，对工件发生高频弧光放电</td><td>检查感应圈接地是否良好</td></tr>
<tr><td rowspan="3">淬火时阳极电流过小</td><td colspan="2" rowspan="3">LC 谐振回路谐振阻抗太大</td><td>调整 L5，加大耦合</td></tr>
<tr><td>调整 L4 接至 T15 的抽头</td></tr>
<tr><td>增大 C26 电容量</td></tr>
</table>

第三节　软启动及变频调速设备的安装、使用及检修

培训目标

- 熟悉软启动及变频调速设备的特点与使用方法
- 能够进行软启动及变频调速设备的安装、使用与故障排除

一、软启动设备

1. 软启动设备简介

（1）软启动设备及其应用。软启动是近年来发展起来的一种新技术，软启动设备利

用晶闸管交流调压原理，通过改变晶闸管的控制角，自动将启动电压从初始值（可设定）平稳升高到额定电压，取代传统的继电接触控制的降压启动设备，用于较大容量交流异步电动机的降压启动，并表现出了明显的优越性。如用于水泵电动机，可有效解决启动和停车时管道中水压波动的问题；如用于鼓风机电动机，可解决启动时传动带打滑和轴承压力过大的问题；如用于传送带电动机，可解决启动和停止时由于颠簸造成的产品跌倒和损坏的问题；如用于其他机械设备，可减小对齿轮箱、传动轴、传动带的机械应力，减少零件损坏，延长其使用寿命。

（2）采用软启动的主要优点

1）启动和停车过程电压缓变，电流及转矩冲击小，能延长设备的使用寿命。

2）启动过程平稳，有利于改善生产设备的工作性能。

3）启动电流小，减小了对电网电压的影响。

4）外部接线简单，可靠性高，维修量小。

5）体积小，质量轻。

6）功耗小，效率高，节能。

（3）HPR1 系列软启动器。HPR1 系列软启动器用于三相异步电动机的软启动和软停车，电动机功率可达 500 kW。该设备采用金属外壳，结构紧凑，安装方便。HPR1 系列软启动器具有“外接”和“内接”两种接法（电动机 Y 联结和△联结），采用“内接”可减少 42% 流经软启动器的电流。该软启动器具有按电压-时间斜坡启动（限时启动）和限流启动两种工作方式，最大工作电流为额定电流的 1.15 倍。该设备还具有运行状态和故障信号继电器输出端子，前面板具有 LED 工作状态和故障显示及参数设定调节旋钮。HPR1 系列软启动器的外形、面板和内部装置示意如图 2—18～图 2—20 所示。

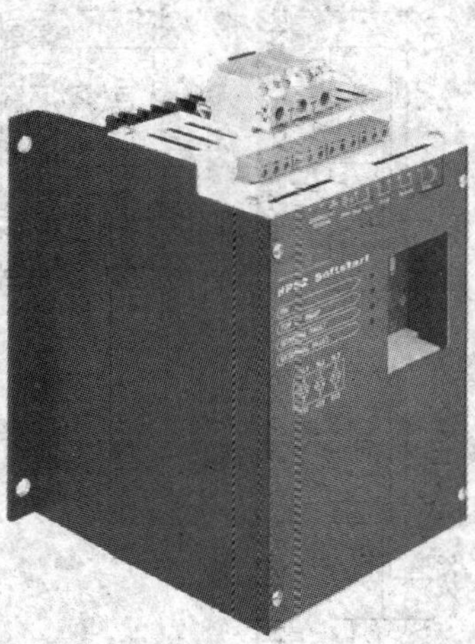

图 2—18　HPR1 系列软启动器的外形图

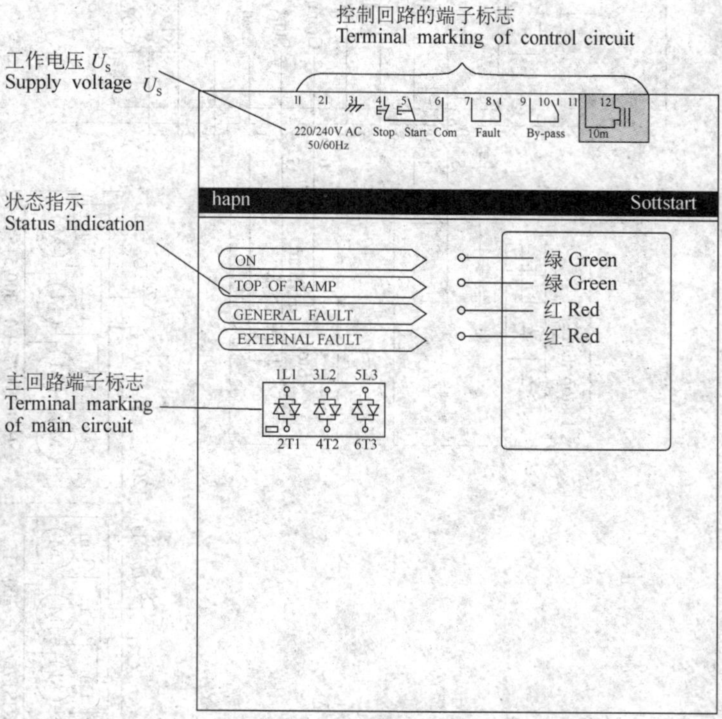

图 2—19　HPR1 系列软启动器的面板示意图

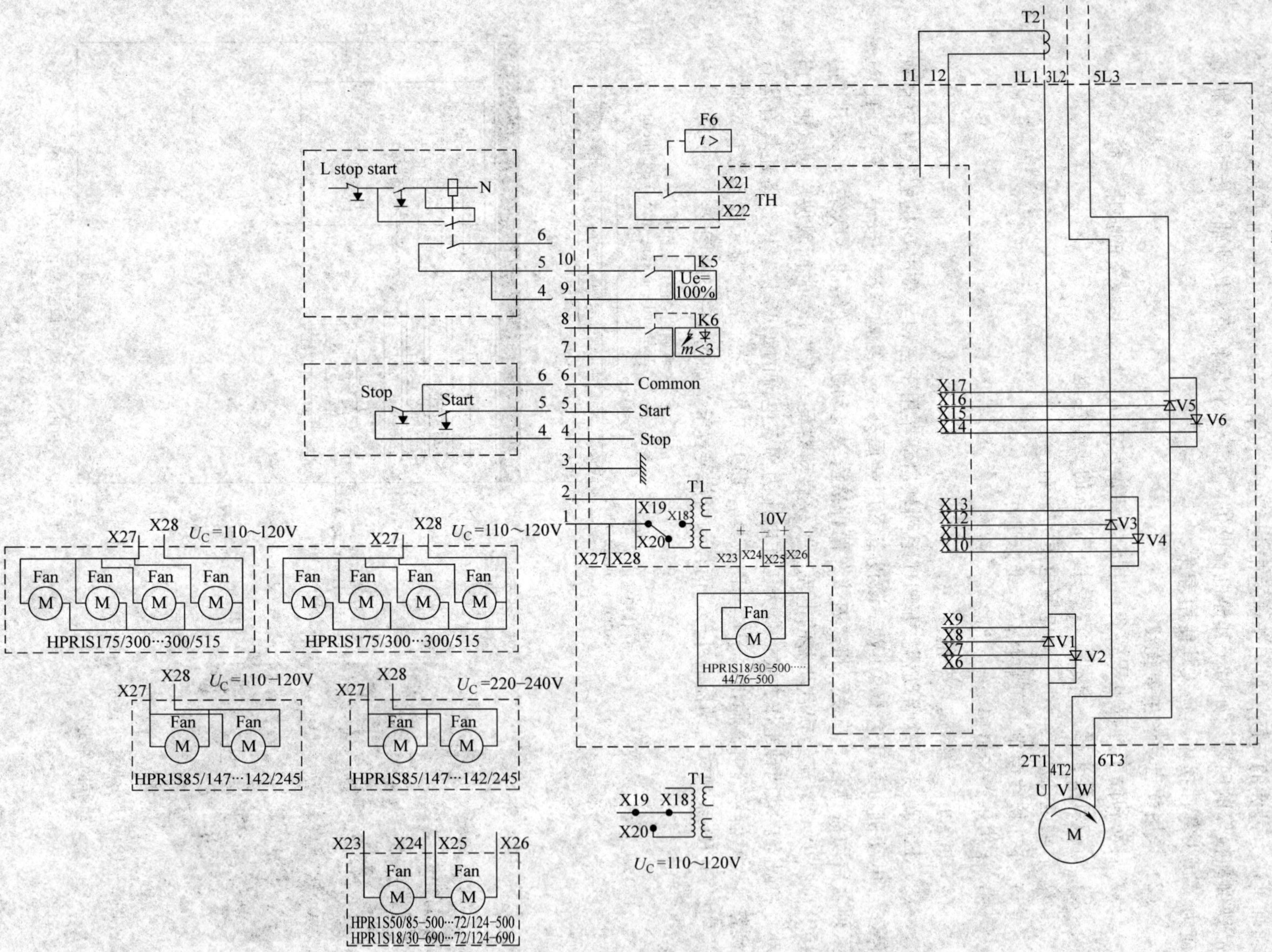

F6	温度监视器	Termperature monitor
F5	全电压信号继电器	Relay actuated at full voltage(U_e=100%)
K6	故障信号继电器	Relay taull signal
T1	控制变压器	Control transtormer
T2	电流互感器	Current transtormer
V1~V6	可控硅整流器	Thyristor

图 2—20 HPR1 系列软启动器的内部结构示意图

2. 软启动设备的安装与使用

现以 HPR1 系列软启动器为例，简单介绍软启动设备的安装与使用方法。

（1）软启动器的安装。为保证散热功能，软启动器必须垂直安装于通风良好之处。软启动器对安装空间要求的最小距离如图 2—21 所示。

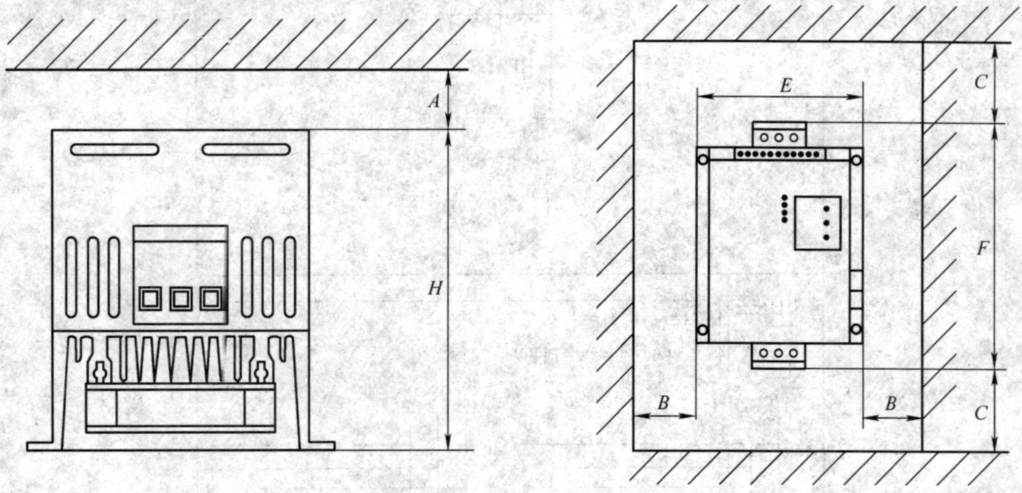

a)　　b)

		空隙 Air gap		软启动器外型尺寸 Outer dimensios of the softstarter		
	A	*B*	*C*	*E*	*F*	*H*
HPR1 S 18/30-500···72/124-500 HPR1 S 18/30-690···72/124-690	20	10	100	168	258	170
HPR1 S 85/147-500···142/245-500 HPR1 S 85/147-690···142/245-690	20	10	100	280	350	275
HPR1 S 175/300-500···300/515-500 HPR1 S 175/300-690···300/515-690	20	10	100	382	444	310

c)

图 2—21　HPR1 系列软启动器对安装空间要求的最小距离

a）俯视图　b）正视图　c）安装距离

（2）软启动器的接线

1）主回路端子的接线

①HPR1 系列软启动器可采用“内接”和“外接”两种方式［注意 Line/Delta 开关，即线路（外接）/三角形（内接）开关，处于正确位置］，接法如图 2—22 所示。

②端子 1L1、3L2、5L3 接三相电源相线，2T1、4T2、6T3 接电动机，如图 2—23 所示。

2）控制回路端子的接线

①工作电压：端子①和②。将 N 线接于端子①，相线接于端子②，如图 2—24 所示，并注意检查工作电压是否正确。

②装置的接地：端子③。要求接地线尽量短，接于装置旁最近的接地点上，如图 2—25 所示。

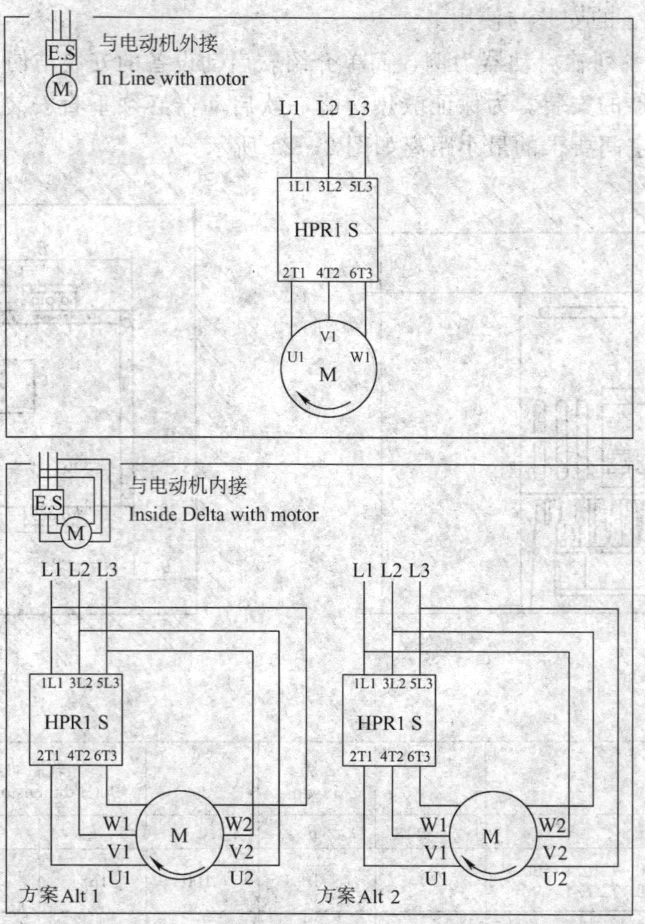

图 2—22　内接与外接的接线

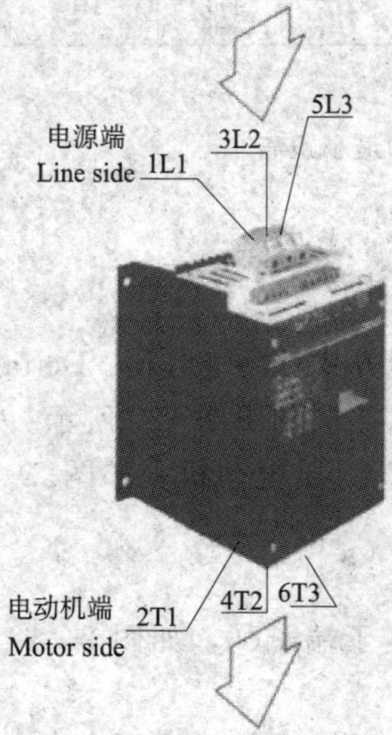

图 2—23　主回路端子的接线

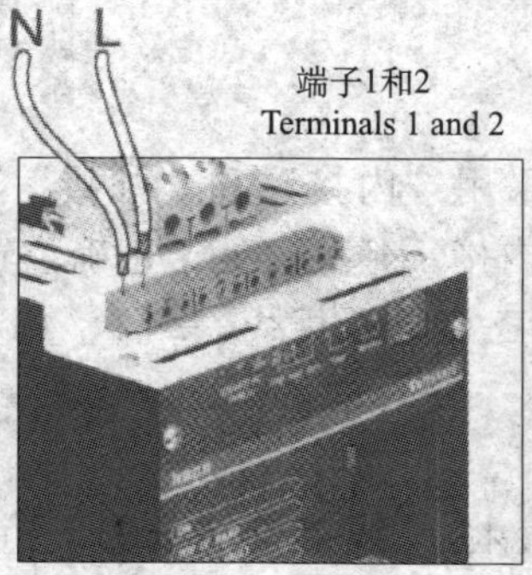

图 2—24　工作电压的接线

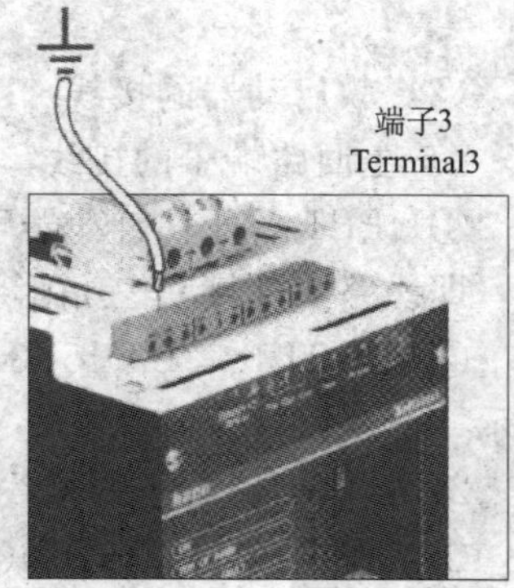

图 2—25　接地端的接线

③启动/停止控制：端子④、⑤和⑥。HPR1 系列软启动器内部设有自锁功能，从而使外部接线简单，如图 2—26 所示。

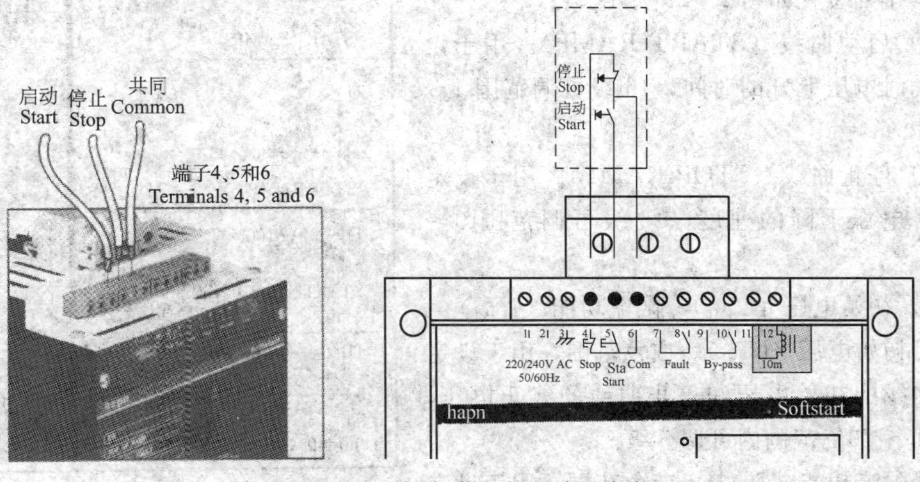

图 2—26　启动/停止控制端的接线

④故障信号继电器：端子⑦和⑧。故障信号继电器为常开触点，发生故障时触点闭合。

⑤启动完毕信号指示继电器：端子⑨和⑩。启动过程完成时该继电器触点闭合，停车时触点分断。故障信号继电器和启动完毕信号指示继电器的接线端子，如图 2—27 所示。

⑥电流互感器：端子⑪和⑫。用于限流功能的电流互感器二次绕组接于端子⑪和⑫，如图 2—28 所示，并应检查电流互感器的变比是否正确。

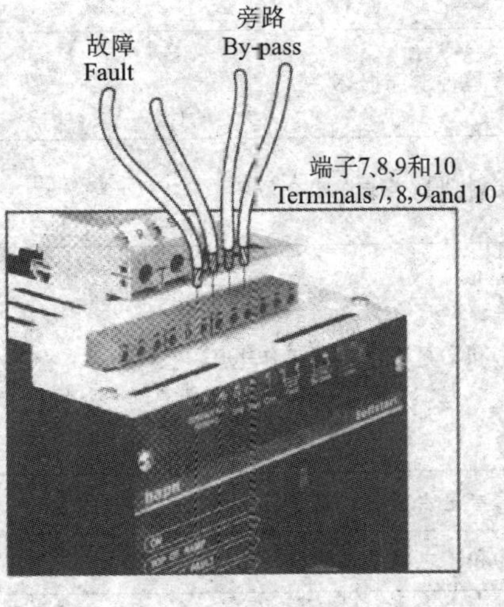

图 2—27　故障信号继电器和启动完毕信号指示继电器的接线端子

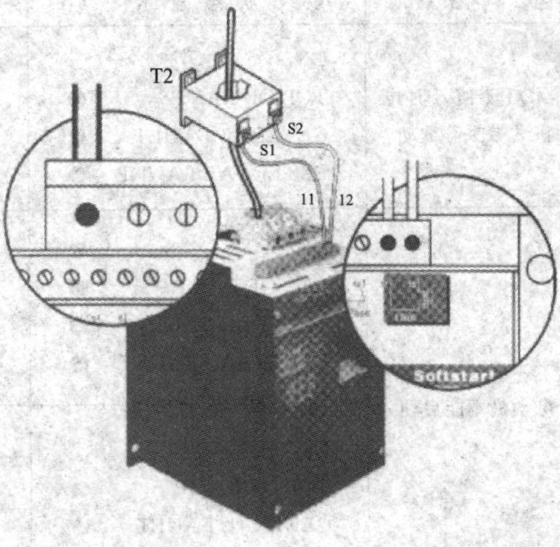

图 2—28　电流互感器端子的接线

（3）运行参数的设定。HPR1 系列软启动器操作面板上有 3 个设定旋钮和 1 个设定开关，其排列位置如图 2—29 所示。

1）启动曲线（START RAMP）。用于设定启动时电压上升的时间，16 级可调范围 1～30 s。

2）停止曲线（STOP RAMP）。用于设定停止时电压下降的速度，16 级可调范围 0～30 s。

3）初始电压（U_{INI}）/限流功能（I_{LIM}）

①初始电压（U_{INI}）。白色范围，用于设定启动曲线的初始电压和停止曲线的终止电压，在 30%～70%范围内可调 5 级。

②限流功能（I_{LIM}）。蓝色范围，用于设定最大启动电流限流值（须将电流互感器按要求接于端子⑪和⑫），电流互感器变比在 1.5～4 倍范围可调 11 级（此时初始电压被固定在 40%）。

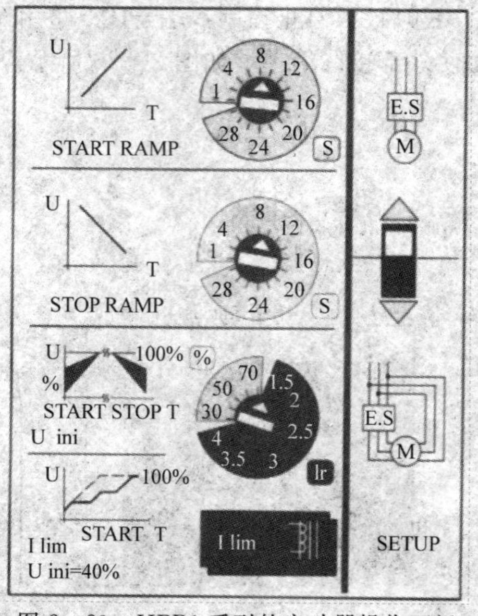

图 2—29　HPR1 系列软启动器操作面板设定旋钮和设定开关

4）用于选择连接方式的 Line/Delta 开关。该开关具有“内接”和“外接”两个位置，应注意与接线方式相一致。

3. 软启动设备的故障排除

HPR1 系列软启动器的常见故障现象和检查方法见表 2—6。

表 2—6　**HPR1 系列软启动器的常见故障现象和检查方法**

故障现象	状态显示	检查方法
无启动信号时电动机“嗡嗡”欲动	ON ○ TOP OF RAMP ● GENERAL FAULT ● EXTERNAL FAULT ●	晶闸管是否击穿损坏
		旁路接触器是否卡在闭合位置
电动机不能启动	ON ● TOP OF RAMP ● GENERAL FAULT ● EXTERNAL FAULT ●	端子①和②是否已接通工作电压
	ON ○ TOP OF RAMP ● GENERAL FAULT ● EXTERNAL FAULT ●	启动信号是否正常（端子⑤和⑥之间是否闭合）
		端子⑥和④之间是否闭合
		请检查启动和停止信号，两者不应同时发出
		Line/Delta 开关是否在正确位置

续表

故障现象	状态显示	检查方法
电动机不能启动	ON ○ TOP OF RAMP ● GENERAL FAULT ● EXTERNAL FAULT ○	电源频率是否正常
		Line/Delta 开关是否在正确位置
		内接方式的接线是否正确
		三相电压是否接于 1L1、3L2、5L3
		热过载保护继电器是否动作
		检查全部连接
	ON ○ TOP OF RAMP ● GENERAL FAULT ○ EXTERNAL FAULT ●	Line/Delta 开关是否在正确位置
		软启动器是否过热，请检查冷却风扇和风道是否正常
		若启动后 60～70 s 升压不成功，请检查全部接线和电流互感器限流值及变比是否正确
		内接时电动机电路是否连接完好
在启动或运行中电动机停止	ON ○ TOP OF RAMP ● GENERAL FAULT ● EXTERNAL FAULT ○	主回路是否缺相，热过载保护继电器是否动作，熔断器是否熔断
		检查全部的连接
	ON ○ TOP OF RAMP ● GENERAL FAULT ○ EXTERNAL FAULT ●	软启动器是否过热，请检查冷却风扇和风道是否正常
		若启动后 60～70 s 升压不成功，检查全部接线和电流互感器限流值及变比是否正确
		软启动器与电源之间是否缺相，请检查接线
		晶闸管击穿损坏
		Line/Delta 开关是否在正确位置
		内接时电动机电路是否连接完好
停车故障	ON ○ TOP OF RAMP ● GENERAL FAULT ● EXTERNAL FAULT ○	主回路是否缺相，是否在停车过程完成之前主接触器已断开，熔断器是否熔断
		旁路接触器是否卡在闭合位置
	ON ○ TOP OF RAMP ● GENERAL FAULT ○ EXTERNAL FAULT ●	负载一方是否缺相，检查接线
在启动或运行中电动机声音异常	ON ○ TOP OF RAMP ○ GENERAL FAULT ● EXTERNAL FAULT ●	电压是否过低
		Line/Delta 开关是否在正确位置
		“内接”接线是否正确
		电源端或负载端是否缺相，检查接线

单元 2

续表

故障现象	状态显示	检查方法
在停止时电动机声音异常或停止时间过短	ON ○ TOP OF RAMP ● GENERAL FAULT ● EXTERNAL FAULT ●	试用不同的停止时间（为获得理想效果，可能要作多次调整）
		电源端或负载端是否缺相，检查接线
		Line/Delta 开关是否在正确位置
启动限流功能不可调节	ON ○ TOP OF RAMP ● GENERAL FAULT ● EXTERNAL FAULT ●	电流互感器是否已连接到端子⑪和⑫
		用于设定 I_{LIM} 参数的旋转开关是否处于蓝色范围
		电流互感器是否合适
		电流互感器接线是否正确
		电动机与软启动器是否匹配（如电动机太小）

二、变频调速设备

1. 变频调速设备简介

（1）变频器的种类

1）按变频方法分，主要有交-直-交变频器和交-交变频器两种。

①交-直-交变频器。先将工频交流电经整流、滤波变换为直流电，再经逆变电路变换为频率可调的交流电，其框图如图 2—30 所示。其中按滤波元件不同分为电压型变频器（电容滤波）和电流型变频器（电感滤波）两种类型。

图 2—30　交-直-交变频器原理框图

②交一交变频器。由三组反并联的晶闸管可逆桥式变流器组成，其框图如图 2—31 所示。交-交变频器过载能力强，效率高，但最高输出频率不超过电网频率的 1/2，功率因数低。

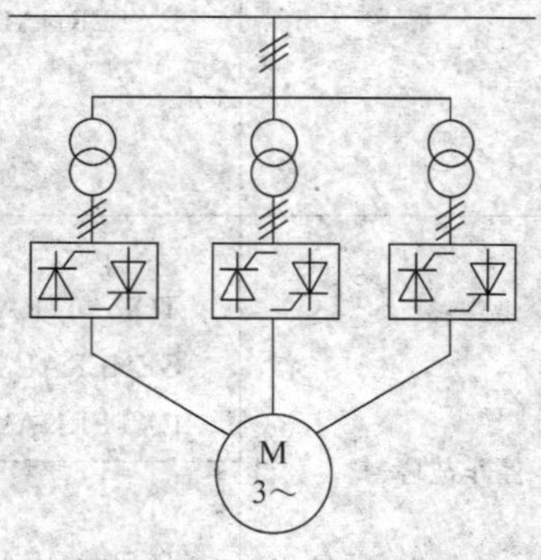

图 2—31　交-交变频器原理框图

2）按电压等级分，有低压变频器和高压变频器两种。

①低压变频器。三相 380～460 V，单相 220～240 V，用于中小容量的变频调速。

②高压变频器。电压等级为 3 kV、6 kV、10 kV，用于大容量变频调速。

3）按用途分，主要有地铁机车专用变频器，电动车辆用变频器，轧机用变频器，风机、泵类用变频器等。其中以风机、泵类用变频器使用量较大，约占总用量的 40%。该类变频器一般要求最高频率为 50～120 Hz，启动转矩为 50%以上，过载电流为 120%（1 min），且要求节能和低价格。通用变频器的性能要求通常为最高频率 50～400 Hz，启动转矩 150%以上，过载电流 150%（1 min）。

(2) 变频器的基本构成。变频器主要由主回路、控制回路和保护电路等部分组成，其框图如图 2—32 所示。

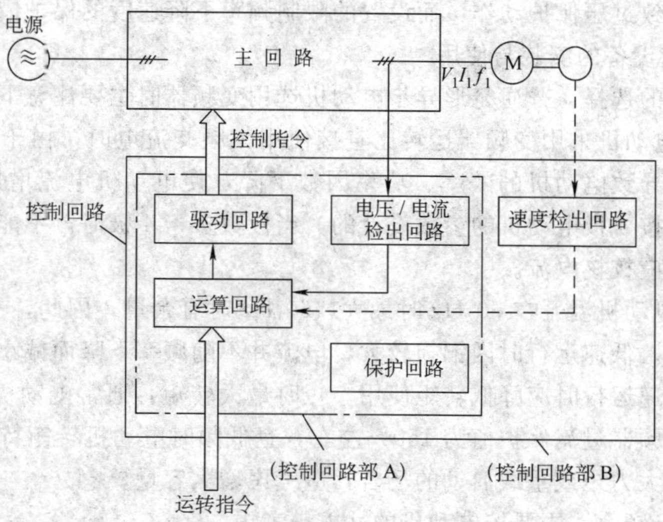

图 2—32　变频器的基本构成框图

1) 主回路

①变流器部分。主要由整流电路和滤波电路组成，将工频交流电变换为直流电，作为逆变电路的电源，有二极管整流和晶闸管可控整流两种。

②逆变器部分。由六个开关器件（通常为全控型器件）组成三相桥式无源逆变电路，六个器件按相应的控制信号导通和关断，从而得到三相交流电。

③制动回路。再生制动能量存储于滤波电容中。当需要快速制动时，为防止电压升高，可采用可逆变流器将能量反馈回电网，或采用制动电路（如电阻制动等）将能量消耗掉。

2) 控制回路

①运算回路。将外部指令（速度、转矩等）与检测信号（电流、电压等）进行比较运算，决定输出电压和频率。

②电压电流检测回路。要求与主电路电位隔离，对主回路的电压、电流进行检测。

③驱动回路。用于驱动主回路开关器件的通断，要求实现控制回路与主回路的电位隔离。

④速度检测回路。将电动机轴上的速度检测部件送出的模拟或脉冲数字信号送入运算器。

3) 保护电路。变频调速设备具有较完善的保护功能，通常有对变频器的保护、对电动机的保护和其他保护等方面。

①变频器的保护主要包括电浪涌保护、过载保护、再生过电压保护、失压和欠压保护、接地过电流保护、冷却风机异常保护和短路保护等。

②电动机的保护主要包括过载（过热）保护和超频（超速）保护等。

③其他保护主要有防止失速过电流保护和防止失速再生过电压保护等。防止失速过

电流保护用于急加速时因电动机惯性导致过电流保护动作，造成停车（失速），而设置的限制频率上升速度的保护措施。防止失速再生过电压保护用于防止因减速制动时出现再生过电压，导致过压保护动作，而设置的限制频率下降速度的保护措施。

2. 变频调速设备的安装与使用

（1）变频器的选择。普通笼形异步电动机选用变频器时主要注意下面问题：

1）电流。电动机采用变频器运转比直接使用工频交流电时，由于电压、电流含高次谐波的影响，导致电动机的效率、功率因数下降，使电动机电流增加大约 10%。一般通用变频器是按 4 极电动机的参数设计的，当极数多于 4 极时，不能仅以电动机容量选择变频器，而应校核电流。

2）转矩。电动机温升在 50 Hz 时最大，60 Hz 时有余量，因此，在 50 Hz 工作时，应降低转矩使用。低速运行时因铜损较大，电流并不随频率下降而减小，但低速运行冷却效果差，故低速运行时应降低转矩使用。短时最大转矩：通常电动机有 200%的最大转矩能力，但变频器过流保护值为 150%左右，且低频时电动机转矩特性下降影响最大转矩，故需低速大力矩或重载启动的场合，应考虑增大容量。

3）允许最高频率，主要按电动机的性能来考虑。

4）其他方面，如考虑噪声和振动等方面的要求。

（2）变频器的安装与接线

1）变频器的安装。安装变频器时，应严格按照使用说明书和有关技术要求进行，主要注意下面一些问题：

单元 2

①变频器应垂直安装到坚固的物体上，正面可以看到显示面板。

②确保冷却风道畅通，如图 2—33 所示，不要安装到怕热的机器下面。

③变频器运行中散热器较热（可达 90℃），安装时要注意变频器背面应使用耐高温材料。

④安装于控制箱（柜）内时，要注意通风换气，不能安装于封闭的箱（柜）内。

⑤多台变频器安装于同一箱（柜）时，应横向并列安装，必须上下安装时，应设置隔板，如图 2—34 所示。

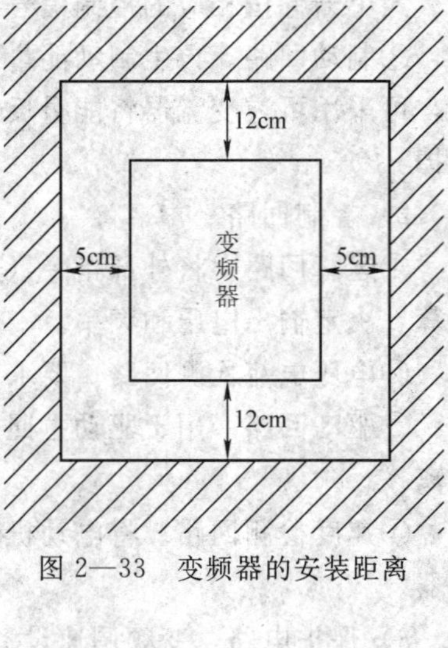

图 2—33 变频器的安装距离

2）变频器的接线。变频器的接线主要注意以下问题：

①主回路输入、输出三相电源线不能接错，否则将损坏设备。

②为防止触点引发火灾和减小噪声干扰，接地端子必须连接可靠。

③控制电路的信号端子应按使用说明书和安装图接线，如图 2—35 所示为松下 VFO 型小型变频器控制端子的接线。

④接线应牢固可靠，接触良好。

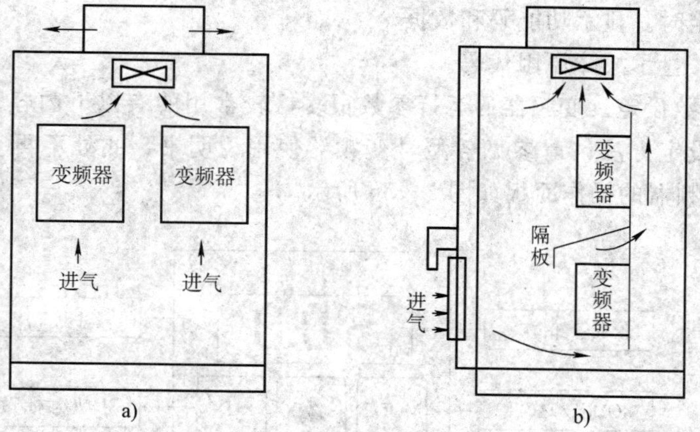

图 2—34　多台变频器的安装

a）横向排列　b）纵向排列

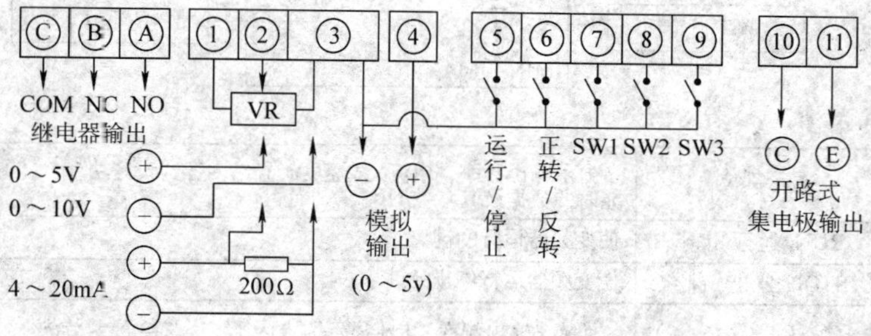

端子	端子功能	关联数据
1	频率设定用电位器连接端子 (+5V)	P09
2	频率设定模拟信号的输入端子	P09
3	(1)、(2)、(4)~(9) 输入信号的共用端子	
4	多功能模拟信号输出端子 (0~5V)	P58,59
5	运行 / 停止、正转运行信号的输入端子	P08
6	正转 / 反转、反转运行信号的输入端子	P08
7	多功能控制信号 SW1 的输入端子	P19,20,21
8	多功能控制信号 SW2 的输入端子 P WM 控制的频率切换用输入端子	P19~21 P22~24
9	多功能控制信号 SW3 的输入端子 PWM 控制时的PWM 信号输入端子	P19~21 P22~24
10	开路式集电极输入端子 (C: 集电极)	P25
11	开路式集电极输出端子 (E: 发射极)	P25
A	继电器接点输出端子 (NO: 出厂配置)	P26
B	继电器接点输出端子 (NC: 出厂配置)	P26
C	继电器接点输出端子 (COM)	P26

图 2—35　松下 VFO 型小型变频器控制端子的接线

（3）变频器的参数设定

1）面板显示

①运行或停车时。显示频率、电压、转速、转矩等。

②参数设定时。显示功能码和数据。

③故障时。显示故障原因代码。

2）运行参数设定。变频器的运行参数很多，较常用的有以下内容。具体的面板显示内容和参数设定方法，请参见各型号变频器使用说明书，此处不再一一列举。松下VFO型小型变频器的操作面板如图 2—36 所示。

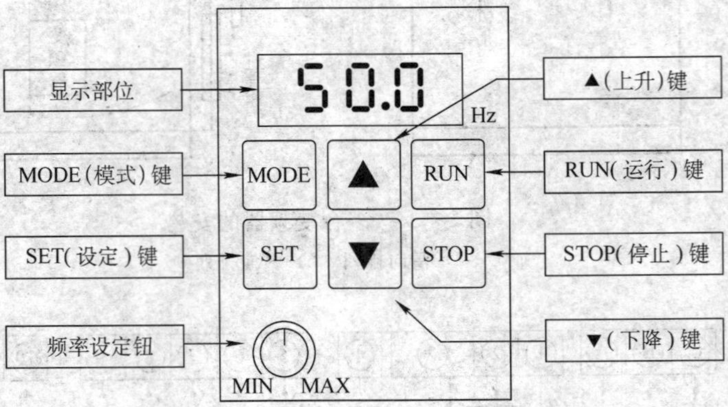

显示部位	显示输出频率、电流、线速度、异常内容，设定功能时的数据及其参数 No.
RUN(运行)键	使变频器运行的键
STOP(停止)键	使变频器运行停止的键
MODE(模式)键	切换“输出频率·电流显示”“频率设定·监控”“旋转方向设定”“功能设定”等各种模式以及将数据显示切换为模式显示所用的键
SET(设定)键	切换模式和数据显示以及存储数据所用键。在“输出频率·电流显示模式”下，进行频率显示和电流显示的切换
▲UP(上升)键	改变数据或输出频率以及利用操作板使其正转运行时，用于设定正转方向
▼DOWN(下降)键	改变数据或输出频率以及利用操作板使其反转运行时，用于设定反转方向
频率设定钮	用操作板设定运行频率而使用的旋钮

图 2—36　松下 VFO 型小型变频器的操作面板

①运转设定。用于设定启停、正反转加减速、多频段等运行和控制方式。

②运行频率设定。可设定为面板操作控制、电位器控制、模拟信号控制、升降速信号控制、多频率控制、PWM 信号控制等方式。

③加减速时间设定。设定加速和减速的快慢。

④上下限频率设定。设定上限频率和下限频率。

（4）变频器的试运行。变频器在安装接线完毕，试运行时，应注意以下几点：

1）配线完毕，应仔细检查是否有错接、漏接、虚接、短路或接地等现象，确认无误后方可通电。

2）通电后需更改接线时，应先切断电源，并等内部残余电压充分放电后再作业。

3）参数设定应在停车状态下进行（说明书允许运行中调整的部分参数除外），不得在运行中改变变频器参数。

4）试运行中要仔细观察和测量变频器和电动机的运行状态和运行数据（如电压、电流、频率、转速等），发现异常应及时处理。

3. 变频调速设备的维护与检修

（1）日常检查。变频器在运行中的主要检查项目：技术数据是否满足要求，周围环境是否符合要求，面板显示是否异常，有无异常声响、振动和气味等，有无过热的迹象。

（2）定期检查。停止运行后，切断电源，打开机壳进行检查。操作时要注意：切断电源后，滤波电容器仍有余电，须待指示灯熄灭，并用万用表检查确认电压充分放电后才能进行检查。主要检查项目见表 2—7。

表 2—7　　变频器定期检查的主要项目

检查项目		检查内容	检查方法	判定标准
周围环境		确认环境温度、湿度、振动、空气（有无灰尘、气体、油雾、水滴等）	用目检和仪器测量	满足技术要求
		周围是否放置工具等异物、危险品	依据目检	没放置
电压		主电路、控制电路电压是否正常	用万用表等测量	满足技术数据
触摸面板		显示是否看得清楚	依据目检	能读显示，没有异常
		是否缺少字符		
框架，前面板等		是否有异常声音，是否有异常振动	依据目检，听觉	没有异常
		螺栓（紧固部位）是否松动	拧紧	
		是否有变形损坏	依据目检	
		是否有由于过热引起的变色		
		是否沾有灰尘、污损		
主电路	公用	螺栓类是否有松动、脱落	拧紧	没有异常
		机器、绝缘体是否有变形、裂纹、破损或由于过热老化而变色	依据目检	
		是否附有污损、灰尘		
	导体，导线	导体是否由于过热而变色、变形	依据目检	没有异常
		电线外皮是否破损、裂口、变色		
	端子座	没有损伤	依据目检	没有异常

单元 2

续表

检查项目		检查内容	检查方法	判定标准
主电路	滤波电容器	是否漏液、变色、裂纹、外壳膨胀	依据目检	没有异常
		安全阀是否有问题，阀体是否有显著膨胀的地方		
		按照需要测量静电容	用静电电容测量仪器测量	静电容≥初始值×0.85
	电阻器	是否有由于过热而产生的怪味、绝缘体裂纹	依据嗅觉，目检	没有异常
		是否断线	依据目检或卸开一端的连接用万用表测量	标明的电阻值在±10%以内
	变压器，电抗器	是否有异常的“呜呜”声、怪味	依据听觉、目检、嗅觉	没有异常
	电磁接触器继电器	工作时是否有振动声音	依据听觉	没有异常
		接点是否虚焊	依据目检	
控制电路	控制电路板连接器	螺钉类、连接器是否松动	拧紧	没有异常
		是否有怪味、变色	依据嗅觉，目检	
		是否有裂缝、破损、变形、显著生锈	依据目检	
		电容器是否有漏液、变形痕迹		
冷却系统	冷却风扇	是否有异常声音、异常振动	依据听觉，目检，用手转一下（必须切断电源）	平稳旋转，没有异常
		螺栓类是否有松动	拧紧	没有异常
		是否由于过热而变色	依据目检	
	通风道	散热片、给气排气口的间隙是否堵塞，是否附着异物	依据目检	没有异常

注：对沾污的地方，可用软布蘸上中性化学剂擦拭，用电气清除器吸去脏物。

（3）故障诊断。变频器在运行中，若保护功能动作，变频器立即跳闸，并显示故障代码，电动机处于自由运转状态并停止。松下 VFO 型小型变频器常见异常保护报警显示、原因及处理方法见表 2—8，常见故障及检查方法如图 2—37 所示。

表 2—8　VFO 型小型变频器常见异常保护报警显示、原因及处置方法

显示	异常内容及其原因	处理方法
SC1	加速时的瞬时过大电流或散热片的异常过热	检查是否存在输出短路以及接地短路
		确认周围温度和风扇的正常情况
		延长加速时间

续表

显示	异常内容及其原因	处理方法
SC2	定速时的瞬时过大电流或散热片的异常过热	检查是否存在输出短路，以及接地短路
		确认周围温度和风扇的正常情况
		排除负荷过大的急剧变化
SC3	减速时的瞬时过大电流或散热片的异常过热	检查是否存在输出短路，以及接地短路
		确认周围温度和风扇的正常情况
		延长减速时间
OC1	加速时的过电流	确认是否存在输出缺相
		延长加速时间
		调整力矩提升水平
OC2	定速时的过电流	确认是否存在输出缺相
		排除负荷的急剧变化
OC3	减速时的过电流	确认是否存在输出缺相
		延长减速时间
OU1	加速时的内部直流电压过大	延长加速时间
OU2	定速时的内部直流电压过大	排除负荷的急剧变化
OU3	减速时的内部直流电压过大	延长减速时间
LU	电源电压低于额定值的85%以下	测量电源电压
		再次确认瞬时停止再次启动功能
OL	输出电流在1 min以上达到电子热敏器设定电流的125%以上或变频器额定电流的140%以上	确认电子热敏设定电流
		确认和调整力矩提升水平
		减轻负荷
AU	向控制电路端子输入了外部异常停止信号	检查外部信号是否正确以及时序控制器电路是否正确
OP	在运行信号ON的状态下施加电源，在停止状态下设定数据过程中将运行信号ON，并用MODE键复位到运行模式状态	确认启动方式（参数P48） 对设定数据时的运行信号进行检查
CPU	对变频器施加了过大的干扰信号	减少变频器周围的干扰

单元 2

异常情况及其对策

危　险

- 当进行维护和检查时，要在切断电源经过 5 min 以后再进行，以避免触电。
- 除指定的人员之外不得进行维护、检验和更换部件。
  进行作业之前，要把身上的金属物品（手表、手镯等）取掉，并使用绝缘工具，以避免发生触电及伤害事故。

1. 电动机不转（异常显示不亮灯的情况）

电源电压是否正常？
→ 是 → 操作板显示是否为“000”？（否 → 按下 MODE 键使其显示为“000”）
→ 是 → 将面板或外控的运行信号设为ON　• 请确认运行信号及其设定数据
→ 将频率设定值置于 0.5 Hz 以上　• 请确认频率设定信号及其设定数据
→ 不显示频率，没有输出电压 → 是 → 变频器故障（请与本公司联系）
→ 有通往电动机的电压 → 是 → 电动机故障

2. 电动机不转（异常显示亮灯的情况）

表 2—8 中的异常保护报警显示亮灯而电动机不转时，请确认下述两点：

① 确认是在初次使用时就发生了故障，还是在使用一段时间后发生了故障。

② 确认是变频器的故障（不良），还是接线或电动机的故障。

初次或开始使用后立即发生
→ 是 → 拆掉变频器负荷一侧的接线(U、V、W、)
→ 将板前或遥控的运行信号设为 ON
→ 出现 OC1等表2—8的显示 → 是 → 变频器故障

注：如出现 OC1 等表2—8 的显示时，根据各种显示内容施行对策。

3. 断路器跳闸

断路器的容量选择 是否正确？
→ 是 → 输入和输出端子的接线是否正确？
→ 是 → 主电路接线是否已接地？
→ 否 → 断路器不良或变频器故障（请与本公司联系）

注：从 1989 年开始，本公司漏电断路器均作为变频器配套产品，如使用 1988 年以前的漏电断路器，请加以更换。

4. 电动机异常发热

电动机是否处于超负荷状态？
（是 → 降低电动机的负荷率；提高电动机的容量（当超过变频器的容量时，就要提高变频器的容量））
→ 否 → 电压 / 频率特性是否适当？
（否 → 降低电压 / 频率特性）
→ 是 → 在低频下连续运行时负荷降低率是否适当？
（否 → 降低电动机的负荷率，或者进行强制冷却；提高电动机的容量（当超过变频器的容量时，就要提高变频器的容量）；提高输出频率看能否进行）
→ 是 → 变频器的输出是否缺相？
→ 否 → 变频器故障（请与本公司联系）

图 2—37　VFO 型小型变频器常见故障及检查方法

单元考核要点

<table>
<tr><th>考核类别</th><th>考核范围</th><th>考核点</th><th>重要程度</th></tr>
<tr><td rowspan="6">理论知识</td><td rowspan="2">三相可控整流设备的调试与检修</td><td>三相可控整流设备的应用及特点</td><td>★★★</td></tr>
<tr><td>晶闸管同步电动机励磁装置</td><td>★★★</td></tr>
<tr><td rowspan="2">中高频加热设备的检修</td><td>中频加热设备基本知识</td><td>★★★</td></tr>
<tr><td>高频加热设备基本知识</td><td>★★</td></tr>
<tr><td rowspan="2">软启动及变频调速设备安装、使用及检修</td><td>软启动设备基本知识</td><td>★★★</td></tr>
<tr><td>变频调速设备基本知识</td><td>★★</td></tr>
<tr><td rowspan="6">操作技能</td><td rowspan="2">三相可控整流设备的调试与检修</td><td>三相可控整流设备的调试及检修</td><td>★★★</td></tr>
<tr><td>晶闸管同步电动机励磁装置的调试</td><td>★★★</td></tr>
<tr><td rowspan="2">中高频加热设备的检修</td><td>中频加热设备的检修</td><td>★★★</td></tr>
<tr><td>高频加热设备的检修</td><td>★★</td></tr>
<tr><td rowspan="2">软启动及变频调速设备安装、使用及检修</td><td>软启动设备的安装接线及故障排除</td><td>★★★</td></tr>
<tr><td>变频调速设备的安装接线及故障排除</td><td>★★</td></tr>
</table>

单元测试题

一、填空题（请将正确的答案填在横线空白处）

1. 晶闸管可控整流设备的功率放大倍数高，只需____电压和____________电流的小信号即可控制数百安及数千伏的大功率电能。

2. 晶闸管变流装置的________较差，且当控制角较大时，系统的________降低，并产生较强的________。

3. 调试晶闸管可控整流设备时应先调试____回路，后调试__回路，其中控制回路中应重点调试____电路。

4. KJZ6 集成化六脉冲触发组件主要由三片 KC04（KJ004）________________、一片 KC41C（KJ041）________________、一片 KC42（KJ042）________________和六只__________等组成。

5. KJZ6 集成化六脉冲触发组件各相同步电压经 RCT 型网络滤波，可______，并产生约____相移。

6. 1 500 A/7 V 晶闸管电镀电源的整流电路采用适合于低电压、大电流场合的______________________整流电路。共有__只硅整流管，每两只并联使用。整流管采用______接法，便于安装散热器。

7. KGLF11 系列晶闸管同步电动机励磁装置由______、________、________、____________________、________、________等组成。

8. 在同步电动机启动过程中，________工作，使转子绕组的感应电压放电，此时主电路晶闸管 VT1～VT6 无触发脉冲处于____状态。当电动机达到______转速时，投励环节自动发出投励脉冲，VT1～VT6 导通，主电路开始励磁。

9. 晶闸管中频感应加热设备采用____________，应用________原理，置工件于________中，产生________而发热。

10. 中频感应加热设备的工作特点主要表现在两个方面，一是____________，二是____________________。因此，设备在工作中出现____________现象的机会较多。

11. 软启动设备采用______________原理，通过改变晶闸管的______，自动将启动电压从初始值________到额定电压。

12. HPR1 系列软启动器的 U_{INI}/I_{LIM} 调节旋钮白色范围调节________，能在________范围内可调________级；蓝色范围用于设定________，电流互感器变比在________范围可调________级。

13. 调速用变频器按变频方法分，主要有__________变频器和__________变频器两种。

14. 变频器的保护主要包括：______保护、____保护、__________保护、__________保护、__________保护、____________保护和____保护等。

15. 变频器的操作面板运行或停车时显示________________________，参数设定时显示____________，故障时显示____________。

二、单项选择题（下列每题的选项中，只有 1 个是正确的，请将其代号填在横线空白处）

单元 2

1. 调试晶闸管变流设备应使用________。

A. 高频示波器　　B. 单路示波器

C. 双踪或双踪以上示波器　　D. 不使用示波器

2. 用示波器观测 KJZ6 集成化六脉冲触发组件各相功放管 V1～V6 的集电极电压波形，各脉冲相互间隔应为________，且应符合三相全控桥的触发顺序。

A. 30°　　B. 60°　　C. 90°　　D. 120°

3. KJZ6 集成化六脉冲触发组件的脉冲封锁控制端 C，即 KC41C（KJ041）的⑦脚，用来控制触发脉冲的输出，该脚________时封锁触发脉冲。

A. 接高电平或悬空　　B. 接低电平　　C. 接地　　D. 接脉冲信号

4. 触发信号应与________保持同步。

A. 交流电源　　B. 整流变压器的二次电压

C. 晶闸管的阳极电压　　D. 晶闸管的阳极电流

5. 在晶闸管可控整流设备通电之前，应将控制角 α 调节为________。

A. 最大　　B. 最小　　C. 中间值　　D. 任意值

6. 若 1 500 A/7 V 晶闸管电镀电源出现某一相指示灯比其他两相灯亮时，可能是该相晶闸管________。

A. 短路　　B. 断路　　C. 丢失触发脉冲　　D. 工作正常

7. GP100－C3A 型高频感应加热设备电压负反馈过强可造成整流输出电压________。

A. 过高　　B. 过低　　C. 不稳　　D. 无输出

8. 软启动器用于________电动机的启动。

A. 直流　B. 步进　C. 同步　D. 异步

9. 电动机采用变频器运转，与直接使用工频交流电相比，由于电压、电流含高次谐波的影响，导致电动机的效率、功率因数下降，使电动机电流增加大约________%。

A. 5　B. 10　C. 15　D. 20

10. 变频器过流保护值一般为________%左右。

A. 110　B. 120　C. 150　D. 200

三、判断题（下列判断正确的请打“√”，错误的打“×”）

1. 观察晶闸管可控整流主电路波形时，示波器外壳应可靠接地。（　）

2. 调整偏移电压 U_b 时，应在控制电压 $U_c=0$ 的情况下，调节偏移电压 U_b，使触发脉冲控制角 $\alpha=0°$。（　）

3. KGLF11 系列晶闸管同步电动机励磁装置的触发电路采用带小功率晶闸管放大的单结晶体管触发电路。（　）

4. 按下灭磁试验按钮，若直流电压表读数变为零，直流电流表读数不变；松开灭磁试验按钮，直流电压表读数恢复为原来数值，说明灭磁环节电路基本正常。（　）

5. 高频感应加热设备发生故障时经常伴随有放电、声响、闪光等现象，检修时应注意观察故障现象。（　）

6. 采用软启动时，启动和停车过程电压缓变，电流及转矩冲击小，能延长设备的使用寿命。（　）

7. HPR1 系列软启动器具有“外接”和“内接”两种接法，采用“外接”可减少42%流经软启动器的电流。（　）

8. HPR1 系列软启动器的故障信号继电器为常闭触点，发生故障时触点分断。（　）

9. 软启动器和变频器都应垂直安装。（　）

10. 变频器切断电源后即可打开机壳检查。（　）

四、简答题

1. 简单分析 1 500 A/7 V 晶闸管电镀电源的常见故障及排除方法。

2. 简述晶闸管同步电动机励磁装置的调试步骤及操作注意事项。

3. 简单分析 KGPS100－1 型晶闸管中频感应加热设备发生整流器缺相故障的原因及检修方法。

4. 简单分析 GF100－C3A 型高频感应加热设备高频振荡器不起振的故障原因及检修方法。

5. 使用软启动时，若电动机不能启动，分析故障原因。

6. 简述变频器在日常运行中的主要检查项目。

五、技能题

第 1 题　晶闸管直流电动机开环调速系统的安装、调试及故障排除

1. 操作准备

（1）晶闸管调压训练考核装置及其相应技术资料，如图 2—38 所示。

（2）直流电动机、白炽灯灯箱等。

（3）常用电工工具。

（4）双踪或双踪以上示波器，相序鉴别器，三相调压器，万用表，交、直流电压、电流表，钳形电流表，转速表等。

2. 操作要求

（1）安装接线

1）安装布局整齐、合理。

2）安装接线正确、牢固。

（2）试运行及调试

1）检查接线、核对相序及相位是否正确。经监考人员允许方可通电。

2）调试触发电路，使其工作正常，触发信号符合要求，用示波器观察，并记录有关波形。

3）系统调试。接通主电路，使系统正常工作，用示波器、电压表、电流表、转速表等观察，并记录有关波形及数据，使各项指标符合要求。

（3）故障排除。正确查出故障点并修复正常，不能扩大故障。

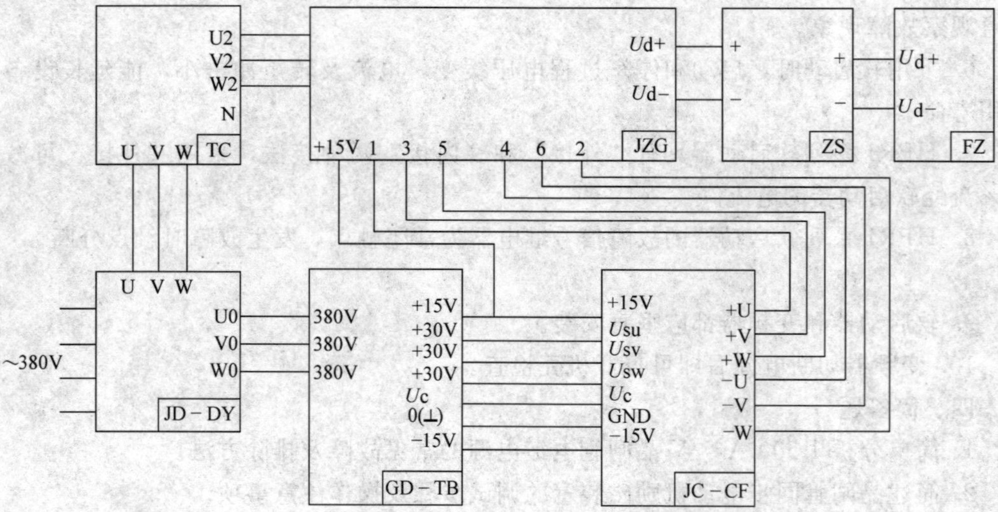

图 2—38　晶闸管直流电动机开环调速系统安装接线图

TC—变压器　JZG—晶闸管单元　ZS—指示单元　FZ—负载单元　JD－DY—继电器、电源单元

DG－TB—给定、同步单元　JC－CF—集成触发单元

3. 配分及评分标准

序号	主要内容	考核要求	评分标准	配分	扣分	得分
1	基本操作	（1）布局合理 （2）接线正确 （3）操作程序正确	（1）布局不合理扣 5～10 分 （2）接线错误一处扣 5 分 （3）造成短路或损坏设备扣 20～40 分 （4）因操作不当造成故障扣 10～20 分	40		

续表

序号	主要内容	考核要求	评分标准	配分	扣分	得分
2	设备调试	(1) 调试程序正确 (2) 正确观察和记录各有关波形及数据 (3) 整定指标符合要求	(1) 程序不正确扣10～15分 (2) 测试项目不齐全、不准确扣5～15分 (3) 整定指标不符合要求扣5～10分	30		
3	故障排除	(1) 正确查出故障点并修复正常 (2) 不能扩大故障	(1) 不能查出故障扣10～20分 (2) 处理方法不当扣5～15分 (3) 扩大故障扣10～20分	20		
4	安全文明生产	(1) 严格执行国家颁布安全法规及企业有关安全规定 (2) 遵守企业有关文明生产规定	(1) 违反安全生产规定扣1～7分 (2) 违反文明生产规定扣1～3分	10		
备注			合计	100		
			考评员签字	年 月 日		

第2题 三相异步电动机软启动设备的安装、调试及故障排除

1. 操作准备

(1) 软启动设备训练考核装置及其相应技术资料。

(2) 三相异步电动机（7.5 kW，～380 V，△联结）。

(3) 常用电工工具。

(4) 万用表、钳形电流表、兆欧表、转速表等。

2. 操作要求

(1) 操作步骤及要求

1) 按电路图及相关设备绘制实物接线图，对电动机及其他相关设备进行运行前检查。

2) 元器件安装及布线。要求元器件布置合理，安装牢固。布线整齐，连接可靠，接线正确。

3) 按技术要求正确调整、设定软启动器的相关状态和设定值。

4) 安装完毕认真检查，经监考人员允许后通电试运行。要求安全操作，程序正确。操作时注意观察，监测电压、电流和转速，观察软启动的作用和优点，并比较“内接”和“外接”的区别。

5) 注意观察软启动器的工作状态和信号显示，发现问题及时处理，正确查出故障原因并排除，不能扩大故障。

(2) 操作注意事项

1) 主线路安装注意相序及相线与零线安装正确。

2) 接线端应连接牢固，不能有松动或短路现象。

3) 安全操作，不得接触带电部位，未经监考人员允许不得擅自通电试运行，通电时须有人监护。

4）参数调整应在断电情况下进行，不得在运行中调整参数。

3. 配分及评分标准

序号	主要内容	考核要求	评分标准	配分	扣分	得分
1	绘图及设备检查	（1）图样正确、完整、整洁 （2）设备检查仔细、全面，正确使用仪表	（1）图样不整洁、错画、漏画、编号混乱不清酌情扣分 （2）设备检查不全面、漏查、仪表使用不正确酌情扣分	10		
2	设备安装与布线	（1）元器件排列整齐、合理，安装牢固 （2）导线连接正确、可靠，布线合理、横平竖直、导线交叉少，无损伤导线绝缘或线芯等	（1）不按元器件布置图安装扣5～10分 （2）元件安装不牢固、排列不整齐合理、损坏元件扣5～10分 （3）接线不符合要求扣5～15分	25		
3	工作状态及参数设定	按技术要求正确调整设定软启动器的相关状态和设定值	工作状态及参数设定不符合要求或设定方法不正确酌情扣分	15		
4	通电运行	能对照实物正确分析中、高频电源设备某一部分电气线路的电路构成、接线及工作原理	（1）安装后检查不全面、使用仪表不正确扣10分 （2）操作程序不正确扣10分 （3）每一次通电不成功扣8分 （4）因接线错误或操作失误造成短路或设备损坏者扣15～25分	25		
5	故障排除	注意观察工作状态和信号显示，发现问题及时处理，正确查出故障原因并排除	（1）发现异常不能正确处理扣5～10分 （2）分析故障原因不正确扣5～10分	15		
6	安全文明生产	（1）严格执行国家颁布安全法规及企业有关安全规定 （2）遵守企业有关文明生产规定	（1）违反安全生产规定扣1～7分 （2）违反文明生产规定扣1～3分	10		
备注			合计	100		
			考评员签字	年	月	日

单元测试题答案

一、填空题

1. 几伏　几十或几百毫安　2. 过载能力　功率因数　高次谐波　3. 控制　主触发　4. 晶闸管移相触发器　六路双脉冲形成器　脉冲列调制形成器　输出驱动管　5. 防干扰　30°　6. 带平衡电抗器的双反星形　12　共阳极　7. 主电路　灭磁环节　投励环节　电压负反馈与给定环节　触发环节　逆变环节　8. 灭磁环节

阻断　亚同步　　9. 晶闸管变频装置　电磁感应　交变磁场　涡流损耗　　10. 工作频率较高　功率大、高电压、大电流　过电压和放电　　11. 晶闸管交流调压　控制角　平稳升高　　12. 初始电压　30%～70%　5　最大启动电流限流值　1.5～4 倍　13. 交-直-交　交-交　14. 电浪涌　过载　再生过电压　失压和欠压　接地过电流　冷却风机异常　短路　　15. 频率、电压、转速、转矩等　功能码和数据　故障原因代码

二、单项选择题

1. C　2. B　3. A　4. C　5. A　6. A　7. B　8. D　9. B　10. C

三、判断题

1. ×　2. ×　3. √　4. √　5. √　6. √　7. ×　8. ×　9. √　10. ×

四、简答题

1. 答案详见表 2—1。

2. 答：（1）调试步骤：1）首先测定三相交流电源的相序，保证相序不能接错。2）对三相全控桥整流电路进行电阻负载调试。调节给定电位器时，注意观察电压表读数，同时用示波器观测输出直流电压波形变化是否正常。3）在同步电动机定子不送电的情况下，晶闸管励磁装置给转子励磁绕组进行大电流试验。调节给定电位器，同时观察直流电压表、电流表读数直至额定电压、额定电流，并用示波器观测输出直流电压波形变化正常。

（2）操作注意事项：1）晶闸管励磁装置输入端的 380 V/220 V 三相四线制电源必须与同步电动机定子主回路三相电源取自同一母线，且相序正确。2）进行转子励磁绕组大电流试验时，因电动机不转，散热效果不好，通电时间不能过长，以防温升过高。

3. 答案详见表 2—3。

4. 答案详见表 2—5。

5. 答案详见表 2—6。

6. 答：变频器在运行中的主要检查项目有：技术数据是否满足要求，周围环境是否符合要求，面板显示是否异常，有无异常声响、振动和气味等，有无过热的迹象。

五、技能题

答案略。

第3单元

数控系统基本原理

世界上第一台数控机床问世于20世纪50年代，随着计算机技术的发展，至20世纪70年代出现了以微处理器为核心的数控系统，这就是日益普及的第五代数控系统。数控机床与普通机床相比，具有适应范围广、自动化程度和加工精度高、柔性强，劳动强度低、易于组成自动化生产系统等显著的优点，得到了迅速的发展和日益广泛的应用，已成为现代化生产中重要的技术和装备。

本单元主要介绍数控机床概述、数控机床的CNC系统、数控机床的伺服驱动及位置检测装置等内容。通过本单元的学习，应了解数控机床的组成、原理、特点、分类，熟悉典型的CNC系统和数控机床的伺服驱动及位置检测装置，能识读和分析较简单的数控系统原理图。

第一节　数控机床概述

培训目标

- 了解数控系统的基本组成及原理
- 了解数控机床的特点及其分类
- 熟悉机床电气原理图的分析方法与步骤

数字控制（Numerical Control）技术，简称数控（NC）技术，是指用数字指令来控制机械设备的动作。数控技术是采用数字代码形式的信息，按给定的工作程序、运动速度和轨迹，对被控对象进行操作的一种技术。如果一种设备的控制过程是以数字形式来描绘的，其工作过程是可编程的，并能在程序控制下自动地运行，那么这种设备就称为数控设备。换句话讲，采用了数控技术的控制系统称为数控系统，采用了数控系统的设备称为数控设备。数控机床就是一种典型的数控设备。

综上所述，数控机床是由数字程序实现控制的机床。它是以电子信息技术为基础，集传统的机械制造技术、计算机技术、成组技术与现代控制技术、传感检测技术、信息处理技术、网络通信技术、液压气动技术、光机电技术于一体的数控机床。它与人工操作的普通机床相比，具有适应范围广、自动化程度和加工精度高、柔性强、劳动强度低、易于组成自动化生产系统等优点。

一、数控机床的基本组成及原理

1. 数控机床的基本组成

数控机床的基本组成通常包括加工程序、输入/输出装置、计算机数控装置、伺服和驱动装置、辅助控制装置、检测和反馈装置、机床本体等部分，如图 3—1 所示。

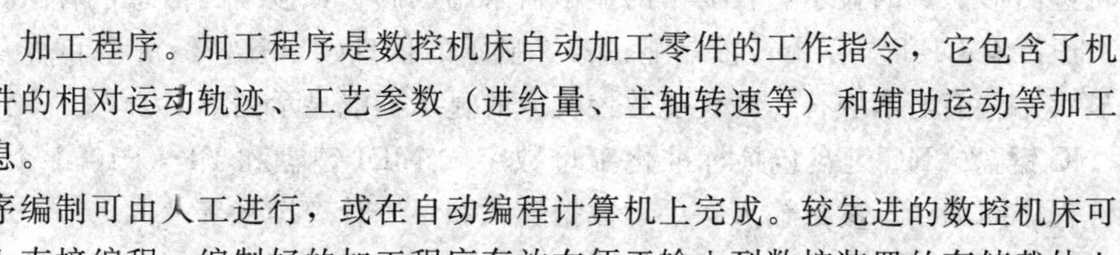

图 3—1　数控机床的基本组成

（1）加工程序。加工程序是数控机床自动加工零件的工作指令，它包含了机床上刀具和零件的相对运动轨迹、工艺参数（进给量、主轴转速等）和辅助运动等加工所需的全部信息。

程序编制可由人工进行，或在自动编程计算机上完成。较先进的数控机床可在其数控装置上直接编程。编制好的加工程序存放在便于输入到数控装置的存储载体上，如穿孔纸带、磁卡、磁盘等。

（2）输入/输出装置。输入装置的作用是将程序载体上的数控代码变成相应的数字信号，传送并存入数控装置内。输出装置的作用是显示加工过程中必要的信息，如坐标值、报警信号等。

数控机床的加工过程是机床的数控系统和操作人员进行信息交流的过程，输入/输出装置就是实现人机互相交流的设备，如键盘和显示器等。

此外，计算机数控系统还可通过通信的方式与其他计算机或数控装置进行信息交流，从而实现 CAD/CAM 集成和 FMS、CIMS 技术。数控系统常用的通信方式有：串行通信（RS-232 等串行通信接口）、自动控制专用接口和规范（DNC、MAP 等）、网络技术（Internet、LAN 等）。

（3）操作面板。操作面板是操作人员与机床数控系统进行信息交流的工具，通常由按钮站、状态灯、按键阵列（功能与计算机键盘类似）和显示器组成。数控系统一般采用集成式操作面板，分为显示区、NC 键盘区、机床控制面板区三大区域，如图 3—2 所示。

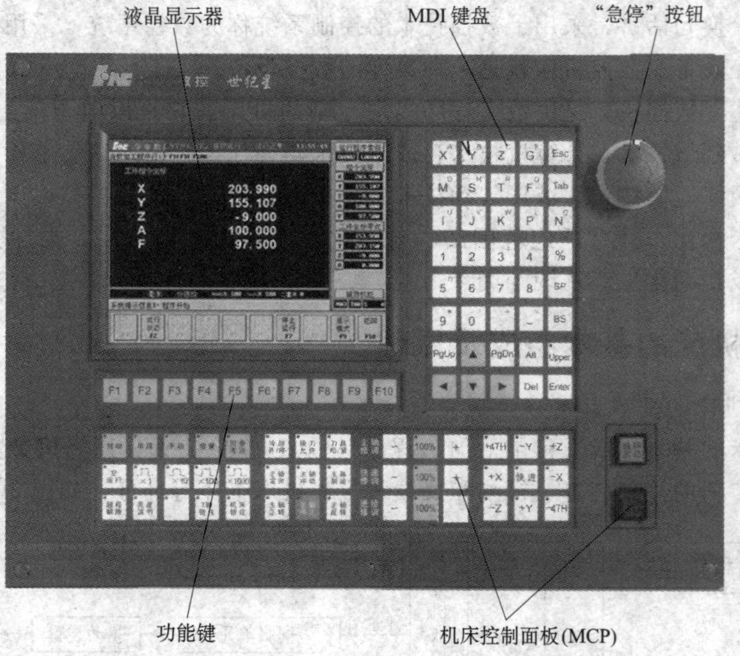

图 3—2　数控系统操作面板

1）显示器。显示器一般位于操作面板的左上部，用于菜单、系统状态、故障报警和加工轨迹图形仿真的显示。较简单的显示器采用数码管，显示的信息很有限；较高级的系统一般配有 CRT 显示器或液晶显示器，显示的信息较丰富。经济型和普及型数控系统的显示器只能显示字符；高性能数控机床的显示器能显示图形。

2）NC 键盘。NC 键盘包括标准化字母数字式 MDI 键盘和 F1～F10 十个功能键，用于零件程序的编制、参数输入、手动数据输入和系统管理操作等。

3）机床控制面板。机床控制面板（MCP）用于直接控制机床的动作或加工过程。主要包括：急停方式选择，轴手动按键，速率修调（进给修调、快进修调、主轴修调），回参考点，进给（手动进给、增量进给、手摇进给），运行（自动运行、单段运行），超程解除，机床动作手动控制（冷却启停、刀具松紧、主轴制动、主轴定向、主轴正反转、主轴停止等）。

（4）计算机数控装置（CNC 装置）。CNC 装置是数控机床的核心，它包括微处理器 CPU、存储器、局部总线、外围逻辑电路、I/O 接口及相应控制软件等。CNC 装置接收输入装置送来的加工程序，经过数控系统的系统软件或逻辑电路进行编译、运算和逻辑处理后输出各种信号和指令来控制机床各个部件，如伺服/驱动装置、辅助装置，进行规定的、有序的动作。这些控制信号主要有：由插补运算决定的各坐标轴的进给位移量、进给方向和速度的指令；主运动部件的变速、换向和启停信号；选择和交换刀具的刀具指令信号；控制冷却和润滑装置的启停，机床部件的松开、夹紧以及分度工作台的转位等辅助指令信号。

（5）伺服和驱动装置。伺服和驱动装置是数控机床的执行部件，是数控系统和机床本体之间的电气联系环节，由伺服电路和驱动电动机组成。伺服单元分为主轴伺服和进给伺服，分别用来控制主轴电动机和进给电动机。伺服单元将 CNC 装置的进给指令经变换和放大后，控制驱动装置转变为执行部件的进给动作。驱动装置将伺服单元的输出变为机械运动，带动工作台和刀具等机械装置，通过各坐标轴的综合联动，使刀具相对于工件产生各种复杂的运动，加工出形状、尺寸、精度符合要求的零件。常用驱动装置的执行元件有步进电动机、直流伺服电动机和交流伺服电动机。

伺服驱动装置是数控机床的重要组成部分，集机械、电子、电动机等各种部件于一体，涉及强电与弱电控制技术，对数控机床的运动速度、加工精度、工作可靠性等性能影响很大，也是数控机床故障出现较多的部位。

（6）检测和反馈装置。检测和反馈装置将数控机床各坐标轴的位移或转角检测出来，并反馈给数控系统，数控系统对反馈回来的实际位置与设定值进行比较，并向伺服驱动装置发出位移指令，使运动部件向着减小误差的方向移动。

（7）辅助控制装置。辅助控制装置的主要作用是接收数控系统发出的主轴换向、变速、启停，刀具的选择和更换，以及操作其他辅助装置等指令信号，经过必要的编译、逻辑判断和运算，再经功率放大后直接驱动相应的电器，从而驱动机床的机械部件、液压或气动等辅助装置完成指令规定的动作。此外，机床上的限位开关等开关信号经处理后送数控系统进行处理。

由于可编程序逻辑控制器（PLC）具有响应快、性能可靠、使用方便、容易编程和修改程序等特点，并可直接驱动机床电器，现已广泛应用于数控机床的辅助控制装置中。

（8）机床本体。机床本体即数控机床的机械部件，包括主运动部件、进给运动执行部件（工作台、拖板及其传动部件）和支撑部件（床身立柱等），还包括具有冷却、润滑、转位和夹紧等功能的辅助装置。加工中心类的数控机床还有存放刀具的刀库、交换刀具的机械手等部件。数控机床机械部件的组成与普通机床相似，只是由于数控机床的高速度、高精度、大切削用量和连续加工等要求，其机械部件在精度、刚度、抗震性等方面要求更高。因此，近年来设计数控机床时采用了许多新的加强刚度、减小热变形、提高精度等方面的措施。

2. 数控机床的工作过程

数控系统的工作过程就是在硬件支持下的软件执行过程，如图 3—3 所示，主要包括以下内容：

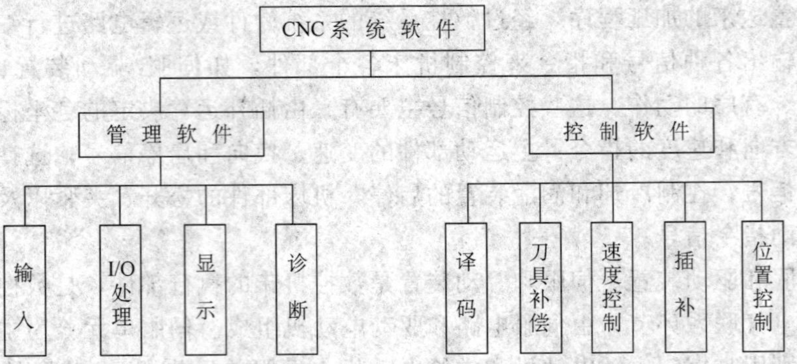

图 3—3　CNC 系统的软件结构

(1) 程序输入。程序输入的任务是将加工程序及相关参数输入到 CNC 系统中。输入方式有键盘输入、磁带或磁盘输入以及通信方式输入等。CNC 系统的工作方式，有边输入边加工（NC 工作方式）和一次性将全部程序输入到 CNC 系统的内存储器中，加工时再从内存中依次调出程序来执行（存储工作方式）两种工作方式。

(2) I/O 处理。I/O 处理主要是对 CNC 系统与机床之间的弱电信号进行处理，包括开关量信号的输入、输出和控制（如换刀、换挡、冷却泵启停等）。

(3) 显示。显示一般包括零件程序的显示，参数、刀具位置、机床状态、报警的显示，以及运动轨迹的图形显示。

(4) 诊断。诊断功能有联机诊断和脱机诊断两种方式：联机诊断是 CNC 系统的自诊断程序融合于系统程序的各部分中，随时检查系统是否正常。脱机诊断是通过 CNC 系统配置的各种诊断程序对存储器、外设、I/O 接口等进行检查。脱机诊断可以采用通信方式与远程诊断中心的计算机连接起来，实现远程诊断和故障分析与修复。

(5) 译码。加工程序中包含了表示零件的加工工艺、参数、刀具位移量、位移方向和有关辅助操作信息的数控代码。译码就是对数控代码进行识别，并翻译成数控系统能用于运算的数据信息，按一定格式存放于专用内存区，同时对程序进行语法检查，发现错误及时报警。

(6) 刀具轨迹计算。刀具轨迹计算是根据译码后得到的数据参数进行刀具补偿计算、绝对值与相对值的换算等，把加工程序提供的零件轮廓信息换算为刀具中心的运动轨迹。

(7) 速度控制。速度控制的任务是实现程序中给定的进给速度。一是根据各坐标方向上的分速度计算出沿运动轨迹方向的合速度；二是处理某些辅助功能（如换刀、换挡等）。

(8) 插补运算。插补运算是根据刀具中心的移动轨迹，通过计算，以适当的函数关系进行各坐标轴位移量脉冲的分配，从而使各坐标轴协调工作，合成出所需的移动轨迹。

(9) 位置控制。位置控制的任务是将插补计算所得的指令位置与实际反馈位置相比较，用差值去控制伺服驱动装置，直到消除误差。

3. 插补方法简介

插补的形式很多，由于插补工作可由硬件电路或软件程序来完成，因而分为硬件插补和软件插补两种。软件插补结构简单，灵活易变，应用较普遍。按数学模型来分，有一次（直线）插补、二次（圆弧、抛物线等）插补及高次曲线插补等。根据插补原理和计算方法，目前常用的有脉冲增量插补法和数字增量插补法两类。

脉冲增量插补又称为基准脉冲插补，适用于步进电动机驱动的开环数控系统。在控制过程中，不断向各坐标轴驱动电动机发出相互协调的进给脉冲，每个脉冲使步进电动机转过一个固定的角度（步距角），使工作台产生相应的最小指令位移（脉冲当量）。脉冲增量插补的方法很多，最常用的有逐点比较法、数字积分法、时间分割法和最小偏差法等。其中最常用的是直线插补和圆弧插补，如图 3—4 所示。

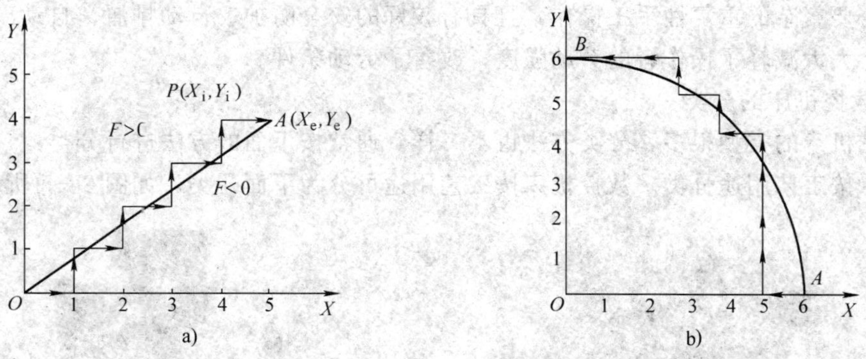

图 3—4 插补轨迹示意图

a）逐点比较法直线插补轨迹示意 b）逐点比较法圆弧插补轨迹示意

二、数控机床的特点及分类

1. 数控机床的特点

与普通机床和专用机床相比，数控机床具有以下主要特点：

(1) 加工精度高，质量稳定。主要是由于：数控系统每输出一个脉冲，机床移动部件的位移量称为脉冲当量，普通数控机床的脉冲当量一般为 0.001 mm，高精度数控机床的脉冲当量可达 0.000 1 mm；数控机床具有位置检测装置，可将位移误差反馈给数控系统进行补偿；数控机床机械结构与传动部件具有很高的刚度和热稳定性；数控机床的自动加工方式避免了人为操作误差的影响。所以数控机床不仅加工精度高，而且加工同一批零件的尺寸一致性好，质量稳定。

(2) 能加工普通机床难以完成或不能加工的复杂零件。例如，以母线为曲线的旋转体曲面零件、凸轮零件等复杂的空间曲面类零件。

(3) 生产效率高。主要是因为如下原因：

1) 数控机床的主轴转速和进给量范围比普通机床大，且其良好的刚度结构允许采用大的切削量，从而提高了切削效率。

2）数控机床移动部件空行程运动速度快，节省了辅助时间。

3）复杂零件的加工可采用带自动换刀功能的数控加工中心，一次装夹实现多道工序的加工，生产效率的提高更为明显。一般数控机床比普通机床可提高生产效率 3～5 倍，有的高达十倍以上。

（4）对加工对象的适应性强。改变加工零件时，只需修改加工程序，调整刀具参数，为复杂零件的单件、小批量生产及新产品试制提供了极大的便利。

（5）有利于实现制造技术的综合自动化。数控系统采用数字信息与标准化代码，并有通信接口，容易进行数据通信，组成 FMC、FMS、CIMS 等综合自动化系统，实现机械制造的集成化、智能化和自动化生产。

（6）监控功能强，具有故障诊断能力。数控系统的监控功能可对故障因素及时报警，进行故障诊断，极大地提高了检修效率。

（7）减轻工人的劳动强度，改善劳动条件。数控机床按事先编制的加工程序自动加工，不需要繁杂的重复性手工操作，且具有较好的安全防护、自动排屑、自动冷却和润滑功能，大大减轻了操作者的劳动强度，改善了劳动条件。

2. 数控机床的分类

数控机床的类型很多，分类方法也不一样，通常按下面的方法进行分类：

（1）按工艺用途分类。数控机床按工艺用途可分为下面几类，如图 3—5 所示。

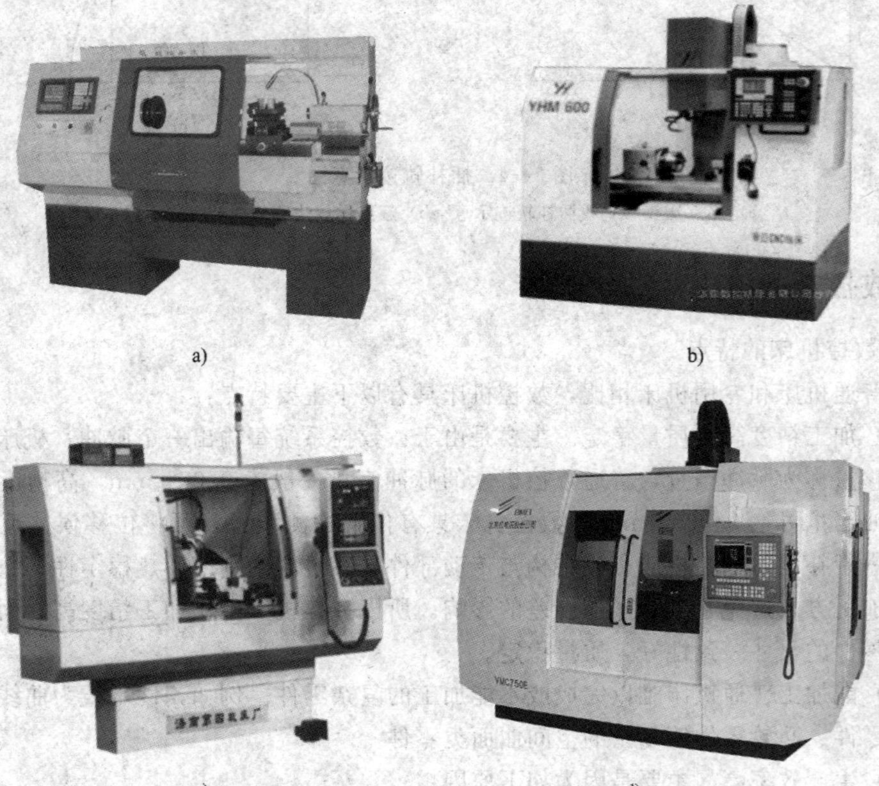

a)　　b)

c)　　d)

e)　　　　f)

图 3—5　数控机床按工艺用途分类

a) CJK6132 数控车床　b) YHM600 数控铣床　c) MK1420 高精度数控外圆磨床

d) VMC750 数控加工中心　e) YS5120 数控插齿机　f) MNS 系列数控线切割机

1) 普通切削加工类数控机床。例如，数控车床、数控铣床、数控钻床、数控镗床、数控磨床、数控齿轮加工机床等。

2) 成型加工类数控机床。例如，数控冲压机、数控弯管机、数控裁剪机等。

3) 特种加工类数控机床。例如，数控线切割机、数控电火花加工机、数控点焊机、数控激光加工机等。

4) 数控加工中心。数控加工中心是一种带有自动换刀功能的数控机床，又称为多工序数控机床。它在一般数控机床的基础上增加了刀库和自动换刀装置，能实现零件一次装夹后自动地完成多工序、多工艺连续加工。

5) 非加工类数控设备。例如，数控测量机、数控装配机、自动绘图仪、工业机器人等。

(2) 按运动轨迹的控制方式分类。按运动轨迹的控制方式来分，可分为点位控制数控机床、直线控制数控机床和轮廓控制数控机床三类，如图 3—6 所示。

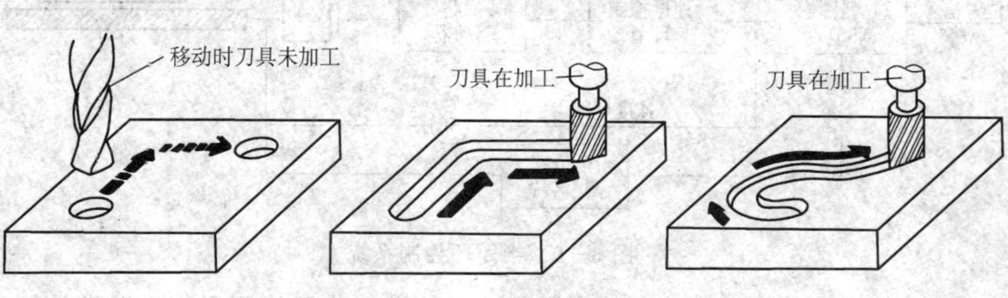

a)　　　　b)　　　　c)

图 3—6　运动轨迹的控制方式

a) 点位控制　b) 直线控制　c) 轮廓控制

1) 点位控制数控机床。点位控制数控机床只控制机床移动部件的终点位置，对运动轨迹没有要求，移动过程中不进行加工。例如，数控坐标镗床、数控钻床、数控冲床、数控点焊机、数控测量机等。

2) 直线控制数控机床。直线控制数控机床除了控制终点位置以外，还能控制起点与终点之间的直线运动轨迹，并且能设定移动速度。这类机床能实现刀具移动过程中的直线切削加工，常用于简易数控车床、数控镗铣床等。

3）轮廓控制数控机床。轮廓控制的数控机床也称为连续控制的数控机床，它能对两个或两个以上坐标轴的运动进行连续控制，能控制运动过程中每一点的速度与位移量，使工件和刀具按程序设定的轨迹和速度相对运动，并在运动过程中进行连续切削加工，从而加工出曲线、曲面、锥度等复杂形状的零件。例如，数控车床、数控铣床、数控磨床和数控加工中心等。

（3）按伺服驱动系统的控制方式分类。按伺服驱动系统的控制方式来分，可分为开环控制系统、闭环控制系统和半闭环控制系统三种，如图3—7至图3—9所示。

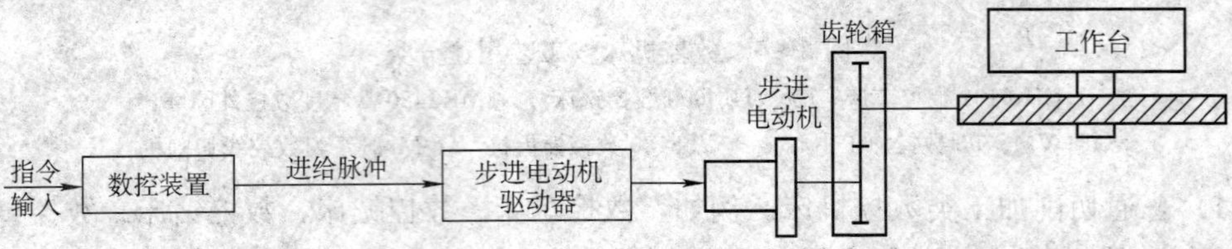

图3—7　开环控制系统

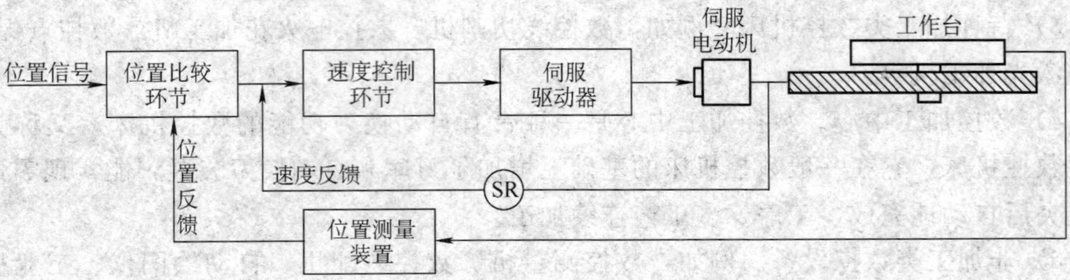

图3—8　闭环控制系统

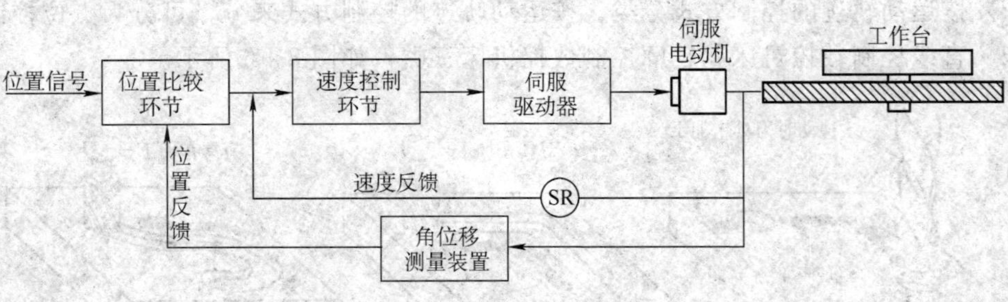

图3—9　半闭环控制系统

1）开环控制系统。开环控制的伺服驱动系统没有位置检测元件，通常采用步进电动机作驱动部件。数控系统每发出一个进给指令脉冲，经伺服驱动电路变换、放大后，驱动步进电动机旋转一个角度，再经传动部件带动工作台移动一个长度单位（脉冲当量），移动量与进给脉冲的个数成正比。这种伺服驱动系统的信息传递是单向的，不能将实际位置反馈回来进行误差校正，受步进电动机和传动精度的影响，开环系统的控制精度较低。但开环系统具有结构简单、工作稳定、调试、维修容易、成本较低等优点，被广泛应用于精度和速度要求不高的经济型数控机床。

2）闭环控制系统。闭环控制系统具有直线位移检测元件和速度检测元件。直线位移检测元件直接对工作台的实际位移进行检测，并将信息反馈到数控系统，与设定值进行比较，并用比较后的差值进行控制，直到消除误差。速度检测元件则用于伺服电动机的速度检测和反馈，使电动机保持稳定的转速。闭环系统能克服驱动和传动部件的误差及其他干扰因素的影响，获得很高的控制精度，常采用直流伺服电动机或交流伺服电动机作驱动部件，加二精度高，速度快，但控制电路较复杂，调试和维修难度大，成本也较高，主要用于精度要求很高的数控镗铣床、超精车床、超精磨床及大型数控机床等。

3）半闭环控制系统。半闭环控制系统不是直接检测工作台的位移量，而是采用角位移检测元件，通过检测伺服电动机或传动丝杠的转角来间接测量工作台的位移。由于反馈环路内不包括工作台和机械传动部件，故称为半闭环控制系统。半闭环控制系统兼顾了开环系统和闭环系统的特点，精度较闭环控制系统差，但工作稳定性较好，成本较低，调试、维修也较容易，因此，在普通数控机床中应用较为普遍。

（4）按数控系统的功能水平分类。按数控系统的功能水平来分，可把数控机床分为低、中、高三档。这种分类没有明确的定义和确切的界限，按目前的发展水平，可参考表 3—1 中的功能及指标。其中低档型又称经济型或简易型数控系统，一般采用单板机或单片机控制，数码显示，步进电动机开环驱动系统，结构简单，价格便宜，适用于自动化程度要求不高的场合；中档型又称普及型或全功能型数控系统，一般采用 16 位或 32 位微处理器（CPU），单色显示器，直流或交流伺服电动机半闭环控制，功能较全，价格适中，应用较多；高档型又称高性能型数控系统，一般采用 32 位以上的 CPU，CRT 或液晶彩色显示器，数字式交流伺服驱动，全闭环控制，功能齐全，价格较贵，常用于要求较高的多轴加工中心、柔性加工单元、集成制造系统等。

表 3—1　　不同档次数控系统的功能及指标

项目	低挡数控系统	中挡数控系统	高挡数控系统
分辨率和进给速度	10 μm、8～15 m/min	1 μm、15～24 m/min	0.1 μm、15～100 m/min
伺服进给类型	开环、步进电动机系统	半闭环直流或交流伺服系统	闭环直流或交流伺服系统
联动轴数	2 轴	3～5 轴	3～5 轴
主轴功能	不能自动变速	自动无级变速	自动无级变速、C 轴功能
通信能力	无	RS-232C 或 DNC 接口	MAP 通信接口、联网功能
显示功能	数码管显示、CRT 字符	CRT 显示字符、图形	三维图形显示、图形编程
内装 PLC	无	有	有
主 CPU	8 位 CPU	16 或 32 位 CPU	64 位 CPU

三、机床电气原理图的分析方法与步骤

电气控制电路一般由主回路、控制回路和辅助电路等部分组成。了解电气控制系统的整体结构、电动机和电气元件的分布状况及控制要求等情况后，便可阅读分析电气原

理图，一般步骤如下：

1. 分析主回路

先从主回路入手，根据伺服电动机、辅助机构电动机和电磁阀等执行电器的控制要求，分析它们的控制内容，如启动、方向控制、调速和制动等。

2. 分析控制回路

根据主回路中各伺服电动机、辅助机构电动机和电磁阀等执行电器的控制要求，逐一找出控制电路中的控制环节，按功能不同化分为若干个局部控制线路来进行分析。分析控制电路的基本方法是查线读图法。

3. 分析辅助电路

辅助电路包括电源显示、工作状态显示、照明和故障报警等部分，它们大多是由控制电路中的元件来控制的，因此，在分析时，还要回过头来对照控制电路进行分析。

4. 分析连锁与保护环节

机床对于安全性和可靠性有很高的要求，为实现这些要求，除合理地选择电气元件和控制方案以外，在控制电路中设置一系列电气保护和必要的电气连锁环节也是很重要的。

5. 总体检查

经过“化整为零”逐步分析各局部电路的组成工作原理以及各部分之间的控制关系之后，还应采用“集零为整”的方法，检查整个控制电路，看是否存在遗漏。特别要从整体的角度进一步检查和理解各控制环节之间的联系，理解电路中各电气元件的作用。

第二节 数控机床的 CNC 系统

培训目标

- 了解数控机床 CNC 系统的基本组成及其接口
- 熟悉华中世纪星 HNC－21 及西门子 SINUMERIK 802S/C 数控系统的接线

一、CNC 系统的基本构成

CNC 装置是数控机床的核心，主要由硬件和软件两大部分组成。CNC 装置通过系统软件配合系统硬件，合理地组织和管理数控系统的输入、数据处理、插补和输出信息，控制执行部件，使数控机床按要求进行自动加工。CNC 系统有很多种类型，各种数控机床的 CNC 系统一般包括：中央处理器（CPU）、存储器（ROM/RAM）、输入输出设备（I/O）、操作面板、显示器和键盘、可编程序控制器等，如图 3—10 所示。

单 CPU 结构的 CNC 系统基本包括：CPU、总线、I/O 接口、存储器、串行接口和 CRT/MDI 接口等，还包括数控系统控制单元部件和接口电路，如位置控制单元、PLC 接口、主轴控制单元、穿孔机和纸带阅读机接口以及其他接口，如图 3—11 所示。

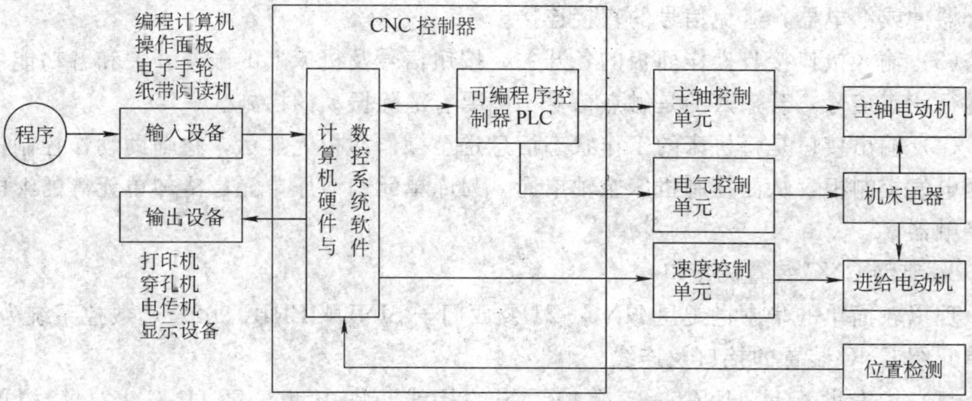

图 3—10　CNC 系统的基本组成框图

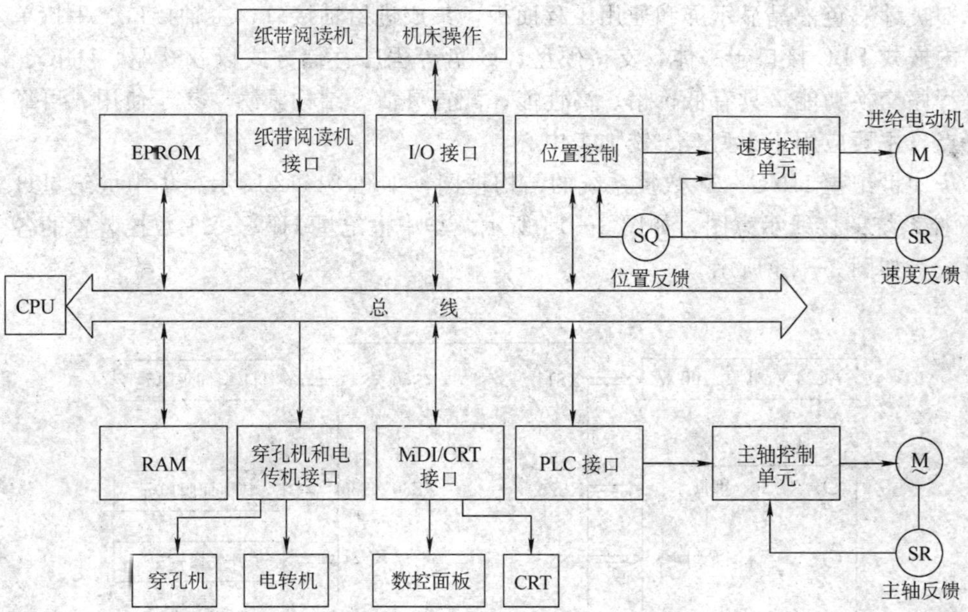

图 3—11　单 CPU 结构的 CNC 系统的基本组成框图

二、CNC 系统的接口装置

1. 接口电路的主要任务

CNC 装置的接口是数控装置与数控系统的功能部件（主轴模块、进给伺服模块、PLC 模块等）和机床进行信息传递、交换和控制的端口，接口在数控系统中占有重要的位置。不同功能模块与数控系统相连接，采用相应的输入/输出（I/O）接口。接口电路的主要任务有：

（1）进行电平转换和功率放大。一般数控装置的信号是 TTL 电平，而机床信号则不一定，且负载较大，因此，需要进行电平转换和功率放大。

（2）提高抗干扰性能。为防止外界电磁干扰引起的误动作，接口电路通常采用光电耦合器件或继电器，避免信号的直接连接。

（3）输入接口接收操作面板的各开关、按钮信号及机床上的限位开关和各功能模块的运行状态信号，若输入的是触点信号，则要有消除振动的措施。

（4）输出接口是将机床的工作状态信息送至操作面板上显示，将辅助动作控制信号送至电气控制柜，从而控制机床主轴单元、刀库单元、液压单元、冷却单元等的继电器和接触器。

2. 典型 CNC 装置的接口

现以较简单的华中世纪星 HNC－21 及西门子 SINUMERIK 802S/C 数控系统为例，简单介绍 CNC 装置的接口及连线。

（1）华中世纪星 HNC－21 数控系统的接线。华中世纪星 HNC－21 数控单元（HNC－21T、HNC－21M）采用先进的开放式体系结构，内置嵌入式工业 PC 机，配置 7.5 英寸彩色液晶显示屏和通用工程面板，集成进给轴接口、主轴接口、手持单元接口、内嵌式 PLC 接口于一体，支持硬盘、U 盘等程序存储方式以及软驱、DNC、以太网等程序交换功能，具有低价格、高性能、配置灵活、结构紧凑、易于使用、可靠性高的特点，主要应用于小型车、铣加工中心。

华中世纪星 HNC－21 数控系统的结构框图，如图 3—12 所示。华中世纪星 HNC－21 数控系统的接线示意图，如图 3—13 所示。华中世纪星 HNC－21 数控装置的各个接口形式，如图 3—14 所示。

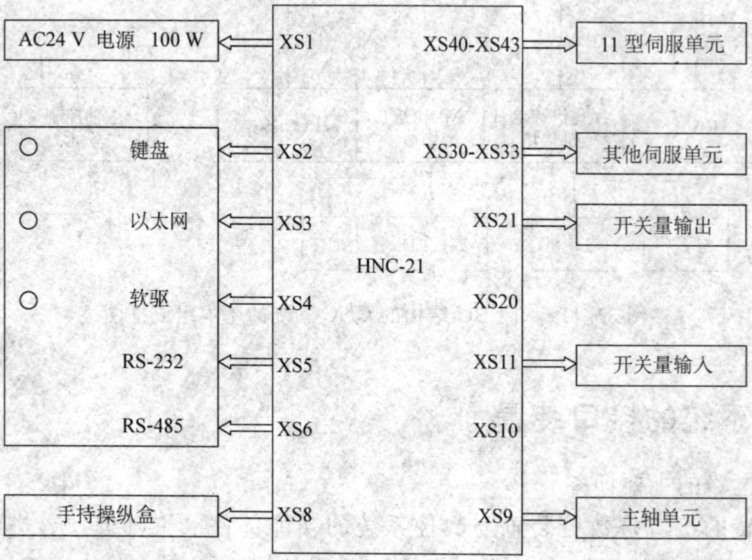

图 3—12 华中世纪星 HNC－21 数控系统的结构框图

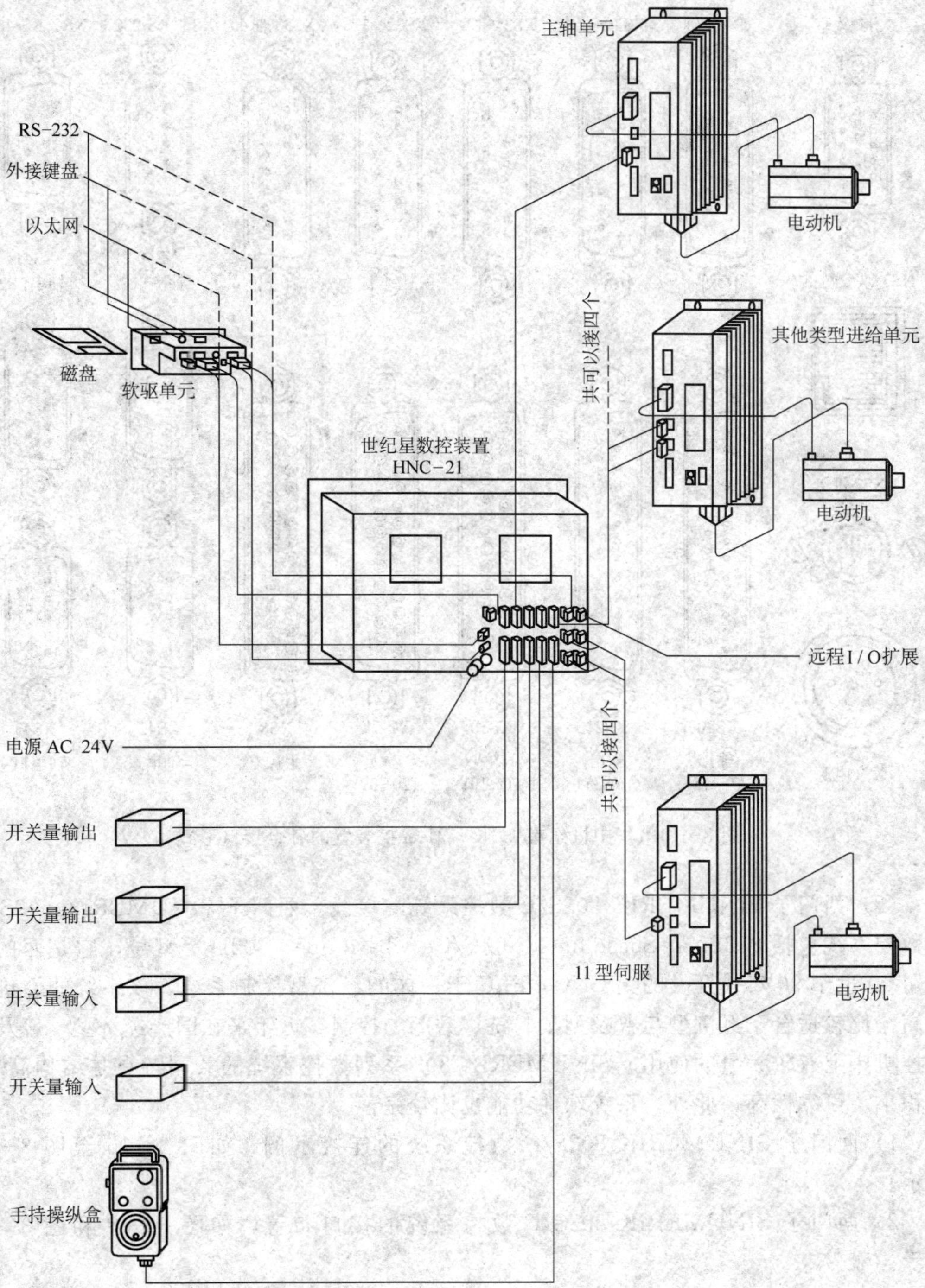

图 3—13 华中世纪星 HNC-21 数控系统的接线示意图

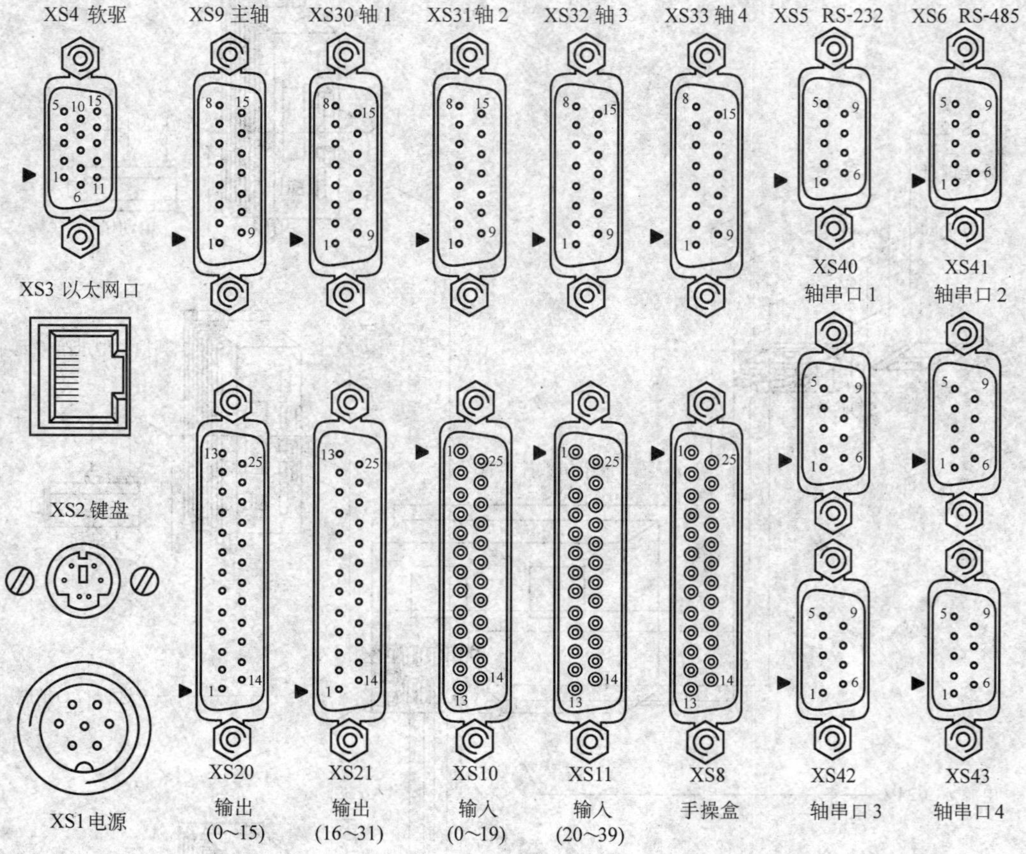

图 3—14　华中世纪星 HNC－21 数控装置的各个接口形式

（2）西门子 SINUMERIK 802S/C 数控系统的接线。西门子 SINUMERIK 802S 系列数控系统包括 802S/Se/Sbase line、802C/Ce/Cbase line、802D 等型号，它是西门子公司 20 世纪 90 年代开发的集 CNC、PLC 于一体的经济型控制系统。该系统的性价比较高，比较适合于经济型与普及型车、铣、磨床的控制，近年来在国产经济型、普及型数控机床上有较大量的使用。SINUMERIK 802 系列数控系统的共同特点是结构简单、体积小、可靠性高，此外，系统软件功能也比较完善。

1）西门子 SINUMERIK 802S/C 数控系统的连接示例，如图 3—15 至图 3—17 所示。

2）西门子 SINUMERIK 802S/C 数控系统的接口布置，如图 3—18 和图 3—19 所示。

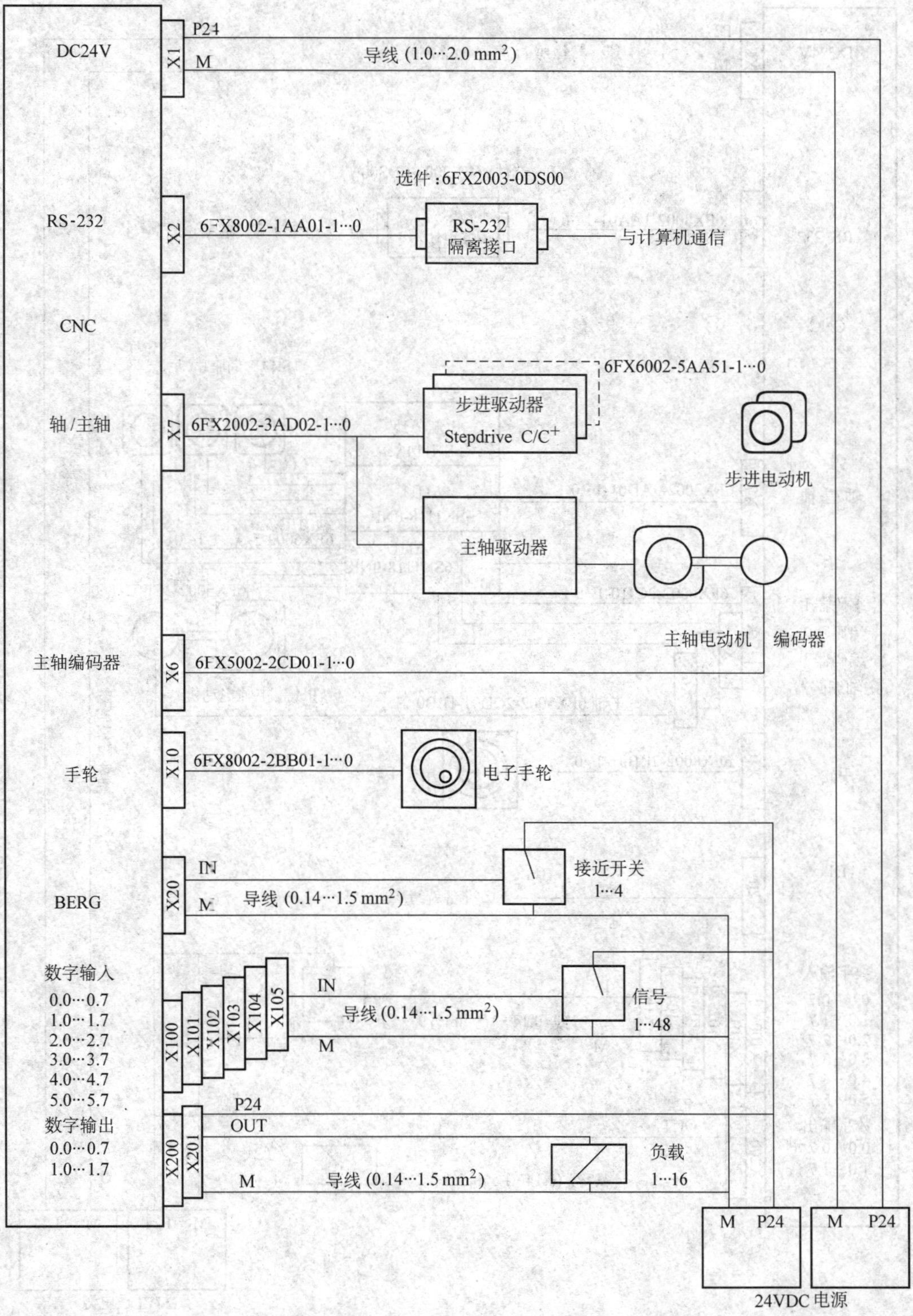

图 3—15　SINUMERIK 802S base line CNC 控制器与步进驱动 STEPDRIVE C/C⁺ 和步进电动机的连接

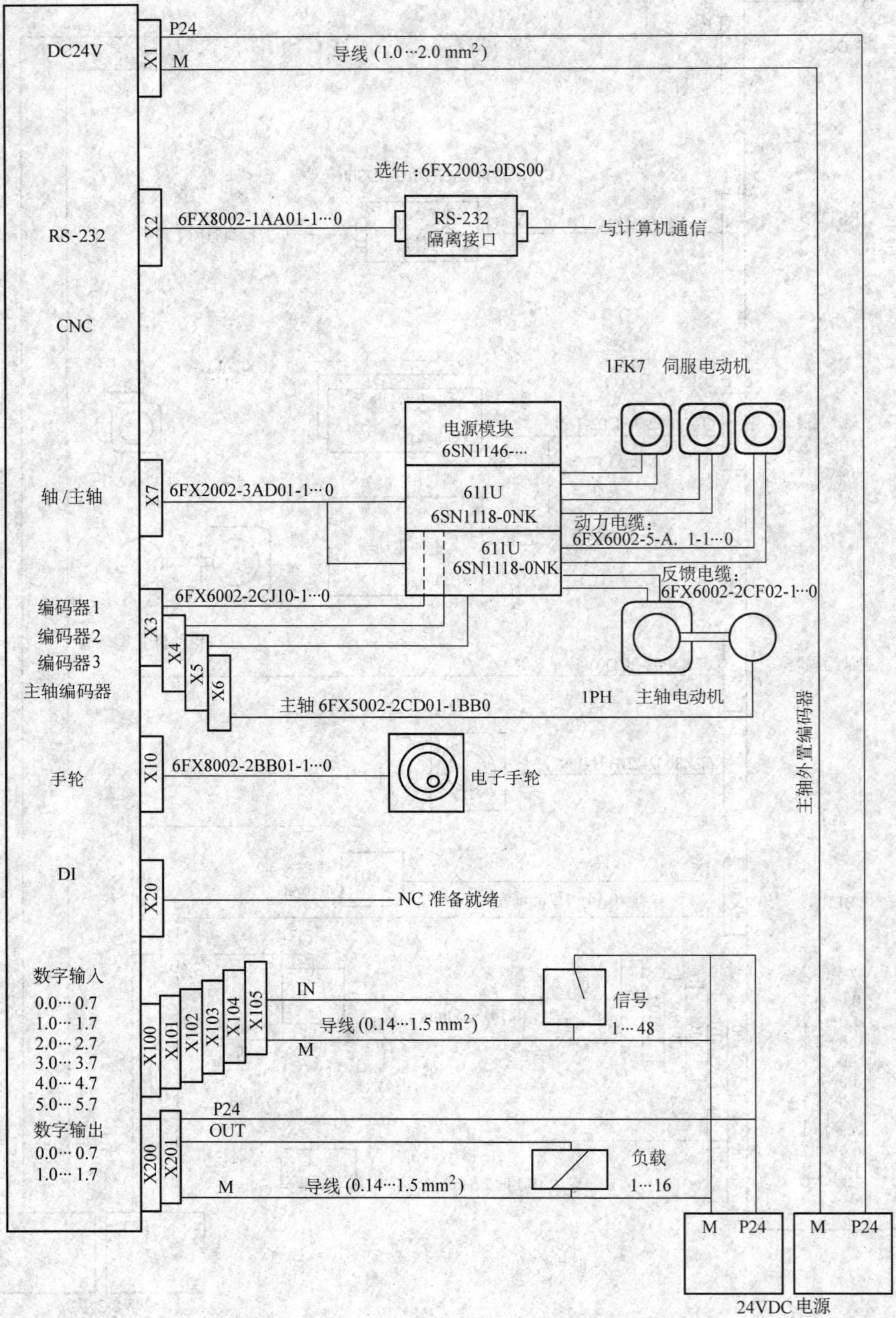

图 3—16 SINUMERIK 802C base line CNC 控制器与
伺服驱动 SIMODRAVE611U 和 1FK7 伺服电动机的连接

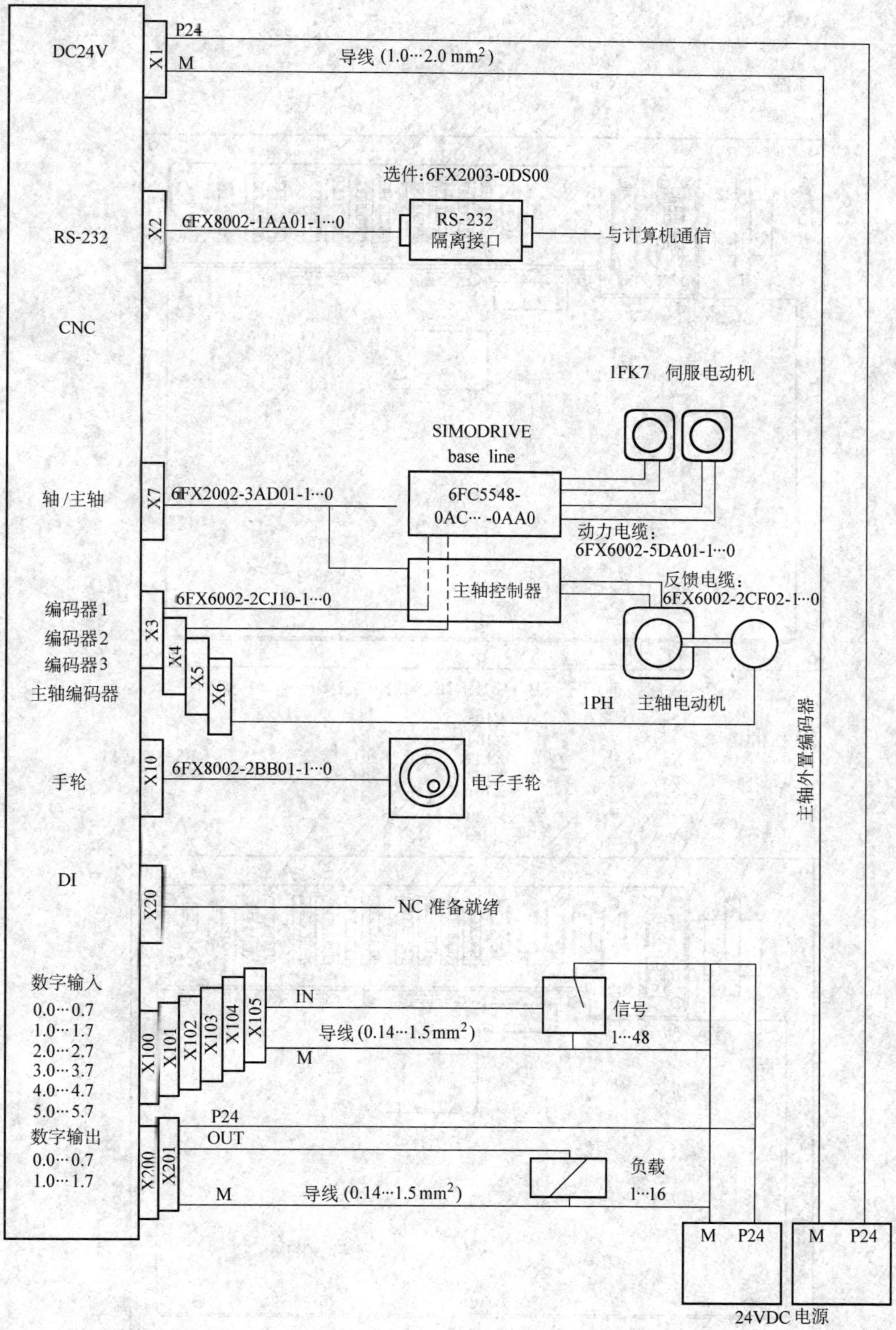

图 3—17 SINUMERIK 802C base line CNC 控制器与伺服驱动 SIMODRAVE base line 和 1FK7 伺服电动机的连接

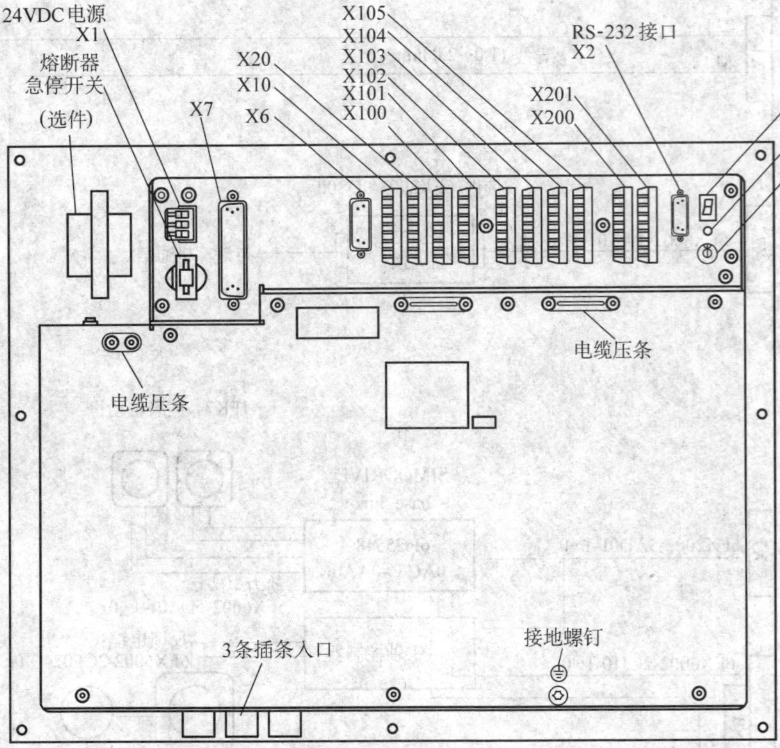

图 3—18　西门子 SINUMERIK 802S base line 接口示意图

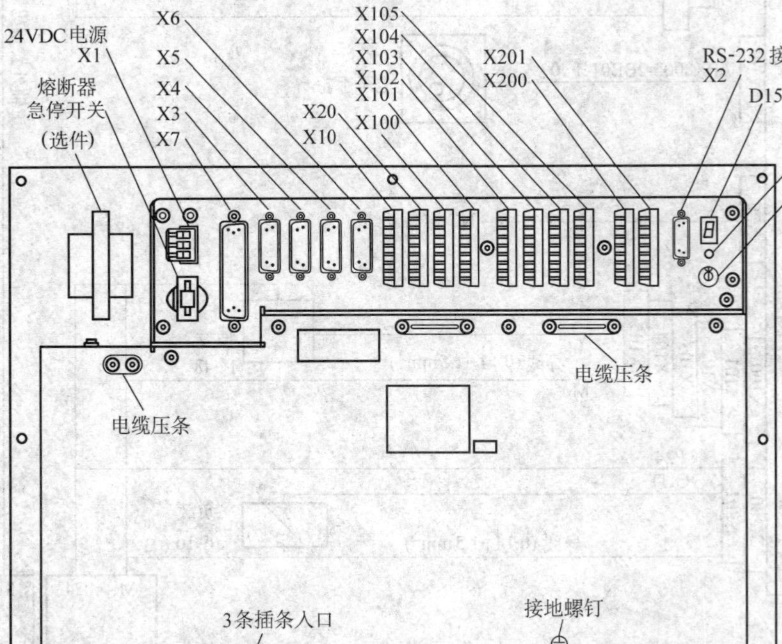

图 3—19　西门子 SINUMERIK 802C base line 接口示意图

X1—电源端子　X2—RS-232 通信接口　X3～X6—编码器接口　X7—驱动器接口

X10—手轮接口　X20—高速输入接口　X100～X105、X200、X201—数字输入/输出接口

第三节　数控机床的伺服驱动及位置检测装置

培训目标

- 了解数控机床伺服驱动系统的基本要求及其分类
- 了解步进电动机伺服驱动系统的控制方式及特点
- 了解数控机床对位置检测装置的基本要求，熟悉各类位置检测元件的结构及应用

一、伺服驱动系统

伺服驱动系统是以机床运动部件的位置和速度为控制对象的自动控制系统。数控机床的伺服驱动系统主要有两大类：一类是主轴伺服驱动系统，它控制主轴的切削运动，以旋转运动为主；另一类是进给伺服驱动系统，它控制机床各坐标轴的切削进给运动，以直线运动为主。

主轴驱动结构较简单，并要求驱动系统输出功率大、具有四象限驱动能力、加减速快、调速范围宽、速度稳定且恒功率范围宽，有些数控机床还要求主轴能与进给驱动实行同步控制（如进行螺纹加工）、主轴能进行高精度准停控制（自动换刀）、主轴具有恒线速度表面切削功能和角度分度控制功能。主轴驱动系统通常有两种类型：一种是采用三相全控桥式晶闸管双闭环调速系统和他励式直流电动机的直流驱动系统；另一种是采用矢量控制变频调速系统和笼形异步电动机的交流驱动系统。随着电力电子技术和变频调速技术的发展，交流主轴驱动系统正逐步取代直流主轴伺服系统。

进给伺服驱动系统接收数控系统插补产生的进给脉冲，经变换、放大后驱动机床工作台的移动。为保证加工质量，数控机床对进给伺服驱动系统要求较高，主要有精度高、响应快、调速范围宽、工作稳定性好等。

伺服驱动系统是数控机床的重要组成部分，它的主要作用是：伺服驱动系统应能放大控制信号，且具有功率输出的能力；伺服驱动系统能根据 CNC 系统发出的控制信息，对机床移动部件的位置和速度进行控制。

通常，经济型数控机床主轴驱动要求较低，驱动装置较简单，下面主要介绍数控机床的进给伺服驱动系统。

1. 数控机床对伺服驱动系统的要求

数控机床的伺服驱动系统作为实现切削刀具与工件间运动的驱动和执行元件，直接影响数控机床的精度和速度等技术指标，数控机床的性能在很大程度上取决于伺服驱动系统的性能，它对伺服驱动系统的要求主要有：

（1）位移精度高。伺服驱动系统的位移精度是指指令脉冲要求工作台进给的位移量与相应的工作台实际位移量之间的符合程度。两者的误差越小，则伺服驱动系统的位移精度越高。目前，高精度数控机床伺服驱动系统的位移精度可达±5 μm，一般数控机

床的脉冲当量为 0.01～0.005 mm，高精度数控机床的脉冲当量可达 0.001 mm。

（2）定位精度高。伺服驱动系统的定位精度是指输出量能复现输入量的精确程度。数控加工对定位精度和轮廓加工精度要求都较高，定位精度一般为 0.01～0.001 mm，甚至达 0.1 μm。轮廓加工精度与速度控制、联动坐标的协调控制有关，要求调速精度高、抗负载扰动能力强，即对静、动态精度要求都较高。

（3）稳定性好。稳定性是指在输入或外界干扰作用下，能较快地调节，达到新的或者回复到原来平衡状态的能力。较强的抗干扰能力可保证进给速度均匀、平衡。稳定性直接影响数控加工的精度和表面粗糙度。

（4）动态响应快。动态响应时间是伺服驱动系统动态品质的重要指标，它反映了系统的跟踪精度。为保证加工精度和零件表面粗糙度，要求伺服驱动系统具有良好的快速响应特性，即要求跟踪指令信号的响应要快。一方面，在伺服驱动系统频繁启动、制动、加速、减速等动态过程中，要求过渡过程时间要短，一般控制在 200 ms 以下，甚至小于几十毫秒，且超调量要小；另一方面，当负载变化时，恢复稳态的过渡时间要短，且无振荡，这样才能加工出光滑的表面。

（5）调速范围宽。调速范围 D 是指机械装置要求电动机在额定负载下能提供的最高转速 n_{max} 和最低转速 n_{min} 之比。在数控加工中，由于刀具和零件材质及加工工艺的不同，为得到最佳加工质量，要求伺服驱动系统具有足够宽的调速范围。目前数控机床一般要求进给伺服驱动系统的速度为 0～30 m/min，有的已达到 0～240 m/min，且速度连续可调；主轴伺服驱动系统的调速范围通常要求 1∶100～1∶1 000 范围内的恒转矩调速以及 1∶10 以上的恒功率调速。

（6）低速大转矩。数控加工通常是在低速时进行重切削，因此，要求伺服驱动系统特别是主轴伺服驱动系统在低速时能输出较大的转矩。

（7）可逆运行。在加工过程中，按照加工轨迹的要求，机床工作台随时都可能进行正向或反向运动，同时要求在方向变化时，不应有反向间隙和运动的损失。这就要求驱动系统能实现可逆运行，并在能量可逆转换的同时实现快速制动。

（8）较强的过载能力。由于要求加减速时具有很快的响应速度，很可能使驱动装置处于过载条件下工作，因此，要求具有较强的过载能力，通常要求在数分钟内过载 4～6 倍而不损坏。

2. 伺服驱动系统的分类

（1）按控制方式分类。伺服驱动系统按控制方式不同，可分为开环伺服系统、闭环伺服系统和半闭环伺服系统三类。这三种控制方式在前面已介绍过，这里不再赘述。

（2）按反馈比较方式分类。伺服驱动系统按反馈比较方式可分为脉冲数字比较伺服系统、相位比较伺服系统、幅值比较伺服系统和全数字比较伺服系统等类型。

1）脉冲、数字比较伺服系统。脉冲、数字比较伺服系统是将检测装置反馈回来的数字（或脉冲）信号，直接与来自数控装置的数字（或脉冲）指令信号进行比较，产生位置误差，实现闭环控制。该系统结构简单，工作稳定，应用较广泛。

2）相位比较伺服系统。相位比较伺服系统中采用工作于相位方式的位置检测元件，指令信号与反馈信号都被变换为某个载波的相位形式，通过相位比较得到偏差信号，实现闭环控制。该系统通常采用感应式检测元件（如旋转变压器、感应同步器等），因其载波频率高，响应快，抗干扰能力强，特别适合于连续控制的伺服系统。

3）幅值比较伺服系统。幅值比较伺服系统以检测信号的幅值大小来反映位移量，并与指令信号进行比较，获得位置偏差信号，实现闭环控制。

上述三种伺服系统中，相位比较伺服系统和幅值比较伺服系统的结构较复杂，安装、调试、维修不方便，一般情况下脉冲、数字比较伺服系统选用较多，相位比较伺服系统比幅值比较伺服系统应用广泛一些。

4）全数字比较伺服系统。随着计算机技术和伺服控制技术的发展，数控机床的伺服系统已开始采用高速、高精度的全数字伺服系统，使伺服控制技术从模拟式、混合式发展为全数字式。由位置、速度和电流构成的三闭环反馈全部数字化，软件处理数字PID调节，柔性好，使用灵活，使伺服系统的控制精度和控制品质大大提高。

（3）按驱动执行元件分类。伺服驱动系统按驱动执行元件来分，可分电液伺服系统和电气伺服系统两大类。电液伺服系统的执行元件是电液脉冲马达和电液伺服马达，由于该系统存在噪声、漏油等问题，已逐渐被电气伺服系统所取代。电气伺服系统采用电动机作驱动执行部件，操作方便，可靠性高。目前常用的驱动执行部件主要有步进电动机、直流伺服电动机和交流伺服电动机，如图 3—20 至图 3—22 所示。

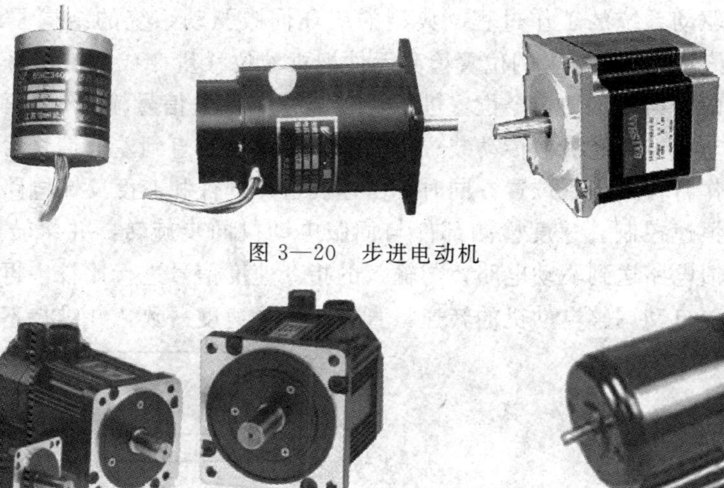

图 3—20　步进电动机

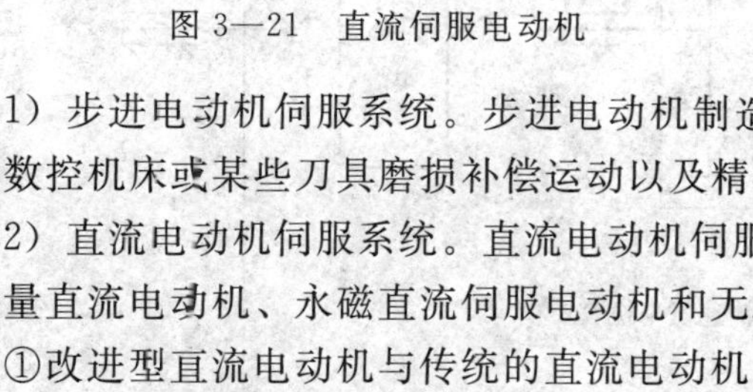

图 3—21　直流伺服电动机

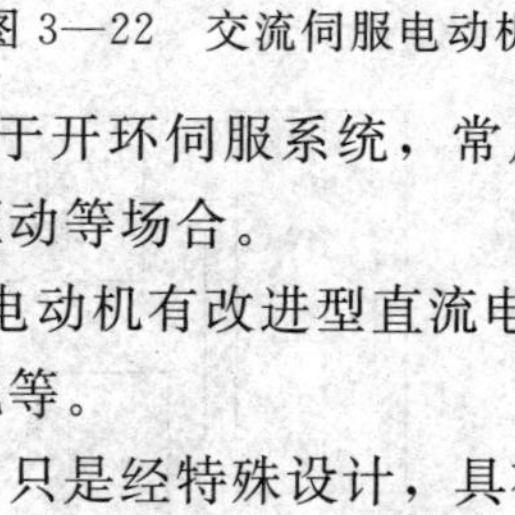

图 3—22　交流伺服电动机

1）步进电动机伺服系统。步进电动机制造容易，适合于开环伺服系统，常用于经济型数控机床或某些刀具磨损补偿运动以及精密角位移的驱动等场合。

2）直流电动机伺服系统。直流电动机伺服系统采用的电动机有改进型直流电动机、小惯量直流电动机、永磁直流伺服电动机和无刷直流电动机等。

①改进型直流电动机与传统的直流电动机的结构相同，只是经特殊设计，具有转动惯量小、过载能力强、换向性能好等优点，早期的数控机床多采用这种电动机。

②小惯量直流电动机因最大限度地减少了电枢的转动惯量，从而获得了较好的快速性，在早期的数控机床上也有较多应用。改进型直流电动机和小惯量直流电动机为改善

加速性能，都设计成高转速和低惯量，因此，需要经过机械减速装置才能与丝杠连接。

③永磁直流伺服电动机具有较大的转动惯量，能低速平稳运行，且能在较大过载转矩下长时间工作，因此，在数控机床上获得了广泛应用。永磁直流伺服电动机的缺点是有电刷，限制了转速的提高，且结构复杂、价格较贵。

④无刷直流电动机也称无换向器直流电动机，它由同步电动机逆变器和安装在转子上的传感器组成。由于取消了换向器和电刷，电动机的性能和使用寿命得到了大大提高，应用越来越广泛。

3）交流电动机伺服系统。直流电动机调节性能好，启动、运行、制动等灵活方便，在调速系统中应用较普遍，但结构复杂，制造和维护较困难。交流伺服电动机没有这些缺点，且转动惯量比直流电动机小，动态响应快；同体积交流电动机比直流电动机输出功率能提高 10%～70%；同体积的交流电动机比直流电动机容量大，可达到更高的电压和转速。近年来，随着电力电子技术和变频调速技术的发展，数控机床上开始大量使用交流伺服系统。

因经济型数控机床通常采用步进电动机驱动的开环控制系统，下面主要介绍步进电动机伺服驱动系统。

3. 伺服驱动系统的工作过程和基本组成

（1）伺服驱动系统的工作过程。典型的闭环伺服驱动系统的结构原理示意图如图 3—23 所示。安装在工作台上的位置检测元件把机械位移量变成数字信号，由反馈电路送到数控系统内，与给定的指令位置进行比较，并将差值信号输出，经驱动电路变换、放大后驱动电动机，再经机械传动装置带动工作台移动。直到差值信号为零时，电动机停止转动，工作台移到指令位置。同时，由速度检测部件和速度反馈电路组成的速度反馈回路可实现恒速控制。速度检测部件与伺服电动机同步旋转，并将转速变换为电信号，经速度反馈电路送到驱动电路，与输入的指令速度信号进行比较，再用差值信号去控制驱动电压，自动调整电动机的转速，直到与指令速度一致，并维持不变。

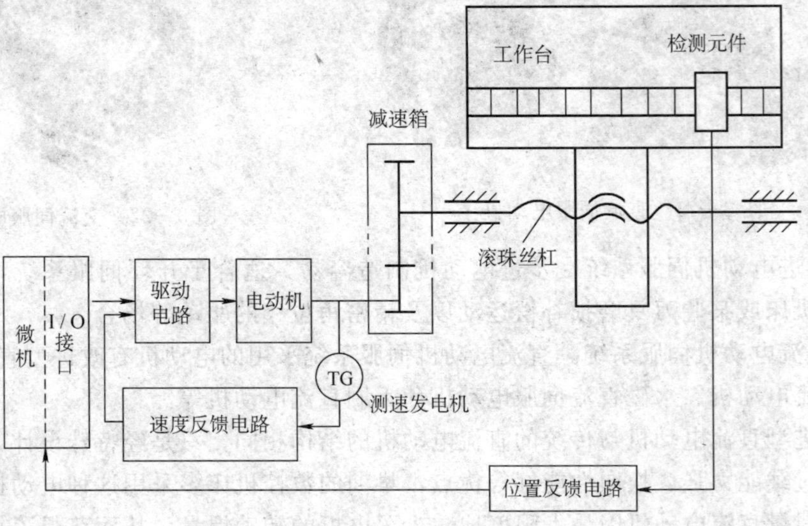

图 3—23　闭环伺服驱动系统的原理结构示意图

综上所述，伺服驱动系统具有位置控制和速度控制两大控制任务。通常，由速度反馈电路送出的转速信号是在驱动电路中进行比较的，而由位置反馈电路送出的位置信号是在数控系统中进行比较的；速度比较是由硬件电路完成的，而位置比较一般是通过软件来完成的。

（2）伺服驱动系统的基本组成。闭环伺服驱动系统主要由以下几个部分组成，如图3—24所示。

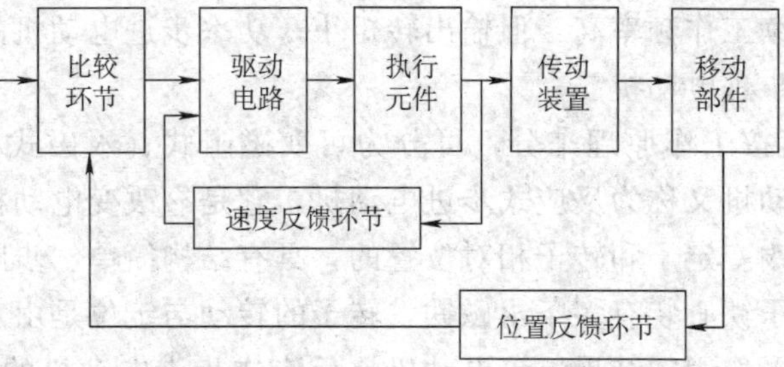

图3—24　伺服驱动系统组成框图

1）驱动电路。驱动电路接收数控系统发出的指令信号，经变换和功率放大后驱动电动机旋转。转速的快慢由指令控制。恒转速驱动电路应能接收速度反馈信号，并与输入信号进行比较，用差值信号实现闭环速度控制。

2）执行元件。伺服驱动系统中的执行元件通常为电动机，可以是步进电动机、直流伺服电动机或交流伺服电动机。步进电动机常用于开环控制。

3）传动机构。传动机构一般包括减速装置和滚柱（滚珠）丝杠等机械传动部件。

4）检测元件及反馈电路。检测包括位置检测和速度检测。常用位置检测元件有感应同步器、光栅和磁尺等。由位置检测元件测出的位移信号，经反馈电路转变为数控系统能识别的信号，送到数控系统进行处理。常用速度检测元件有测速发电机、光电编码器（或称脉冲编码器）、旋转变压器等。通常速度检测元件安装在电动机上，位置检测元件则根据控制的方式不同安装于电动机或机床运动部件上。如半闭环控制系统的位置检测和速度检测一般共用安装在电动机上的光电编码器，全闭环控制则分别采用各自独立的检测元件。

4. 步进电动机伺服驱动系统

步进电动机伺服驱动系统由环形分配器、步进电动机、驱动电源等组成，主要应用于开环位置控制中，如经济型数控机床和普通机床的数控改造等速度和精度要求不太高的场合。该系统简单，容易控制，安装、调试、维修方便，且为全数字化控制，比较适应当前计算机技术发展的趋势。

（1）步进电动机及其分类。步进电动机又称为脉冲电动机，是一种将电脉冲信号变换成相应的机械角位移的机电执行元件。每输入一个电脉冲，电动机就转过一个角度，不断地输入电脉冲，电动机便一步一步地转动，故称为步进电动机。又因为输入的是电脉冲，也称为脉冲电动机。

步进电动机每对应于一个电脉冲转过一个角度，称为一步，每一步所转过的角度称为步距角。常用步进电动机的步距角有0.36°/0.72°、0.75°/1.5°、0.9°/1.8°等（斜线前面的角度表示半步距角，斜线后面的角度表示全步距角）。步进电动机的角位移量与输入脉冲的个数严格成正比，只要控制输入脉冲的数量、频率以及电动机绕组通电的相序，便可获得所需的转角、转速和旋转方向。没有脉冲输入时，绕组在电源激励下，气隙磁场使转子保持原位而处于定位状态。

步进电动机的主要类型如下：

1）步进电动机按输出转矩的大小来分，可分为快速步进电动机和功率步进电动机。快速步进电动机连续工作频率高，但输出转矩小；功率步进电动机的输出转矩较大。数控机床多采用功率步进电动机。

2）步进电动机按工作原理来分，可分为可变磁阻式、永磁式和混合式三种类型。可变磁阻式步进电动机又称为反应式步进电动机，它是靠改变电动机定子与转子软钢齿之间的电磁引力来改变定子和转子相对位置的，具有结构简单、步距角小的特点；永磁式步进电动机的转子铁心装有多条永磁铁，转子的转动与定位是由定子与转子之间电磁引力和磁铁磁力共同作用的结果，该电动机比反应式步进电动机的转矩和步距角都大；混合式步进电动机综合了反应式和永磁式步进电动机的优点，一方面采用永久磁铁来提高转矩，另一方面采用细密的极齿来减小步距角，这种步进电动机目前在数控机床上应用较多。

3）按励磁绕组的相数来分，可分为两相、三相、四相、五相、六相甚至更多相步进电动机。

4）按电流极性来分，可分为单极性和双极性步进电动机。

5）按运动形式来分，可分为旋转式、直线式和平面式步进电动机。

（2）步进电动机的控制方式及特点。步进电动机的工作原理实际上是电磁铁的作用原理。步进电动机主要由转子和定子组成，其中定子上有绕组，当各绕组按一定的顺序通电时，电动机则按预定的方向旋转。转子和定子上均布有槽，绕组中的电流每变化一个周期，转子和定子的相对位置变化一个齿。如图 3—25 所示，当 A 相绕组通电时，转子的齿与定子 AA 齿对齐；B 相绕组通电时，转子的齿与定子 BB 齿对齐，转子逆时针转过 30°。若按 A→B→C 顺序不断通电，转子便一步一步地逆时针转动，这种通电方式称为三相三拍。若通电顺序为 A→AB→B→BC→C→CA，则每通电一次，转子转过 15°，这种通电方式称为三相六拍。显而易见，改变通电顺序会使转子顺时针转动；增加转子的齿数可以减小步距角。

步距角 β 可按下式计算：

$$\beta=\frac{360^\circ}{mZ_2}$$

式中 β——步距角；

Z_2——转子齿数；

m——每周期的拍数。

步进电动机的主要特点如下：

1）输出转角与输入脉冲个数成严格的比例关系，无积累误差，控制脉冲个数就能方便地控制位移量。

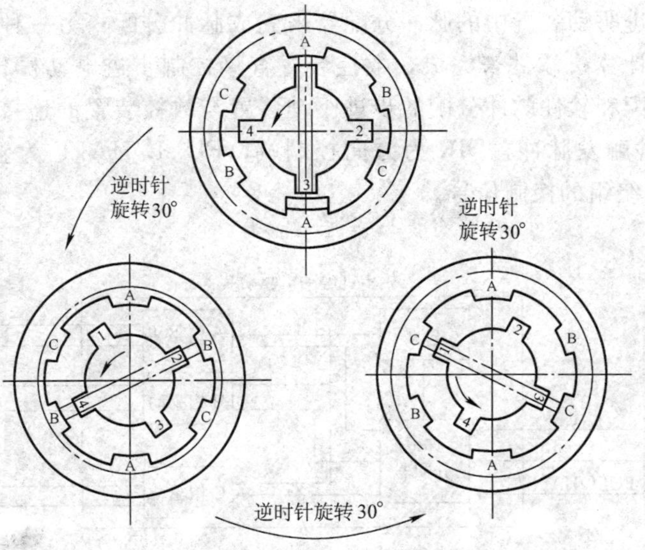

图 3—25　步进电动机工作原理示意

2）转速与输入脉冲频率成正比，通过控制脉冲频率就可以在很宽的范围内调节步进电动机的转速。

3）停止输入脉冲时，只要维持绕组电流不变，电动机轴就可以保持某固定位置，不需要制动装置。

4）改变绕组的通电顺序即可改变电动机的转向。

5）步进电动机存在齿间相邻误差，但不会产生累积误差。

（3）步进电动机的驱动装置。步进电动机的驱动装置（见图 3—26），主要由脉冲分配环节和功率放大环节组成。

图 3—26　步进电动机的驱动装置

1）脉冲分配环节。脉冲分配也称环形分配。要使步进电动机按要求一步一步地转动，控制脉冲必须按一定顺序分别供给各相绕组。脉冲分配环节的作用就是将数控装置送来的指令脉冲按一定顺序分配给各相绕组，如图 3—27 所示为三相三拍步进电动机的脉冲分配示意。

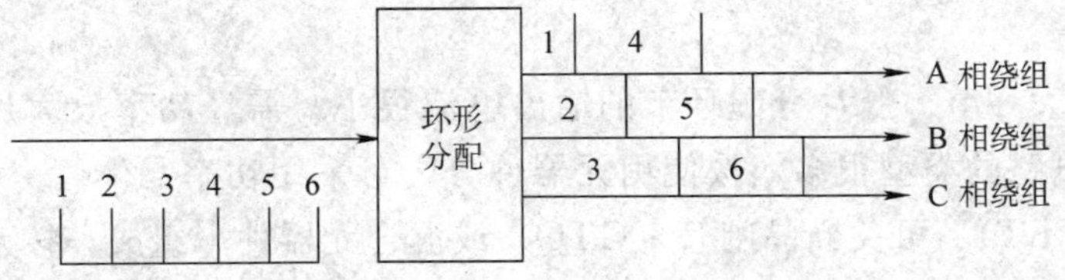

图 3—27　三相三拍步进电动机的脉冲分配示意

脉冲分配有两种方式，一种是硬件脉冲分配，即脉冲分配器，数控装置只需要发出触发脉冲，由步进驱动装置中的脉冲分配器来完成脉冲分配；另一种是软件脉冲分配，由数控装置中的计算机软件来完成，数控装置直接控制步进电动机各相绕组的通、断电。硬件脉冲分配和软件脉冲分配的步进驱动装置与数控装置的连接如图 3—28 所示，其中 CLK 为步进触发脉冲，DIR 为方向控制端，FULL/HALF 为整步/半步控制端，A、B、C 为各相绕组的控制信号。

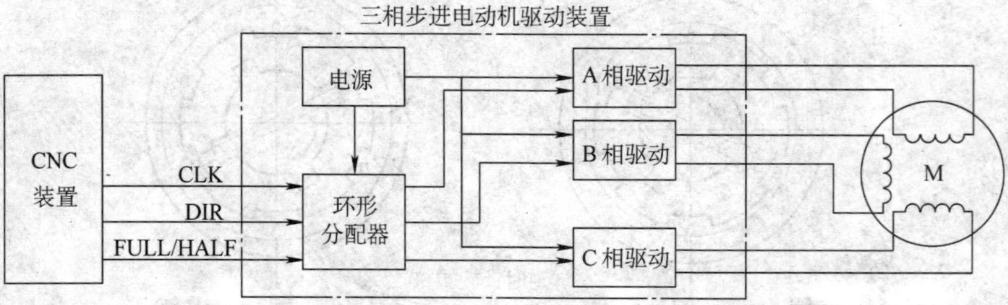

a)

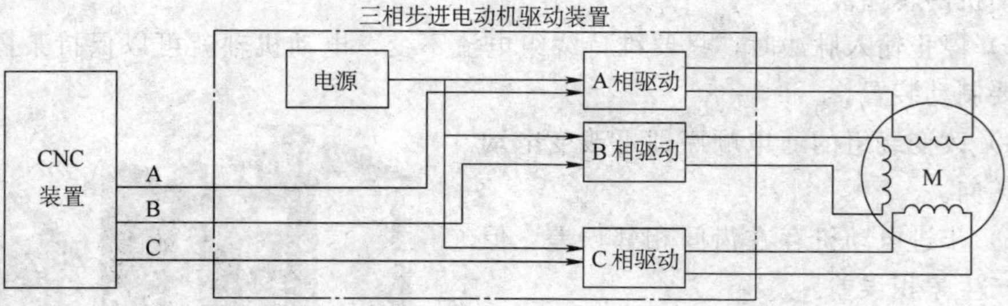

b)

图 3—28　步进驱动装置与数控装置的连接

a）硬件脉冲分配驱动装置与数控装置的连接

b）软件脉冲分配驱动装置与数控装置的连接

硬件脉冲分配可由门电路和逻辑电路构成，也可采用专用的集成脉冲分配器。目前市场上常见的国产集成脉冲分配器有 TTL 和 CMOS 集成电路两种，例如 YBO13（三相）、YBO14（四相）、YBO15（五相）、YBO16（六相）和 CH250（三相 CMOS 集成脉冲分配器）等。

2）功率放大环节。脉冲分配环节的输出电流很小，需经功率放大后才能驱动电动机。功率放大电路的类型很多，按使用元器件分，可采用功率晶体管（GTR）、功率场效应管（MOSFET）、可关断晶闸管（GTO）或混合元器件来组成；按工作原理分，有单电压、高低电压切换、恒流斩波、调频调压、细分电路等类型。其中功率晶体管（GTR）应用较多，恒流斩波、调频调压和细分电路性能较好。

单电压功放驱动电路（见图 3—29）结构简单，但集电极电阻 R_c 消耗能量大，电流脉冲前后沿不够陡，且改善高频性能的措施会使低频特性变坏，甚至引起低频振荡。

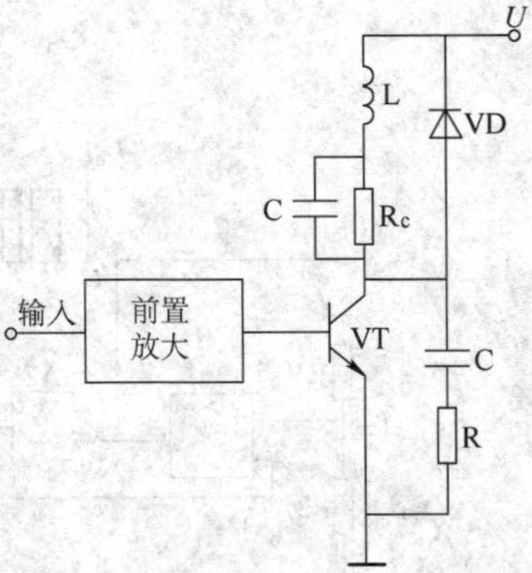

图 3—29 单电压功放驱动电路

高低压切换功放驱动电路（见图 3—30）的特点是高压充电。步进电动机绕组每次通电时，首先接通高电压，以获得较快的电流上升速度，然后再改由低电压供电，维持绕组中的电流为额定值。该电路由于采用高压驱动，电流上升快，驱动电流前沿陡，改善了电动机的转矩、启动和高频运行性能。同时，由于额定电流是由低电压来维持，从而减小了 R_c，降低了功耗。不足之处是在高低压衔接处的电流波形顶部有下凹，影响电动机运行的平稳性。

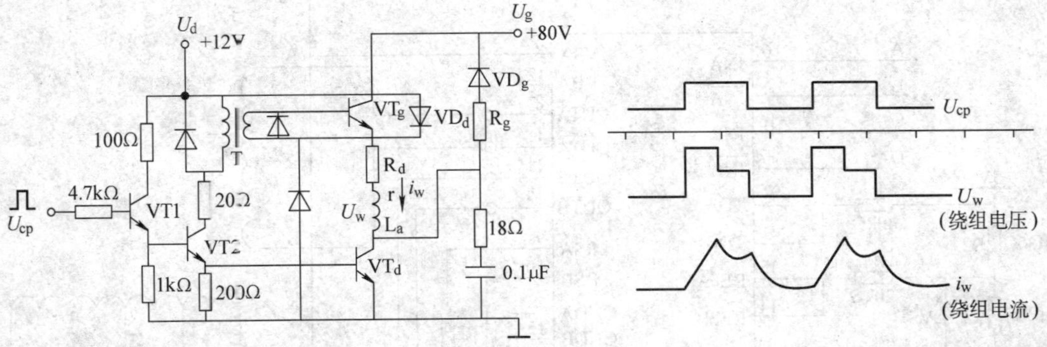

a) b)

图 3—30 高低压切换功放驱动电路

a）电路 b）波形

恒流斩波功放驱动电路（见图 3—31）的控制原理是随时检测绕组的电流值，当电流值下降到下限设定值时，使功率管导通，绕组电流上升；当电流上升到上限值时，关断功率管。在一个步进周期内，功率管多次通断，使绕组电流在上下限之间波动，接近恒定值，提高了绕组电流的平均值，抑制了电动机输出转矩的降低。这种控制方法是一种恒流驱动方案，绕组电流大小与电源电压无关，所以对电源的要求低。由于绕组电流不随电动机的转速而变化，从而在很大范围内步进电动机能输出恒转矩。另外，由于采样反馈电阻阻值很小，大大减小了系统的时间常数，具有反应快、功耗小等优点，获得了较多的应用。还可采用恒流斩波功放驱动集成芯片，构成恒流斩波功率驱动电路，如 SLA7026M（见图 3—32）。SLA7026M 的最大输出电流为 2 A，可直接驱动小功率步进电动机，对于较大功率的步进电动机，可外接大功率管来提高输出电流和功率。

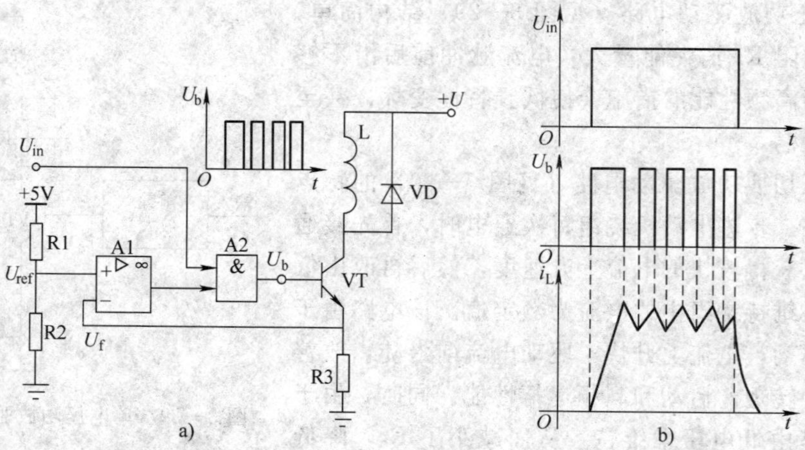

图 3—31　恒流斩波功放驱动电路

a）电路　b）波形

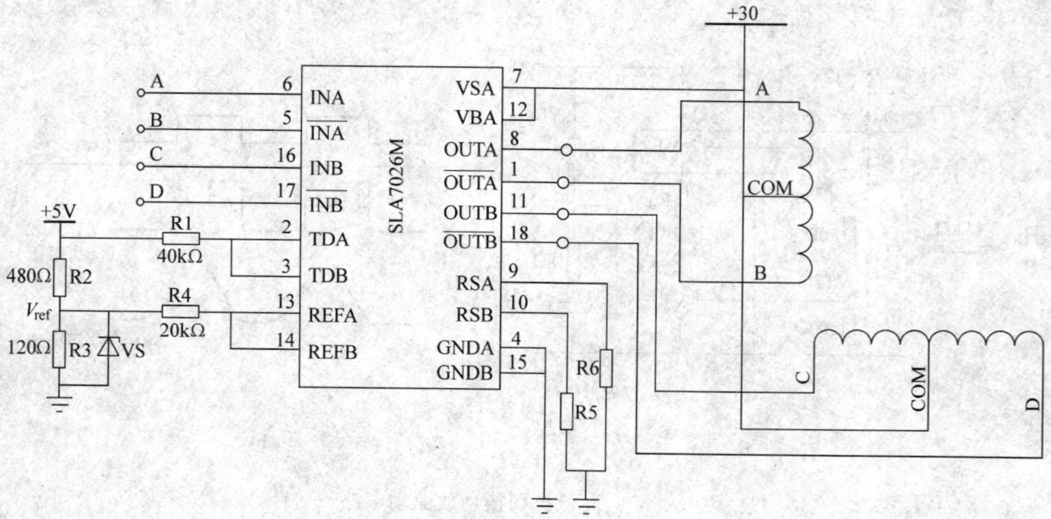

图 3—32　恒流斩波功率驱动实用电路

上述几种功放驱动电路主要提高了高频性能，加快了电流上升沿，但同时加剧了低频振荡，甚至会引起电动机失步。调频调压功放驱动电路采用按电动机运行频率改变驱动电压的方法来减少低频振荡。低频时采用较低的电压供电，使绕组电流上升较缓慢，从而降低了转子的过冲；高频时采用较高的电压供电，使绕组电流具有较陡的上升沿，从而产生足够的绕组电流，提高了电动机的带载能力。电压随频率而变化可用不同的方法来实现，如分频段调压法、电压随频率线性变化法等。如图 3—33 所示为一种采用 PWM 技术实现的步进电动机调频调压驱动实用电路。该电路主要由频压转换器（由 LM2917 及其外围电路构成）、三角波发生器（包括 74LS04 及其外围电路组成的脉冲振荡器及输出电路）、PWM 信号发生器（由 LM339 及其外围电路构成）、斩波信号发生器（由 74LS03 等构成）、环形分配器（采用 CH250）、驱动级（由 2N5551、BU806 等组成）和保护环节（由过流检测元件和 RS 触发器构成）等组成。

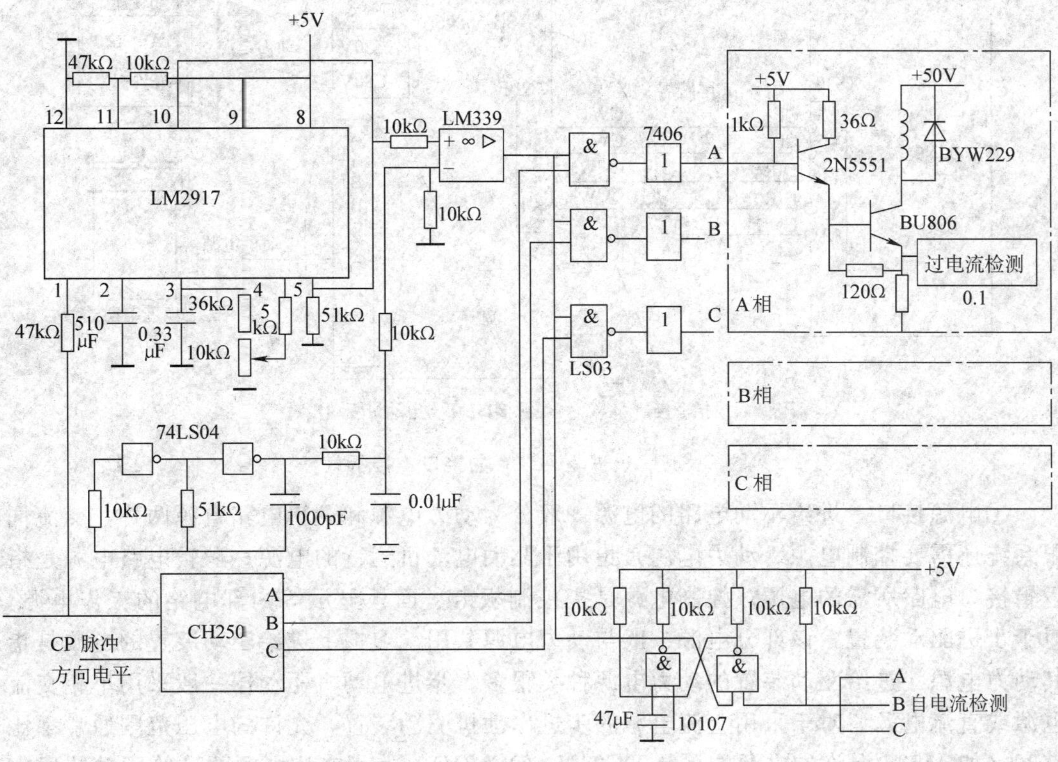

图 3—33　步进电动机调频调压驱动实用电路

细分驱动技术是通过一定的措施生成阶梯电压和电流通向定子绕组，将绕组的额定电流分为 n 等份，转子以 n 次通电方式最终达到额定电流，使原来每个脉冲走一个步距角变为走 $1/n$ 个步距角，即将一个步距角细分为 n 等份，从而提高了步进电动机的精度。

3）步进电动机驱动装置的接口。进给驱动装置按照 CNC 装置发出的指令控制电动机的运行，以满足数控机床的工作要求。因此，进给驱动装置至少应具备工作电源接口、接收 CNC 或其他控制设备指令的接口及控制电动机运行的接口等最基本的接口。此外，为了伺服驱动系统的安全，进给驱动装置一般还有工作状态信息和报警接口，有些进给驱动装置还提供了通信接口等。因伺服驱动装置的类型和功能强弱不同，除基本接口外，其他接口相差很多，如交流伺服驱动装置通常比步进电动机驱动装置具有更丰富的接口。

伺服驱动装置的接口按连接对象的不同可分为 CNC 及 PLC 接口、电动机接口、外部设备接口等；按功能不同可分为指令接口、控制接口、状态接口、安全互锁接口、通信接口、显示接口等；按信号电压高低可分为高压电源接口、低压电源接口和无源接口；按信号的幅值特性可分为开关量接口、数字量接口和模拟量接口等。因步进电动机通常应用于开环控制系统，其驱动装置的接口一般比较简单，最简单的步进电动机驱动装置的接口示意如图 3—34 所示。

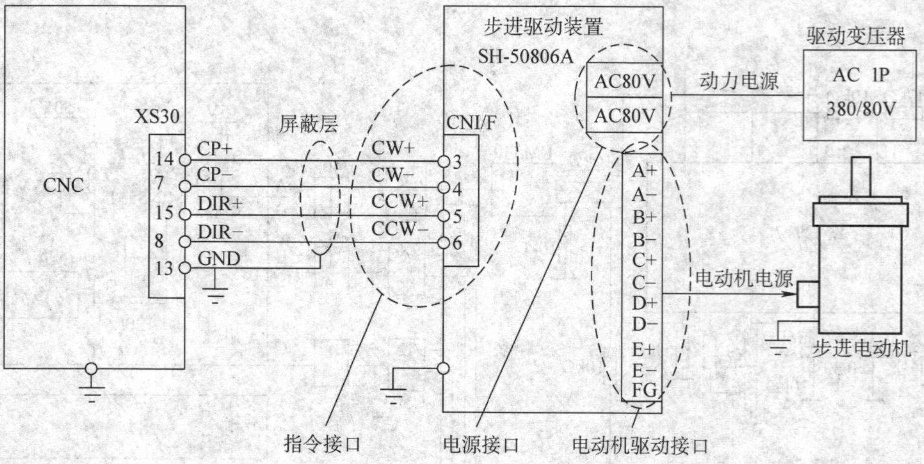

图 3—34　步进驱动装置的接口连接示意

①电源接口。进给驱动电路的电源一般分为动力电源和逻辑电路电源两种，交流伺服系统还需要控制电源。动力电源是指用于驱动电动机运行的电源；逻辑电路电源是指逻辑接口电路所需的电源；控制电源是指控制板卡、面板显示等内部电路的工作电源，对于步进驱动装置，该部分电源一般与动力电源共用。习惯上进给驱动装置的电源是指其动力电源。进给驱动装置的动力电源种类很多，步进电动机驱动器一般采用单相交流电源或直流电源，对于采用直流电源的步进电动机驱动装置，允许的电压范围通常都比较宽（如 M535 允许的电源电压是 DC24V～DC48V）。使用交流电源的进给驱动装置一般由隔离变压器供电，以提高抗干扰能力，有时还增加电抗器，以减小电动机启停时对电源和控制器件的冲击，电源干扰较强时还要增加高压电容、磁环和低通滤波器等抗干扰元件。

②指令接口。进给驱动装置一般采用脉冲接口或模拟量接口作为指令接口，有些还提供通信和总线方式的指令接口。步进驱动装置一般采用脉冲指令接口。脉冲指令接口有三种类型：单脉冲（脉冲＋方向）方式、正交脉冲方式和双脉冲方式，见表 3—2。步进电动机驱动装置一般只提供单脉冲方式。

表 3—2　　脉冲指令的三种类型

脉冲模式	电动机正转	电动机反转
单脉冲①	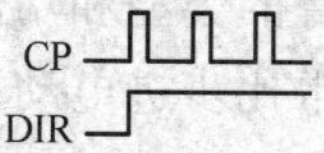	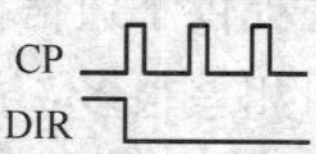
正交脉冲②	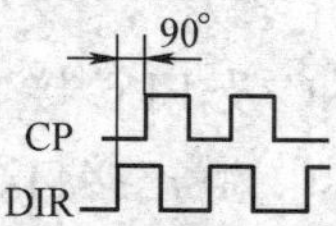	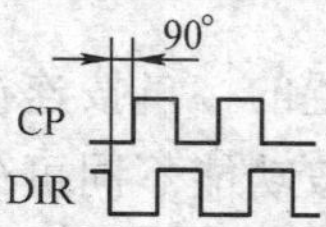
正反向脉冲③	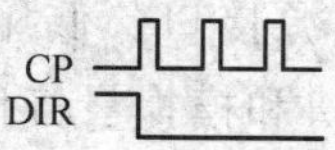	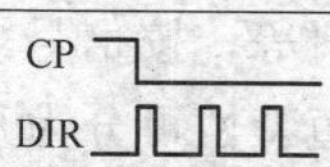

注：①单脉冲：CP 为脉冲信号，DIR 为方向信号。

②正交脉冲：CP 与 DIR 的相位差为脉冲信号，CP 与 DIR 的相位超前和落后关系决定电动机的旋转方向。

③正反向脉冲：CP 为正转脉冲信号，DIR 为反转脉冲信号。

③控制接口。用于接收 CNC、PLC 及其他控制设备的指令，以便调整驱动装置的工作状态、工作特性或对驱动装置和机床设备进行保护。

④状态与安全报警接口。用于将驱动装置目前的工作状态通知 CNC、PLC 及其他设备。

二、位置检测装置

位置检测装置是数控机床闭环、半闭环伺服系统的重要组成部分。它的任务是检测工作台、伺服电动机转子的角位移和速度，并将检测到的信号反馈给伺服驱动装置和数控装置，与指令信号进行比较，再用差值信号实现位置和速度的闭环控制。

闭环控制数控机床的加工精度主要取决于检测系统的精度，因此，高精度的检测装置是高精度数控机床的重要保证。检测元件通常利用电磁或光电的原理完成对位置和速度的检测。检测元件的精度一般用分辨率来表示，它是检测元件所能检测的最小数量单位，由检测元件自身的品质和测量电路来决定。为提高测量精度，数控装置接口电路中常对反馈信号进行倍频处理。

位置检测元件一般也可以用于速度测量。位置检测和速度检测可以采用各自独立的检测元件，例如速度检测采用测速发电机，位置检测采用光电编码器。也可以共用一个检测元件，例如同时使用光电编码器。

1. 数控机床对检测装置的要求

数控机床对检测装置的要求主要有以下几个方面：

(1) 具有较高的工作可靠性和较强的抗干扰能力，适合机床工作环境的要求。检测装置应具有抵抗各种电磁干扰的能力，且对温度和湿度的敏感性要低，环境因素对测量精度的影响要小。

(2) 满足检测精度、速度和机床工作行程的要求。目前，数控机床检测装置的分辨率一般为 0.000 1～0.01 mm，测量精度为± (0.002～0.02) mm/m，运动速度能满足工作台以 2～20 m/min 的速度运行。

(3) 便于安装、使用和维护。检测装置安装时要满足一定的安装精度要求，安装要合理，要有较好的防尘、防油垢、防切屑等措施。

(4) 成本低、使用寿命长。

不同类型的数控机床对检测装置的要求也不尽相同，通常大型机床以满足速度要求为主，中、小型机床和高精度机床以满足精度要求为主。一般情况下，选择检测系统的分辨率比加工精度高一个数量级。

2. 检测元件的分类

(1) 直接测量和间接测量。测量元件按形状可分为直线型和回转型。若测量元件所测量的指标就是所要求的指标，即直线型测量元件测量直线位移，回转型测量元件测量角位移，则该测量方式为直接测量。典型的直接测量元件有光栅、编码器等。若回转型测量元件测量的只是中间量，由它再推算出对应的工作台直线位移，那么该测量方式为间接测量。典型的间接测量元件有编码器、旋转变压器等。

(2) 增量式测量和绝对式测量。按测量装置的编码方式不同可分为增量式测量和绝对式测量。增量式测量只测量位移增量，即工作台每移动一个基本长度单位，测量装置发出一个测量信号（通常为脉冲形式）。典型的增量式测量装置有光栅和增量式光电编码器等。绝对式测量是被测的任一点位置相对于一个固定的零点都有一对应的测量值，常以数据形式表示。典型的绝对式测量装置有接触式编码器和绝对式光电编码器等。

（3）接触式测量和非接触式测量。接触式测量的测量元件和被测对象间存在着机械联系，因此，机床本身的变形、震动等因素会对测量产生一定的影响。典型的接触式测量装置有光栅和接触式编码器等。非接触式测量元件与被测对象是分离的，不发生机械联系。典型的非接触式测量装置有双频激光干涉仪和光电式编码器等。

（4）数字式测量和模拟式测量。数字式测量以数字形式表示被测量，具有测量装置简单、抗干扰能力强、便于显示等优点。典型的数字式测量装置有光电式编码器、接触式编码器和光栅等。模拟式测量以连续变化的信号表示被测量（如用电压、相位的变化来表示）。典型的模拟式测量装置有旋转变压器等。

3. 常用检测元件简介

（1）旋转变压器。旋转变压器是一种常用的转角检测元件，其原理相当于小型交流发电机。由于它结构简单、工作可靠、动作灵敏、对环境无特殊要求、维护方便、输出信号幅度大、抗干扰能力强，且精度能满足一般的检测要求，因而广泛应用于数控机床上。

旋转变压器在结构上同两相绕线转子异步电动机相似，如图 3—35 所示，定子绕组为变压器一次绕组，转子绕组为变压器二次绕组，按转子绕组引出方式不同，分为有刷式和无刷式两种结构。

旋转变压器根据互感原理工作，定子绕组加励磁电压，通过磁耦合，转子绕组产生感应电动势，且感应电动势随转子偏转的角度呈正（余）弦变化。

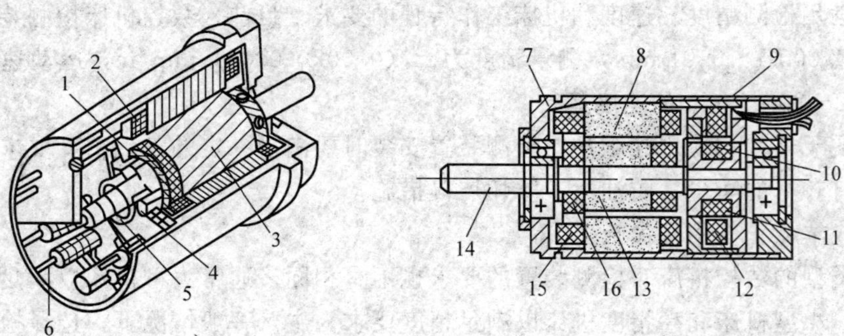

a)　　b)

图 3—35　旋转变压器结构图

a）有刷式旋转变压器　b）无刷式旋转变压器

1—转子绕组　2—定子绕组　3—转子　4—整流子　5—电刷　6—接线柱　7—壳体

8—旋转变压器本体定子　9—附加变压器定子　10—附加变压器一次绕组

11—附加变压器转子线轴　12—附加变压器二次绕组　13—旋转变压器本体转子

14—转子轴　15—旋转变压器定子绕组　16—旋转变压器转子绕组

（2）感应同步器。感应同步器是一种电磁感应式的高精度位移检测装置，实际上它是多极旋转变压器的展开形式。感应同步器分为旋转式和直线式两种，直线式又可分为标准型、窄型、带型和三速式（绝对式）等多种形式；旋转式按其直径和极对数不同，也有多种型号。旋转式用于角度测量，直线式用于长度测量，工作原理相同。

直线感应同步器由定尺和滑尺两部分组成，如图 3—36 所示，定尺表面有连续平面绕组，滑尺表面有两段分段绕组——正弦绕组和余弦绕组，相对于定尺绕组在空间错开 1/4 节距。工作原理与旋转变压器基本一致，给滑尺通以一定频率的交流电压，定尺绕组产生感应电动势，其幅值和相位决定于定尺和滑尺的相对位置。

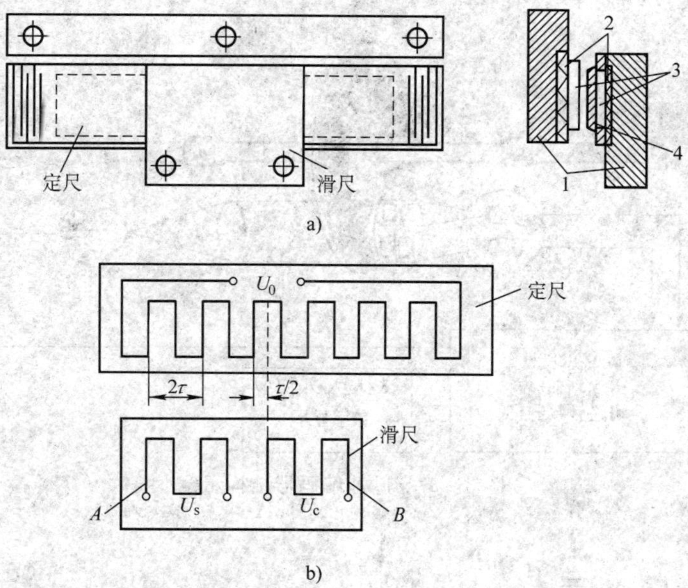

图 3—36　直线式感应同步器

a）结构示意　b）定尺和滑尺

1—基板　2—绝缘层　3—绕组　4—屏蔽层

感应同步器的主要特点有：精度高，可达±0.001 mm，重复精度可达 0.002 mm；工作可靠，抗干扰能力强；安装、维护简单，使用寿命长；测量距离长（定尺可拼接），适合大、中型数控机床；成本低，易于生产；与旋转变压器相比，输出信号比较弱，需配放大倍数很高的前置放大器。

（3）脉冲编码器。脉冲编码器是一种旋转式脉冲发生器，它把机械转角变换为电脉冲，是数控机床上应用广泛的位置检测装置，同时也经常用于速度检测。按脉冲编码器的结构来分，脉冲编码器分为光电式、接触式和电磁感应式三种，光电式脉冲编码器的精度和可靠性优于其他两种，在数控机床上较为常用。脉冲编码器是一种增量式检测元件，它的型号是由每转发出的脉冲数来区分的。数控机床上常用的脉冲编码器每转脉冲数有 2 000 p/r、2 500 p/r、3 000 p/r 等。

脉冲编码器的结构如图 3—37 所示，当光电盘旋转时，光线透过圆光栅，形成明暗条文，被光电元件接收，转化为随光信号交替变化的电信号。

（4）绝对式编码器。增量式编码器只能进行相对测量，一旦在测量过程中出现计数错误，会导致以后的测量出现误差。绝对式编码器是一种直接编码和直接测量的检测元件，它能指示绝对位置，没有累积误差。常用的编码器有编码盘和编码尺，按计数制式不同来分，有二进制编码、二进制循环码、二-十进制编码等编码器。按结构原理分，有接触式、光电式和电磁式等，光电式二进制循环码编码器较为常用。绝对式编码盘的结构如图 3—38 所示，码盘上有许多同心圆（码道），分别代表某计数制的一位。导电的部分（或透光的部分）为“1”，绝缘的部分（或不透光的部分）为“0”，从而组成不同的图案。当码盘转动时，编码器便按规定的编码输出数字信号。

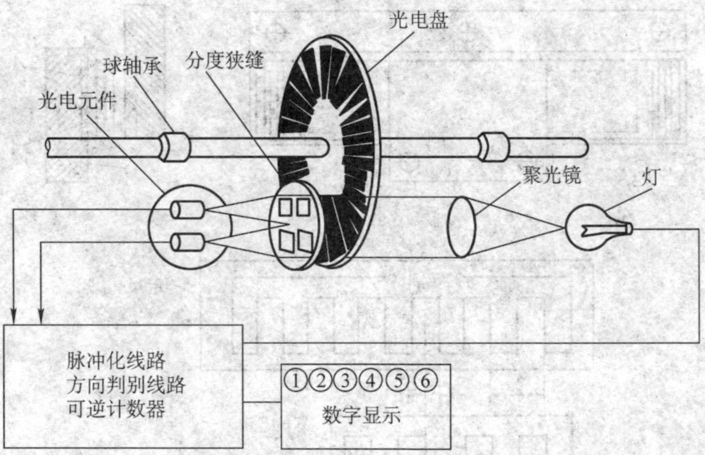

图 3—37　脉冲编码器结构示意

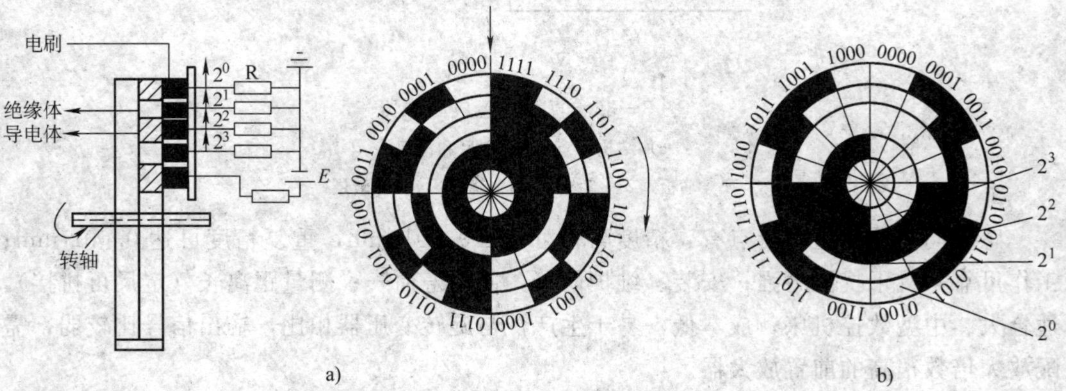

图 3—38　接触式编码盘结构示意

a）二进制编码盘　b）二进制循环码编码盘

（5）光栅。光栅的检测精度较高（通过细分技术可达到 0.1 μm 甚至更高的分辨率），常用于高精度数控机床作位置检测装置。光栅按形状来分，可分为圆光栅和长光栅，长光栅用于测量直线位移，圆光栅用于测量角位移。按光线来分，可分为透射光栅和反射光栅，透射光栅由光学玻璃制成，光电元件直接受光照射，信号幅度大，精度高，但玻璃易碎，且因热胀系数与金属不一致影响精度，不能做得太长；反射光栅由不锈钢带制成，可以做得很长，但线纹不能太密，不如透射光栅分辨率高。

长光栅由标尺光栅、指示光栅和光栅读数头组成，如图 3—39 所示。标尺光栅安装在机床工作台上，指示光栅和光栅读数头固定在机床上，当工作台移动时，指示光栅便在标尺光栅上相对移动。将标尺光栅和指示光栅的线纹相互倾斜一个小角度，在光源的照射下，会形成与线纹垂直的明暗相间的条纹（莫尔条纹）。莫尔条纹随指示光栅和标尺光栅的相对移动按正（余）弦规律移动，且具有放大和均化误差的作用。

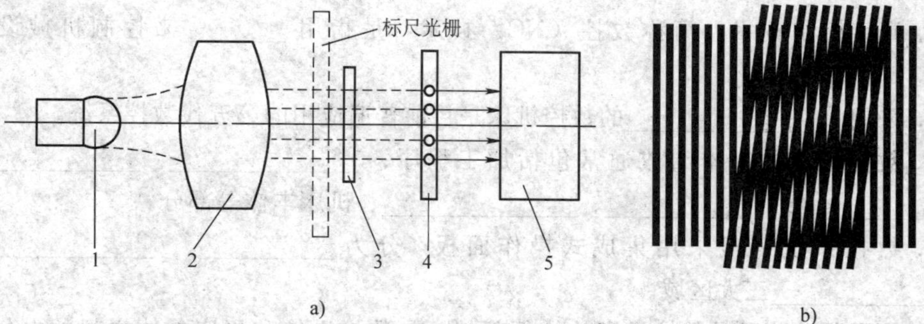

图 3—39 光栅的组成和原理

a）光栅组成示意 b）莫尔条纹

1—光源 2—透镜 3—指示光栅 4—光敏元件 5—检测电路

（6）磁栅。磁栅又称磁尺，是一种高精度位置检测元件。它由磁性标尺、拾磁磁头和检测电路组成，利用拾磁原理进行工作。先用录磁磁头将一定波长的方波或正弦波信号录制在磁性标尺上，检测时根据与磁性标尺有相对位移的拾磁磁头所拾取的信号，对位移进行检测，如图 3—40 所示。

磁栅可用于长度和角度的测量，精度高，安装调整方便，对使用环境要求较低，抗干扰能力强，在油污和粉尘较多的场合工作稳定性好，可用于精度较高的数控机床。

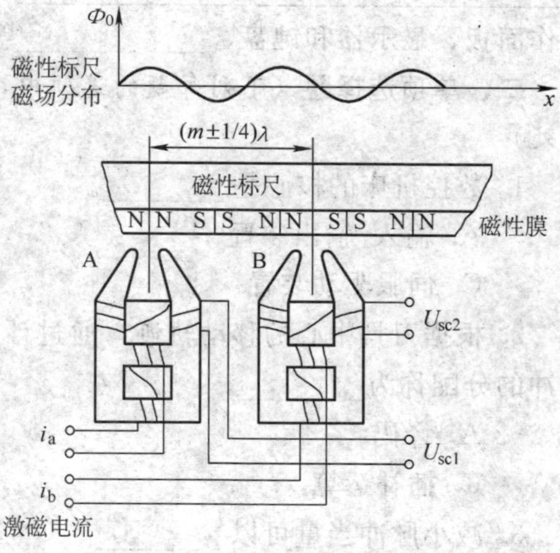

图 3—40 磁栅原理结构示意图

单元考核要点

考核类别	考核范围	考核点	重要程度
理论知识	数控系统基本原理	数控机床概述	★★
		数控机床的 CNC 系统	★★★
		数控机床的伺服驱动及位置检测装置	★★★
操作技能	数控系统基本原理	结构组成及原理分析	★★★
		简单数控机床的读图	★★★

单元测试题

一、填空题（请将正确的答案填在横线空白处）

1. 数字控制技术，简称数控（NC）技术，是指用________来控制机械设备的动作。

2. 采用________________的数控机床是目前普遍应用的第五代数控系统。

3. 数控机床的基本组成通常包括加工程序、______________、______________、______________、____________、______________、机床本体等部分。

4. 数控系统一般采用集成式操作面板，分为__________、________________、________________三大区域。

5. 伺服驱动装置是数控机床的执行部件，是数控系统和机床本体之间的电气联系环节，由________和__________组成。

6. 各种数控机床的CNC系统一般包括____________________________________、____________________________________、____________________________________、操作面板、显示器和键盘、____________等。

二、单项选择题（下列每题的选项中，只有1个是正确的，请将其代号填在横线空白处）

1. 数控机床的核心是________。

A. 输入/输出装置　　B. CNC装置

C. 伺服驱动装置　　D. 检测和反馈装置

2. 根据刀具中心的移动轨迹，通过计算，以适当的函数关系进行各坐标轴位移量脉冲的分配称为________。

A. 译码　　B. 刀具轨迹计算

C. 插补运算　　D. 速度控制

3. 减小脉冲当量可以________。

A. 提高精度　　B. 提高速度

C. 提高稳定性　　D. 简化程序

4. 经济型数控机床一般采用________控制系统。

A. 开环　　B. 闭环

C. 半闭环　　D. 混合闭环

5. 经济型数控机床一般采用________作为驱动执行部件。

A. 直流伺服电动机　　B. 交流伺服电动机

C. 直流或交流伺服电动机　　D. 步进电动机

6. 指令脉冲要求工作台进给的位移量与相应的工作台实际位移量之间的符合程度称为________。

A. 位移精度　　B. 定位精度

C. 动态响应　　　　D. 调速范围

7. 闭环伺服系统的驱动电压受________信号的控制。

A. 指令　　　　B. 反馈

C. 指令信号与反馈信号比较的差值

D. 指令信号与反馈信号的叠加值

8. 结构简单、工作稳定的伺服系统是________。

A. 脉冲、数字比较伺服系统

B. 相位比较伺服系统

C. 幅值比较伺服系统

D. 全数字比较伺服系统

9. 步进电动机的角位移量与________成正比。

A. 输入脉冲的大小　　　　B. 输入脉冲的频率

C. 输入脉冲的相位　　　　D. 输入脉冲的个数

10. 结构简单、步距角小的步进电动机是________式步进电动机。

A. 可变磁阻　　　　B. 永磁

C. 混合　　　　D. 特殊

11. 高低压切换功放驱动电路是在步进电动机绕组通电时________。

A. 先加低电压，后改为高电压

B. 先加高电压，后改为低电压

C. 高频时加低电压，低频时加高电压

D. 高频时加高电压，低频时加低电压

12. 步进驱动装置的脉冲指令接口一般为________方式。

A. 单脉冲（脉冲＋方向）　　　　B. 正交脉冲

C. 双脉冲　　　　D. 多脉冲

13. 光电式编码器用于________。

A. 位置检测　　　　B. 速度检测

C. 位置和速度检测　　　　D. 电流检测

三、判断题（下列判断正确的请打“√”，错误的打“×”）

1. 数控机床是由数字程序控制的机床。（　）

2. CNC 装置是数控机床的执行部件。（　）

3. 数控机床的工作过程就是在硬件支持下的软件执行过程。（　）

4. CNC 装置的 I/O 接口电路通常采用光电耦合器件或继电器，避免信号直接连接。（　）

5. 华中世纪星 HNC－21 数控系统是经济型数控系统。（　）

6. 伺服驱动系统是以机床运动部件的位置和速度为控制对象的自动控制系统。（　）

7. 通常位置比较是由硬件电路完成的，而速度比较一般是通过软件来完成的。（　）

单元 3

8. 脉冲分配环节的作用是将数控装置的指令脉冲按一定顺序分配给各个步进电动机。（　）

四、简答题

数控机床按伺服驱动系统的控制方式分为哪几类？各有什么特点和应用？

五、技能题

经济型数控机床电气控制系统的读图与分析

1. 操作准备

经济型数控机床及其相应技术资料。

2. 操作要求

（1）对照实物阅读经济型数控机床的有关图样及相关技术资料。

（2）分析、叙述经济型数控机床的系统组成和工作原理。

（3）分析经济型数控机床某一部分控制电路（如进给伺服装置等）的构成、接线及工作原理。

（4）根据主考提问回答经济型数控机床电气控制方面的有关问题。

3. 配分及评分标准

序号	主要内容	考核要求	评分标准	配分	扣分	得分
1	对照实物阅读经济型数控机床的有关图样及相关技术资料	能读懂经济型数控机床的有关图样及相关技术资料，并对照实物明确各控制设备的位置及相互关系	按图样及相关技术资料的读识能力及全面程度、正确程度评分	25		
2	分析、叙述经济型数控机床的系统组成和工作原理	能正确叙述经济型数控机床的系统组成，分析其工作原理	按叙述和分析的正确、全面和清楚程度评分	25		
3	分析经济型数控机床某一部分控制电路的构成、接线及工作原理	能对照实物正确分析经济型数控机床某一部分控制装置的电路构成、接线及工作原理	按电路分析的正确、全面和清楚程度以及结合实物的能力综合评分	30		
4	根据主考提问回答经济型数控机床电气控制方面的有关问题	正确回答主考提问	按回答问题的正确、清楚和熟练程度评分	20		
备注			合计	100		
			考评员签字	年　月　日		

单元 3

单元测试题答案

一、填空题

1. 数字指令　2. 微处理器数控系统　3. 输入/输出装置　计算机数控装置　伺服和驱动装置　辅助控制装置　检测和反馈装置　4. 显示区　NC 键盘区　机床控制面板区　5. 伺服电路　驱动电动机　6. 中央处理器（CPU）　存储器（ROM/RAM）　输入输出设备（I/O）　可编程序控制器等

二、单项选择题

1. B　2. C　3. A　4. A　5. D　6. A　7. C　8. A　9. D
10. A　11. B　12. A　13. C

三、判断题

1. √　2. ×　3. √　4. √　5. ×　6. √　7. ×　8. ×

四、简答题

答：数控机床按伺服驱动系统的控制方式分为开环控制系统、闭环控制系统和半闭环控制系统三类。开环系统的控制精度较低，但开环系统具有结构简单，工作稳定，调试、维修容易，成本较低等优点，被广泛应用于精度和速度要求不高的经济型数控机床；闭环控制系统加工精度高，速度快，但控制电路较复杂，调试和维修难度大，成本也较高，主要用于精度要求很高的数控镗铣床、超精车床、超精磨床及大型数控机床等；半闭环控制系统兼顾了开环系统和闭环系统的特点，精度较闭环控制系统差，但工作稳定性较好，成本较低，调试、维修也较容易，因此，在普通数控机床中应用较普遍。

五、技能题

答案略。

第4单元

机床控制系统的调试与检修

机床电气控制系统的调试与检修是高级维修电工的必备技能。本单元主要介绍机床控制系统的相关基本知识、经济型数控机床的调试与检修和以B2010A龙门刨床为例介绍较复杂机械控制系统的调试与检修。经济型数控系统结构简单、价格便宜，在要求不高的机床设备中应用较多；B2010A龙门刨床的电气控制系统综合了交流和直流控制系统，较为典型。通过本单元的学习，应能对经济型数控机床和以B2010A龙门刨床为代表的较复杂机械控制系统进行调试和检修。

第一节 机床控制系统基础

培训目标

→ 熟悉电气传动及自动控制基本知识

→ 了解数字电路及计算机与单片机基本知识

一、电气传动基础

1. 电动机的机械特性

电动机的机械特性是指电动机的转速与电磁转矩的关系，它是表示电动机运行性能的重要方面。

(1) 他励（并励）直流电动机的机械特性。他励（并励）直流电动机具有较硬的机械特性，在采用直流调速系统的生产设备中应用较多。

根据直流电动机的转矩公式 $T=C_M\Phi I_a$、电动势公式 $E_a=C_e\Phi n$ 和电压平衡公式 $U=E_a+I_aR_a$ 可以得到机械特性方程如下：

$$n=\frac{U}{C_e\Phi}-\frac{R_a}{C_eC_M\Phi^2}T$$

式中 C_e，C_M ——与电动机结构有关的常数；

Φ——励磁磁通，Wb；

R_a——电枢电阻，Ω；

U——电源电压，V；

T——电磁转矩，N·m；

n——电动机转速，r/min。

据此可得出他励直流电动机的机械特性曲线如图 4—1 所示，图中 T_N 为额定转矩，n_N 为额定转速。

该特性主要有以下特点：

1) 当 $T=0$ 时，$n=n_0=\frac{U}{C_e\Phi}$称为理想空载转速，当 U 和 Φ 不变时，n_0 是一个定值。

2) 他励直流电动机的机械特性是一条过 n_0 点、且稍向下倾斜的直线，其斜率为$-\frac{R_a}{C_eC_M\Phi^2}$。

3) 在电源电压和励磁电流均为额定值，且不改变电阻 R_a 的条件下，该曲线称为自然机械特性。他励直流电动机具有很硬的机械特性，即随负载转矩的变化，转速变化很小。通常他励直流电动

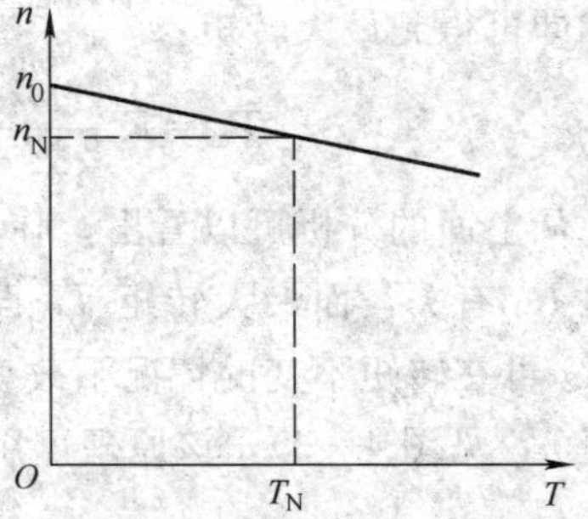

图 4—1 他励直流电动机的机械特性

单元 4

机的转速调整率 $\Delta n\%=\frac{n_0-n_N}{n_N}\times100\%$ 约为 3%～8%，适合于金属切削机床、造纸机械设备等要求恒转速的场合。

4）通过改变电枢回路的电阻或改变励磁电流的大小，可使机械特性曲线发生变化，改变后的机械特性曲线称为人工机械特性。

并励直流电动机具有与他励直流电动机相似的较硬的机械特性，只是因励磁绕组与电枢绕组共用一个电源，使其机械特性比他励直流电动机稍软一些。

（2）三相异步电动机的机械特性。三相异步电动机的电磁转矩 $T\propto\Phi I_2\cos\varphi_2$，将与电动机结构有关的因素用常数 C_m 来表示，即可得到 $T=C_m\Phi I_2\cos\varphi_2$，经数学推导可得：

$$T=C_m\Phi E_{20}\frac{sR_2}{R_2{}^2+sX_{20}{}^2}$$

因 $E_{20}\propto\Phi$，而 $\Phi\propto U$，即 $\Phi E_{20}\propto U^2$，于是将常数 C_m 改为 K 得：

$$T=KU^2\frac{sR_2}{R_2{}^2+sX_{20}{}^2}$$

式中 R_2 ——转子绕组的直流电阻，Ω；
X_{20}——转子绕组感抗的最大值，Ω；
E_{20}——转子绕组感应电动势的最大值，V；
Φ——旋转磁场的磁通，Wb；
U——电源电压，V；
s——转差率；
T——电磁转矩，N·m。

据此可得出三相异步电动机的转矩特性曲线（T—s 曲线）如图 4—2 所示（图中 T_{st} 为启动转矩）。

经数学推导可得临界转差率（出现最大转矩的转差率）$s_m=\frac{R_2}{X_{20}}$，即当 $X_2=sX_{20}=R_2$（转子感抗等于电阻）时有最大转矩（$T=T_m$），再将 s_m 代入 T 式即可得到最大转矩：

$$T_m=K\frac{U^2}{2X_{20}}$$

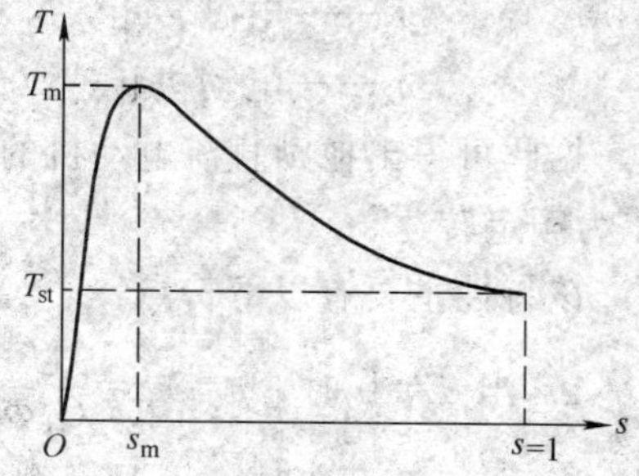

图 4—2　三相异步电动机的转矩特性

从上面的分析可以看出，临界转差率 s_m 与转子电阻 R_2 有关，而最大转矩 T_m 与 R_2 无关，可见改变 R_2 可在转矩不变的情况下改变转差率 s（即改变转速 n，见图 4—3），该原理可用来实现绕线转子异步电动机的转子串电阻器调速。

利用 $s=\frac{n}{n_0-n}$ 将 T—s 曲线变化为 T—n 曲线，即可得到机械特性曲线，如图 4—4 所示。

1）稳定区与不稳定区

①曲线 A—B 段。随转速 $n\uparrow\rightarrow$转矩 $T\downarrow$，从而使 n 不能继续↑，反之亦然。可见电动机在该区域具有自动平衡能力，能在一定范围内稳定运行，故称该段为稳定工作区。

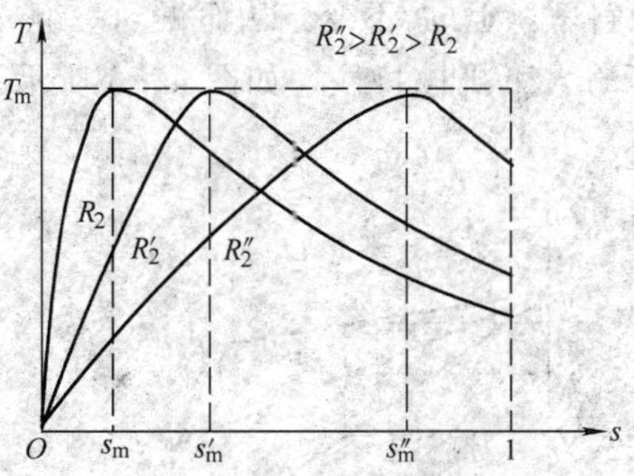

图 4—3 改变 R_2 的作用

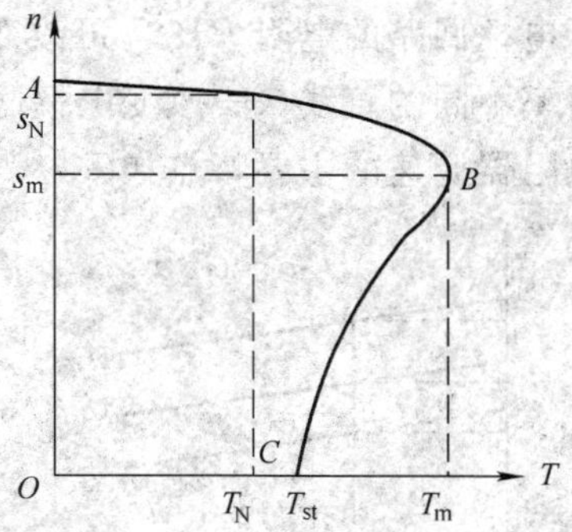

图 4—4 三相异步电动机的机械特性

②曲线 B—C 段。随转速 $n\uparrow\rightarrow$转矩 $T\uparrow$，从而使 $n\uparrow\uparrow$，反之亦然。可见电动机在该区域不可能稳定运行，不是转速不断升高最后越过 B 点进入 A—B 段，就是转速不断降低最后停在 C 点，故称该段为不稳定区。

通常三相异步电动机正常运行时应工作在稳定区，启动加速时经过不稳定区。

2）性能特点

①三相异步电动机在稳定运行区具有较硬的机械特性。

②三相异步电动机具有较强的过载能力，过载能力 $\lambda=M_m/M_n$，一般三相异步电动机的 $\lambda\approx1.8\sim2.5$。

③三相异步电动机的电磁转矩与电源电压的平方成正比，当电压降低时，将严重影响电动机的转矩。

④在一定范围内，增加转子回路的电阻（$R_2=R_2'$、R_2''……），可增大启动转矩。

2. 电动机的调速

(1) 他励（并励）直流电动机的调速。从他励（并励）直流电动机的机械特性公式中可以得出，他励（并励）直流电动机的调速方法主要有改变电枢电压 U、改变电枢回路电阻（R_a+RP_a）（RP_a 为附加电阻）和改变励磁磁通 Φ 三种方法。

1）改变电枢电压调速（减压调速）。在其他参数不变的情况下，改变电枢电压 U 可改变空载转速 n_0，从而得到一组不同 n_0 的平行直线——改变电枢电压调速的人工机械特性，如图 4—5 所示。改变电枢电压调速的主要特点如下：

①改变电枢电压调速时，机械特性的斜率不变，可保持他励（并励）直流电动机的硬特性，调速稳定性好。

②电压可以连续变化，能实现大范围平滑调速。

③因电压不允许超过额定值，只能降压调速，故只能实现减速调速（转速下调）。

④该种调速属于恒转矩调速，且能耗小，效率高，还可用于降压启动，但电源设备较复杂。

随着电力电子技术的发展，采用晶闸管变流技术的直流电动机减压调速系统逐渐取代了传统的直流发电机-电动机组调速系统，在龙门刨床、重型镗床、轧钢机等大型机械设备中获得了日益广泛的应用。

2）改变电枢回路电阻调速（电枢串电阻器调速）。在其他参数不变的情况下，改变串接于电枢回路的电阻 RP_a，可改变机械特性的斜率，但 n_0 不变，从而得到一组 n_0 相同、斜率不同的直线——改变电枢回路电阻调速的人工机械特性，如图 4—6 所示。电枢串电阻器调速的主要特点如下：

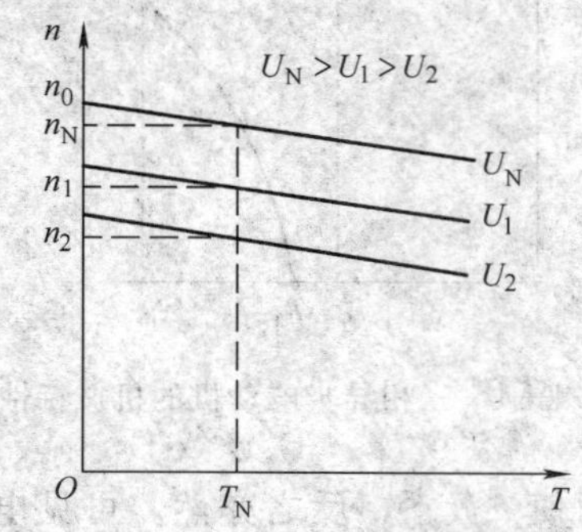

图 4—5　减压调速的人工机械特性

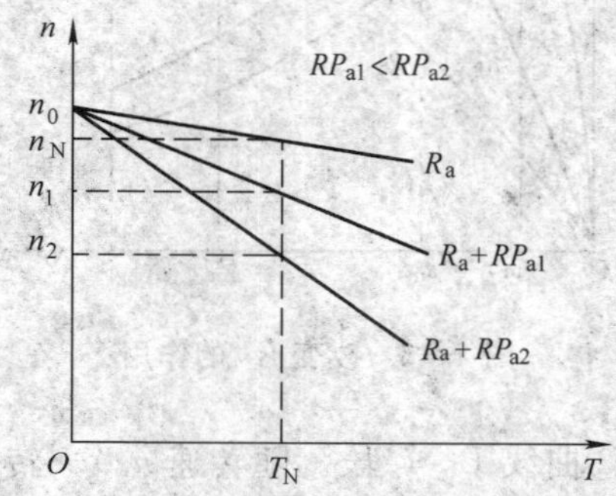

图 4—6　电枢串电阻调速的人工机械特性

①调速设备较简单，操作较方便，多用于小功率直流电动机。

②只能实现有级调速，调速平滑性差。

③属于恒转矩调速，转速只能向下调。

④低速时机械特性变软，转速受负载变化影响大，且能耗大，不经济。

采用电枢串电阻器调速时应注意，启动变阻器用于短时工作，功率较小，不能用来调速，而调速变阻器可以作为启动变阻器使用。

3）改变励磁磁通调速（弱磁调速）。在其他参数不变的情况下，改变串接于励磁回路的电阻 RP_L，可减小励磁电流 I_L，从而减小主磁通 Φ，使空载转速 n_0 升高，同时使特性曲线的斜率变陡，得到一组不同 n_0、不同斜率的特性曲线，如图 4—7 所示。这种调速的主要特点有：

①由于励磁回路电流小，故调速中的能量损耗小，控制方便。

②速度变化较平滑，但只能减弱磁通，使转速向上调，常与前两种调速方法结合使用，作为辅助调速。

③因弱磁较重时，会使电动机的运行性能变坏，故弱磁调速的调速范围较小，通常控制在额定转速的 2～4 倍范围内。

④弱磁调速属于恒功率调速，不适合恒转矩调速，若负载转矩不变，弱磁后会导致电枢电流增大，应注意由此带来的电动机过热、打火等问题。

（2）三相异步电动机的调速。根据三相异步电动机的转速公式：

$$n=n_0\ (1-s)\ =\frac{60f_1}{p}\ (1-s)$$

可以得到三种调速方法：第一，改变电源频率 f_1，变频调速；第二，改变定子绕组的磁极对数 p，变极调速；第三，改变电动机的转差率 s，转子串电阻器等调速。

1）变频调速。利用变频器改变加到电动机定子绕组的电源频率实现调速。应用最广的是恒磁通调速（或称恒转矩调速），即在降低频率的同时降低电源电压，使主磁通保持不变。变频调逗的控制方式主要有三种：

①恒磁通控制。机械特性曲线如图 4—8 所示。

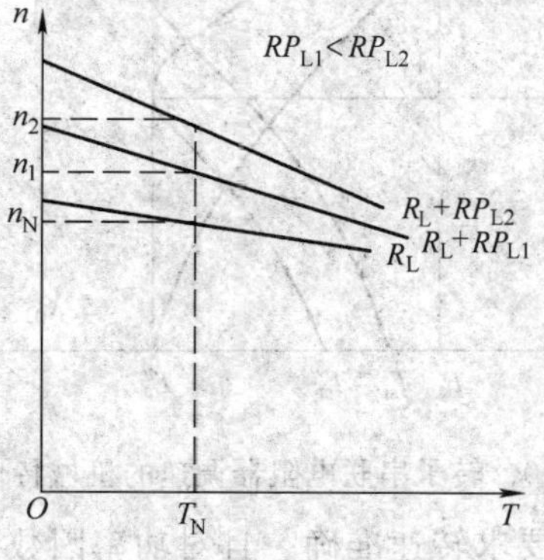

图 4—7　弱磁调速的人工机械特性

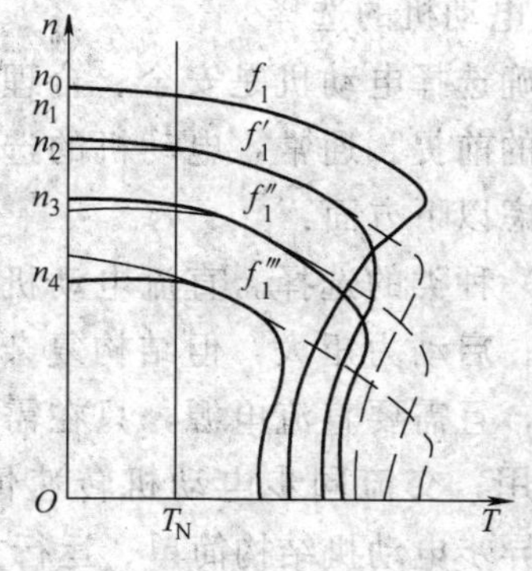

图 4—8　恒磁通控制的机械特性

②恒电流控制。其机械特性曲线与恒磁通控制方式类似，只是过载能力小，用于负载功率较小且变化不大的场合。

③恒功率控制。用于转速要求高于额定转速的情况。

变频调速设备体积小、质量轻、效率高，随着电力电子、计算机等技术的发展，性能不断提高，成本也在不断下降，是目前交流调速的发展方向。

2）变极调速。通过对定子绕组不同的连接方法来改变电动机的磁极数实现调速。如图 4—9 所示，定子每一相绕组由两部分组成，两部分串联时的磁极数是并联时的两倍，相应的转速则是并联时的一半。

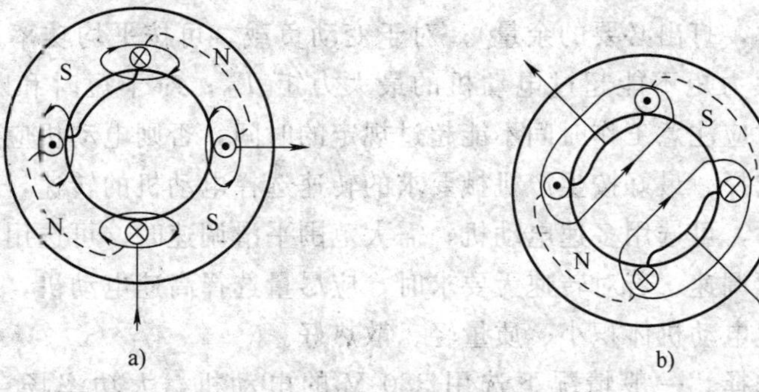

图 4—9　改变电动机的磁极数

a）串联时　b）并联时

变极调速设备较简单，且无功率损耗，但只适用于多速电动机，而且只能实现有级调速，常配合机械变速箱，用于需多种转速的机械设备。

3）转子电路串电阻器调速。通过改变转子回路的电阻器来改变电动机的转差率实现调速，如图 4—10 所示。变阻调速只适用于绕线转子异步电动机，当转子回路串接较大的电阻时，会使电动机的机械特性变软，功率损耗也较大，而且设备较笨重。这种调速方法常用在起重机和矿山绞车等设备中，使用中应注意：绕线转子异步电动机的启动电阻功率较小，不能用于调速。

3. 电动机的选择

正确选择电动机是安全、合理使用电动机的前提。通常，电动机的选择主要应考虑以下方面：

（1）种类的选择。直流电动机调速性能好、启动力矩大，但结构复杂、维修量大，且需要直流电源，只在需要的场合选用；交流同步电动机转速恒定，但不如异步电动机结构简单、运行方便，通常用于要求转速准确、且对功率因数要求较高的场合；单相电动机功率小，只用于不具备三相电源的场合驱动小功率设备；绕线转子异步电动机比笼形电动机结构复杂、维修量大，通常用于需重载启动的场合；若没有其他要求，可选择笼形三相异步电动机，其结构简单，工作可靠，价格便宜，使用和维修方便。

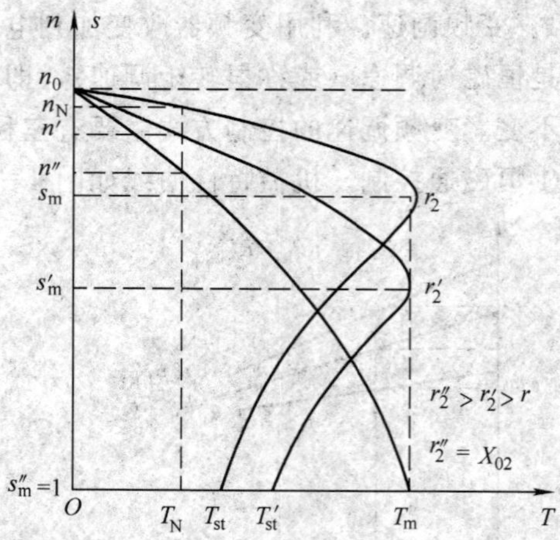

图 4—10　转子串联电阻器调速的机械特性

（2）结构形式的选择。开启式、防护式电动机结构简单、价格便宜、通风散热好，但电动机的内部结构暴露在外（防护式电动机能防止从上部掉入杂物），只适用于环境清洁、干燥的场合；封闭式电动机具有完整的外壳，对使用环境要求低，可用于一般的工作环境；水下、井下及潮湿场合应选择密封防水电动机；易燃易爆场所应选择防爆电动机。

单元 4

（3）容量的选择。一般情况下可按机械设备所需功率选择电动机的功率（适当考虑传动等环节的效率，打出必要的余量）；对于变动负载，可按平均功率选择电动机，但要注意负载的最大力矩不能超过电动机的最大力矩 T_m；对于短时和断续运行的电动机，选功率的同时应注意工作时间不能超过规定的时间，否则电动机应降额使用。

（4）转速的选择。最好按生产机械要求的转速选择电动机的转速，以使传动机构简单；需多种转速时，可选用多速电动机；需大范围平滑调速时，可选用直流电动机或采用交流电动机变频调速；若对转速无要求时，应尽量选择高速电动机，因为相同功率的高速电动机比低速电动机体积小、质量轻、散热好。

（5）电压的选择。一般情况下选用 380 V 的电动机，大功率场合（如功率超过 100 kW）可考虑选择高压电动机（如 3 kV、6 kV、10 kV 等）。

二、自动控制基础

1. 自动控制和自动控制系统

自动控制就是应用控制装置使被控对象（如机器、设备的生产过程等）自动地按照预定的规律运行或变化。能够对被控对象的工作状态进行自动控制的整个系统（即包括控制装置和被控对象组成的全体）称为自动控制系统。自动控制系统一般由给定环节、比较环节、放大与运算环节、检测与反馈环节、执行环节和被控对象等环节和部件构成，如图 4—11 所示。

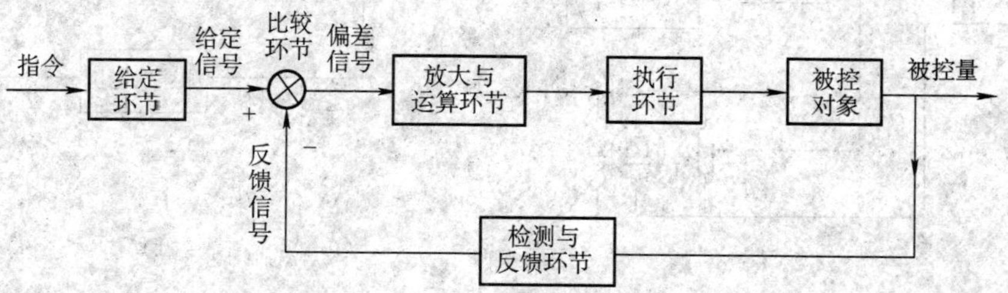

图 4—11　自动控制系统的组成

给定环节根据输入指令产生给定输入信号；比较环节将给定信号与反馈信号进行叠加，并比较出偏差信号；放大与运算环节负责信号的处理和加工，产生控制信号，用来驱动执行部件；执行环节在控制信号的作用下驱动被控对象按指令要求完成预定的动作；检测与反馈环节用来检测被控对象的动作完成情况，并经变换和处理后送回系统输入端，与给定输入信号进行叠加。

(1) 开环控制系统与闭环控制系统。通过某种装置将系统的输出量引回输入端，对系统的控制信号产生影响，称为反馈。若反馈信号与输入信号同极性（同相位）称为正反馈，反馈信号与输入信号反极性（反相位）则称为负反馈，为使系统稳定工作，自动控制系统中通常采用负反馈。在控制系统中引入负反馈能有效地减小系统误差，提高控制精度，还可以降低系统内部的元件参数发生变化造成的影响，从而提高控制系统的性能。控制系统按有无反馈来分，可分为开环控制系统和闭环控制系统。如图 4—12 和图 4—13 所示为直流电动机开环调速系统和转速闭环调速系统的示意图。

图 4—12　直流电动机开环调速系统

a）原理图　b）框图

1）开环控制系统。系统中无反馈，信号的传输是单一方向的，输出量对系统的控制作用没有影响的控制系统称为开环控制系统。开环控制系统的主要特点有：

①系统中无反馈环节，不需要反馈测量元件，故结构简单、成本低。

②系统开环工作，可靠性、稳定性好。

③系统不能实现自动调节，对干扰引起的误差不能自行修正，故控制精度不够高。

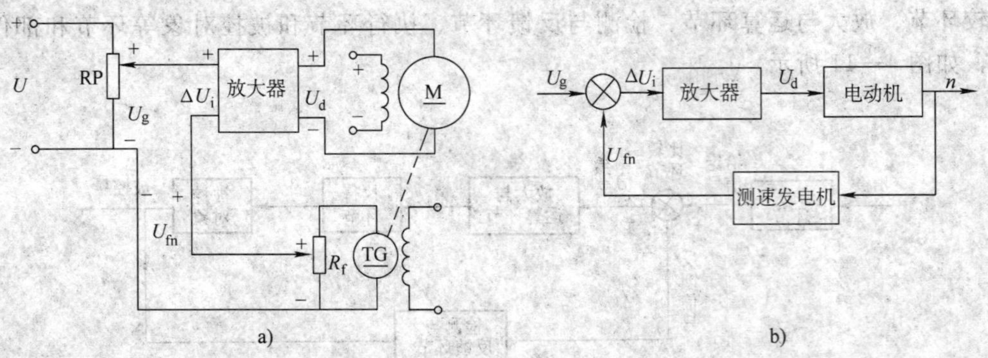

图 4—13　直流电动机转速闭环调速系统

a）原理图　b）框图

2）闭环控制系统。其主要特点有：

①系统中具有负反馈环节，可自动对输出量进行调节补偿，对系统中参数变化所引起的扰动以及系统外部的扰动均有一定的抗干扰能力。

②系统采用负反馈，除了降低系统误差、提高控制精度外，还能加速系统的过渡过程，但系统的控制质量与反馈元件的精度有关。

③系统闭环工作，有可能产生不稳定现象，因此，在稳定性方面存在一定问题。

（2）自动控制系统的基本要求。为使自动控制系统很好地完成控制任务，对系统的基本要求主要有系统的稳定性、准确性和快速性，即“稳、准、快”的要求。

1）稳定性。稳定性是指在外加信号（给定或干扰信号）作用后，系统由初始偏差状态达到或恢复平衡状态（稳态）的能力。稳定性是控制系统能正常工作的首要，而且是最重要的条件。一个系统如果不具有稳定性，它的行为便不受预定的约束，被控量将忽大忽小，摇摆不定，或者使运动发散，这样的系统是不能完成控制任务的。因此，要求系统的输出量对输入量的偏离值应随时间的增长逐渐趋近于零。

2）准确性。准确性是指系统过渡到新的平衡状态后，被控量与输入量（或与给定输入量相应的稳态输出量）的偏差，又称为静态偏差或稳态精度。

3）快速性。快速性是指当系统的被控量与输入量（或与给定输入量相应的稳态输出量）之间产生偏差时，系统消除这种偏差的快慢程度，也就是系统过渡过程的长短。

（3）自动控制系统的性能指标。衡量自动控制系统性能优劣的性能指标包括静态（稳态）指标和动态（过渡过程）指标两方面。

1）静态指标

①调速范围 D。指电动机在额定负载下调速时所能达到的最高转速 $n_{\max}$ 与最低转速 $n_{\min}$ 之比。

$$D=\frac{n_{\max}}{n_{\min}}$$

②静差率 S。指电动机由理想空载到额定负载时的转速变化值与理想空载转速的比值。

$$S=\frac{n_0-n_N}{n_0}=\frac{\Delta n_N}{n_0}$$

③稳态误差（静差）。指系统由一个稳态过渡到另一个稳态后，被控量的期望值与稳态实际值之间的偏差。该指标反映了系统的准确性和抗干扰能力。

2）动态指标。动态指标通常以系统在阶跃信号作用下的响应特性来衡量，如图4—14所示。

①最大超调量 σ。指系统最大转速 n_p 超过稳定转速 n_1 的偏差与 n_1 的比值。

$$\sigma=\frac{n_p-n_1}{n_1}\times100\%$$

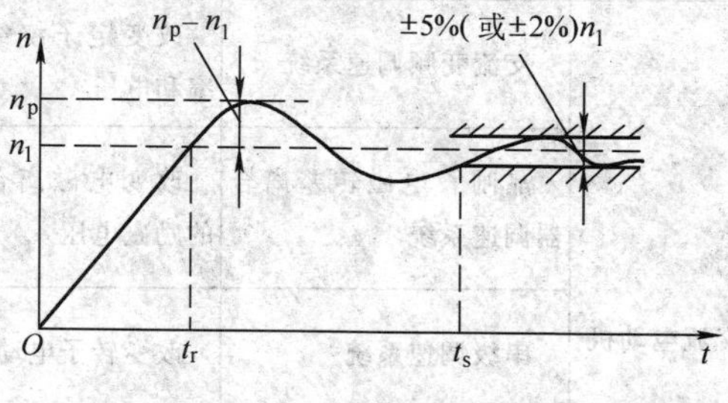

图 4—14　自动调速系统的动态性能指标

σ 值过大会使系统的过渡过程不平稳，σ 值过小又会使系统的过渡过程缓慢，影响系统的快速性，一般机械加工系统中 σ 值应在10%～15%左右。

②调整时间 t_s。指系统从受到控制信号或扰动作用偏离稳态开始，到被控量回复到±5%（或2%）范围所需要的时间，它反映了系统的快速性。

③振荡次数 N。指在调整时间内被控量在其稳定值上下摆动的次数。N 越小则系统的稳定性越好。

2. 自动调速系统

自动调速系统的任务是对生产机械（电动机）的运行速度进行精确地连续调节，并具有自动稳速功能。自动调速系统按使用的电动机不同来分，分为直流调速系统和交流调速系统。

直流电动机的调速系统主要有电机扩大机调速系统和晶闸管调速系统两种。电机扩大机调速系统是一种比较传统的调速系统，设备较笨重，噪声大，维修量大，系统响应时间长；晶闸管调速系统精度高，响应快，控制性能好，但晶闸管移相控制会产生较大的高次谐波，对电网质量造成影响。

交流电动机的调速主要采用交流变频调速技术。交流变频调速是近年来随着电力电子技术的发展而出现的新技术，有逐步取代直流电动机调速系统的趋势。此外，还有晶闸管电磁转差离合器调速、绕线转子异步电动机串级调速、变极调速（分段调速）等。

各种电动机调速系统的比较见表4—1。

表 4—1　各种电动机调速系统的比较

电动机种类	调速系统	调速方法	主要特点	适用范围
直流电动机	直流发电机（电机扩大机）—电动机调速系统	改变电枢电压、励磁电流	调速性能好，无级变速	适合调速范围要求宽、过渡过程要求高的场合
	晶闸管可控整流调速系统	改变电枢电压，励磁电流	调速范围宽，无级变速	适合调速性能要求高的不可逆及可逆电气传动系统
	直流斩波调速系统	通过调节脉冲宽度改变电枢电压	调速范围宽，无级变速	适用于牵引机械，如电力机车等

续表

电动机种类	调速系统	调速方法	主要特点	适用范围
交流电动机	交流变频调速系统	改变定子绕组电源频率和电压	调速范围广，调速平滑	适用于笼形异步电动机
	晶闸管电磁转差离合器调速系统	改变电磁离合器绕组的励磁电压	控制装置较简单，可以平滑调速，恒转矩，但低速时效率低	适用于电磁调速异步电动机（滑差电动机）
	串级调速系统	改变转子电动势	调速范围较小，平滑调速	适合于大容量、恒功率场合的绕线转子异步电动机
	变极调速系统	改变定子的磁极数	控制简单，但只能实现有级调速	适用于车床等粗调速场合的笼形异步电动机
	晶闸管交流调压调速系统	改变定子绕组的电源电压	容量小、效率低	适合于调速要求不高的小型机械设备

（1）电机扩大机-直流电动机调速系统。电机扩大机是一种具有很高放大倍数、较小惯性、高性能的特殊构造的直流发电机，同时它又相当于一种旋转式的功率放大装置（用 AG 来表示）。采用直流发电机控制直流电动机电枢电压所构成的直流发电机-直流电动机调速系统称为 G－M 系统；采用电机扩大机控制直流电动机电枢电压，可构成电机扩大机-直流电动机调速系统，称为 AG－M 系统；若采用电机扩大机控制直流发电机的励磁，再用直流发电机去控制直流电动机的电枢电压，就可构成 AG－G－M 调速系统，如图 4—15 所示。常用的电机扩大机-直流电动机自动调速系统有下面几种：

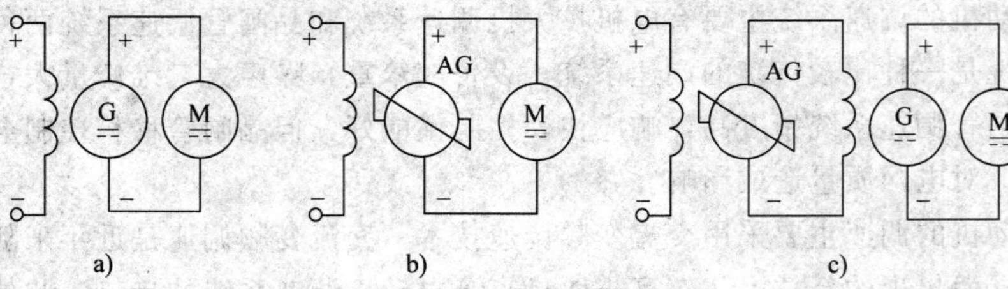

图 4—15　电机扩大机-直流电动机调速系统

a）G－M 系统　b）AG－M 系统　c）AG－G－M

1）电压负反馈自动调速系统。该系统的反馈信号取自直流电动机的端电压，并与给定电压反向串联后控制电机扩大机的一个控制绕组（WⅠ），通过电压负反馈的作用稳定直流电动机的端电压，从而间接稳定电动机的转速，如图 4—16 所示。该系统常用于对调速性能要求不高的生产机械。

2）电压负反馈加电流正反馈自动调速系统。电压负反馈自动调速系统只能稳定端电压，不能控制由电动机内阻压降（与电流成正比）所造成的对电动机转速的影响。为减小系统静差率，提高机械特性的硬度，该系统在电压负反馈的基础上又引入了电流正反馈，来弥补电流变化对电动机转速的影响，如图 4—17 所示。电流正反馈信号取自电流采样电阻，并与给定信号同极性串联后控制电机扩大机的控制绕组。当电流增大使电动机转速下降时，通过电流正反馈的作用使电机扩大机的电枢端电压自动升高，从而使电动机的转速自动回升，起到对转速的电流补偿的作用。

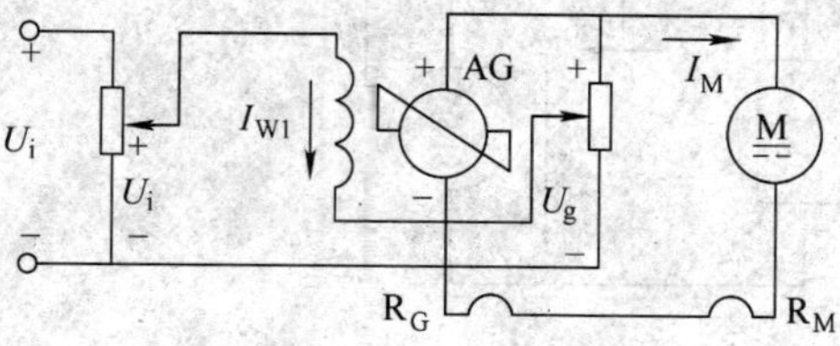

图 4—16　电压负反馈自动调速系统

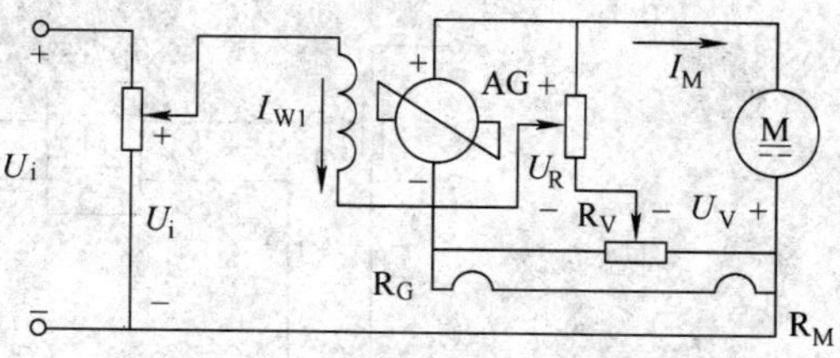

图 4—17　电压负反馈加电流正反馈自动调速系统

3）具有电流截止负反馈的自动调速系统。电压负反馈加电流正反馈自动调速系统由于采用了电流正反馈，大大提高了机械特性的硬度，当电动机发生过载等故障时，会使电流急剧增大，甚至会损坏电动机和机械部件，为此引入电流截止负反馈，起过流保护作用。取自电流采样电阻 R_V 的电流截止负反馈的电流采样信号 U_V，经二极管 VD 与给定比较电压 U_a 反极性串联后，加到电机扩大机的另一个控制绕组 WⅡ（WⅡ与WⅠ的极性相反）。系统正常工作时，电流采样信号 $U_V<U_a$，VD 反向截止，电流截止负反馈不起作用；电流超过设定值时，$U_V>U_a+U_D$，二极管导通，控制绕组 WⅡ被通入一个很大的反向电流，起到很强的去磁作用，使电机扩大机的端电压迅速降低，将电动机的电流限制在一定范围内，电动机转速随即下降，从而起到了过流保护作用，如图 4—18 所示。可见，带有电流截止负反馈的自动调速系统具有在正常工作时能稳速、过载时能限流的特性。

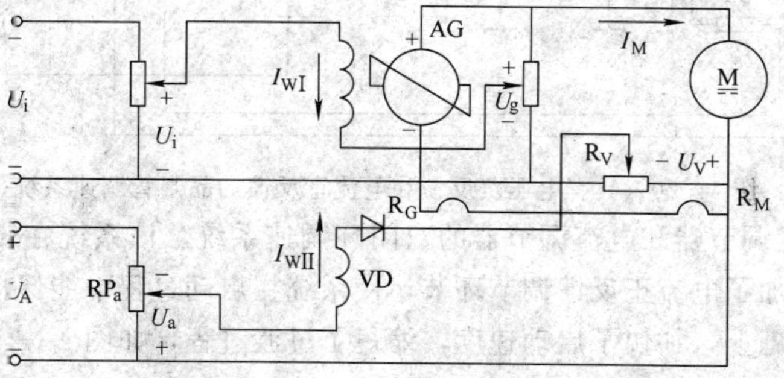

图 4—18　具有电流截止负反馈的自动调速系统

（2）晶闸管-直流电动机调速系统。晶闸管-直流电动机调速系统采用晶闸管变流装置代替电机扩大机和直流发电机，通过改变直流电动机的电枢电压实现调速。晶闸管-直流电动机调速系统的技术优势主要表现在晶闸管极高的功率放大倍数上，可以充分实现“以弱控强”，从而可在控制电路中引入各种电子调节器，有效地改善调速系统的性能指标。下面简单介绍几种较常用的晶闸管-直流电动机调速系统。

1）具有转速负反馈的调速系统。该系统采用测速发电机检测电动机转速，转速反馈信号与给定信号反向串联后，通过晶闸管的触发电路改变晶闸管的控制角，来调节电动机的电枢电压实现调速，如图 4—19 所示。由于该环节是靠比较给定信号与反馈信号的偏差实现调节作用的，所以只能减小转速偏差，不能消除偏差，故为有差调速系统。为提高系统的调速精度，实现无差调节，可引入比例积分调节器（PI 调节器），制成无静差调速系统。

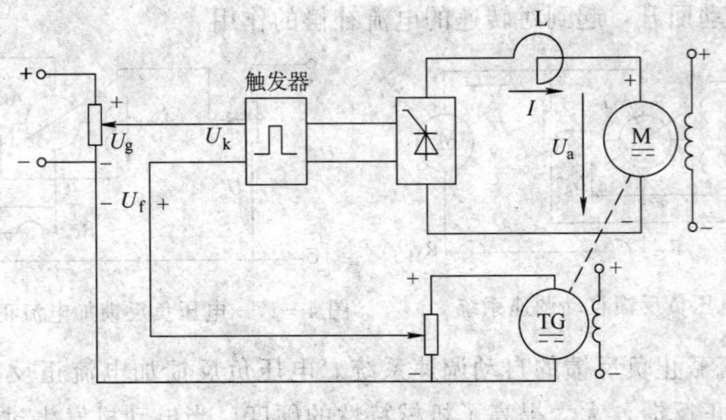

图 4—19　晶闸管转速负反馈调速系统

2）具有电压负反馈和电流正反馈的调速系统。在晶闸管-直流电动机调速系统中，经常采用具有电压负反馈和电流正反馈的调速系统，省去测速发电机，使调速设备得以简化。该系统的工作原理与电压负反馈加电流正反馈的 AG－G－M 自动调速系统类似。为提高信号的处理能力，系统中采用了运算放大器进行信号的比较和放大，如图 4—20 所示。

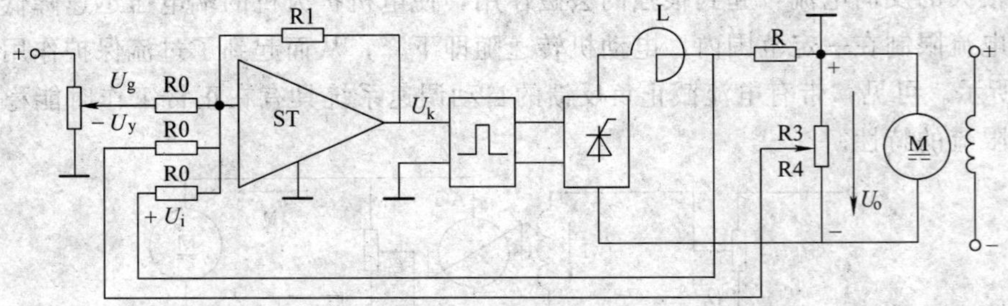

图 4—20　具有电压负反馈和电流正反馈的晶闸管调速系统

3）具有速度调节器和电流调节器的双闭环调速系统。该系统在转速负反馈调速系统的基础上又增加了电流正反馈调节环节，使系统在启动过程中能保持最大电流，从而在自动调速的基础上，加快了启动速度，缩短了过渡过程，如图 4—21 所示。

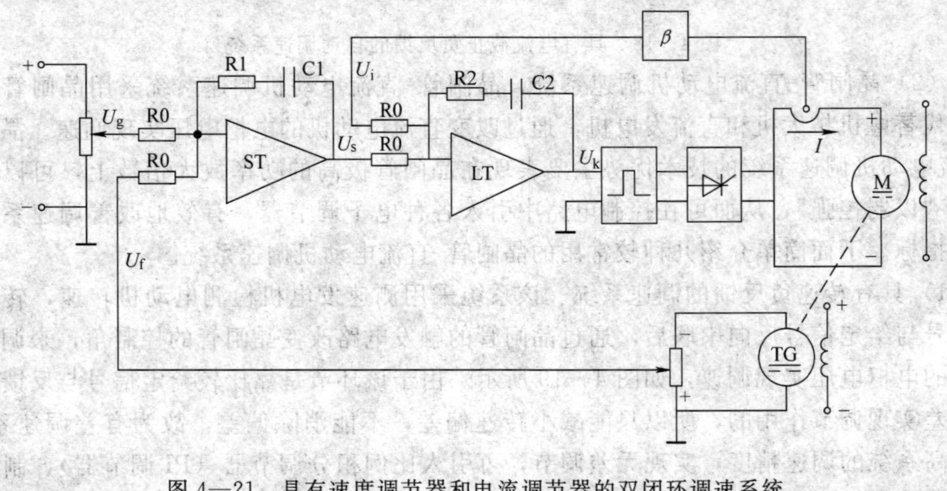

图 4—21　具有速度调节器和电流调节器的双闭环调速系统

(3) 交流电动机自动调速系统。交流变频调速的原理和设备前面两个单元已有介绍，此处不再重复，现简单介绍晶闸管电磁转差离合器调速系统。

电磁转差离合器调速系统用于电磁调速异步电动机（又称为滑差电动机），该电动机由三相笼形电动机和电磁转差离合器两部分构成，通过改变电磁转差离合器励磁绕组的电流大小来改变电磁转差离合器的转差率，实现调速。

晶闸管电磁转差离合器调速系统主要由主电路、给定电压环节、测速反馈环节、比较放大环节、移相触发环节等部分组成，如图 4—22 所示。其中主电路采用带续流二极管的晶闸管单相半波可控整流电路，触发电路采用的是锯齿波同步的晶体管移相触发电路。该系统利用转速负反馈自动调速原理，由测速发电机检测电动机的转速，转速反馈信号与给定电压信号反极性串联后，经比较和放大环节，用偏差信号去控制移相触发电路，改变晶闸管的控制角，从而改变电磁转差离合器的励磁电流，达到自动调速的目的。

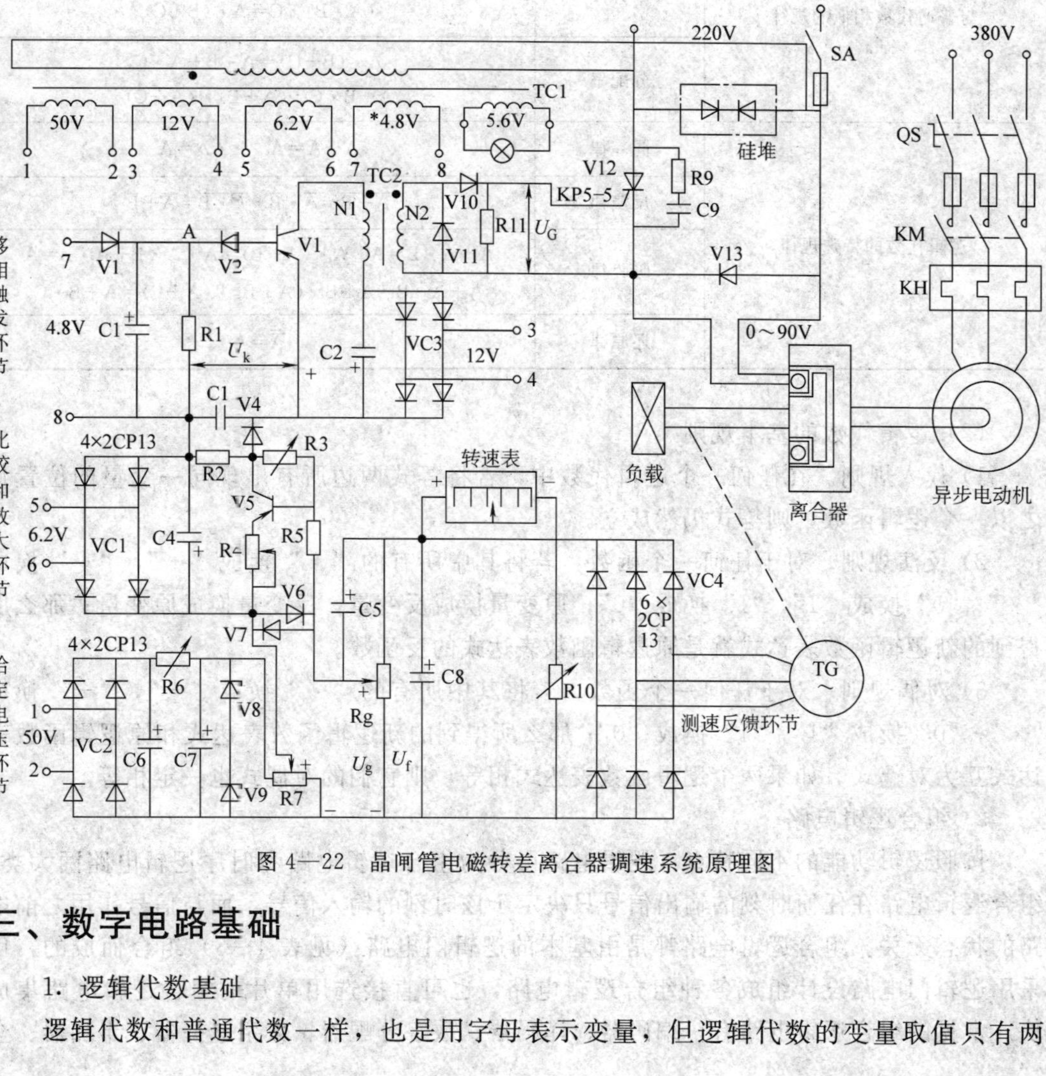

图 4—22　晶闸管电磁转差离合器调速系统原理图

三、数字电路基础

1. 逻辑代数基础

逻辑代数和普通代数一样，也是用字母表示变量，但逻辑代数的变量取值只有两个，即“1”或“0”，它们不表示数量的大小，只用来表示两种不同的逻辑状态，如真和假、有和无、开和关、通和断、高电平和低电平等。在逻辑代数中，“+”表示逻辑加（即或运算），“·”表示逻辑乘（即与运算），字母上面加横线表示逻辑非（取反）。逻辑代数用于处理逻辑关系（逻辑函数）的运算、变换、化简。

（1）逻辑代数的基本规律。逻辑代数的基本运算规律和常用公式见表 4—2。

表 4—2　　逻辑代数的基本运算规律和常用公式

规律类型	定律名称	常用公式
变量和常量的关系规律	自等律	$A+0=A$　$A\cdot 1=A$
	0—1 律	$A+1=1$　$A\cdot 0=0$
	互补律	$A+\overline{A}=1$　$A\cdot\overline{A}=0$
与普通代数相似的规律	交换律	$A+B=B+A$　$A\cdot B=B\cdot A$
	结合律	$(A+B)+C=A+(B+C)$ $(A\cdot B)\cdot C=A\cdot(B\cdot C)$
	分配率	$A\cdot(B+C)=A\cdot B+A\cdot C$ $A+B\cdot C=(A+B)\cdot(A+C)$
逻辑代数的特殊规律	同一律	$A+A=A$　$A\cdot A=A$
	反演律	$\overline{A+B}=\overline{A}\cdot\overline{B}$　$\overline{A\cdot B}=\overline{A}+\overline{B}$
	吸收律	$A+A\cdot B=A$　$A\cdot(A+B)=A$　$A\cdot B+A\cdot\overline{B}=A$ $A+\overline{A}\cdot B=A+B$　$(A+B)\cdot(A+C)=A+B\cdot C$
	还原律	$\overline{\overline{A}}=A$

（2）逻辑代数的基本规则

1）代入规则。在任何一个逻辑代数中，若将等式两边所有出现同一变量的位置代之以一个逻辑函数，则等式仍然成立。

2）反演规则。对于任何一个函数，若将其中所有的“·”换成“+”，“+”换成“·”；“0”换成“1”，“1”换成“0”；原变量换成反变量，反变量换成原变量；那么所得到的新逻辑函数表达式就是原逻辑函数表达式的反函数。

3）对偶规则。对于任何一个函数，若将其中所有的“·”换成“+”，“+”换成“·”；“0”换成“1”，“1”换成“0”；那么所得到的新逻辑函数表达式和原逻辑函数表达式互为对偶式。如果两个逻辑函数表达式相等，则它们的对偶式也一定相等。

2. 组合逻辑电路

按照逻辑功能的不同特点，逻辑电路可分为组合逻辑电路和时序逻辑电路两大类。组合逻辑电路在任何时刻的输出信号只决定于该时刻的输入信号，而与信号作用之前电路的状态无关。组合逻辑电路都是由基本的逻辑门电路（见表 4—3）组合而成的，可采用逻辑门电路设计组成各种组合逻辑电路，也可直接选用单片的组合逻辑电路集成块。常见的组合逻辑电路有：编码器、译码器、数字分配器、数字选择器、半加器、全加器、数码比较器、奇偶校验器等。

表 4—3　　　　基本的逻辑门电路

名称	原理电路	逻辑符号与表达式	真值表		
			A	B	Y
与门	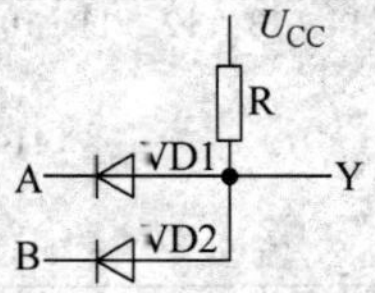	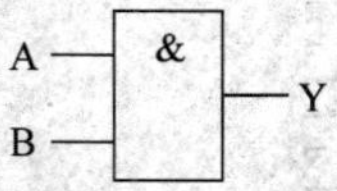 Y= A +B	0	0	0
			0	1	0
			1	0	0
			1	1	1
			A	B	Y
或门	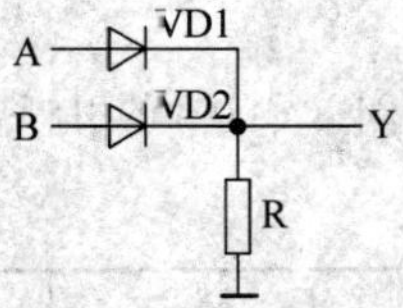	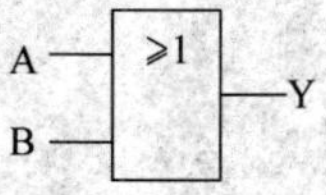 Y= A·B	0	0	0
			0	1	1
			1	0	1
			1	1	1
			A		Y
非门	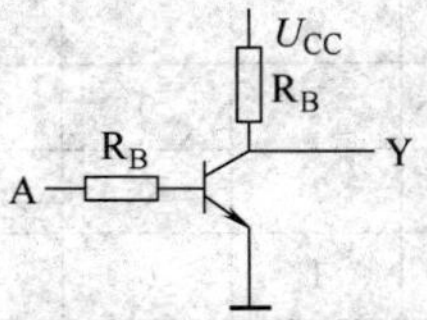	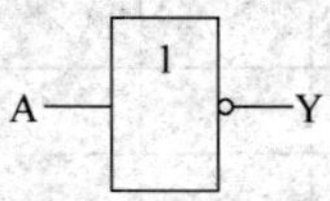 $Y=\overline{A}$	0		1
			1		0

（1）编码器。在数字电路中，用二进制代码表示某一具有特定含义的信号（如数字、字符串等）的过程称为编码，具有编码功能的逻辑器件称为编码器（例如，计算机的键盘就是由编码器组成的）。较常见的编码器有二进制编码器和二-十进制编码器。

1）二进制编码器。把输入信号变成二进制代码的电路称为二进制编码器。如图 4—23 所示为一种三位二进制编码器的原理电路，I_0～I_7 为八个输入端，分别表示 0～7 八个数字，A、B、C 三个端输出三位二进制代码（因该电路具有 8 个输入端和三个输出端，称为 8 线-3 线编码器），其逻辑功能见表 4—4 所示的真值表。

表 4—4　　　　三位二进制编码器的真值表

十进制数	I_7	I_6	I_5	I_4	I_3	I_2	I_1	I_0	A	B	C
0	0	0	0	0	0	0	0	1	0	0	0
1	0	0	0	0	0	0	1	0	0	0	1
2	0	0	0	0	0	1	0	0	0	1	0
3	0	0	0	0	1	0	0	0	0	1	1
4	0	0	0	1	0	0	0	0	1	0	0
5	0	0	1	0	0	0	0	0	1	0	1
6	0	1	0	0	0	0	0	0	1	1	0
7	1	0	0	0	0	0	0	0	1	1	1

前面介绍的二进制编码器，任何时刻只能对一个输入信号进行编码（该输入端为 1，其余的输入端均应为 0）。优先编码器则允许几个信号同时输入，但电路只对其中优先级别最高的进行编码。常见的 8 线-3 线优先编码器 T4148 的引脚排列如图 4—24 所

示，其真值表见表 4—5。

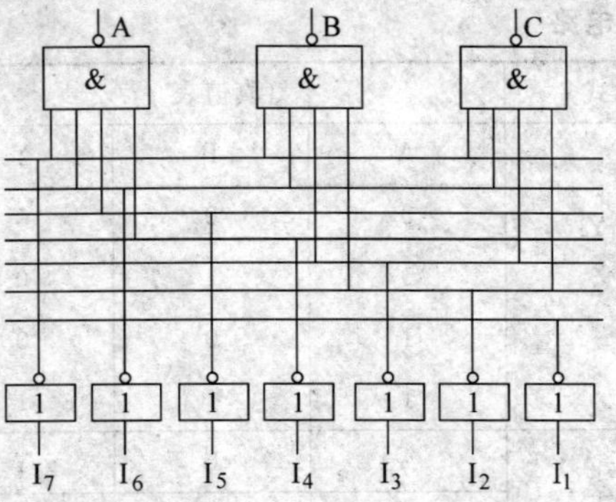

图 4—23　三位二进制编码器原理电路

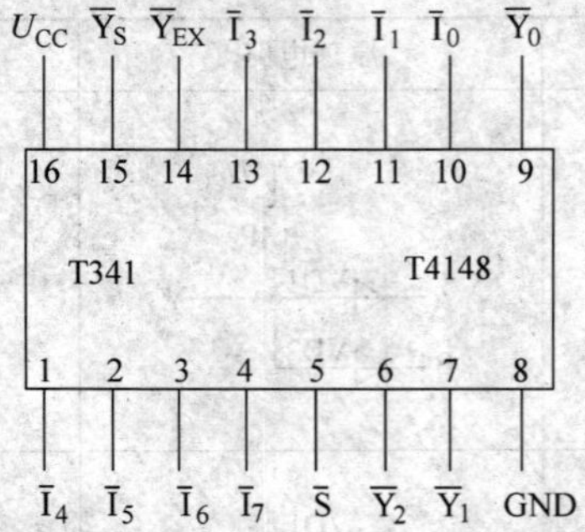

图 4—24　T4148 的引脚排列

表 4—5　　T4148 的真值表

十进制数	I_7	I_6	I_5	I_4	I_3	I_2	I_1	I_0	Y_2	Y_1	Y_0
0	×	×	×	×	×	×	×	0	0	0	0
1	×	×	×	×	×	×	0	1	0	0	1
2	×	×	×	×	×	0	1	1	0	1	0
3	×	×	×	×	0	1	1	1	0	1	1
4	×	×	×	0	1	1	1	1	1	0	0
5	×	×	0	1	1	1	1	1	1	0	1
6	×	0	1	1	1	1	1	1	1	1	0
7	0	1	1	1	1	1	1	1	1	1	1

2）二-十进制编码器。将十进制数的 10 个数字 0～9 变成四位二进制代码（BCD 码）的电路称为二-十进制编码器。其中最常用的是 8421 BCD 码，即二进制代码自左至右每一位的“权”分别代表 8、4、2、1，每位代码加权数之和就是它代表的十进制数。如图 4—25 所示为一种 8421 BCD 码编码器的原理电路，其真值表见表 4—6。

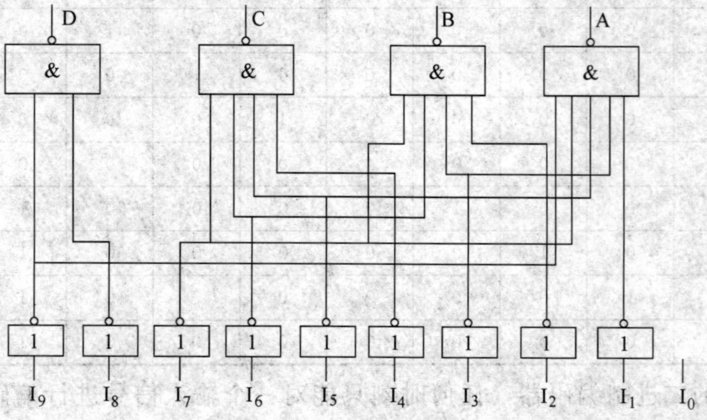

图 4—25　B421 BCD 码编码器的原理电路

表 4—6　　8421 BCD 码编码器的真值表

十进制数	输入变量	8421 BCD 码			
		D	C	B	A
0	I_0	0	0	0	0
1	I_1	0	0	0	1
2	I_2	0	0	1	0
3	I_3	0	0	1	1
4	I_4	0	1	0	0
5	I_5	0	1	0	1
6	I_6	0	1	1	0
7	I_7	0	1	1	1
8	I_8	1	0	0	0
9	I_9	1	0	0	1

常见的二-十进制编码器有中规模集成电路 T340、T1147、T4148 等。

(2) 译码器。将二进制代码翻译成对应的输出信号的电路称为二进制译码器，它的输入端是一组二进制代码，输出端是一组高低电平值。如图 4—26 所示为 2 线-4 线译码器 74LS139 的逻辑电路图，其真值表见表 4—7。它有 A_0、A_1 两个输入端，用来输入两位二进制代码，$\overline{Y}_0 \sim \overline{Y}_3$ 为译码器的输出端，$\overline{S}$为选通端，用以控制译码器的工作。此外较常用的二进制译码器还有 3 线-8 线译码器 74LS138 等。

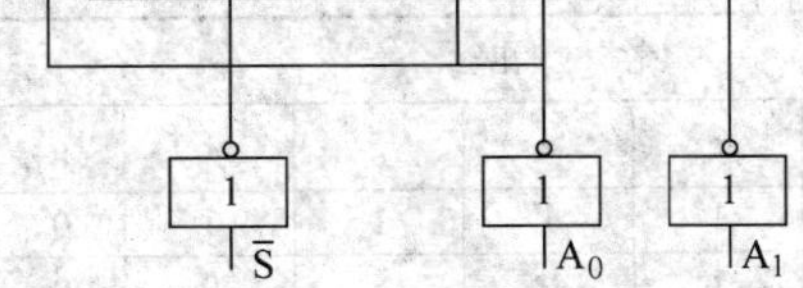

图 4—26　74LS139 的逻辑电路

表 4—7　　74LS139 的真值表

输入			输出			
S	A_1	A_0	Y_0	Y_1	Y_2	Y_3
1	×	×	1	1	1	1
0	0	0	0	1	1	1
0	0	1	1	0	1	1
0	1	0	1	1	0	1
0	1	1	1	1	1	0

将二进制代码译成 0～9 十个十进制数信号的电路称为二-十进制译码器。因它有四个输入端，10 个输出端，又称为 4 线-10 线译码器。如图 4—27 所示为 8421 BCD 码译码器的逻辑电路图，其真值表见表 4—8。常见 BCD 码 4 线-10 线译码器有 74LS42、74LS45 等。

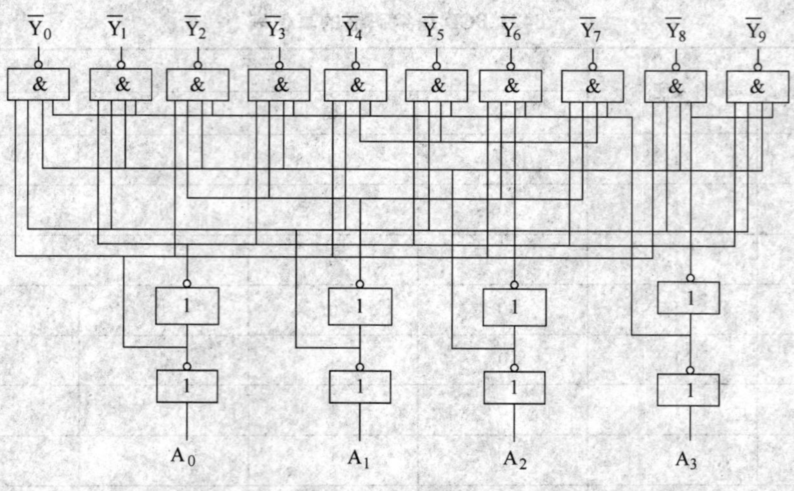

图 4—27　8421 BCD 码译码器的逻辑电路图

表 4—8　　8421 BCD 码译码器的真值表

十进制数	输　入				输　出									
	A_3	A_2	A_1	A_0	Y_0	Y_1	Y_2	Y_3	Y_4	Y_5	Y_6	Y_7	Y_8	Y_9
0	0	0	0	0	0	1	1	1	1	1	1	1	1	1
1	0	0	0	1	1	0	1	1	1	1	1	1	1	1
2	0	0	1	0	1	1	0	1	1	1	1	1	1	1
3	0	0	1	1	1	1	1	0	1	1	1	1	1	1
4	0	1	0	0	1	1	1	1	0	1	1	1	1	1
5	0	1	0	1	1	1	1	1	1	0	1	1	1	1
6	0	1	1	0	1	1	1	1	1	1	0	1	1	1
7	0	1	1	1	1	1	1	1	1	1	1	0	1	1
8	1	0	0	0	1	1	1	1	1	1	1	1	0	1
9	1	0	0	1	1	1	1	1	1	1	1	1	1	0

此外，较常用的译码器还有显示译码器，如 74LS46、74LS47、74LS48、74LS49 等 BCD 码-七段显示译码器。它们的输入信号为四位二进制代码，输出信号为发光管的 a～g 七个发光段所要求的七段二进制代码，其真值表见表 4—9。

表 4—9　　七段显示译码器真值表

数字	输　入				输　出						
	D	C	B	A	a	b	c	d	e	f	g
0	0	0	0	0	1	1	1	1	1	1	0
1	0	0	0	1	0	1	1	0	0	0	0
2	0	0	1	0	1	1	0	1	1	0	1
3	0	0	1	1	1	1	1	1	0	0	1
4	0	1	0	0	0	1	1	0	0	1	1
5	0	1	0	1	1	0	1	1	0	1	1
6	0	1	1	0	1	0	1	1	1	1	1
7	0	1	1	1	1	1	1	0	0	0	0
8	1	0	0	0	1	1	1	1	1	1	1
9	1	0	0	1	1	1	1	1	0	1	1

3. 时序逻辑电路

时序逻辑电路在任何时刻的输出信号不仅取决于该时刻的输入信号，还取决于电路原来的状态。典型的时序逻辑电路有计数器、寄存器和顺序脉冲分配器等。时序逻辑电路可以触发器为基础组合而成，也可选用成品单片集成时序逻辑电路。

(1) 触发器。触发器是一种具有两个稳定状态的电路（双稳态触发器），在不同的输入情况下可被置于某一种稳定状态，当输入信号消失后，它能保持原来的状态不变，因此，触发器具有记忆功能，可用来存储二进制信息。触发器从一个状态变成另一个状态的现象称为“翻转”。常见的基本触发器有 RS 触发器、D 触发器、JK 触发器和 T 触发器等，几种基本触发器的逻辑符号和功能见表 4—10。

表 4—10　　几种基本触发器的逻辑符号和功能

名称	基本 RS 触发器		边沿 JK 触发器		边沿 D 触发器		T 触发器		T′触发器	
逻辑符号	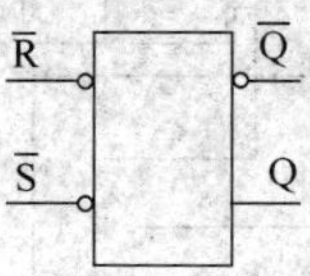		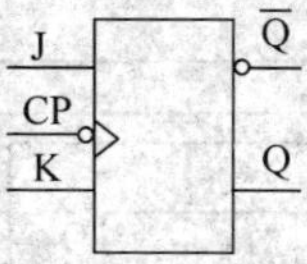		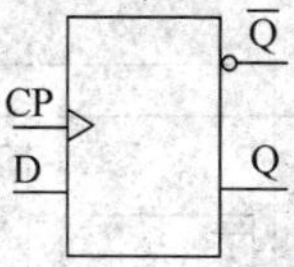		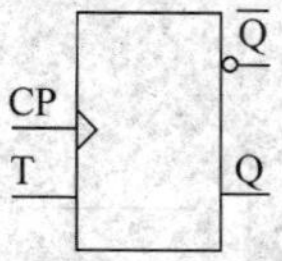		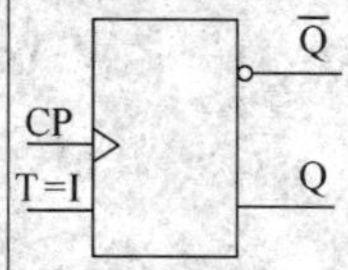	
特性方程	$Q^{n+1}=S+\overline{R}Q^n$ RS=0（约束条件）		$Q^{n+1}=J\,\overline{Q^n}+\overline{K}Q^n$		$Q^{n+1}=D$		$Q^{n+1}=T\oplus Q^n$		$Q^{n+1}=\overline{Q^n}$	
真值表	R　S	Q^{n+1}	J　K	Q^{n+1}	D	Q^{n+1}	T　Q^n	Q^{n+1}	Q^n	Q^{n+1}
	0　0	不定	0　0	Q^n	0	0	0　0	0	0	1
	0　1	0	0　1	0	1	1	0　1	1	1	0
	1　0	1	1　0	1			1　0	1		
	1　1	Q^n	1　1	$\overline{Q^n}$			1　1	0		

(2) 寄存器。寄存器是一种能把二进制代码和运算结果暂时存储起来的部件。由 n 个触发器可以组成一个 n 位的二进制代码寄存器。此外，为实现数据的接收和清零，还配合有由组合逻辑电路构成的相应控制电路。寄存器按功能不同分为数码寄存器和移位寄存器两种类型。数码寄存器具有数码的清除、接收和存储功能，分为单拍接收和双拍接收两种形式。移位寄存器除具有数码存储功能外，还具有移位功能，即在移位控制脉冲作用下，将存储的数码逐位向左或向右移位。移位寄存器可按移位方式分为单向移位寄存器和双向移位寄存器两种。如图 4—28 所示为单向移位（右移）寄存器的逻辑电路和波形。常用的寄存器集成电路有 74LS164、74LS165、CD4043 等。

(3) 计数器。计数器是用来对数字电路中的脉冲进行计数的部件。计数器按计数过程中数字的增减可分为加法计数器、减法计数器和可逆计数器；按数字的编码方式可分为二进制计数器、十进制计数器和 N 进制计数器；按状态转换方式可分为同步计数器和异步计数器。如图 4—29 所示为 8421 BCD 码同步十进制加法计数器的逻辑电路和波形，其状态转换真值表见表 4—11。常用的计数器集成电路有 74LS162、74LS163、CD4040、CD4017 等。

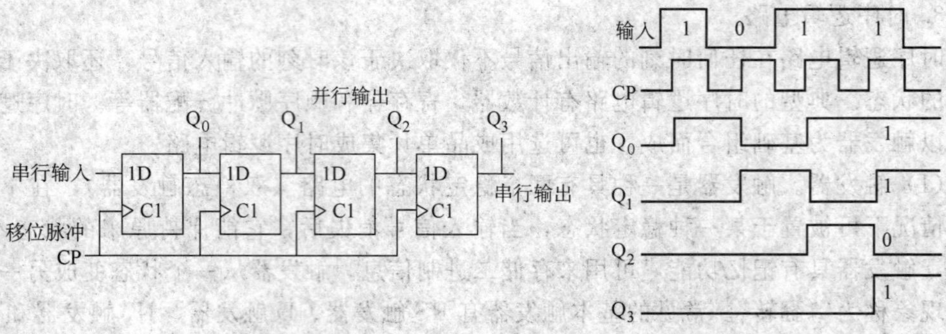

a)　　b)

图 4—28　单向移位（右移）寄存器

a）逻辑电路　b）波形

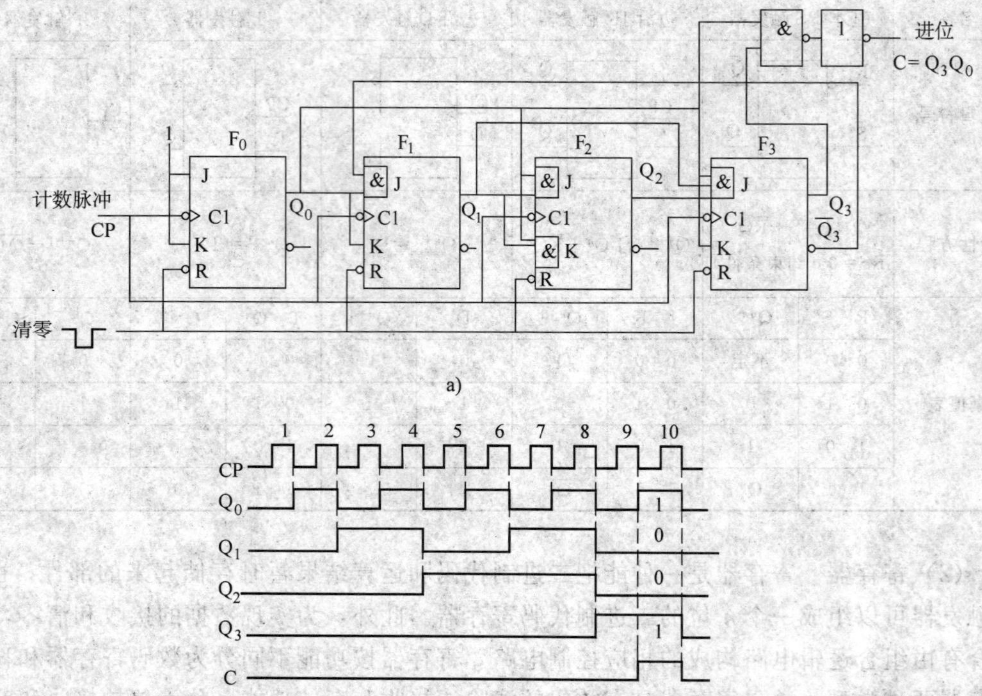

a)　　b)

图 4—29　8421 BCD 码同步十进制加法计数器

a）逻辑电路　b）波形

表 4—11　　8421 BCD 码同步十进制加法计数器的状态转换真值表

计数顺序	计数器状态					输出状态
	Q_4	Q_3	Q_2	Q_1	等效十进制数	
0	0	0	0	0	0	0
1	0	0	0	1	1	0
2	0	0	1	0	2	0
3	0	0	1	1	3	0

续表

计数顺序	计数器状态					输出状态
	Q_4	Q_3	Q_2	Q_1	等效十进制数	
4	0	1	0	0	4	0
5	0	1	0	1	5	0
6	0	1	1	0	6	0
7	0	1	1	1	7	0
8	1	0	0	0	8	0
9	1	0	0	1	9	1

四、单片机基础

1. 计算机基础

(1) 计算机的发展和应用。自世界上第一台电子计算机诞生以来，随着微电子等技术的飞速发展，目前电子计算机已经历了四个阶段（四代），目前正在向第五代过渡。电子计算机的主要特点有：运算速度快，计算精度高，具有记忆和判断能力，自动化程度高。

现代的电子计算机应用非常广泛，涉及科研、生产、办公、管理、通信、娱乐等各个领域。计算机在科研、生产中的主要用途表现在以下几个方面：

• 科学计算——用计算机来解决科研和生产中较复杂的数学计算问题。

• 数据处理和企业管理——将计算机用于企业非科学工程方面信息资料的管理、查询和统计等，如人事管理、库存管理、财务管理、图书资料管理等。

• 自动控制——以计算机为核心的自动控制系统正越来越广泛地应用于各个行业的生产和加工设备中，为生产的现代化、大型化、综合化和自动化创造了有利条件，同时降低了劳动强度，提高了产品质量，节约了原材料，提高了经济效益。

• CAD/CAM（CAD，Computer Aided Design，计算机辅助设计；CAM，Computer Aided Manufacture，计算机辅助制造）——CAD/CAM 技术的应用，大大提高了产品的研制和生产效率，缩短了生产周期，提高了产品质量，降低了生产成本，改善了作业条件。

• OA/AI（OA，Office Automatic，办公自动化；AI，Artificial Intelligence，人工智能）——即用计算机模拟人的某些智力活动，如识别语言、文字，学习与推理能力等，机器人就是人工智能的典型例子。

(2) 计算机的系统组成。一个完整的电子计算机系统应包括两大部分：硬件系统和软件系统。硬件系统是指构成计算机的物理设备，即由机械、电子元器件构成的具有输入、存储、计算、控制和输出功能的实体部件。软件系统是指控制计算机运行的程序、命令、指令、数据等，即计算机的程序系统。计算机的运行过程是靠硬件和软件的协同配合工作来完成的，硬件是运行软件的基础，运行软件又是硬件的工作任务。因此，硬件是计算机系统的物质基础，软件又是硬件功能的扩充和完善，只有“软硬兼施”才能使计算机充分发挥它的才能。计算机的系统组成如下所示：

- 电子计算机系统
  - 硬件系统
    - 主　机
      - 中央处理器 (CPU)
        - 运算器
        - 控制器
      - 内存储器
    - 外部设备
      - 输入设备（键盘、磁盘、鼠标器等）
      - 输出设备（显示器、打印机、绘图仪等）
      - 外存储器（硬磁盘、软磁盘、磁带等）
  - 软件系统
    - 系统软件
      - 操作系统
      - 语言翻译程序
        - 编译程序
        - 解释程序
        - 汇编程序
      - 系统服务程序
        - 监控、检测程序
        - 连接编辑程序
        - 连接装配程序
        - 调试程序
        - 其他服务程序
    - 应用软件
      - 专用软件包
        - 字处理软件
        - 电子表软件
        - 数据库软件
        - 图形软件
        - 通信软件
      - 面向问题的应用程序

1）硬件系统的组成。计算机的硬件系统主要由中央处理器（CPU）、存储器、输入设备和输出设备四大部分组成，如图 4—30 所示。

①中央处理器（CPU）。CPU 是计算机的核心，它的内部包含控制器和运算器。控制器是机器的指挥中心，它负责执行程序，根据指令向计算机的各个部件发出控制信号，指挥和协调各部分的工作；运算器是数据的加工中心，它对二进制数码进行各种算术运算和逻辑运算，运算结果存入内存中保存。

②存储器。存储器是计算机的记忆中心，用来存放各种数据、指令、程序、运算的中间结果和最后结果。计算机的存储器分为内存储器和外存储器两类。内存储器一般采用半导体存储器，按其功能分为随机存储器（RAM）和只读存储器（ROM）。随机存储器可随时写入或读取信息，用来存放计算机运行中正在处理的信息，关机后这些信息将全部消失；只读存储器中存放的是计算机生产厂家预先设置的服务程序，这些信息关机后不会消失。外存储器又称辅助存储器，它是内部存储器的扩充。常用的外存储器有磁盘、光盘、磁带、磁鼓等。外部存储器的特点是存储容量大，但存取速度慢，它可以把信息永久保存，不会因断电而丢失。

③输入设备。计算机的输入设备是用来输入程序和数据，获取输入信息的设备，相当于人的五官。计算机常用的输入设备有键盘、鼠标、扫描仪等。

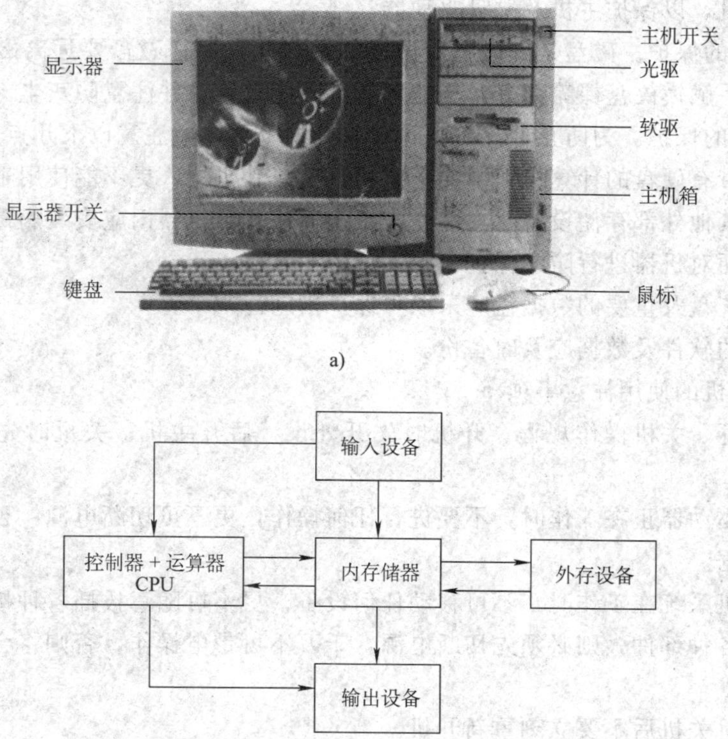

a) b)

图 4—30　计算机的硬件系统组成

a）计算机的外形　b）计算机的硬件系统框图

④输出设备。计算机的输出设备将计算机的计算结果、工作状态或各种控制信号转化为人所认识的表现形式显示出来或打印到纸上。常见的输出设备有显示器、打印机、绘图仪等。

2）软件系统的组成。计算机的软件按其功能可分为系统软件和应用软件两大类。

①系统软件。系统软件是计算机本身运行所需要的软件，由计算机制造商提供。系统软件的功能是合理地组织、协调硬件与相关软件高效地工作，简化和代替用户在各个环节的工作，为用户提供友好的人机界面，便于用户使用和维护计算机，最大限度地发挥计算机的效能。系统软件主要包括操作系统、程序设计语言及语言处理程序、数据库管理系统和常用系统服务程序，如监控管理程序、故障检查和诊断程序、调试程序等。

②应用软件。应用软件是指为解决某些特定问题而开发的专用软件。有些应用软件具有通用性，如文字处理软件、绘图软件、财务管理软件等；有些应用软件是按用户的特定需要而开发的，例如，用户为解决某一数学问题而编写的程序。

（3）计算机的使用与维护

1）计算机硬件的维护。新购置的计算机首先要按照该计算机的各项指标对其进行逐一检查，而后一般还要用检测盘对其进行各种项目的检测。在计算机的使用过程中，电源电压要稳定在 220 V，环境温度以标准室温为宜。另外，要在比较清洁干燥的环境中使用计算机，以保护主机及磁盘驱动器。

2）磁盘的保护。磁盘是由磁物质做成的，因此，保存磁盘要远离磁场和热源，且注意不要用手触摸磁盘裸露部分，不能弯折，不能重压，并注意防灰尘。

3）软件的保护。为防止计算机病毒对软件的破坏，应注意以下几点：

①对于带有硬盘的计算机，不要随意用软盘启动机器，更不能使用来历不明的系统盘。在使用其他外部存储设备时，应先进行病毒检测。机器内应安装病毒查杀及防火墙等软件，以便对机器进行防毒保护。

②对系统盘及重要的数据盘应采取写保护措施。

③重要的软件及数据应及时备份。

4）计算机的使用注意事项

①注意开、关机操作规程。开机时先开外设，后开主机；关机时先关主机，后关外设。

②磁盘驱动器正在工作时，不要进行任何操作，更不可切断电源，否则容易损坏磁盘和丢失数据。

③计算机系统在工作时，不可移动任何设备，更不可随意拔插各种接口卡线。如需移动或装拆各种部件，则必须先切断电源，千万不可带电操作，否则将会造成无法挽回的损失。

④计算机关机后不要立刻重新开机。

2. 单片机的特点及结构

（1）单片机及其特点。随着大规模集成电路技术的发展，已能将 CPU、存储器、并行、串行 I/O 接口，有些还包括 A/D、D/A 转换接口全部集成在一块芯片上。在一块芯片上集成一台电子计算机全部或大部分功能部件的电子器件称为单片微机，或微控制器。单片机的主要特点如下：

• 性能越来越完善。位数不断提高，由 4 位、8 位提高到 16 位，现正向 32 位和双 CPU 方向发展；CPU 处理速度不断提高；存储器的性能不断完善，存储容量不断扩大，向 E^2PROM 取代 EPROM 的方向发展；I/O 接口的性能不断完善；电源工作范围不断加宽；制造工艺不断改进。

• 品种越来越多。低功耗、高集成度的芯片种类越来越多；特殊功能的芯片越来越多；存储器新品种越来越多，如非易失性 RAM、关键字 EPROM 等。

使用单片机的优点如下：

• 硬件通用化，应用灵活化。对于单片机仪器仪表，在硬件基本不变的情况下，只需改变程序，即可改变功能，实现更新换代。

• 具有记忆、计算和查表能力，可制成常规无法完成的仪器仪表。

• 指令系统适合实时控制。

• 体积小，运行速度快。

• 可靠性高，抗干扰能力强。

• 使用温度范围广。

• 断电保护功能完善。

• 同一系列配套接口芯片种类多、功能全，便于组成最小系统。

• 产品开发周期短，开发效率高。

• 根据高技术要求，集成常用软硬件芯片越来越多，应用灵活。

目前单片机已形成多系列、多品种的局面。当前我国使用较多的是 MCS－48、MCS－51、MCS－96 等系列。每种系列各有 10 多种型号。它们的指令系统大都是互相兼容的，仅内部存储器容量和 I/O 接口功能稍有差异。

（2）单片机的硬件结构。现以较为通用的 MCS－51 系列单片机为例，简单介绍单片机的硬件结构。

1）MCS－51 系列单片机的结构特点

①I/O 接口一线多能。

②I/O 接口的逻辑功能和驱动能力强。

③数据存储器和程序存储器分开，且寻址空间重叠。

④数据存储单元有多种功能和寻址方法。

⑤采用三种不同形式的程序存储器产品，引脚和指令系统兼容。

⑥设置了可直接寻址的特殊功能寄存器。

2）MCS－51 系列单片机的内部结构。MCS－51 系列单片机的内部包含有一个 8 位的 CPU、振荡器和时钟电路，4KB/8KB 的程序存储器（ROM 或 EPROM），128KB 的数据存储器，可寻址外部程序存储器和数据存储器（各 64KB），21/26 个特殊功能寄存器，4 个并行 I/O 口，1 个全双工串行口，2 个 16 位定时器/计数器，5/6 个中断源，提供两个中断优先级，可实现二级中断服务程序嵌套。该单片机具有位寻址功能，有较强的逻辑处理能力。MCS－51 系列单片机的内部结构框图如图 4—31 所示，内部结构配置见表 4—12。

3）MCS－51 系列单片机的外部引脚。MCS－51 系列单片机大多数采用双列直插 40 脚封装，如图 4—32a 所示，其引脚除＋5 V（V_{CC}）和地（GND）以外，主要分为以下三大部分：

①时钟电路。XTAL1 为片内振荡器输入端，XTAL2 为输出端。

②控制线。$\overline{EA}$为程序存储器选择端，置 1 选择片内存储器，置 0 选择片外存储器；RST 为复位信号；ALE 是外部扩展电路的地址锁存控制线；$\overline{PSEN}$是外部程序存储器读选通控制线。

③I/O 口。P0 为双向 I/O 口；P1、P2 为准双向 I/O 口；P3 为双功能口，第一功能同 P1 口，第二功能以每一位独立定义（P3.0：RxD 串行输入口；P3.1：TxD 串行输出口；P3.2：$\overline{INT_0}$外部中断 0 输入线；P3.3：$\overline{INT_1}$外部中断 1 输入线；P3.4：T0 外部计数脉冲输入；P3.5：T1 外部计数脉冲输入；P3.6：$\overline{WR}$外部 RAM 写选通脉冲；P3.7：$\overline{RD}$外部 RAM 读选通脉冲）。

4）MCS－51 系列单片机的三总线结构（见图 4—32b）

①地址总线 AB。单片机的地址总线宽度为 16 位，故其外部存储器可直接寻址范围达 64KB。16 位地址总线的高 8 位由 P2 口直接提供，而低 8 位则由 P0 口经地址锁存器提供。

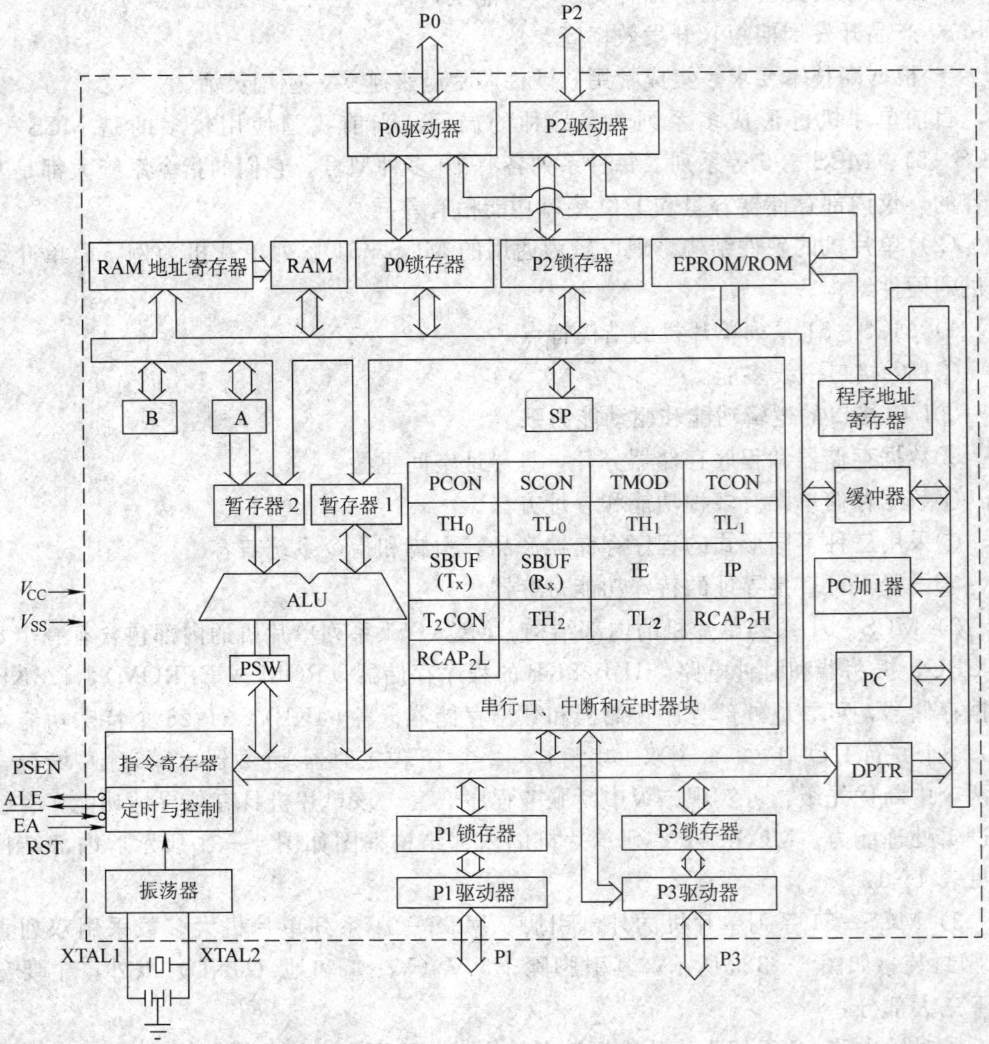

图 4—31　MCS－51 系列单片机的内部结构框图

表 4—12　　MCS－51 系列单片机的内部结构配置

芯片种类	片内存储器		中断源	定时计数器	串行口	电源消耗（mA）	工艺
	ROM(EPROM)	RAM					
8051 (8751，8031)	4KB	128	5	2	同步、异步方式 8 位或 10 位可程控	125	HMOS
8052 (8752，8032)	8KB	256	6	3	同上	100	HMOS
80C51 (87C51,80C31)	4KB	128	5	2	同上	24	CHMOS
80C252 (87C252，83252)	8KB	256	7	3	同上	24	CHMOS
8044 (8744，8344)	4KB	192	5	2	S. I. U	200	HMOS

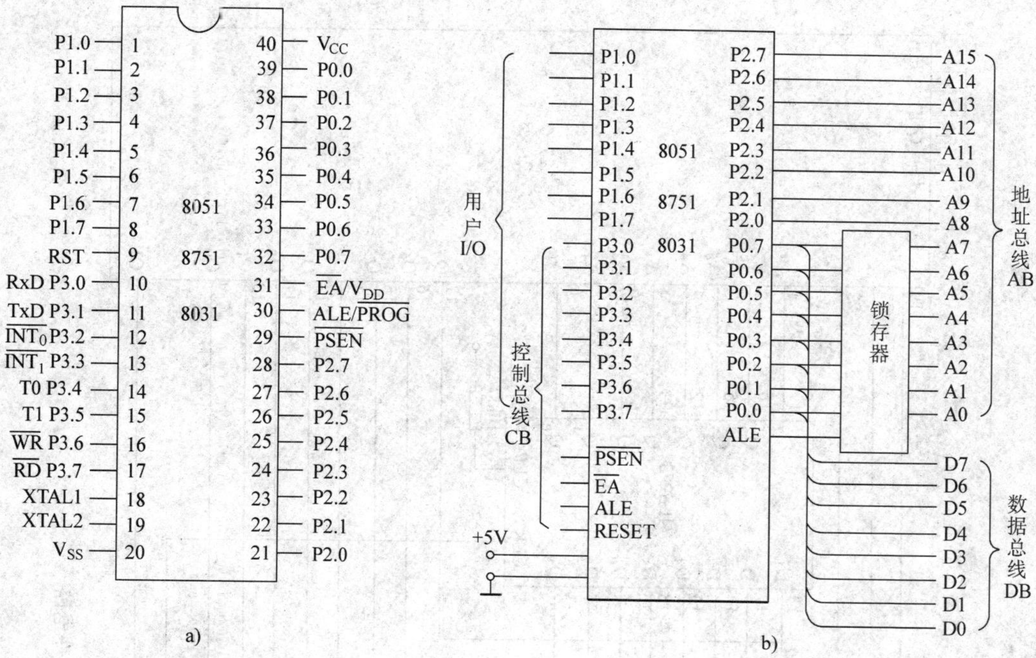

图 4—32　MCS－51 系列单片机引脚及总线结构

a) 引脚　b) 三总线结构

②数据总线 DB。数据总线宽度为 8 位，由 P0 口直接提供。P0 口是地址/数据复用口，其功能由单片机的内部时序决定，分时进行输出地址/输出（或输入）数据的工作。

③控制总线 CB。控制总线由 P3 口和四根独立的控制线 $\overline{PSEN}$、ALE、$\overline{EA}$ 和 RESET 组成。

3. 单片机的使用及应用举例

单片机在智能仪表、数据采集、函数发生器和机电控制中都有广泛应用，现举两个实例，简单介绍一下单片机应用中的硬件设置及接线。

（1）单片机定时打铃器。单片机定时打铃器主要由 MCS－51 系列单片机 8031、EPROM 芯片 2716、地址锁存器 74LS273 和外部执行电器等组成。该系统采用中断方式工作，由单片机内部的定时器实现定时。定时器 0 工作在方式 3，外接晶体为 6 MHz，定时器 0 的时钟频率为 6 MHz/12＝0.5 MHz，当时间常数设为 6 时，其定时申请中断的时间为 0.5 ms。再用软件计数器 R_0、R_1 构成 16 位寄存器，每中断一次 R_0、R_1 减 1，当软件计数器的初始值为 2 000 时，R_0、R_1 的值减为 0，正好为 1 s。再将 R_2 设为秒计数器，R_3 设为分计数器，R_4 设为小时计数器。于是从几个工作寄存器中就可知道当前时间，再与给定的打铃时间表相比较，就可确定打铃时间。控制信号从 P1.0 脚引出，经放大驱动电路，由具有光电隔离的固态继电器控制电铃，以实现电位隔离。单片机定时打铃器的硬件电路如图 4—33 所示，其中断服务程序框图如图 4—34 所示。

（2）单片机不等温回路温度控制系统

1）系统特点。该系统由不锈钢管回路、电磁泵、装于不锈钢管中的金属钠、加热电炉丝（绕于管壁上）组成，工作时要求各段回路的加热温度稳定在不同的设定值上。该系统采用单片机对 8 个不同区段的电加热分别进行控制，其控制系统特点如下：

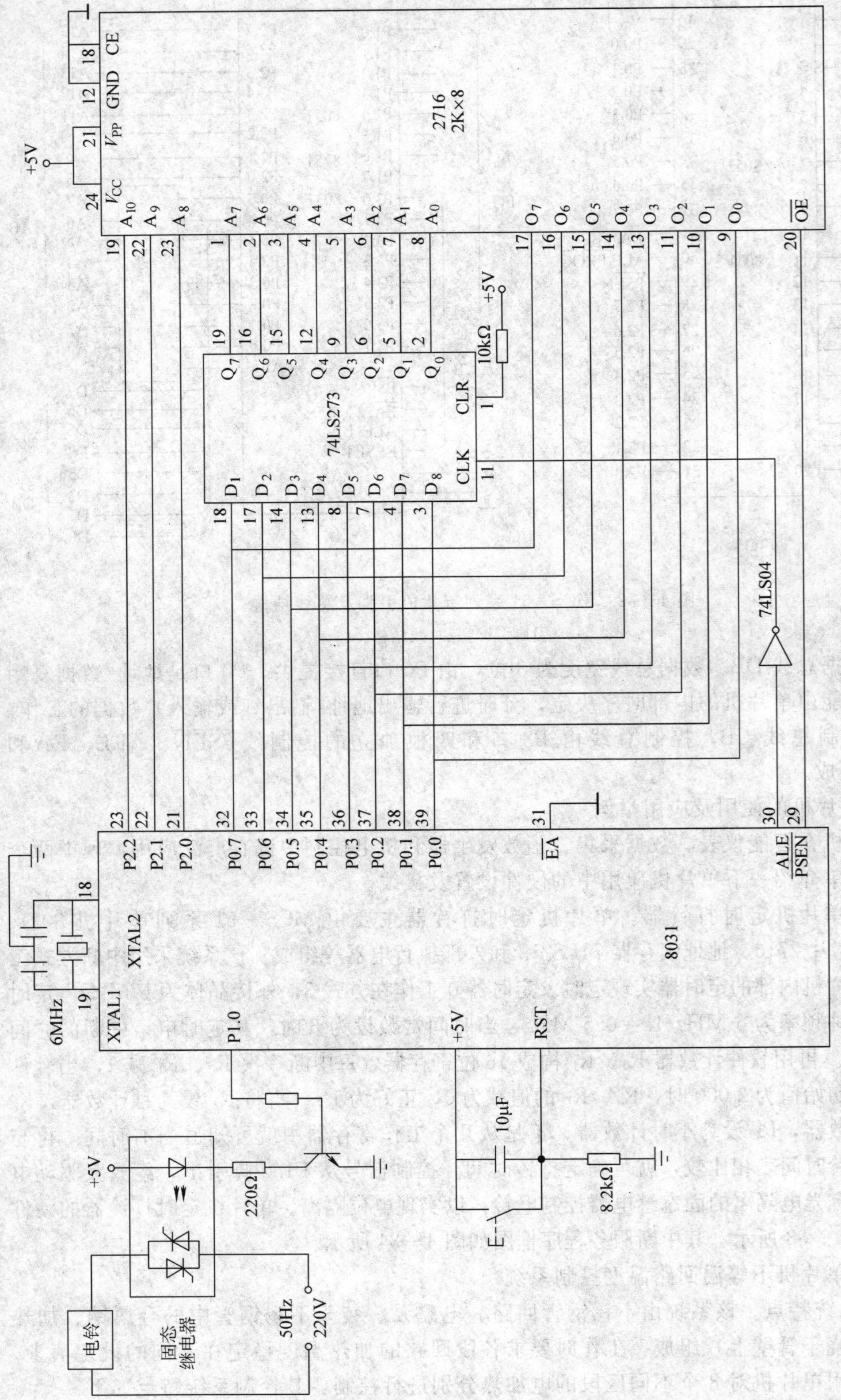

图 4—33　单片机定时打铃器的硬件电路

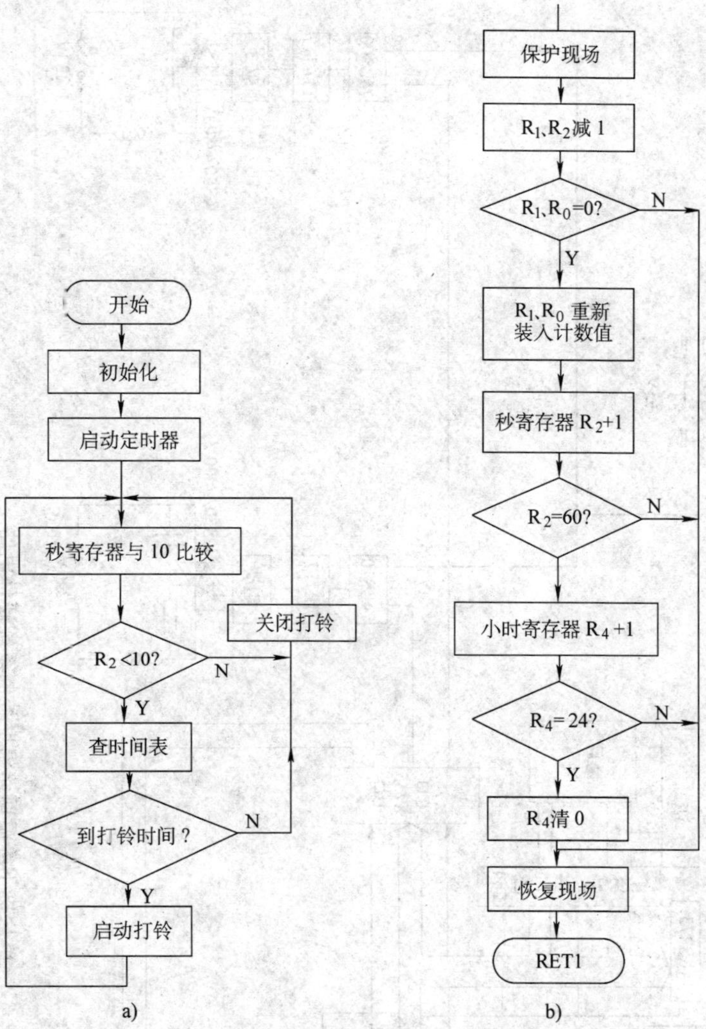

图 4—34 单片机定时打铃器的中断服务程序框图

a）主程序 b）中断服务程序

①对加热回路采用 PID 调节，控制、整定方便，性能价格比高。

②晶闸管采用过零触发，对电网干扰小，器件运行可靠，且省去了 D/A 变换器件，简化了触发电路。

③单片机具有串行口及多机通信功能，便于组成由一台主机与多台从机构成的分级分布系统。

2）硬件构成。本系统硬件电路主要由主机系统、多路传感器信号输入电路和晶闸管同步触发电路组成，如图 4—35 和图 4—36 所示。

①主机采用 8031 单片机，加上 EPROM（2764 或 27128）、RAM（6116 或 6264），组成单片机基本系统。用 74LS 系列芯片和一片 8255 作 I/O 口，将 P2.5、P2.6、P2.7 经 74LS138 译码，再跟$\overline{RD}$、$\overline{WR}$信号相与后分别作为这些 I/O 口的选通信号。其中数码

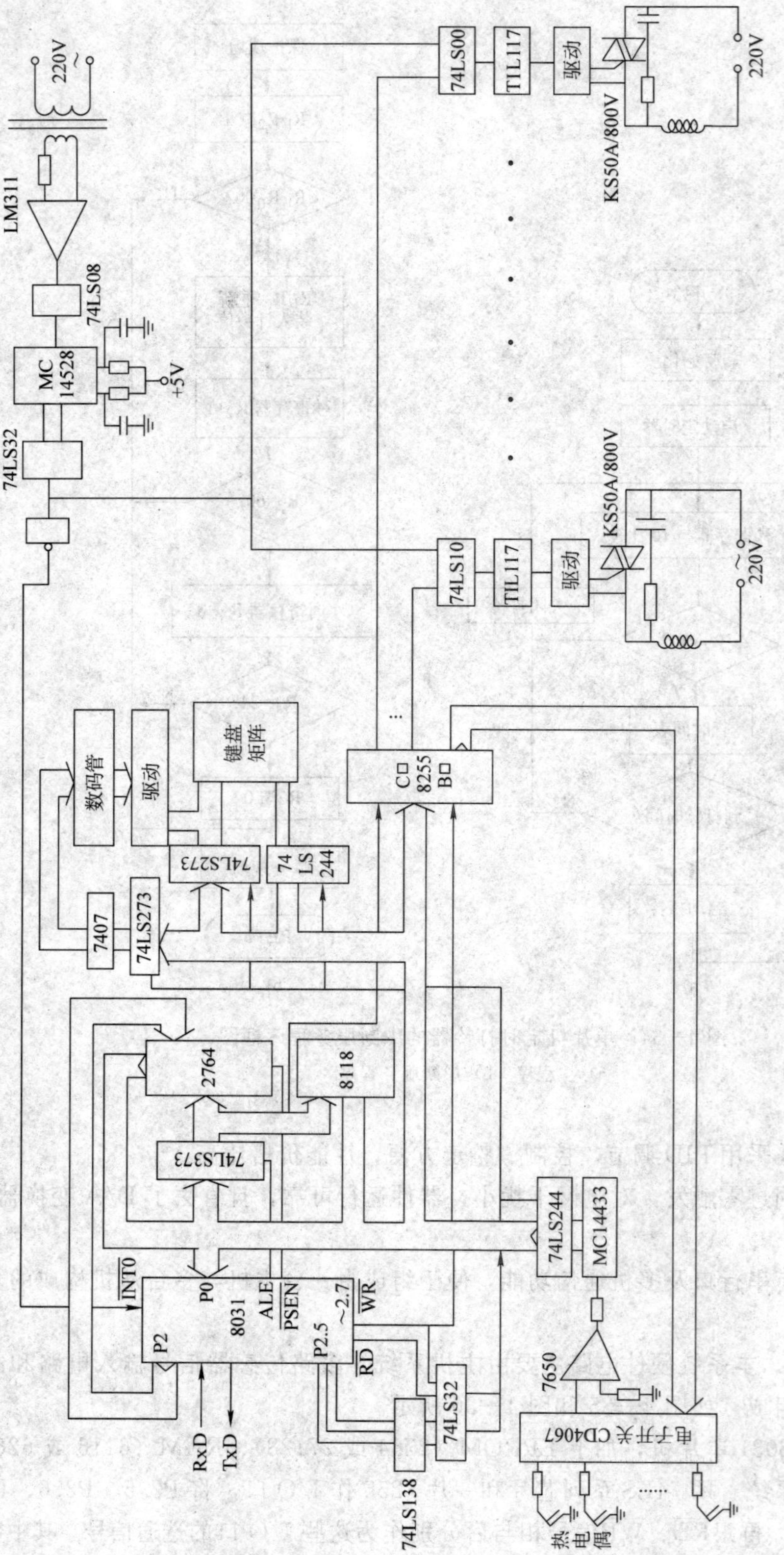

图4—35 单片机不等温回路温度控制系统硬件电路

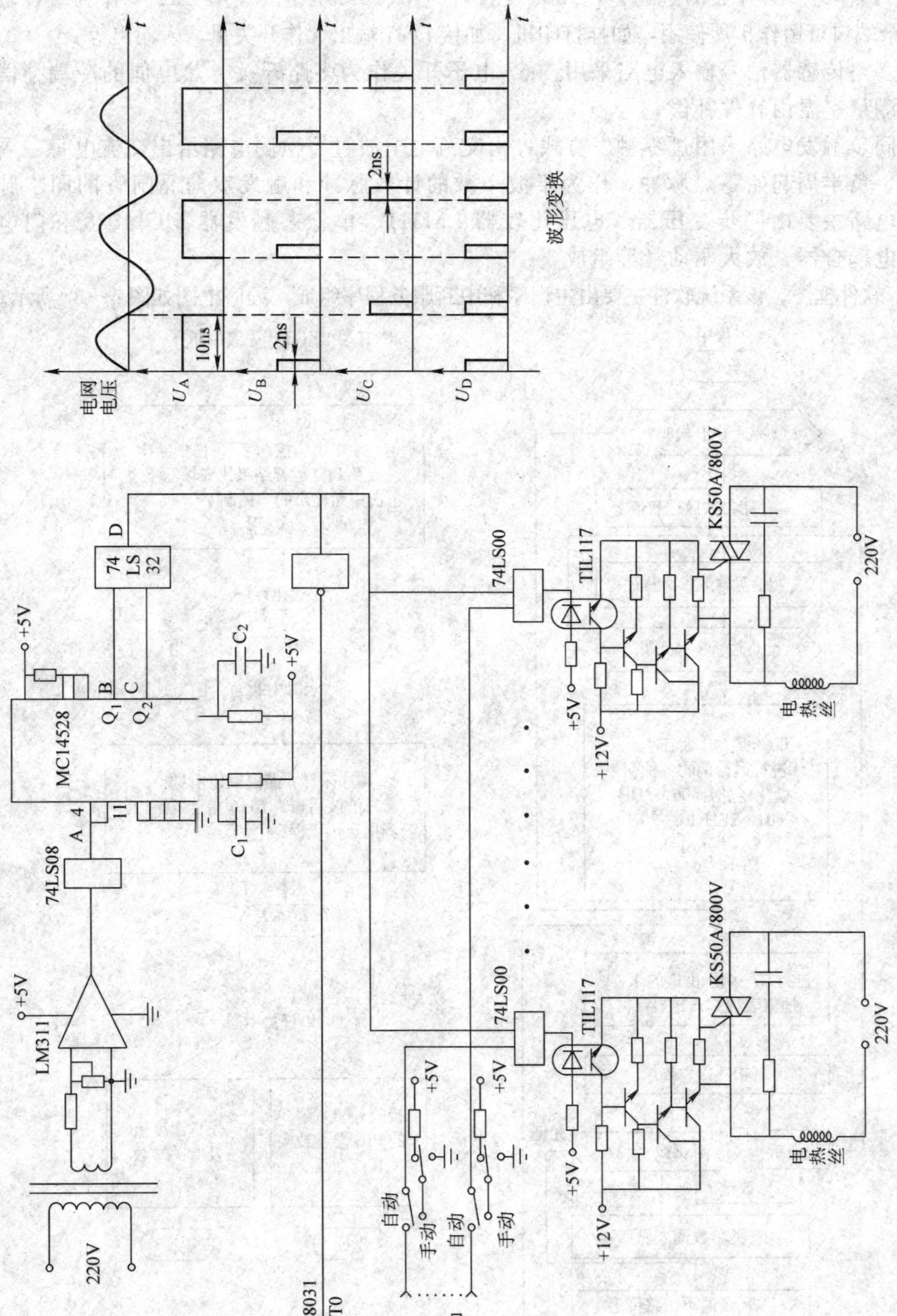

图4—36　单片机不等温回路温度控制系统晶闸管触发及加热主回路电路

管显示和键盘用 74LS273 和 74LS244 作为 I/O 口，8255 的 C 口作为“控制字”输出口至驱动电路，B 口作为多路开关的选通口，A/D 变换片（MC14433）也采用 74LS244 作为缓冲输入。其余端口可留作扩展使用，如挂打印机、加接 D/A 输出、作开关量输入输出等。

②多路传感器信号输入电路采用 4067 电子开关作为多路开关。热电偶的冷端补偿是通过测量室温由软件补偿。

③同步触发电路采用过零触发方式，由交流电全波过零检测电路给出交流电每一周期的正、负半周起始零点脉冲，作为半波个数的计数脉冲和触发双向晶闸管的同步脉冲。该电路主要由同步变压器、电压比较器 LM311、单稳态触发器 MC14528 和门电路、光电耦合器、放大驱动管等组成。

3）软件框图。该系统软件主要由主程序和中断服务程序组成，程序框图如图 4—37 所示。

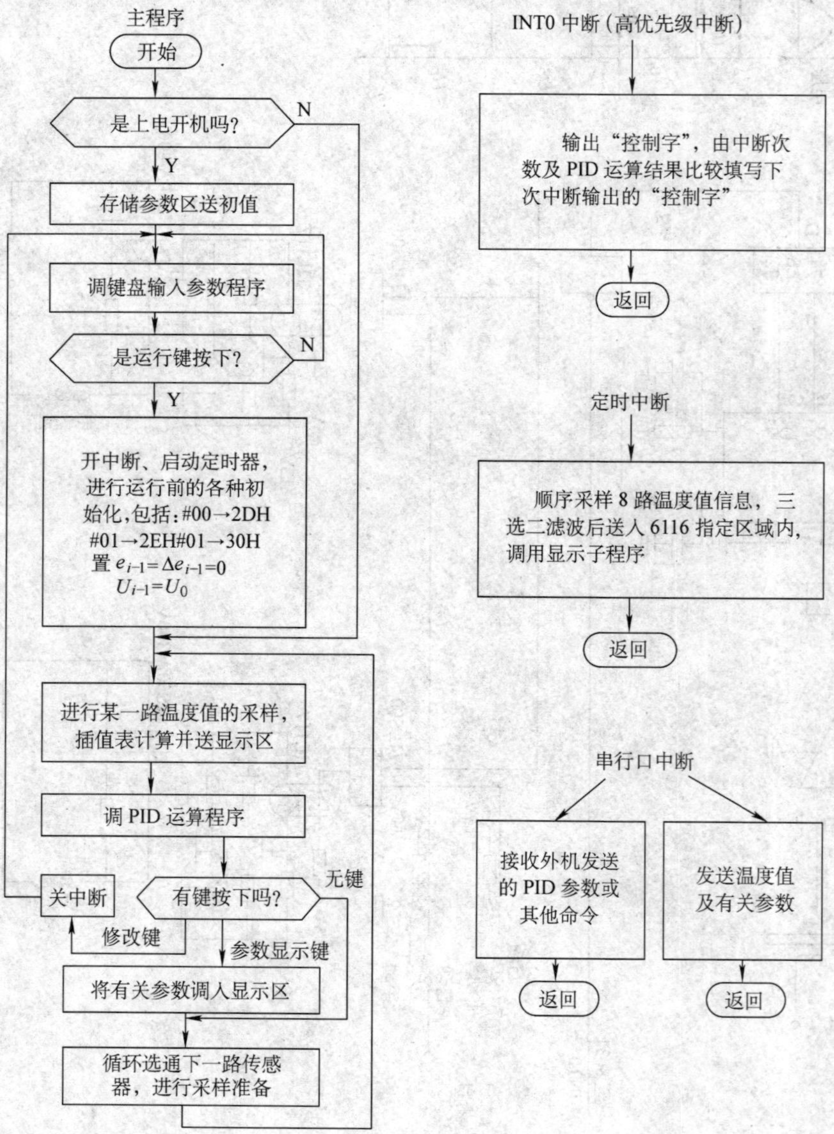

图 4—37　单片机不等温回路温度控制系统程序框图

第二节 经济型数控机床的调试与检修

培训目标

→ 熟悉经济型数控机床的构成及特点
→ 能进行经济型数控机床的调试及检修

一、经济型数控机床的功能、特点及构成

1. 经济型数控机床的功能和特点

我国现阶段的经济型数控系统是根据国内需要自行开发的，一般为开环 CNC 系统，主要用于对精度、速度和力矩要求不高的场合，如车床、线切割机床及旧机床改造等。

(1) 经济型数控机床的功能

1) 控制功能。经济型数控机床的控制功能包括：

①控制轴数。一般为 2 轴或 3 轴，联动轴数为 2 轴。

②插补功能。一般采用逐点比较法或数字积分法的插补方式，具有直线插补和圆弧插补功能。具有插补功能 2 轴联动的机床可进行轮廓加工。

③定位控制功能。定位控制功能是指运动部件的实际位置与指令位置的一致性控制能力。开环的经济型数控系统脉冲当量一般为 0.01 mm。

④自动加、减速功能。经济型数控系统具有自动加、减速功能，可使机床运动部件逐渐升速和减速。

⑤进给速度控制功能，即指定刀具相对于工件进给速度的功能。

⑥主轴转速控制功能，即指定主轴转速的功能。

⑦换刀功能，即指定刀具的功能。

⑧辅助功能。辅助功能包括停止方式、主轴转向、主轴停止、程序结束等。

2) 输入/输出功能。经济型数控机床的输入/输出功能如下：

①手动输入功能，即通过操作面板上的字母键和数字键将工件加工程序输入数控系统。

②LED 数码显示，即通过 LED 数码管显示数字和简单字符。数码显示主要用于程序的输入和调试，以及机床加工过程的坐标显示。

③CRT 显示。CRT 显示器除具有 LED 显示的功能外，还能进行数控加工模拟图形显示和人机对话。

④输入/输出接口。经济型数控系统一般具有 RS－232 通信接口，以便与外围设备或其他数控系统进行通信。

3) 编程功能。我国经济型数控机床采用 JB 3208－83 标准规定的 G 指令和 M 指令编程，一般都具有绝对坐标编程和相对坐标编程或混合编程功能，程序格式为地址符可

变格式。

4）补偿功能。经济型数控系统一般具有刀具半径补偿、刀具长度补偿和机械传动间隙补偿等功能。

5）开机自检功能和运行监控功能。机床开机和加工过程中如有异常，可中断加工过程，并报警和显示错误信息，以便于维修人员维修。

（2）经济型数控机床的应用特点

经济型数控机床的主要应用特点如下：

1）价格便宜，性能价格比适中。

2）适用于多品种、中小批量产品的自动化生产，对品种的适应性强。

3）能提高产品质量，降低废品损失。

4）能加工较复杂的零件，提高工效。

5）能节约大量工装费用，降低生产成本。

6）能减轻工人的劳动强度。

7）能增强企业的应变能力，提高企业竞争力。

8）结构简单，造价低，维修调试简单，运行维护费用低。

2. 经济型数控机床的基本组成

（1）经济型数控系统的系统组成。目前我国的经济型数控系统多以 8 位或 16 位单片机为核心构成数控系统，其进给驱动元件采用步进电动机。经济型数控系统通常由以下部分组成，如图 4—38 所示。

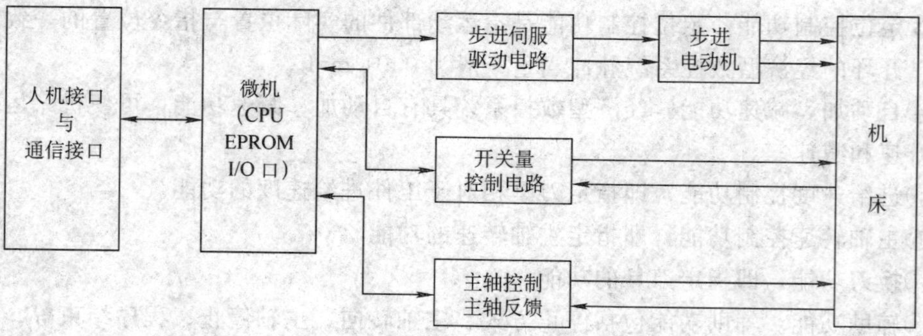

图 4—38　经济型数控系统的组成

1）微机，包括 CPU、存储器、输入输出 I/O 接口等。

2）进给伺服系统，一般采用步进电动机开环伺服系统。

3）开关量控制及主轴控制部分。

4）人机接口和通信接口。

（2）经济型数控系统的数控装置。如图 4—39 所示为一个采用 8031 单片机组成的经济型数控装置。现将 8031 单片机各 I/O 端口的作用简单介绍如下：

1）P0 口。8031 单片机的 P0 口除用于传输数据外，还与 P2 口共同提供外部存储器的地址。随机存储器 RAM 用于存放用户程序和运行数据；只读存储器 EPROM 用于存放系统程序。外部 RAM 和扩展 I/O 口芯片由单片机的 $\overline{WR}$ 和 $\overline{RD}$ 信号（P3.6、P3.7）选通，外部 ROM 由 $\overline{PSEN}$ 信号选通，二者的地址可以重叠。

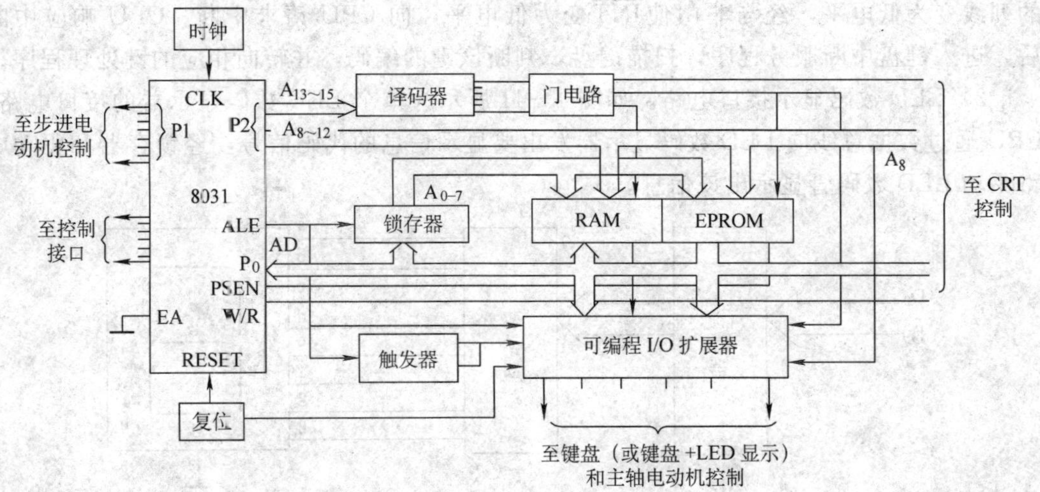

图 4—39　8031 单片机组成的经济型数控装置框图

2）P1 口。8031 单片机的 P1 口用于控制步进电动机。采用软件环形脉冲分配方式时，P1 口输出步进电动机的环形脉冲信号；采用硬件环形脉冲分配方式时，该口输出环形分配器的控制信号。

3）P3 口。8031 的 P3 口用于处理旋转刀架、主轴脉冲发生器、外部中断控制等工作。

此外，8031 还通过外部可编程 I/O 扩展芯片，实现对键盘、LED 数码显示和主轴电动机速度转换等的控制。

（3）经济型数控装置的接口电路。经济型数控装置通常具有键盘接口、显示接口和开关量输入/输出等接口，下面作简要介绍：

1）键盘接口电路。键盘接口的电路形式有多种，CPU 检测键盘输入信息主要有两种方式：

①查询方式。CPU 每隔一段时间自动查询键盘状态，若有键盘按下就进行键盘服务，否则继续原工作。该方式浪费 CPU 的工作时间。

②中断方式。只有在有按键按下时才向 CPU 请求中断，CPU 响应中断后停止原来程序的运行，转而进行键盘服务。该方式 CPU 的工作效率较高，应用较多。

如图 4—40 所示为较常用的中断扫描方式矩阵键盘的接口电路。CPU 将矩阵键盘的行线全部置为低电平，若无按键按下，列线均为高电平，中断请求信号 $\overline{INT}$ 为高电平，不产生中断请求；有按键按下时，该键所在

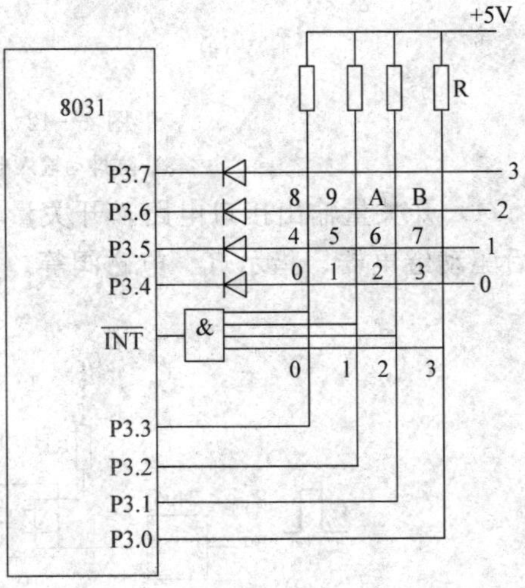

图 4—40　中断扫描方式矩阵键盘的接口电路

的列线变为低电平，经与非门使$\overline{INT}$变为低电平，向 CPU 请求中断。CPU 响应中断后，进入键盘中断服务程序，扫描键盘，判断该键的编码，并转向相应的键处理程序。

2）LED 数码显示接口电路。如图 4—41 所示为单个 LED 数码显示器的接口电路。CPU 通过数据总线向 LED 数码显示器发出要显示信息的代码信号，经锁存器和驱动电路驱动 LED 数码管显示出该信息。

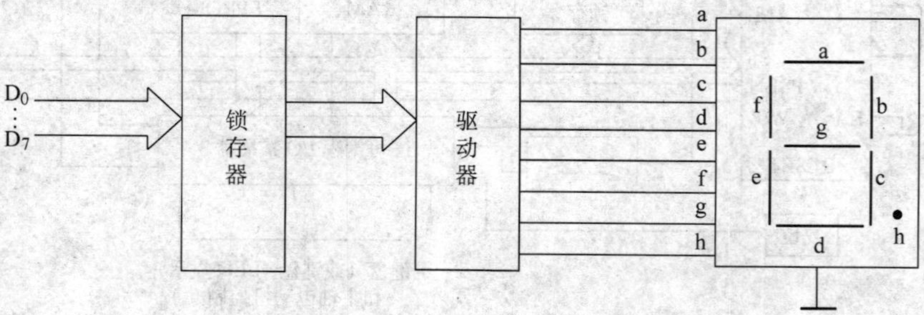

图 4—41　单个 LED 数码显示器的接口电路

3）开关量输入接口电路。如图 4—42 所示，输入接口电路将来自按钮、继电器、检测开关等接点的开关信号，经过去抖动、抗干扰隔离和 TTL 电平转换后，输入计算机。

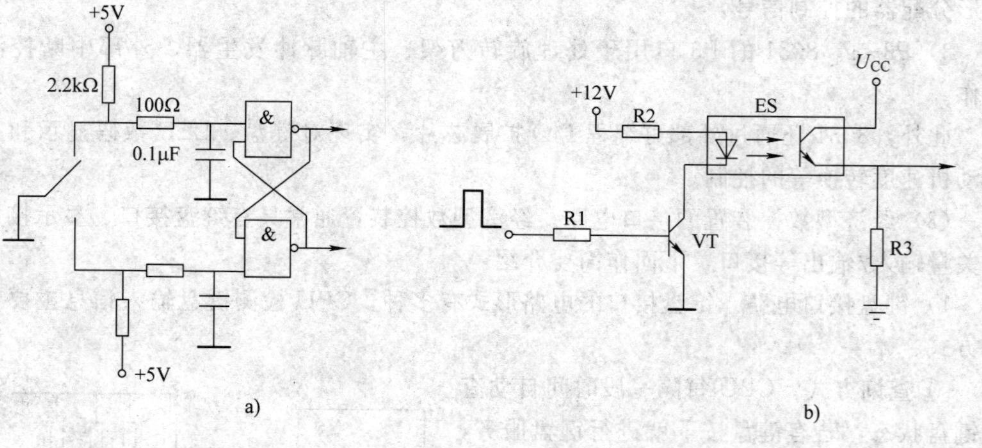

图 4—42　开关量输入接口电路

a）防抖动输入电路　b）光电隔离输入电路

4）开关量输出接口电路。开关量输出接口电路将 CPU 输出的开关量信号，经隔离后驱动继电器、指示灯、电磁阀等。如图 4—43 所示为开关量驱动继电器的电路。

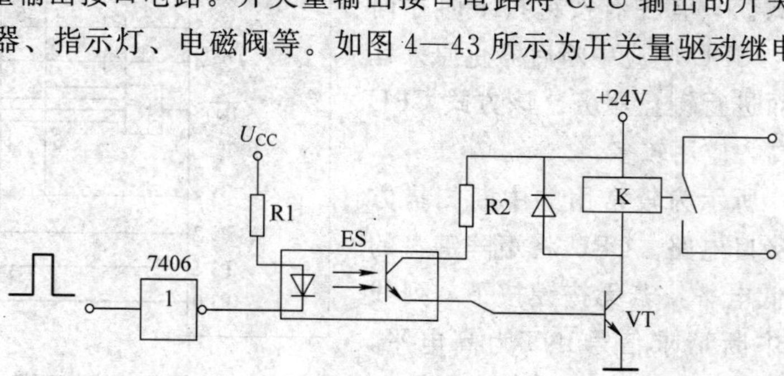

图 4—43　开关量驱动继电器的电路

(4) 经济型数控系统的软件结构。经济型数控系统的软件功能主要有：系统初始化、管理人机接口、译码及刀具补偿、实现辅助功能、插补计算、速度控制、步进电动机环形脉冲分配、反向间隔补偿、手动控制、系统自诊断等，分为监控程序、数据处理程序和加工程序三大类。

1) 监控程序。监控程序包括操作程序和系统程序，用于实现人机对话、系统监控、指挥整个系统的协调动作等功能。

2) 数据处理程序。数据处理程序主要用于进行数制转换和数学运算等工作。

3) 加工程序。该程序是 CNC 系统软件的关键程序，用来实现数控系统的很多功能，其中插补程序是它的核心内容。

二、经济型数控机床的检修

1. 典型经济型数控机床简介

(1) 经济型车床数控系统。如图 4—44 所示为以单片机为核心组成的用于车床的经济型数控系统。该系统采用较为通用的 MCS-51 系列 8031 单片机，并扩展一片 2764 EPROM、一片 6264 SRAM、一片 8255A 并行 I/O 口和一片 74HC244 并行 I/O 口。

1) 存储器。一片 2764 EPROM 用来存放系统软件；一片 6264 SRAM 用来存放加工程序和数据，并具有掉电保护功能，保证数据不丢失；8031 片内的 SRAM 作数据缓冲和堆栈等用。

2) I/O 口。74HC244 用于手动开关输入；8255A 用于开关命令、步进电动机控制、状态检测和刀架转位等；P1 口具有较强的位选功能，作为声光报警、中断扩展查询等辅助 I/O 功能；人机接口方面，采用 8279 芯片作为键盘/显示器接口，8279 用硬件自动完成键盘与显示器控制。

3) 中断处理。8031 外部中断入口 $\overline{INT_1}$ 用于 8279 键盘输入中断；$\overline{INT_0}$ 用于实时处理紧急停车、暂停、限位报警功能，由三输入与非门 74HC10 的输出端作为公用的中断信号源接至 $\overline{INT_0}$。

4) 步进电动机控制。8255A 的 PA 口输出的信号经功放电路后，分别控制 X 轴、Z 轴的步进电动机。步进电动机的环形分配采用软件来实现，控制方式采用三相六拍制，当三相绕组按 A→AB→B→BC→C→CA 的顺序通电时，电动机正转；按 A→AC→C→CB→B→BA 的顺序通电时，电动机反转。利用 T0 进行频率控制，以实现对电动机转速的控制。

5) 通信接口。系统采用 RS-232C 串行标准与其他计算机实现通信。单片机串行口上的 TTL 电平经 MC1488/1489 芯片转变为 RS-232C 电平后接至 PC 机。当编制较复杂的加工程序时，为减轻手工编程的工作量和减少出错，可采用 PC 机进行自动编程，然后通过串行口传送给单片机数控系统。

6) 其他方面。系统采用单稳态电路 CC4098 实现硬件“看门狗”功能，它的输出通过上电按钮复位电路，经 74HC32 与 8031 的复位端 RST 相连。

7) 系统软件。主要由操作管理程序、步进电动机输出控制程序及诊断程序等部分构成，程序框图如图 4—45 所示。

单元 4

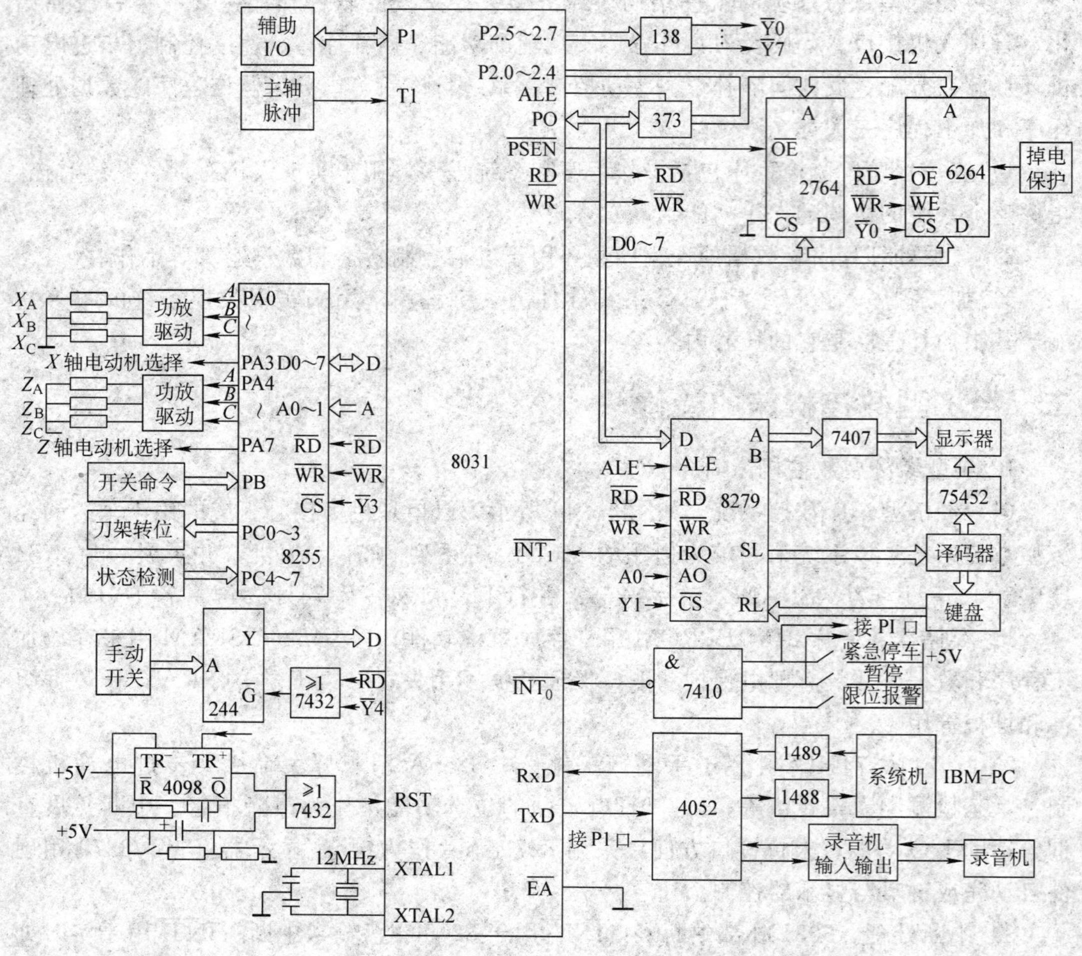

图 4—44 单片机经济型数控系统的组成

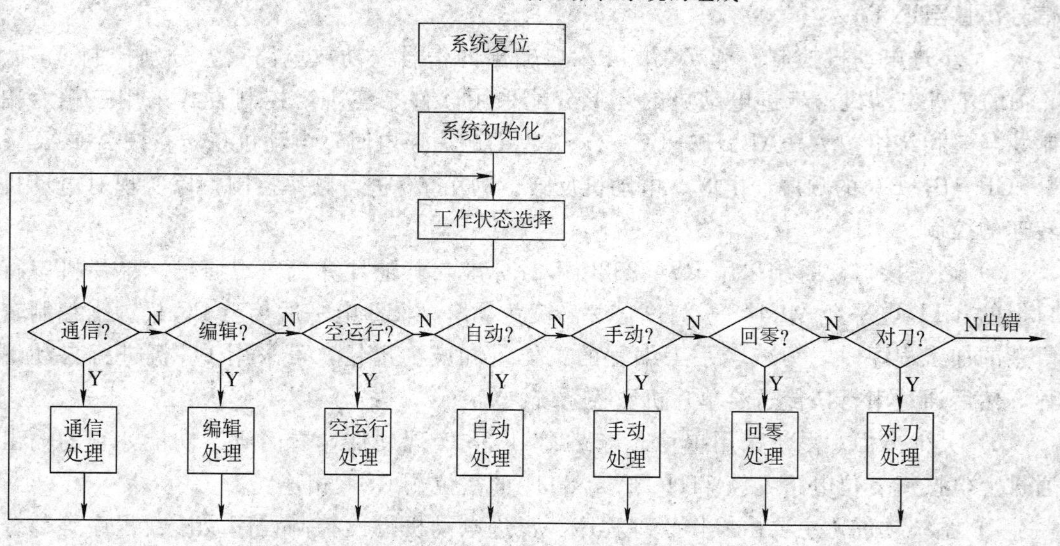

图 4—45 经济型数控系统的软件框图

（2）线切割机床简介。线切割机数控装置用来控制线切割机床，加工各种较复杂的高碳钢和硬质合金冲模等小型模具。线切割机是一种电蚀加工设备，整个设备由机床、数控装置、高频电源和变频电路四部分组成，如图 4—46 所示。机床数控装置前面已有介绍，此处不再赘述。

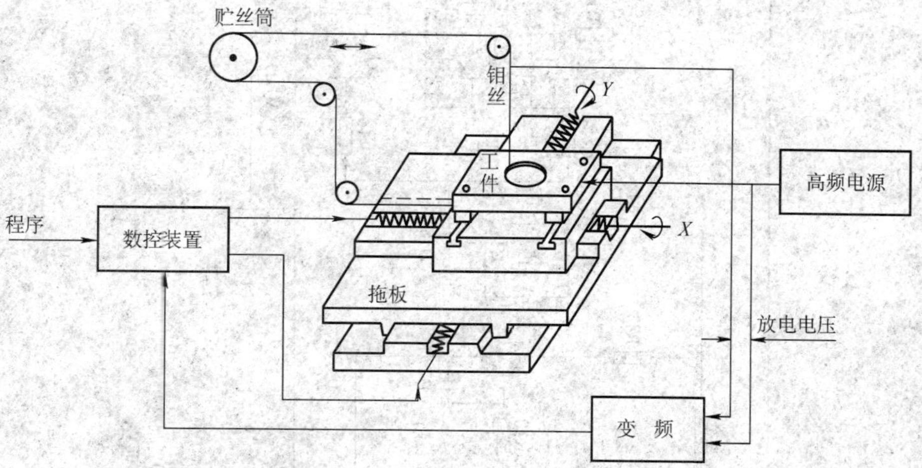

图 4—46　线切割机的组成

1）高频电源。高频电源电路主要由自激多谐振荡器和放大、输出电路等组成，用来产生 20 kHz 的高频脉冲，如图 4—47 所示。该脉冲加于被加工零件与钼丝之间，产生脉冲放电，利用脉冲放电的电蚀作用，使钼丝对工件进行切割加工。

2）机床。机床由床身、丝架、运丝机构和十字托板四部分组成。绕在转动的贮丝筒上的钼丝，经过丝架来回高速走动。工件被固定在十字托板上，十字托板由步进电动机经齿轮变速和丝杠传动。当数控装置按程序向步进电动机发出进给脉冲，带动十字托板移动时，纵横托板的合成运动使工件相对于钼丝走出所要加工的图形来。该系统采用开环控制。

3）变频电路。变频电路用来自动调整钼丝和工件之间的放电间隙。放电间隙的大小取决于电蚀速度和进给速度的配合，若进给速度低于电蚀速度，则放电间隙变大；反之变小。为保证良好的电蚀加工效果，进给速度应根据放电间隙的变化进行自动调节。由于高频电源加于放电间隙的放电电压随间隙大小而变化，故将放电电压的高低通过变频电路变换为脉冲频率的高低，反馈给数控装置，用以控制插补运算和进给速度，使进给速度与电蚀速度相配合，维持放电间隙为某一数值。该变频电路利用取自放电电压的控制信号来控制三极管的导通电流，从而控制电容的充放电时间，达到控制脉冲频率的目的，如图 4—48 所示。

2. 经济型数控机床的调试与检修

（1）常用检修仪器仪表

1）示波器。通用示波器可以观测周期性连续变化的信号；逻辑示波器则可以显示被测点的二进制编码，也可以显示存储器的内容。

2）逻辑测试笔。逻辑测试笔可以方便地测量数字电路中的脉冲电平，判断脉冲上升沿或下降沿，判断是电平还是连续脉冲，它还可以粗略估计逻辑芯片的好坏。逻辑测试笔的外形如图 4—49 所示。

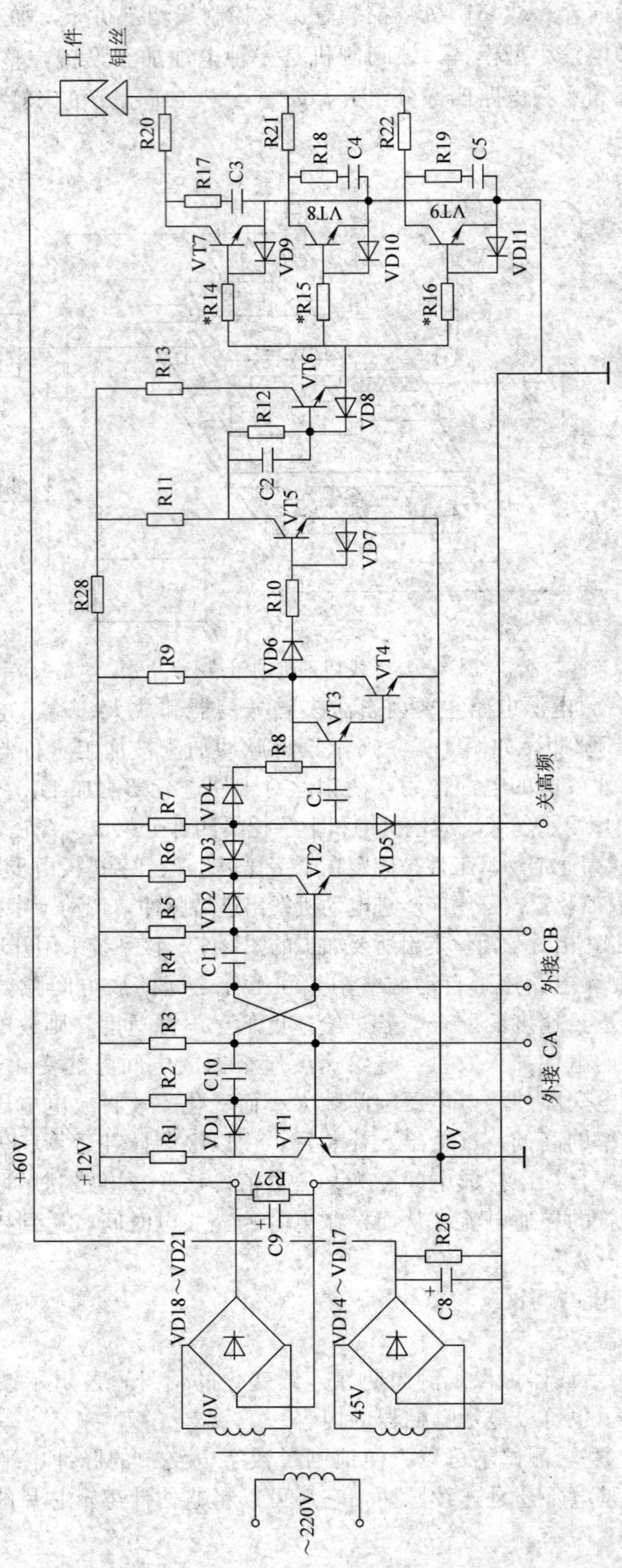

图 4—47　线切割机高频电源电路原理图

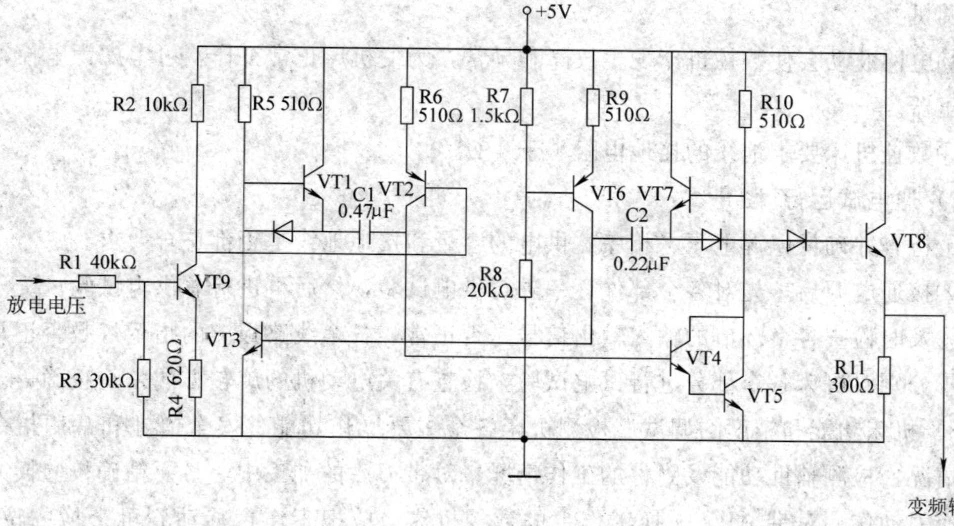

图 4—48　线切割机变频电路

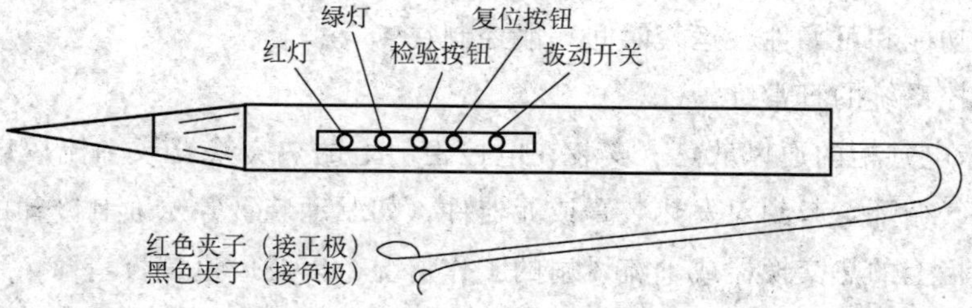

图 4—49　逻辑测试笔外形

3）逻辑分析仪。逻辑分析仪是专门用于观测数字信号的测试仪器，它具有多路示波器和其他测试仪的优点。逻辑分析仪具有较多的输入通道，具有延迟和记忆能力，能捕捉有用的信息，为故障分析提供依据。

4）集成电路测试仪。维修数控机床时，必须熟悉电路板的工作原理和 IC 元件的管脚功能，必要时可采用集成电路测试仪。集成电路测试仪分为离线 IC 测试仪和在线 IC 测试仪两种。离线 IC 测试仪又有通用型和数控机床专用型两种；在线 IC 测试仪有普及型和高档型两种。

5）特征代码分析仪。特征代码分析仪采用数据压缩技术，通过对电路结点数据流的检测来诊断数字电路设备的故障。它把电路各结点的数据流压缩成四位十六进制的特征码予以显示，与正常的特征码进行比较，逐点追踪，找出有故障的元器件。

（2）经济型数控机床的安装调试。经济型数控机床的安装调试应在熟悉机床设备和相关技术文件的基础上进行。

1）安装要求

①对地基基础和环境温度等要求按照机床说明书处理，必要时可在电控箱内安装恒

温空调机。

②电网波动会使数控机床发生故障和异常，为使机床正常工作，可考虑为电控箱安装稳压器。

③数控机床要求地线的接地电阻小于 4 Ω。

2）通电试运行

①检查并确认电源电压、相序、供电的容量和接地地线是否都符合要求。

②接通电源后，先对各个部件逐一进行供电试验，然后再进行总供电试验。

③及时检查各个环节的输入输出信号是否正常，各个线路板上的指示灯是否正常。

④分别对机床各个部分进行供电试验，检查有关电动机的旋转方向是否正确等。

3）机床功能和精度的调试。检测机床各个主要操作功能、安全措施和常用指令的执行情况，检测辅助功能及附件的工作情况。对带刀库的加工中心，要精确校验换刀位置和换刀动作。对带 APC 交换工作台的数控机床，应把工作台移动到可交换的位置，调整托盘站与交换台面的相对位置，使工作台自动交换工件时动作平稳可靠。

4）机床试运行。要求整机在带一定负载的情况下，经过一定时间的自动运行，全面检查机床功能和可靠性。运行时间一般控制在 48 h。

（3）数控系统的日常维护

1）机床电气柜的通风散热。安装在电控柜门上的热交换器或轴流风扇通常能对电控柜进行空气循环，起到对发热装置或元器件（如驱动装置等）强制冷却的作用。应定期检查电控柜上的热交换器或轴流风扇的工作情况，以及风道是否堵塞，否则会引起柜内温升过高，影响系统可靠运行，甚至引起过热报警。

2）尽量少开电控柜门。加工车间内飘浮的灰尘、油雾和金属粉末落在电控柜上，容易造成元器件绝缘电阻下降，从而出现故障。因此，除定期维护和维修外，平时应少开电控柜门。

3）存储器电池的定期更换。数控系统存储参数用的存储器通常采用 CMOS 器件，其存储的内容在系统断电期间靠电池供电保持。一般情况下，即使电池尚未耗完，也应每年更换一次，以保证系统能正常工作。更换电池应在系统断电的情况下进行，并注意操作方法。

4）数控系统长期不用时的保养。数控系统处于长期闲置情况时，要经常给系统通电，在机床锁住不动的情况下，让系统空运行。数控系统通电时可利用电气元件的发热来驱散电控柜内的潮气，以保证电气元件性能的稳定可靠。

（4）数控系统的故障检修。对数控机床的故障进行检修时应注意：第一，检修操作流程要符合安全检查的有关规定。第二，要对机床故障进行记录，以解决后续可能出现的问题，并能对以后出现的问题提供帮助。

1）故障调查。故障检修前要先进行故障调查，以掌握第一手资料，确定故障检查、分析、判断、排除的范围和方向。故障调查的主要内容见表 4—13。

表 4—13　　数控机床故障调查内容表

序号	调查项目	调查内容
1	机床是在什么情况下出现的故障	是否在机床正常工作时突然出现故障
		是否是在电源系统瞬间断电后产生故障
		是否有大容量设备启动造成故障
		是否在手动操作过程中产生故障
2	出现故障时有什么异常现象	是否有撞击声等现象
		是否有电弧闪光现象
		是否有特殊气味
3	故障出现后操作者采取了哪些措施	是否按过急停按钮
		是否按过复位按钮
		是否移动过运动部件
		是否切断了机床总电源

2）故障诊断步骤。检修人员到达现场后，若故障现象仍然保留，应按下面步骤进行工作：

①观察是否有报警显示，若有报警显示，则较容易判断故障。

②用系统自诊断功能发现故障。

③检查零件加工程序有无错误。

④检查数控系统和驱动系统电路板上的指示灯有无不正常显示。

⑤在确认非破坏性故障后，可按复位按钮清除故障，重新进行与故障产生前相同的操作，观察现象，验证诊断的正确性。

3）常见控制系统的故障检修。数控机床控制系统的故障主要利用自诊断功能报警，各电路板的信息状态指示灯，各关键测试点的波形、电压值，各有关电位器的调整、跨接线的设置及有关参数的设定，以及专用诊断元件，并参考控制系统维修手册、电气图册等加以排除，常见故障见表 4—14。

表 4—14　　数控机床常见控制系统的故障检修

序号	故障范围	排除方法
1	电池报警故障	当后备电池达到使用寿命，电压低于允许值时，电池报警灯亮，此时应及时更换电池
2	键盘故障	若发现用键盘输入程序时某些字符不能输入或消除、程序不能复位或显示屏不能变换页面等现象时，应首先怀疑键盘按键有接触不良，予以修复或更换，若不见成效或所有按键都不管用，可进一步检查有关接口电路、系统控制软件和电缆连接情况等
3	熔丝故障	控制系统内熔丝熔断，多出现于对数控系统测量时的误操作，或由于机床发生了撞车等意外事故。维修人员应熟悉各熔丝的保护范围，以便出现问题时能及时处理

续表

序号	故障范围	排除方法
4	刀位参数的更改	在加工过程中，由于机床的突然断电或意外操作了急停按钮，使机床刀具的实际位置与计算机内存的刀位号不符，操作时不注意，往往会发生撞车或打刀废活等事故。因此，应及时核对内存刀位号与实际刀具位置，并参照说明书及时将内存刀位号修改正确
5	控制系统的“NOT READY”故障	先检查CRT面板上是否有其他故障指示灯亮或故障提示，若有问题按故障目录提示解决
		检查伺服系统是否有熔丝熔断和断路器跳闸等问题，若再次熔断或跳闸，应检查电源部分是否有问题；检查是否有电动机过热、大功率组件过电流等，使计算机监控起作用；检查控制系统各板是否有故障灯显示
		检查控制系统所需各交、直流电源的电压是否正常
6	机床参数的修改	对每台数控机床，都要充分了解各机床参数的含义及功能，从而了解该机床的性能，提高机床的工作效率，方便排除故障

4）经济型数控装置的故障检修。现以用于车床的STD总线槽数控系统为例，介绍经济型数控装置常见故障的分析与排除方法。总线插槽一般以机箱机座为基础，各插件板插入机座，通过总线连成一体。常用插件板（以MCS－51系列单片机型为例）有主机板、CRT显示器接口板、键盘接口板和抗干扰滤波板等，编号分别为：5101、5102、5103、5104和5105。经济型数控装置的常见故障分析与排除方法见表4—15。

表4—15　　经济型数控装置的常见故障分析与排除方法

序号	故障现象	故障原因	排除方法
1	系统开机后，CRT无图像，按键后无任何反映	220 V交流供电电源异常	恢复正常供电
		熔丝熔断	更换熔丝
		开关电源±12 V，+5 V直流输出电压异常	更换开关电源
		STD机箱与开关电源间连线有虚接	重新插接连线
		5105板三色发光二极管全亮	调换5105板
2	系统工作正常，但CRT无图像或图像混乱	220 V交流供电电压异常	恢复正常电压
		显像管灯丝不亮	更换CRT
		CRT与5102板间的视频连接不可靠	重新插接连线
		5102或5101板有故障	调换故障板（注：若因CRT的行、帧不对造成图像混乱，可调CRT对应旋钮）
3	按键后系统及CRT无响应	键盘引线与5104板的插接异常	重新插接面板引出线
		5104板故障	调换5104板
4	系统工作正常，但主轴不工作	主轴模拟信号输出端与变频器公共地之间无电压输出	高速下测5104板模拟信号输出插座引脚的模拟电压值，重新插接连线或更换5104板
		主轴变频器输出端插座内部连线不可靠、系统输出端主轴正反转、停转脚引线与公共地之间的通、断情况异常	测量其通、断情况（测量检查时，须按面板上相应按键），内部重新连线或调换5104板
		系统与变频器之间的连线不可靠	外部重新连线

续表

序号	故障现象	故障原因	排除方法
5	系统工作正常，但进给不工作	进给驱动器供电电压异常	恢复正常供电电压
		驱动电源指示灯不亮	更换驱动电源
		系统与驱动器间的连线不可靠	外部重新连线
		驱动空制信号插座内部连线不可靠，且各输出端电压（5 V）异常	内部重新连线或调换 5103 板
6	系统工作正常，但刀架不工作或换刀不停	手动检查刀位不正常	更换刀架控制器或刀架内部元件
		系统与刀架控制器间的连线不可靠	外部重新连线
		刀架控制信号插座内部连线不可靠且输出端各刀位控制通、断信号异常	内部重新连线，调换 5103 板或 5101 板
7	不能进行主轴高低挡切换或 X、Z 轴超程限位失灵	系统与外部切换开关间的连接不可靠	外部重新连线
		外部切换开关异常	更换开关（含超程限位开关）
		外部回答信号插座内部连线不可靠且输入信号异常	内部重新连线或调换 5103 板
8	系统各部分工作正常，但加工误差大	X、Z 轴丝杠反向间隙过大	重新调整并确定间隙
		系统内部间隙预量值（补偿值）不合理	重新设置预置值
		步走电动机与丝杠轴间传动误差大	重新调整并确定其误差值
9	存入系统的加工程序常丢失	5101 板上的电池失效	更换 5101 板上的电池
		5101 板断电保护电路有故障	更换 5101 板
10	程序执行中显示消失，返回监控状态	控制装置接地松动，在机床周围有强磁场干扰信号（干扰失控）	重新进行良好接地或改善工作环境
		电网电压波动太大	加装稳压装置
11	步进电动机易被锁死	对应方向步进电动机的功放驱动板上的大功率管被击穿	分析原因，更换损坏元件
12	大功率管经常被击穿	大功率管质量差或大功率管的推动级中的元件损坏	选用质量好的大功率管或替换已损坏的元件
		步进电动机绕组释放回路有障碍	检修释放回路，更换损坏元件
		没有注重控制装置的经常保养	加强对装置的清洁保养，尤其是加工铸铁
		机箱过热	保证机箱通风良好
13	某方向的加工尺寸不够稳定，时有失步	对应方向步进电动机的阻尼盘磨损或阻尼盘的螺母松脱	调整步进电动机后端内阻尼盘的螺母，使其松紧合适
14	某方向的电动机剧烈抖动或不能运转	步进电动机某相的电源断开	修复电动机连线
		某相的功放、驱动板损坏	修复或更换损坏的功放、驱动板

单元 4

5）常见伺服系统的故障检修。伺服系统的故障可利用 CNC 系统自诊断的报警号，CNC 系统及伺服放大驱动板上的信息状态指示灯、故障报警指示灯，参阅有关维修说明书上关键测试点的波形、电压值，CNC 系统、伺服放大板有关参数的设定、跨接线的设置及电位器的调整，功能兼容板或备份板的替换等方法来排除。常见伺服系统的故障分析与排除见表 4—16。

表 4—16　　常见伺服系统的故障分析与排除

序号	故障现象	排除方法
1	伺服超差（实际进给值与指令值之差超出允许范围）	检查 CNC 系统与驱动放大模块之间、CNC 系统与位置检测元件之间、驱动放大器与伺服电动机之间的连线是否正确、可靠
		检查位置检测信号及相关的 D/A 转换电路是否有问题
		检查驱动放大器输出电压是否有问题，若有问题，予以修理或更换
		检查电动机轴与传动机械间是否配合良好，是否有松动或间隙
		检查位置开环增益是否符合要求，并通过有关电位器进行调整
2	机床停止时，有关进给轴振动	检查高频脉冲信号（波形及振幅），若不符合要求，调整有关电位器
		检查伺服放大器速度环的补偿功能，若不合适，调节补偿电位器
		检查位置检测编码盘的轴、联轴器、齿轮系是否啮合良好，有无松动现象，有问题予以修复
3	机床运行时声音不好，有摆动现象	首先检查测速发电机换向器表面是否光滑、清洁，电刷与换向器间是否接触良好，有问题及时维修
		检查伺服放大器速度环的功能，若不合适应予以调整
		检查伺服放大器位置环的增益，若有问题，应调节有关电位器
		检查位置检测元件与联轴器间的装配是否有松动
		检查位置检测反馈信号的波形及 D/A 转换后的波形幅度，有问题进行修理或更换
4	出现飞车（失控）现象	位置或速度传感器的信号反向或电枢接线反向，使负反馈变为正反馈
		速度指令给得不正确
		位置或速度传感器的反馈信号没有接或接线断开
		CNC 控制系统或伺服控制板有故障
		电源板故障引起的逻辑混乱
5	所有轴都不运动	用户的保护性锁紧（如急停按钮、制动装置等）没有释放或有关运动的相应开关位置不正确
		主电源熔丝断
		由于过载保护断路器动作或监控继电器的触点未接触好，使伺服放大器没有信号输出

续表

序号	故障现象	排除方法
6	电动机过热	滑板运行摩擦力或阻力太大
		热保护继电器脱扣电流设定错误
		励磁电流过低或永磁式电动机失磁，为获得所需力矩，引起电枢电流增大，使电动机过热
		切削条件恶劣，刀具的反作用力大，引起电动机电流升高而过热
		运动夹紧、制动装置没有充分释放，使电动机过载而过热
		由于齿轮传动系的损坏或传感器有问题，所引起的噪声进入伺服系统而引发的周期性噪声，可使电动机过热
		电机内部匝间短路而引起的过热
		带风扇冷却的电动机，若冷却风扇损坏，可使电动机过热
7	机床定位精度不准	滑板运行阻力太大
		位置环的增益或速度环的低频增益太低
		机械传动部件有反向间隙
		位置环或速度环的零点平衡调整不合理
		由于接地、屏蔽不好或电缆布线不合理，使速度指令渗入噪声干扰和偏移
8	零件加工表面粗糙	首先检查测速发电机换向器表面的光滑情况及电刷的磨合情况，若有问题应修整或更换
		检查高频脉冲波形的振幅、频率及滤波情况是否符合要求，有问题应予以调整
		检查切削条件是否合理，刀尖是否损坏，若有问题需改变加工状态或更换刀具
		检查机械传动部分的反向间隙，若不合适应予以调整或进行软件上的反向间隙补偿
		检查位置检测信号的振幅是否合适，并进行必要的调整
		检查机床的振动状况，如机床水平状态是否符合要求、机床的地基是否有振动、主轴旋转时机床是否振动等

第三节 较复杂机械控制系统的调试与检修

培训目标

- 熟悉 B2010A 龙门刨床等较复杂机械的电气控制系统
- 能进行 B2010A 龙门刨床等较复杂机械的电气控制系统的调试及检修

一、B2010A 龙门刨床控制系统简介

龙门刨床是一种机械化、自动化程度较高的大型切削机床，主要用来加工各种平

面、斜面、槽等，更适合加工大型而狭长的机件，如机床的导轨、床身、立柱和箱体等。龙门刨床的电气控制系统较为复杂，特别是主驱动系统完全由电气自动控制来运行。目前我国的龙门刨床分为 A 系列和 E 系列两个系列，A 系列采用电机扩大机-直流发电机-直流电动机主驱动系统，E 系列采用晶闸管-直流电动机主驱动系统。较常用的 A 系列龙门刨床有 B2010A、B2012A、B2016A、B1010A、B1012A、B1016A 等。其中 B 表示刨床，B 后面的 2 表示双臂刨床，B 后面的 1 表示单臂刨床，10、12、16 分别表示刨床宽度为 1 m、1.2 m、1.6 m。

1. 龙门刨床的结构及工艺特点

(1) 龙门刨床的结构。龙门刨床主要由床身、工作台、立柱、横梁、刀架等部分组成。床身用来支持所有的部件、机构和加工机件。工作台用来带动加工机件做往复直线运动。横梁、立柱用来安装刀架。刀架用来固定切削刀具。龙门刨床的结构示意图如图 4—50 所示。

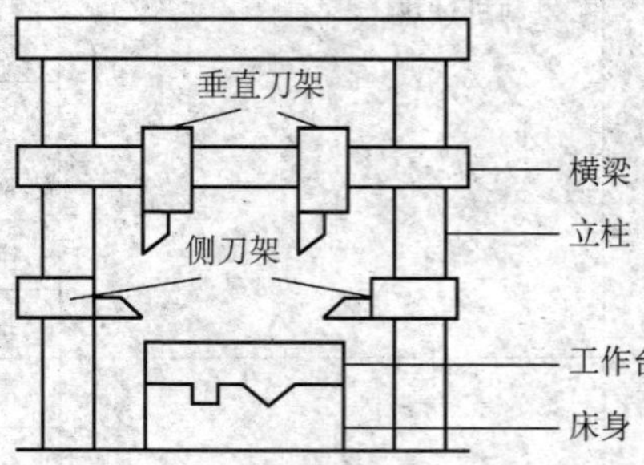

图 4—50 龙门刨床的结构示意图

(2) 龙门刨床的工艺特点。龙门刨床工作时，其主运动是工作台的往复直线运动，加工工件固定在工作台上，随工作台做往复直线运动。刀具固定在刀架上，在工作台的工作行程时，刀具进给，对工件进行切削加工；在工作台返回行程时，刀具抬起，不进行切削加工。切削刀具的进给通过刀架的移动来实现，由进刀箱控制，可实现水平进刀和垂直进刀。此外，还有横梁的夹紧与放松、横梁的上下移动、刀架的快速移动以及抬刀等辅助运动。

2. B2010A 龙门刨床电气控制系统的组成

B2010A 龙门刨床电气控制系统主要由主驱动控制系统、工作台的自动控制系统、刀架控制系统和横梁升降控制系统等组成，电气控制线路既有交流控制回路，也有直流控制回路。其中驱动工作台运动的主驱动系统，包括 2 台交流电动机 M1、M2 和 4 台直流电机 G、GE、M、AG。交流电动机 M1 驱动直流发电机 G 和直流励磁机 GE，为直流电动机 M 提供电枢电压和励磁电压；交流电动机 M2 驱动电机扩大机 AG，作为直流发电机 G 的励磁电压调节器，调节 G 的励磁电压就可改变其输出电压，从而达到调节直流电动机 M 的转速，即调节工作台运动速度的目的。其他辅助运动，如刀架的移动、横梁的升降等分别由其余 7 台电动机完成。B2010A 龙门刨床电气控制系统的电气原理图如图 4—51 至图 4—53 所示。下面简单介绍 B2010A 龙门刨床电气控制系统各个环节的基本组成和主要电气元件的作用，读者可参照原理图自行分析其详细工作原理。

(1) 主驱动机组的控制。B2010A 龙门刨床主驱动采用了电机扩大机-直流发电机-直流电动机驱动系统，以电机扩大机作为调节器，系统中加入了多种反馈环节，有效地提高了系统的动、静态特性。主驱动系统的电气控制要求主要有：

1) 励磁机正常工作后，主驱动机组才能完成启动过程（由时间继电器 KT-△、KT-M 等实现控制）。

2) 主驱动机组正常后，驱动工作台的直流电动机才能投入运行。

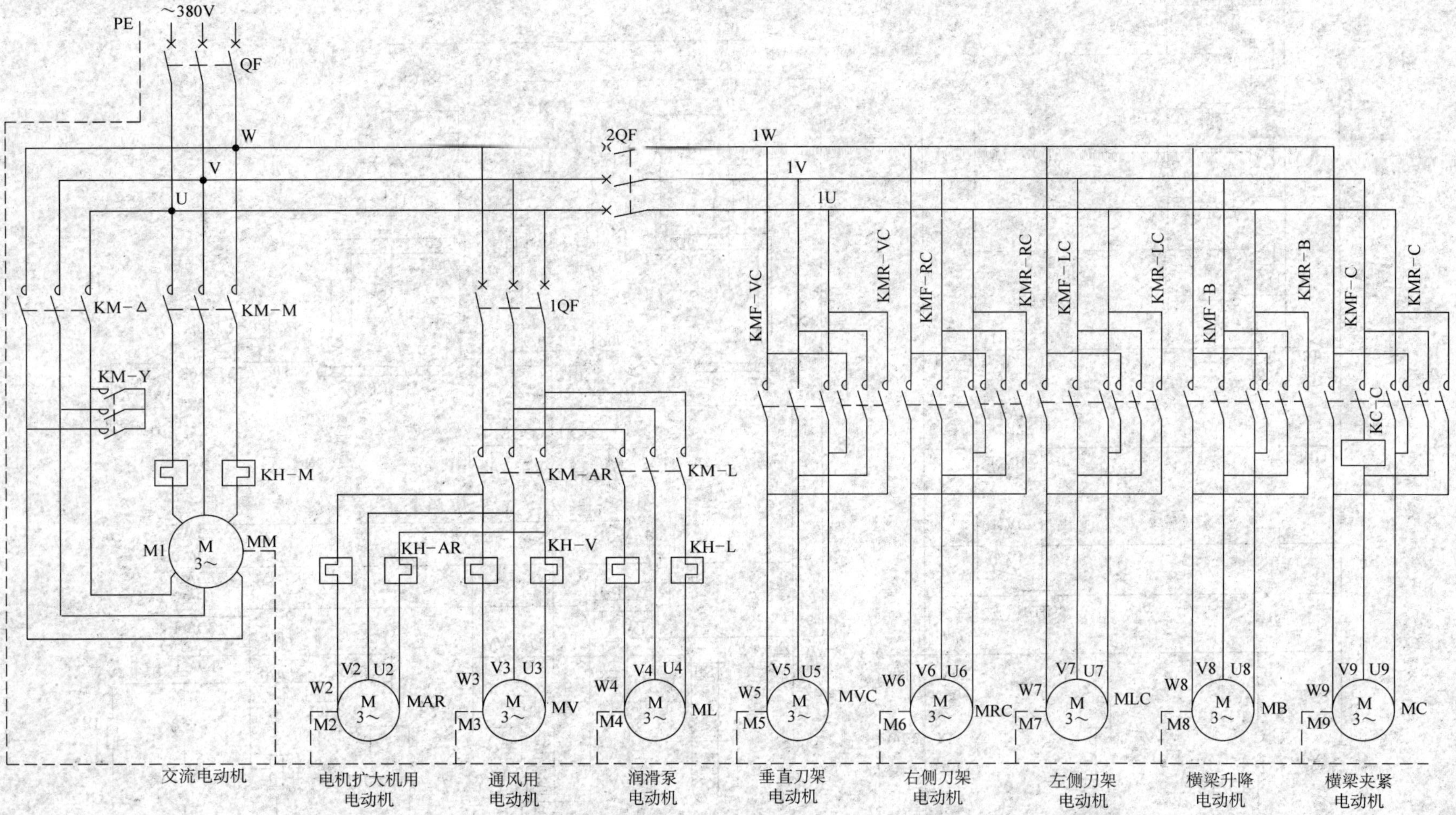

图 4—51　B2010A 龙门刨床电气控制系统电气原理图-交流主回路

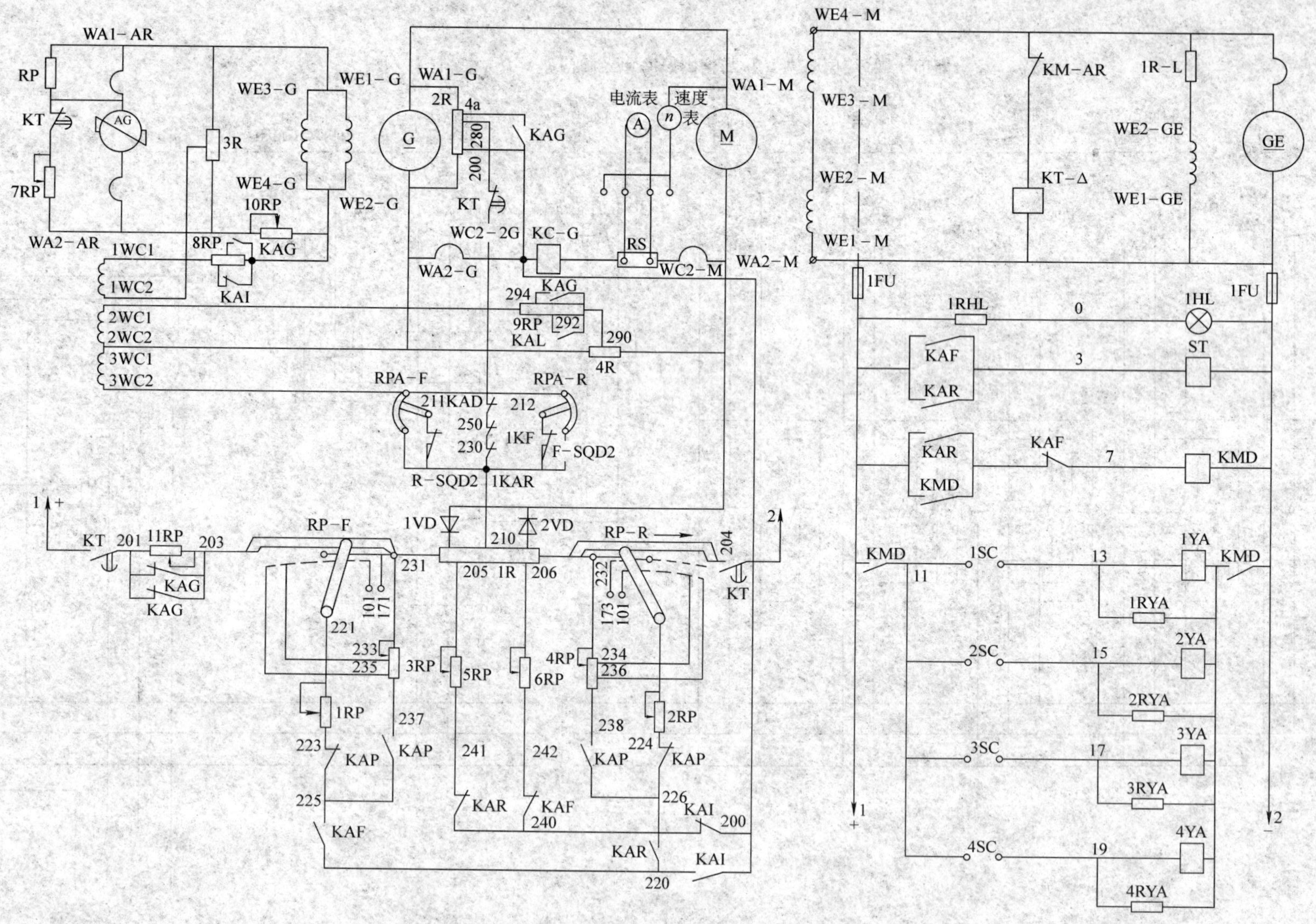

图 4—52　B2010A 龙门刨床电气控制系统电气原理图-直流主回路与控制回路

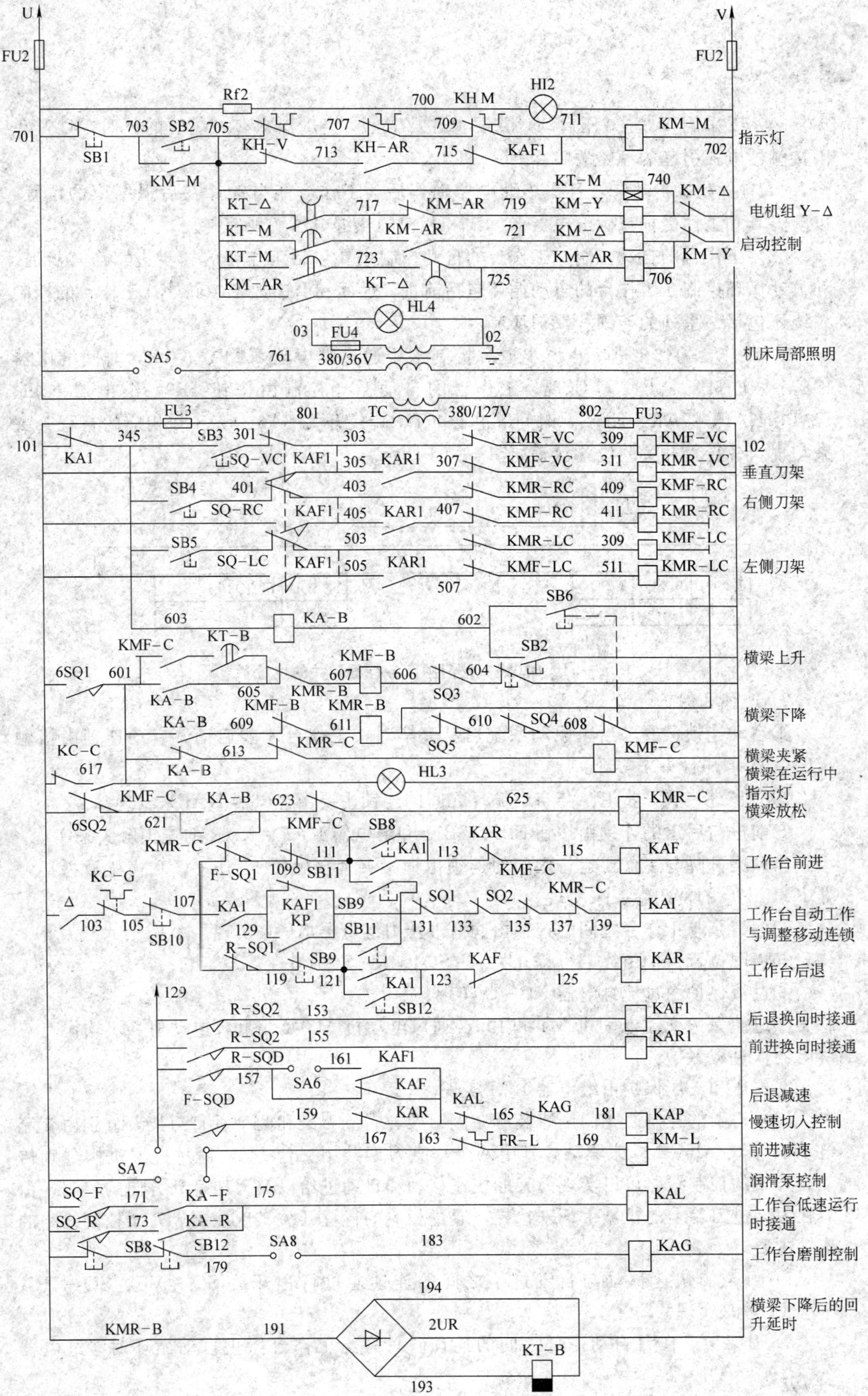

图 4—53　B2010A 龙门刨床电气控制系统电气原理图-交流控制回路

3）M1采用Y-△减压启动，并要求在Y-△换接过程中有一短暂的延时，以避免因接触器电弧引起的短路故障。

4）有过载保护环节，且在热继电器动作后，工作台能自动停在后退结束的位置，以防刀具和工件受损（由继电器KAF1和相应的热继电器实现控制）。

（2）工作台的自动控制。工作台的自动控制主要包括工作台的“步进”与“步退”和自动循环控制。工作台的自动循环包括前进、返回和磨削加工。此外，工作台的控制系统还包括一系列的连锁和保护环节。

1）工作台的“步进”与“步退”控制主要通过继电器KAF、KAR，时间继电器KT，按钮SB8、SB12等实现。工作台的自动循环控制由按钮SB9，继电器KAI、KAP、KAF、KAR、KAG，时间继电器KT，转换开关SA6、SA8和相应的行程开关来实现。各行程开关的位置示意如图4—54所示。

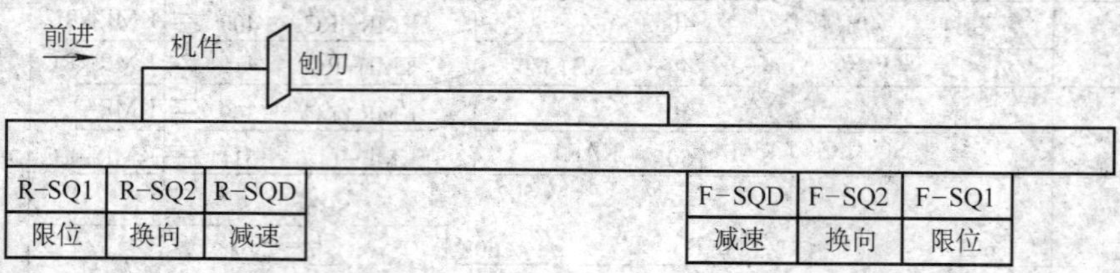

图4—54　B2010A龙门刨床各行程开关的位置示意

2）连锁和保护环节

①启动连锁。要求当主驱动系统启动完毕时，工作台才能启动。启动连锁由接触KT-△的常开触头来实现。

②“步进”和“步退”与自动循环之间的连锁主要由继电器KAI来实现。

③前进与后退的连锁由按钮SB9、SB11和继电器KAF、KAR的连锁触头来实现。

④横梁升降与工作台运行之间的连锁由横梁夹紧接触器KMF-C和横梁放松接触器KMR-C的常闭触头来实现。

⑤润滑泵与工作台之间的连锁由润滑油压力继电器KP来实现。

⑥极限位置保护由终端行程开关F-SQ1、R-SQ1实现。

⑦过流保护由过流继电器KC-G实现。

⑧过载保护交流电动机M1和M2、通风电动机M3及润滑泵电动机M4均设有热继电器作过载保护。

⑨失压和欠压保护由继电器KAI实现。

（3）刀架的控制。龙门刨床装有左侧刀架、右侧刀架和两个垂直刀架，分别由交流电动机M7、M6、M5来驱动，其中两个垂直刀架共用一台M5，通过机械机构分别传动。刀架的控制线路可以实现刀架的快速移动和自动进给以及刀架运动方向的控制，由装在刀架进刀箱上的机械手柄来选择，通过相应的行程开关实现控制。刀架控制线路的连锁主要有：

1）刀架的快速移动与自动进给之间的连锁通过行程开关SQ-VC、SQ-RC、SQ-LC等来实现。

2）刀架与工作台自动循环之间的连锁。只有当工作台停止自动循环时，继电器

KAI 的常闭触头闭合，刀架才能快速移动。

(4) 横梁升降的控制。横梁升降的控制主要由按钮 SB6、SB7，继电器 KA－B，接触器 KMR－C、KMR－B、KMF－C、KMF－B，电流继电器 KC－C，时间继电器 KT－B 及行程开关 SQ6 等组成。横梁升降控制的连锁和保护主要包括：

1) 横梁升降与工作台自动循环之间的连锁。由继电器 KAI 的常闭连锁触头来实现。

2) 横梁上升与下降之间的连锁。由按钮 SB6、SB7 的机械连锁和接触器 KMF－B、KMR－B 的电气连锁来实现。

3) 横梁的极限位置保护。行程开关 SQ3 用来实现横梁上升极限保护，SQ4、SQ5 用来防止横梁下降时与左右侧刀架发生碰撞。

二、B2010A 龙门刨床控制系统的调试及检修

1. B2010A 龙门刨床直流控制系统的主要控制环节及调试

B2010A 龙门刨床直流控制系统的主要控制环节包括电压负反馈与电流正反馈环节、电流截止负反馈环节、电桥稳定环节和消磁环节等。B2010A 龙门刨床的电机扩大机使用了 3 个控制绕组：1WC 为稳定绕组，接在电桥稳定环节中，用于减少电动机转速变化的剧烈程度，即减弱和消除系统振荡；2WC 为电流正反馈绕组，用于补偿电机换向绕组的压降，提高系统调速特性的硬度；3WC 为给定电压负反馈绕组，用于系统的自动调速。

(1) 电压负反馈与电流正反馈环节。电压负反馈与电流正反馈环节主要由电压负反馈采样电阻 R2、电流正反馈采样电阻 RP4 和给定电压等组成，电压反馈信号与给定电压反向叠加后加于电机扩大机的控制绕组 3WC，电流正反馈信号加于电机扩大机的控制绕组 2WC。调节 R2 可改变电压负反馈强度，通常反馈系数调整为 0.35～0.46；调节 RP4 可改变电流正反馈的反馈强度，如图 4—55 所示。

(2) 电流截止负反馈环节。电流截止负反馈信号经二极管 VD1 接到电阻 R1 上，当电流反馈信号超过设定值时，二极管导通，在控制绕组 3WC 中产生去磁电流，使电机扩大机和发电机的输出电压迅速下降，从而使电动机减速甚至停止，起到了限流保护的作用。通常将 R1 上的比较电压 U_C 调整为 9.5～11 V 范围内，如图 4—56 所示。

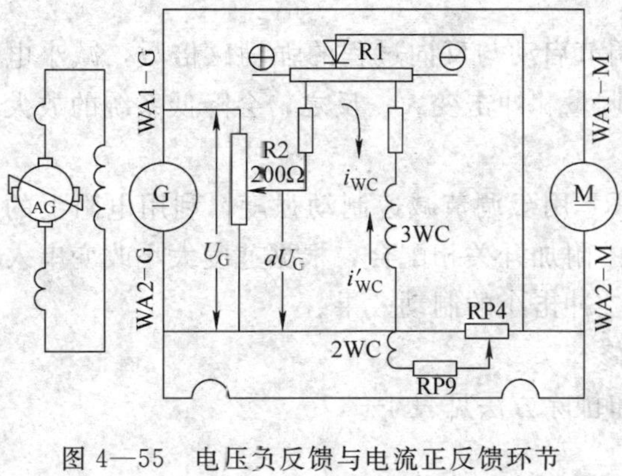

图 4—55　电压负反馈与电流正反馈环节

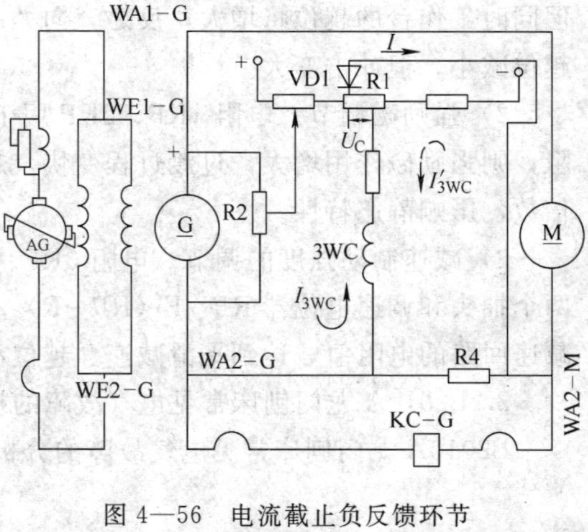

图 4—56　电流截止负反馈环节

（3）电桥稳定环节。电桥稳定环节主要由电阻 R1、R2、发电机励磁绕组 RWE－G、可调电阻 RP10 组成四个桥臂，控制绕组 1WC 接于电桥对角线。稳态时，调节 R1 与 R2 的比例可使电桥平衡（一般电压不大于 0.5 V）。当电机扩大机输出电压增大时，在 1WC 绕组中产生反向去磁电流，从而降低了电机扩大机的输出，起到稳定作用。增大 RP10 的阻值（同时应增大 R2 阻值）可以加强稳定性，但同时也增长了过渡过程，如图 4—57 所示。

（4）消磁系统。消磁环节主要通过三个环节削减剩磁电压：

1）停车时给定电压消失，在电压负反馈作用下 3WC 绕组流过反向去磁电流。

2）时间继电器 KT 延时闭合后，电压负反馈作用被加强（反馈系数提高到 0.6～0.7），增强了去磁作用。

3）通过欠补偿环节进一步消磁。KT 延时闭合后，流经补偿绕组 WCP 的电流减小，削弱了补偿作用，电枢反应使电机扩大机的剩磁电压大幅下降，如图 4—58 所示。

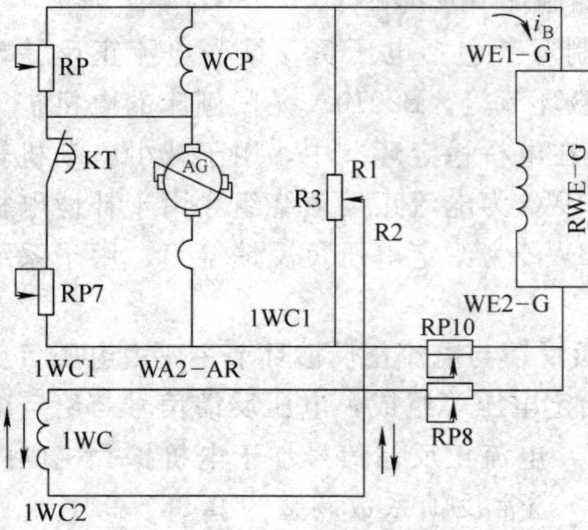

图 4—57　电桥稳定环节

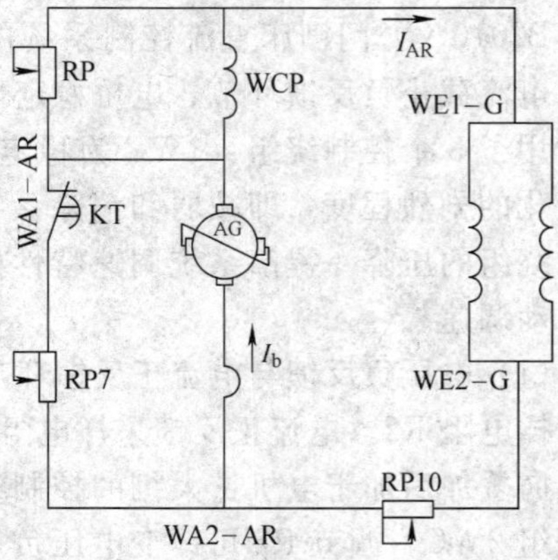

图 4—58　欠补偿消磁环节

（5）控制系统中可调电阻的作用及调整参见图 4—52。

1）加速度调节器 RPA－F（RPA－R）。在减速与反向的过渡过程中，把 RPA－F（RPA－R）向“反向平稳”方向（电阻增大）调节，可使过渡过程变缓，减小冲击，但同时工作台的越位将增大；反之，向“越位减小”方向（电阻减小）调节，则工作台越位减小，但冲击变大。

2）强励磁调节。电阻 1RP、2RP 用于调节启动与反向过程的强励磁倍数，减小电阻，则强励磁作用增大，过渡过程变快，超调量和冲击变大；反之，会降低系统的放大倍数，影响静态特性。

3）减速制动强度的调节。电阻 3RP、4RP 用于调节减速制动强度，利用电阻上的两个抽头和调速电位器 RP－F（RP－R）上的附加开关相配合，根据速度大小改变串入减速回路的电阻值，达到平滑减速、越位小、冲击小的制动效果。

2. B2010A 龙门刨床常见电气故障的检修

B2010A 龙门刨床常见电气故障的分析和排除方法见表 4—17。

表 4—17　　B2010A 龙门刨床常见电气故障的分析和排除方法

序号	故障范围	故障现象		故障原因及排除
1	直流电机故障	励磁发电机故障	励磁发电机不发电	控制柜内部接线松脱或发电机电刷接触不良或1R－L断线
				励磁绕组与电枢绕组连接极性接反
				剩磁消失，可将励磁绕组断开，并用直流电源给其充磁（通常为100 V，2～3 min左右）
			励磁发电机输出极性反	当发电机转向正确时，原因是并励绕组和电枢绕组同时接反。可改变其中之一（改变电枢绕组时应注意串励绕组的极性）
			励磁发电机空载电压过高	若电刷在中性线上时，原因是调节电阻1R－L与励磁发电机配合不好。可将电刷顺时针移动1～2片换向距离，或将140 Ω（一块或两块）板形电阻调为两块188 Ω板形电阻
			励磁发电机带载后电压下降过多	串励绕组或换向极绕组接反。可调换极性试验，且换向极绕组接反时会有换向火花出现
		直流发电机不能发电		励磁绕组开路或两个励磁绕组磁通反向
		直流电动机不能启动		两组励磁绕组中有一组接反
2	工作台速度不正常	启动机组后工作台高速冲出不受控（“飞车”）		电压负反馈极性接反，使负反馈变成了正反馈，造成发电机电压过高
				发电机励磁绕组接反，或电机扩大机控制绕组接反，或发电机旋转方向相反，造成驱动系统自励而“飞车”
				电机扩大机剩磁电压过高，造成发电机强力磁，此时电机扩大机应经消磁后再使用
		工作台运行速度过快		电压负反馈断线，造成电机扩大机和直流发电机过电压
				直流电动机励磁绕组接线松动，致使直流电动机因失磁而“飞车”
				电机扩大机过补偿，使电机扩大机和直流发电机出现过电压
				发电机自励
		工作台运行速度过慢		发电机励磁回路电压不足
				控制绕组3WC接触不良
				200－WA2－G之间有开路，导致电压负反馈过强
		带重载时工作台速度下降过多		原因是电流正反馈太小。可检查电流正反馈回路有无短路和电流正反馈极性是否接反，或电机扩大机与发电机电刷位置是否顺时针旋转过多
				当出现切削时速度明显下降然后慢慢升高现象时，可适当增大8RP阻值来解决
		工作台低速时蠕动		润滑油黏度太低，可通过提高润滑油黏度来解决
				适当加大低速时的电压负反馈和电流正反馈，加强稳定环节的作用

续表

序号	故障范围	故障现象	故障原因及排除
3	工作台换向时的常见故障	换向时冲程大	检查减速制动回路工作是否正常
			检查减速开关 F－SQD、R－SQD 和继电器 KAD 是否良好
			电压负反馈较弱、减速制动不强或失灵、稳定过强和截止电压低等均能引起越位过大故障，可进行适当调整
		反向不平稳，有冲击	机械传动部件的问题
			电气原因可通过调节电压负反馈深度，或加强稳定环节的作用、减弱减速制动强度等来解决（调整时应将加速调节器旋至“越位减小”位置）
4	工作台停车时的常见故障	停车冲程过大	原因是制动强度太弱。可调节电流截止负反馈强度，或减小 5RP、6RP 阻值及降低稳定环节的强度
		停车太猛或停车倒退	原因是停车制动过强。首先根据机械撞击声出现在时间继电器 KT 触点分断的前后，来判断问题出在第一级或第二级制动。若第一级制动太猛，原因可能是电流反馈二极管开路，或 5RP、6RP 阻值太小，稳定环节、电流截止环节调整不当等造成
		停车爬行	消磁作用太弱。原因可能是电压负反馈、自动消磁及欠补偿能耗制动等环节调整不当，或有相关触点接触不良、RP 阻值太大等
			消磁作用太强，造成反向磁化，停车后又向反向爬行。可对自动消磁和欠补偿能耗制动环节进行适当调整
		停车时振荡	由于绕组 1WC 接反或断线，造成桥形稳定环节不起作用
			电机扩大机的电刷位置调整不当，有少量自激
5	交流控制电路的常见故障	工作台控制失灵，造成刨台跑出	检查接触器铁心是否粘住或释放缓慢
		按停止按钮后刨台不停，松开按钮工作台反向后退并转换为自动工作	继电器 KAI 线圈失电后铁心粘住未脱开
		横梁夹紧和上下移动不正常	行程开关 SQ6 动作失灵，在自动复位过程中停在中间位置，其触点没能正确动作
		横梁夹紧电动机因过载烧坏	过流继电器 KC－C 失灵，使夹紧电动机长期堵转而烧坏

单元 4

单元考核要点

考核类别	考核范围	考核点	重要程度
理论知识	机床控制系统的相关基本知识	电气传动及自动控制基本知识	★★★
		数字电路基本知识	★★
		单片机基本知识	★★
	经济型数控机床的调试与检修	经济型数控机床的特点及构成	★★★
		典型经济型数控机床简介	★★
	较复杂机械控制系统的调试与检修	B2010A 龙门刨床控制系统	★★★
操作技能	经济型数控机床的调试与检修	经济型数控机床的调试与检修	★★★
	较复杂机械控制系统的调试与检修	B2010A 龙门刨床控制系统的调试及检修	★★★

单元测试题

一、填空题（请将正确的答案填在横线空白处）

1. 电动机的机械特性是指电动机的____与________的关系，它是表示电动机运行性能的重要方面。

2. 并励直流电动机具有与______________相似的____的机械特性，只是因励磁绕组与电枢绕组共用一个电源，使其机械特性比他励直流电动机____一些。

3. 他励（并励）直流电动机的调速方法主要有______________、______________和______________________三种方法。

4. 自动控制系统一般由____环节、____环节、__________环节、__________环节、____环节和________等环节和部件构成。

5. 通过某种装置将系统的______引回______，对系统的控制信号产生影响，称为反馈。若反馈信号与输入信号同极性（同相位）称为______，反馈信号与输入信号反极性（反相位）则称为______，为使系统稳定工作，自动控制系统中通常采用______。

6. 为使自动控制系统很好地完成控制任务，对系统的基本要求主要有系统的______、______和______三个方面。

7. 自动控制系统的静态指标主要有________、______、________________，动态指标主要有__________、________、________。

8. 交磁电机扩大机是一种具有____________、________、______的特殊构造的__________，同时它又相当于一种旋转式的________装置。

9. 逻辑代数和普通代数一样，也是用字母表示变量，但逻辑代数的变量取值只有两个，即__或__。在逻辑代数中，__表示逻辑加（即或运算），__表示逻辑乘（即与运算），______________表示逻辑非（取反）。

单元 4

10. 时序逻辑电路在任何时刻的输出信号不仅取决于________________，还取决于________________。

11. 计算机的硬件系统主要由________________、______、________和________四大部分组成。

12. 在一块芯片上集成一台电子计算机全部或大部功能部件的电子元件称为________，或________。

13. MCS－51 系列单片机的引脚除＋5（V_{CC}）和地（GND）以外，主要分为三大部分：________、______、________。

14. MCS－51 系列单片机的三总线结构包括____________、____________和____________。

15. 经济型数控系统通常由____、____________、________________________和__________________等部分组成。

16. 经济型数控装置通常具有________、________、______________和______________等接口。

17. 开关量输入接口应具有______、__________和______________功能。

18. 以 8031 单片机为核心的经济型车床数控系统____________口输出的信号经功放电路后，分别控制 X 轴、Z 轴的步进电动机，步进电动机的环形分配采用____来实现，利用____进行频率控制，以实现对电动机转速的控制。

19. 数控线切割机床主要由____、________、________和________四部分组成。

20. 检修数控机床的常用仪器仪表有______、__________、__________、______________和______________等。

二、单项选择题（下列每题的选项中，只有 1 个是正确的，请将其代号填在横线空白处）

1. 三相异步电动机的电磁转矩与电源电压________。

A. 成正比　B. 成反比　C. 的平方成正比　D. 的平方成反比

2. 下面属于组合逻辑电路的是________。

A. 译码器　B. 触发器　C. 加法器　D. 脉冲分配器

3. RAM 是________存储器。

A. 只读　B. 只写　C. 读写　D. 随机

4. 属于系统软件的是________。

A. 操作系统软件　B. 文字处理软件

C. 绘图软件　D. 财务管理软件

5. 数控机床要求地线的接地电阻小于________。

A. 2 Ω　B. 4 Ω　C. 5 Ω　D. 10 Ω

6. 数控机床试运行的时间一般为________。

A. 12 h　B. 24 h　C. 36 h　D. 48 h

7. A 系列龙门刨床的主驱动系统采用________系统。

A. 晶闸管-直流电动机　B. 电机扩大机-直流发电机-直流电动机

C. 交流变频调速　　　　　　　D. 步进电动机

8. B2010A 龙门刨床电机扩大机的电压负反馈绕组是________。

A. 1WC　　B. 2WC　　C. 3WC　　D. 4WC

9. B2010A 龙门刨床的电流截止负反馈用于________。

A. 稳定电压　B. 稳定电流　C. 稳定转速　D. 限流保护

10. B2010A 龙门刨床的电压负反馈断线，造成反馈信号丢失，会造成工作台________。

A. 速度过高　B. 速度过低　C. 爬行　D. 冲击过大

三、判断题（下列判断正确的请打"√"，错误的打"×"）

1. 开环控制系统的结构简单，且工作稳定性好。（　）

2. 在逻辑代数中 A+A·B=A。（　）

3. 在逻辑代数中，若将等式两边所有出现同一变量的位置代之以一个逻辑函数，则等式仍然成立。（　）

4. 与非门的逻辑表达式是 P=A+B。（　）

5. CAM 的含义是计算机辅助设计。（　）

6. 计算机关机后不要立刻重新开机。（　）

7. B2010A 龙门刨床要求当励磁机正常工作后，主驱动机组才能完成启动过程。（　）

8. B2010A 龙门刨床电桥稳定环节不仅加强了系统稳定性，而且加快了系统的过渡过程。（　）

9. 把 B2010A 龙门刨床的加速度调节器 RPA－F（RPA－R）向"越位减小"方向（电阻减小）调节，可以减小工作台的越位和冲击。（　）

10. 当 B2010A 龙门刨床励磁发电机的转向正确时，若其输出极性反，可能是并励绕组或电枢绕组其中之一接反。（　）

四、简答题

1. 请比较三相异步电动机三种调速方法的特点。

2. 请简述数控系统故障检修的方法。

3. 请简述数控机床伺服系统故障检修的方法。

4. 请简述 B2010A 龙门刨床工作台的控制部分，共有哪些连锁和保护环节。

五、技能题

第 1 题　经济型数控系统的检查、调试及故障检修

1. 操作准备

(1) 经济型数控机床或经济型数控系统模拟训练考核装置及其相应的技术资料。

(2) 常用电工工具。

(3) 万用表、钳形电流表、兆欧表、转速表等。

(4) 数控机床检修常用仪器仪表，如示波器、逻辑测试笔、逻辑分析仪、集成电路测试仪、特征代码分析仪等。

2. 操作要求

（1）设备检查

1）对照实物、图纸和有关技术资料，搞清现场设备的各部分位置、作用和相互关系。

2）按照设备说明书和有关技术资料的要求，检查现场设备的安装是否符合技术要求。

3）按图纸检查系统各环节的接线是否正确和牢固。

（2）试运行及调试

1）通电试运行。按说明书和相关技术资料的要求正确进行设备的通电试运行，确保试运行程序正确，安全操作。

2）系统调试。检测机床各个主要操作功能、安全措施和常用指令的执行情况，检测辅助功能及附件的工作情况，并按说明书要求对相应技术参数进行调整，使各项指标符合要求。

（3）故障排除

1）正确查出故障点并修复正常，不能扩大故障。

2）故障诊断方法及分析思路正确。

3）正确使用仪器仪表，确保安全操作。

3. 配分及评分标准

序号	主要内容	考核要求	评分标准	配分	扣分	得分
1	设备检查	（1）熟悉设备 （2）安装检查 （3）接线检查	对操作设备不熟悉扣5～10分 设备检查不全面扣5～10分	20		
2	试运行及调试	（1）通电试运行 （2）系统调试	操作程序不正确扣10～15分 调试项目不齐全、不准确扣5～15分 调试指标不符合要求扣5～10分 因操作错误导致事故或损坏设备扣15～30分	30		
3	故障排除	（1）正确查出故障点并修复正常 （2）故障诊断方法及分析思路正确 （3）正确使用仪器仪表，确保安全操作	不能查出故障扣20～40分 处理方法不当扣1～20分 扩大故障扣10～30分	40		
4	安全文明生产	（1）严格执行国家颁布安全法规及企业有关安全规定 （2）遵守企业有关文明生产规定	违反安全生产规定扣1～7分 违反文明生产规定扣1～3分	10		
备注			合计	100		
			考评员签字			年　月　日

第2题　B2010A龙门刨床控制系统的调试及检修

1. 操作准备

(1) B2010A 龙门刨床或 B2010A 龙门刨床控制系统训练考核装置及其相应的技术资料。

(2) 常用电工工具。

(3) 万用表，钳形电流表，直流电压、电流表，兆欧表，转速表等。

2. 操作要求

(1) 设备检查

1) 对照实物、图纸和有关技术资料，搞清现场设备的各部分位置、作用和相互关系。

2) 按照设备说明书和有关技术资料的要求，检查现场设备的安装是否符合技术要求。

3) 按图纸检查系统各环节的接线是否正确和牢固。

(2) 试运行及调试

1) 通电试运行。按说明书和相关技术资料的要求，正确进行设备的通电试运行，确保试运行程序正确，安全操作。

2) 系统调试。检测机床各个主要操作功能、连锁和保护措施的工作情况，并按说明书要求对相应技术参数进行调整和整定，使各项指标符合要求。

(3) 故障排除

1) 正确查出故障点并修复正常，不能扩大故障。

2) 故障诊断方法及分析思路正确。

3) 正确使用仪器仪表，确保安全操作。

3. 配分及评分标准

序号	主要内容	考核要求	评分标准	配分	扣分	得分
1	设备检查	(1) 熟悉设备 (2) 安装检查 (3) 接线检查	对操作设备不熟悉扣 5～10 分 设备检查不全面扣 5～10 分	20		
2	试运行及调试	(1) 通电试运行 (2) 系统调试	操作程序不正确扣 10～15 分 调试项目不齐全、不准确扣 5～15 分 调试指标不符合要求扣 5～10 分 因操作错误导致事故或损坏设备扣 15～30 分	30		
3	故障排除	(1) 正确查出故障点并修复正常 (2) 故障诊断方法及分析思路正确 (3) 正确使用仪器仪表，确保安全操作	不能查出故障扣 20～40 分 处理方法不当扣 1～20 分 扩大故障扣 10～30 分	40		

续表

序号	主要内容	考核要求	评分标准	配分	扣分	得分
4	安全文明生产	（1）严格执行国家颁布安全法规及企业有关安全规定 （2）遵守企业有关文明生产规定	违反安全生产规定扣1～7分 违反文明生产规定扣1～3分	10		
备注			合计	100		
			考评员签字			年 月 日

单元测试题答案

一、填空题

1. 转速　电磁转矩　2. 他励直流电动机　较硬　稍软　3. 改变电枢电压 U　改变励磁磁通 Φ　改变电枢回路电阻（R_a＋RPa）　4. 给定　比较　放大与运算　检测与反馈　执行　被控对象　5. 输出量　输入端　正反馈　负反馈　负反馈　6. 稳定性　准确性　快速性　7. 调速范围　静差率　稳态误差（静差）　最大超调量　调整时间　振荡次数　8. 很高放大倍数　较小惯性　高性能　直流发电机　功率放大　9. 1　0　＋　·　字母上面加横线　10. 该时刻的输入信号　电路原来的状态　11. 中央处理器（CPU）　存储器　输入设备　输出设备　12. 单片微机　微控制器　13. 时钟电路　控制线　I/O 口　14. 地址总线 AB　数据总线 DB　控制总线 CB　15. 微机　进给伺服系统　开关量控制及主轴控制部分　人机接口和通信接口　16. 键盘接口　显示接口　开关量输入接口　开关量输出接口　17. 去抖动　抗干扰隔离　TTL 电平转换　18. 8255A 的 PA　软件　T0　19. 机床　数控装置　高频电源　变频电路　20. 示波器　逻辑测试笔　逻辑分析仪　集成电路测试仪　特征代码分析仪

二、单项选择题

1. C　2. A　3. D　4. A　5. B　6. D　7. B　8. C　9. D　10. A

三、判断题

1. √　2. √　3. √　4. ×　5. ×　6. √　7. √　8. ×　9. ×　10. ×

四、简答题

1. 答：（1）变频调速设备体积小、质量轻、效率高，随着电力电子、计算机等技术的发展，性能不断提高，成本也在不断下降，是目前交流调速的发展方向。（2）变极调速设备较简单，且无功率损耗，但只适用于多速电动机，而且只能实现有级调速，常用于需多种转速的机械设备。（3）转子串电阻器调速只适用于绕线转子电动机，当转子回路串接较大的电阻时，会使电动机的机械特性变软，功率损耗也较大，而且设备较笨重。这种调速方法常用在起重机和矿山绞车等设备上。

2. 答：数控机床控制系统故障主要利用自诊断功能报警，各电路板的信息状态指示灯，各关键测试点的波形、电压值，各有关电位器的调整、跨接线的设置及有关参数的设定，专用诊断元件，并参考控制系统维修手册、电器图册等加以排除。

3. 答：伺服系统的故障可利用CNC系统自诊断的报警号，CNC系统及伺服放大驱动板上的信息状态指示灯、故障报警指示灯，参阅有关维修说明书上关键测试点的波形、电压值，CNC系统、伺服放大板有关参数的设定、跨接线的设置及电位器的调整，功能兼容板或备份板的替换等方法来排除。

4. 答：工作台的连锁和保护环节有：(1) 启动连锁：要求当主驱动系统启动完毕，工作台才能启动；(2)“步进”、“步退”与自动循环之间的连锁；(3) 前进与后退的连锁；(4) 横梁升降与工作台运行之间的连锁；(5) 润滑泵与工作台之间的连锁；(6) 极限位置保护；(7) 过流保护；(8) 过载保护；(9) 失压和欠压保护。

五、技能题

答案略。

第5单元

可编程序控制器及其安装和应用

可编程序控制器是一种较新型的控制设备和技术，自问世以来，以其特有的优点，被广泛应用于自动化生产设备和工业自动化控制的各个领域。因此，掌握可编程序控制器的安装与使用方法，是高级维修电工应具备的技能之一。

本单元主要介绍可编程序控制器的基本知识、安装与接线以及基本指令和简单编程方法，并通过具体实例介绍采用可编程序控制器改造继电接触控制系统的基本方法。通过本单元的学习，能对可编程序控制器的构成、特点及原理具有初步的了解，并具备安装和使用小型可编程序控制器的能力，会编制较为简单的逻辑控制程序，能利用可编程序控制器对继电接触控制系统进行技术改造。

第一节　可编程序控制器概述

培训目标

→ 了解可编程序控制器及其特点

→ 熟悉可编程序控制器的基本构成和工作原理

一、可编程序控制器及其特点

1. 可编程序控制器及其发展

可编程序控制器是在继电接触控制电路基础上发展起来的、以微处理器为核心的通用工业控制器，被广泛应用于工业生产的控制设备中。

20 世纪 60 年代之前，生产设备的控制基本上使用继电接触控制电路。继电接触控制电路存在控制程序不可变、功能单一、体积大、耗电多、维修量大等缺点。

1968 年美国通用汽车公司因汽车生产需要经常改变生产工艺和生产线的控制程序，提出制作程序可变的逻辑控制器的设想。1969 年美国 DEC 公司研制出世界上第一台可编程序逻辑控制器（Programmable Logical Controller，简称 PLC）——PDP14。该控制器功能较简单，只能代替继电接触控制电路实现逻辑控制。随着计算机和微电子技术的发展，在 20 世纪 70 年代末以后，微处理器被应用到 PLC 中，使其体积更小，功能更强，又发展了软件，增加了数值运算、通信、模拟量处理等新功能，使当初的可编程序逻辑控制器发展为现在的可编程序控制器（Programmable Controller，简称 PC），但为区别于个人计算机，仍沿用 PLC 的称号。

2. 可编程序控制器的功能及特点

（1）可编程序控制器的主要功能

1）条件控制。实现逻辑运算功能，主要是代替继电接触控制电路进行开关量控制。

2）定时控制。可编程序控制器提供内部定时器，可实现定时控制，定时时间可由编程设定。

3）计数控制。可编程序控制器提供内部计数器，可实现计数控制，计数值可由编程设定。

4）步进控制。可采用步进顺控指令编写顺控程序，实现顺控功能。

5）数据处理。实现数学运算功能。

6）通信功能。利用通信功能可实现远地控制和集中管理、分散控制，以及与计算机实现联网。

7）监控功能。可实现对系统运行状态的监控。

（2）可编程序控制器的主要优点

1）控制程序可变，通用性强。当生产工艺变化时，不用改变硬件接线，只需改变控制程序。

2）外部接线简单，可靠性高，维修量小，抗干扰能力强，对工作环境要求低。

3）功能完善。

4）编程容易，使用方便。

5）体积小、质量轻、能耗小、性能价格比高。

3. 可编程序控制器的分类

（1）按输入/输出总点数分。按输入/输出总点数可分为三种类型：输入/输出总点数在 128 点以内的称为小型 PLC；输入/输出总点数在 128～1024 点的为中型 PLC；输入/输出总点数大于 1024 点的是大型 PLC。

（2）按结构形式分。按结构形式可分为以下三种类型：

1）单元式。将所有的电路都装入一个模块内，构成一个整体。特点是结构紧凑，体积小，成本低，安装方便，适合直接安装在机床或电控柜内。

2）模块式。采用搭积木的方式组成系统，在一块基板上插上 CPU、电源、I/O 接口等模块。特点是配置灵活，可根据不同的系统规模选用不同档次的模块。

3）叠装式。各单元自成独立的模块，但安装不用基板，采用电缆进行单元间的联络，且各单元可以一层层地叠装。叠装式 PLC 具有单元式结构紧凑和模块式配置灵活的双重优点。

二、可编程序控制器的基本构成和工作原理

1. 可编程序控制器的内部结构

可编程序控制器通常由中央处理器、存储器、输入/输出单元和电源等组成，如图 5—1 所示。

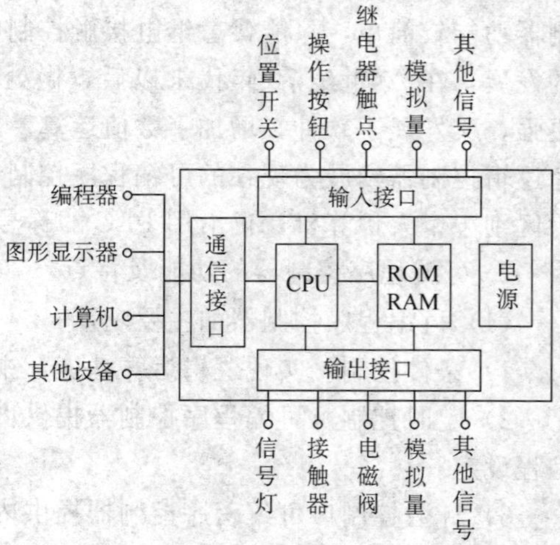

图 5—1　可编程序控制器的内部结构

（1）中央处理器（CPU）。中央处理器（CPU）是可编程序控制器的核心，用以完成控制和运算功能。通常采用 8 位或 16 位的单片机构成。

（2）存储器。存储器用于存放程序和运行数据，分为系统存储器和用户存储器两类。

1）系统存储器。用来存放系统程序（即支持系统运行的基本程序），由制造商提供，固化在只读存储器 ROM 中。

2）用户存储器。用来存放用户程序（即生产设备的控制程序）和数据，可存放于 RAM、EPROM、E^2PROM 中。RAM：随机存储器，可随时读写信息，但不具有掉电保持功能，断电后数据将全部丢失，故需要后备电池的支持；EPROM：紫外线擦除只读存储器，可随时读取信息，需专门仪器擦写；E^2PROM（EEPROM）：可电擦电写，且具有掉电保持功能。

（3）输入单元。输入单元用来接收外部输入的控制指令、运行状态和运行数据等。

信号类型主要有开关量、数字量和模拟量三种。为提高抗干扰能力，输入接口通常具有光电隔离和电容滤波措施，如图 5—2 所示。

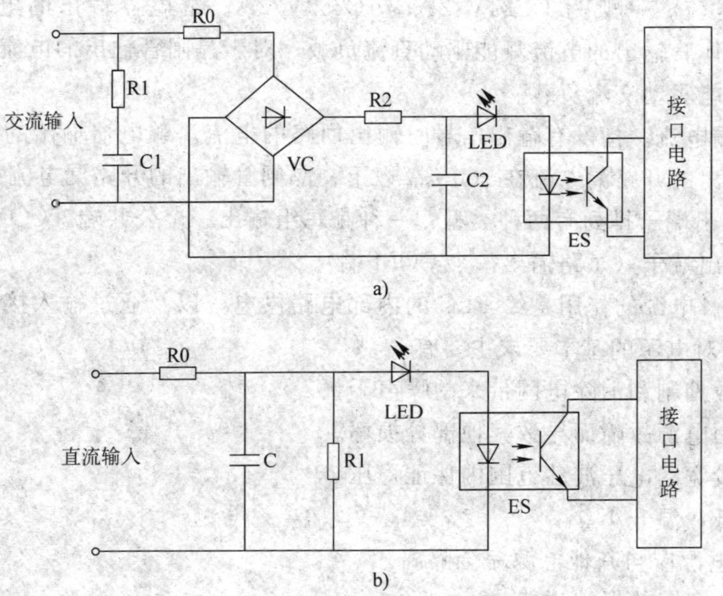

图 5—2　PLC 的输入接口电路

a）交流输入接口　b）直流输入接口

（4）输出单元。输出单元用来将 PLC 的控制信号输出给外部执行电器。输出接口的结构类型通常有继电器输出、晶体管输出和晶闸管输出三种形式，如图 5—3 所示。各输出类型的主要技术性能如下：

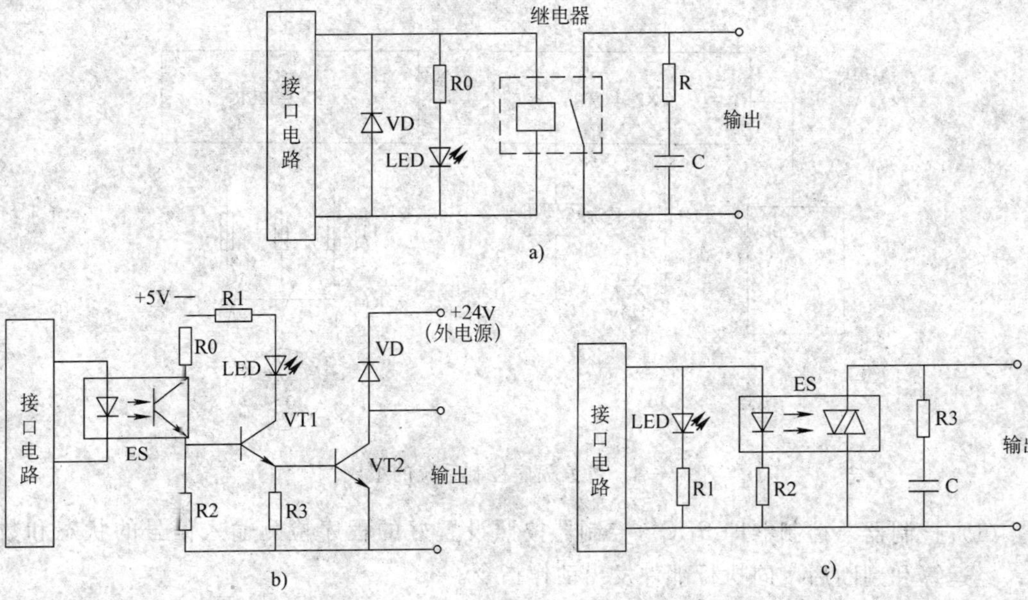

图 5—3　PLC 输出接口的结构类型

a）继电器输出　b）晶体管输出　c）晶闸管输出

1）响应时间。指输出状态转换所需要的时间。通常继电器输出的响应时间为10 ms、晶闸管输出的响应时间为1 ms、晶体管输出的响应时间为<0.2 ms。

2）输出电流。一般为DC24V/2A；AC250V/2A。继电器输出的电流可驱动交、直流负载；晶体管输出的电流只能驱动直流负载；对于晶闸管输出的电流若采用的是双向晶闸管，也能驱动交流负载。

3）开路漏电流。指没有输出信号时输出回路的电流。继电器输出的开路漏电流为零；晶体管输出的开路漏电流在100 μA以下；晶闸管输出的开路漏电流相对较大。

PLC的输出端子排列有两种类型：一种是每组输出一个公共端（COM）；另一种是各路独立的输出端子（每路输出一个COM端）。

（5）电源。电源的作用是给PLC的内部电路供电，以及通过输入接口向外部传感器供电。PLC对电源的基本要求主要有：

1）能有效抑制和消除电网带来的噪声干扰。

2）不会因电源故障而导致其他部分损坏。

3）能在较宽的电压波动范围内保证稳压。

4）功耗低，温升小。

5）PLC电源应与其他电源完全隔离。

6）具有较完善的保护功能。

2. 可编程序控制系统的组成

以可编程序控制器为核心单元的控制系统称为可编程序控制系统。可编程序控制系统主要由控制器、编程器、信号输入部件和输出执行部件等部分构成，如图5—4所示。

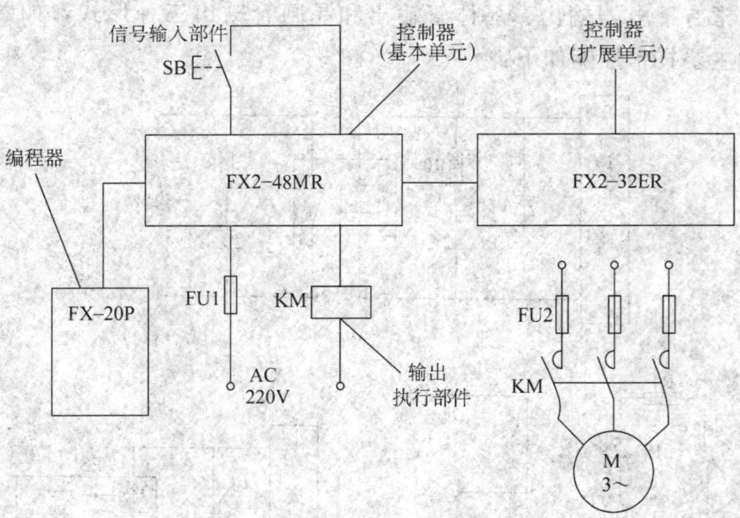

图5—4 可编程序控制系统的组成

（1）控制器。控制器即PLC。控制器按照设置好的程序检测输入信号的状态和数据，经运算和判断后，向执行部件发出动作指令。

（2）编程器。编程器用于对PLC进行编程、发出命令和监控工作状态。编程器的工作方式通常有三种：

1）编程方式。用于将用户程序输入 PLC，或对程序进行显示和修改、增删。

2）命令方式。对 PLC 发出工作命令，如运行、暂停、复位等。

3）监控方式。可实时显示 PLC 输入、输出及内部寄存器、定时器、计数器等的数据，监视程序的运行过程。

编程器的类型主要有手持式（体积小、价格低、使用方便）、便携式和微机编程（用微型计算机编程，通过串行接口与 PLC 实现通信）三种。

（3）信号输入部件，如按钮、行程开关、接近开关、传感器等，作用是接收系统的运行条件，并传送给 PLC。

（4）输出执行部件，如接触器、继电器、电磁阀等，作用是在 PLC 驱动下控制生产设备的运行。

3. 可编程序控制器的基本原理

PLC 采用循环扫描的工作方式，从输入到输出的整个执行时间称为扫描周期。PLC 的每一个扫描周期的工作过程为：输入采样阶段→程序执行阶段→输出刷新阶段，如图 5—5 所示。

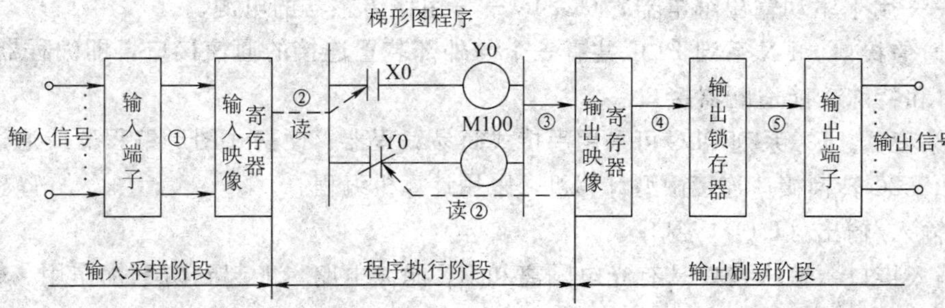

图 5—5　PLC 的工作过程

（1）输入采样阶段。将输入端子的状态和数据读入输入寄存器。

（2）程序执行阶段。按照程序读取输入寄存器及其他寄存器中的状态和数据，经运算后存入有关寄存器。

（3）输出刷新阶段。将输出寄存器中的状态及数据送到输出锁存器，并从输出端子输出信号。

4. 可编程序控制器的编程语言

可编程序控制器的编程语言主要有梯形图编程、指令语句表编程和高级语言编程（如 BASIC 语言、C 语言、汇编语言等），其中以梯形图编程和指令语句表编程较为常用。梯形图是由继电接触控制电路演变而来的，使用简便，好学易懂。如图 5—6 所示为三相异步电动机自锁控制的编程梯形图。

三、FX 系列可编程序控制器的系统配置

对于不同型号的可编程序控制器，其内部结构的配置大同小异，现以生产上应用较多的三菱 FX 系列 PLC 为例，简要介绍可编程序控制器的系统配置。

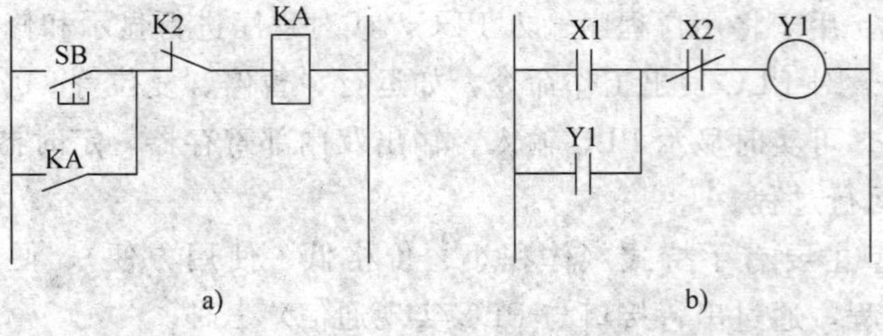

图 5—6　三相异步电动机自锁控制的编程梯形图
a）继电接触控制电路　b）PLC 编程梯形图

1. FX 系列 PLC 的基本组成

（1）硬件构成

1）单片机。内部包含 CPU、RAM、ROM、串行接口 SIO、时钟 CTC 等。采用两块超大规模集成电路，一片 16 位通用 CPU，一片专用逻辑处理器，处理中断和高速指令等。

2）电源。采用开关电源技术，共有三路输出：DC5V——供 PLC 内部 IC 使用；DC12V——用于驱动输出继电器；DC24V——用作传感器的电源。

3）通信接口。FX 系列 PLC 共有三个与外部装置连接的通信接口，即编程器接口、扩展接口和特殊功能适配器接口。

4）编程器。FX 系列 PLC 可采用手持式简易编程器、便携式图形编程器或通过 RS-422/RS-232C 转换接口连接微型计算机，采用计算机编程。

5）输入/输出（I/O）接口

①输入接口。输入接口具有光电隔离和 RC 滤波电路，能起到防干扰作用。输入接口的信号响应时间大约为 10 ms。

输入灵敏度：输入动作电流 7 mA，最小输入动作电流 2.5～3 mA。为使动作可靠，实际输入电流应大于 4.5 mA；为保证可靠切断，不动作输入电流应小于 1.5 mA。当输入端接有二极管或电阻器时，应注意输入误动作问题。

输入端子的接法：按钮、行程开关等无源电器应接在某输入端子与 COM 之间，接近开关、光电开关等 NPN 型集电极开路式传感器的接法如图 5—7 所示。当某输入端子与 COM 之间接通时，该输入端的指示灯亮，表示有输入信号。

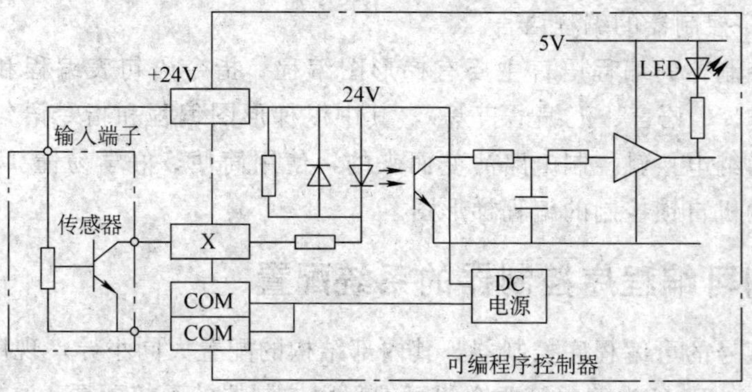

图 5—7　NPN 型集电极开路式传感器的接法

②输出接口。FX 系列 PLC 的输出接口有继电器输出型、晶体管输出型和双向晶闸管（SSR）输出型三种形式。FX 系列 PLC 输出接口的主要技术参数见表 5—1。

表 5—1　　FX 系列 PLC 输出接口的主要技术参数

项　目		继电器输出	SSR 输出	晶体管输出
回路构成		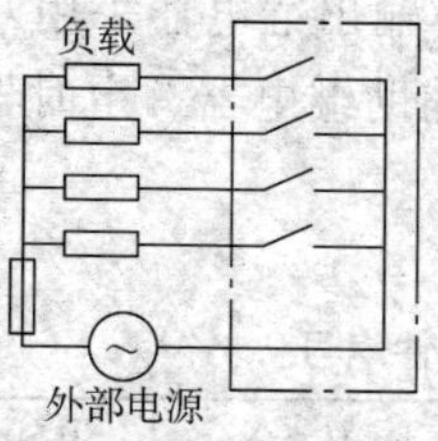	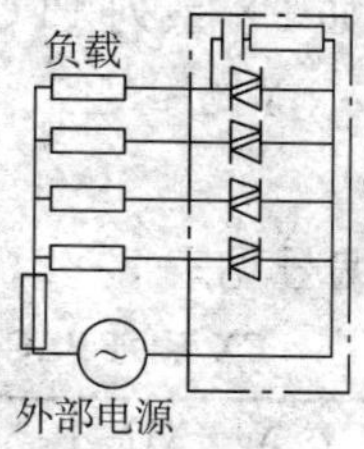	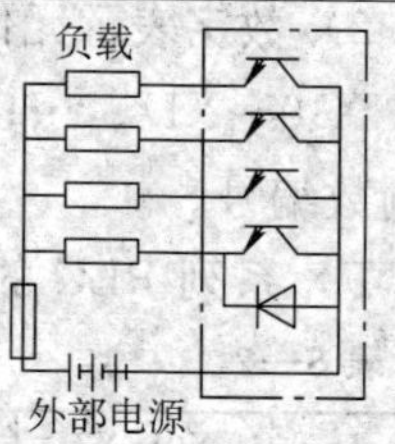
外部电源		AC 250 V，DC 30 V 以下	AC 85～242 V	DC 5～30 V
最大负载	电阻负载	2 A/1 点	0.3 A/1 点 0.8 A/4 点	0.5 A/1 点 0.8A/4 点
	感性负载	80 VA	15 VA/AC　100 V 30 VA/AC　240 V	12 W/DC　24 V
	灯负载	100 W	30 W	1.5 W/DC　24 V
开路漏电流		—	1 mA/AC　100 V 2.4 mA/AC　240 V	0.1 mA/DC　30 V
最小负载		—	0.4 VA/AC　100 V 2.3 VA/AC　240 V	—
响应时间	OFF→ON	约 10 ms	1 ms 以下	0.2 ms 以下
	ON→OFF	约 10 ms	最大 10 ms	0.2 ms 以下
回路隔离		继电器隔离	光电晶闸管隔离	光电耦合器隔离
动作显示		继电器通电时发光 LED 亮	光电晶闸管隔离时 LED 亮	光电耦合器隔离时 LED 亮

6）输入/输出继电器。为使用简便，PLC 编程时，将各输入/输出口及内部寄存器等都看做可编程的继电器（软继电器），每一个继电器分配一个地址，称为一个点。

①输入继电器（X）。输入继电器与对应的输入端子相连（经光电隔离），有多少输入继电器就有多少输入端子（一一对应）。输入继电器只能由外部输入信号来驱动，不能用程序驱动。输入继电器的触点有常开和常闭两种，可重复使用，不受次数限制。

②输出继电器（Y）。输出继电器与输出端子相连（一一对应）。输出继电器的线圈由程序驱动。输出继电器的触点分为外部触点和内部触点两种，外部触点只有常开的，且与输出端子相连；内部触点有常开和常闭两种，仅用于编程，且可以无限次使用。

（2）软件构成

1）系统程序。由制造商提供，用于支持 PLC 本身的运行，主要包括管理程序（运行过程的时间分配管理、存储器地址管理、系统自检管理等）、用户指令解释程序（将用户程序翻译为机器码）、标准程序模块和系统调用等部分。

2）用户程序。用户根据生产设备的控制要求编写的程序，如梯形图等。

（3）软元件。把 PLC 内每个输入/输出继电器、计数器、定时器、辅助继电器等称为软元件。每个元件都有自己固定的编程地址，其中输入/输出继电器的地址号与输入输出端子号一致。大部分 PLC 软元件编号采用字母和数字混合编号，含义如下：

1）字母表示元件类型，如 FX 系列 PLC 输入继电器用 X 表示，输出继电器用 Y 表示，辅助继电器用 M 表示，定时器用 T 表示，计数器用 C 表示（其他机型大同小异）。

2）数字表示元件编号，如 FX 系列 PLC 输入/输出继电器采用八进制数编号：X0～X7、X10～X17、…；Y0～Y7、Y10～Y17、…，辅助继电器、定时器、计数器等采用十进制数编号。

FX 系列 PLC 的软元件编号见表 5—2。

表 5—2　　**FX 系列 PLC 的软元件编号**

输入继电器 X	X0～X7 8 点 FX2-16M	X0～X13 12 点 FX2-24M	X0～X17 16 点 FX2-32M	X0～X27 24 点 FX2-48M	X0～X37 32 点 FX2-64M	X0～X47 40 点 FX2-80M	X0～X177 128 点 带扩展	输入输出合计共 256 点
输出继电器 Y	Y0～Y7 8 点 FX2-16M	Y0～Y13 12 点 FX2-24M	Y0～Y17 16 点 FX2-32M	Y0～Y27 24 点 FX2-48M	Y0～Y37 32 点 FX2-64M	Y0～Y47 40 点 FX2-80M	Y0～Y177 128 点 带扩展	
辅助继电器 M	M0～M499 500 点 通用		M500～M1023（B/U） 通信用 524 点保持用 主站→从站：M800～M899 从站→主站：M900～M999				M8000～M8255 256 点 特殊用	
状态 S	S0～S499 500 点通用 初始：S0～S9 回零：S10～S19			S500～S899（B/U） 400 点 保持用		S900～S999（B/U） 100 点 故障诊断用		
定时器 T	T0～T199 200 点 100 ms 子程序用 T192～T199		T200～T245 46 点 10 ms		T246～T249（B/U） 4 点 1 ms 积算		T250～T255（B/U） 6 点 100 ms 积算	
计数器	16 bit 加计数		32 bit 可逆计数		32 bit 高速可逆计数器　最大 6 点			
	C0～C99 100 点	C100～C199 100 点（B/U） 保持用	C200～C219 20 点	C220～C234 15 点（B/U） 保持用	（B/U） C235～C245 1 相 1 输入	（B/U） C246～C250 1 相 2 输入	（B/U） C251～C255 2 相输入	
数据寄存器 D、V、Z	D0～D199 200 点 通用	通信用 D200～D511 312 点保持用（B/U） 主站→从站：D490～D499 从站→主站：D500～D509			D1000～D2999 2000 点(B/U) 文件寄存器	D8000～D8255 256 点 特殊用	V、Z2 点变址用	
嵌套指针	N0～N7　8 点 主控用		P0～P63　64 点跳转， 子程序用分支指针		I0□□～I5□□　6 点 输入中断指针		I6□□～I8□□　3 点 时钟中断指针	
常数 K	16 bit：−32 768～32 767				32 bit：−2 147 483 648～2 147 483 647			
常数 H	16 bit：0～$FFFF_H$				32 bit：0～$FFFFFFFF_H$			

注：①标有（B/U）标志的软元件是由锂电池保持的。

②T、C 不作定时器、计数器用时，也可用作数据寄存器，这时 C200～C255，1 点相当于 32 位的数据寄存器。

2. 辅助继电器与特殊继电器

(1) 辅助继电器 (M)。其主要特点是：辅助继电器的线圈由程序驱动；辅助继电器的常开、常闭触点可无限次使用；辅助继电器只用于编程，既不能直接驱动外部负载，也不能直接接收外部信号。

1) 通用辅助继电器。M0～M499，共 500 点。其作用相当于继电接触控制电路中的中间继电器。如图 5—8 所示为含有辅助继电器的梯形图。

2) 失电保持型辅助继电器。M500～M1023，共 524 点。其特点是该继电器断电后能保持断电之前的状态。通过置位 (SET) 与复位 (RST) 指令，可用瞬时动作使失电保持型辅助继电器的状态发生改变。如图 5—9 所示为采用失电保持型辅助继电器的梯形图，图 5—9a 是具有自锁功能的梯形图，图 5—9b 是采用置位 (SET) 与复位 (RST) 指令的梯形图。

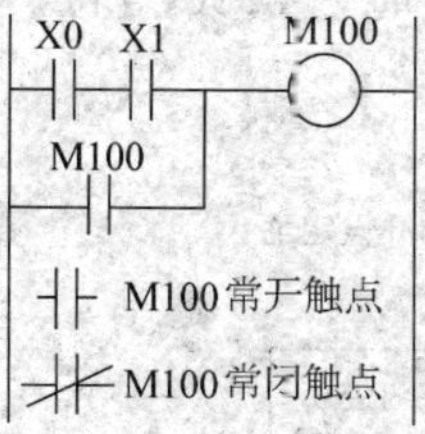

图 5—8 含有辅助继电器的梯形图

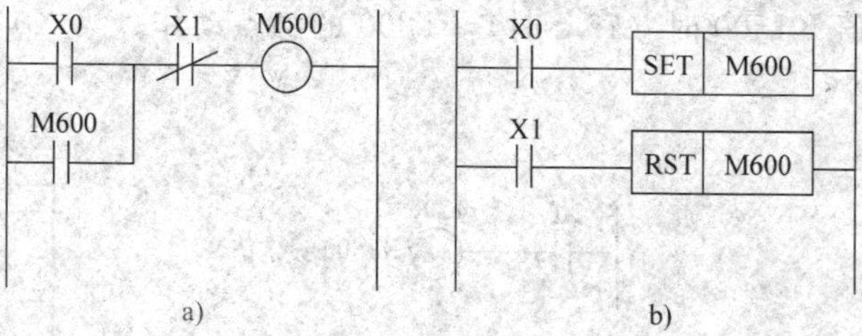

图 5—9 采用失电保持型辅助继电器的梯形图
a) 具有自锁功能的梯形图 b) 采用置位与复位指令的梯形图

3) 特殊辅助继电器。M8000～M8255，共 256 点。特殊辅助继电器具有特定的功能，可分为两类：

①只能利用触点的。该类特殊辅助继电器的线圈由 PLC 自动驱动（不能用程序驱动)。例如，

M8000——运行监控（PLC 启动时自动接通）

M8002——初始脉冲（PLC 运行开始瞬间接通，发出运行脉冲）

M8012——100 ms 时钟脉冲

②可驱动线圈的。该类特殊辅助继电器的线圈由程序驱动，驱动后将使 PLC 做特定的动作。例如

M8030——使 BATTLED（后备锂电池欠压指示灯）熄灭

M8033——使 PLC 停止运行时保持输出

M8034——禁止全部输出

M8039——定时扫描

(2) 状态元件 (S0～S899)。状态元件用于步进顺序控制编程，也可作辅助继电器使用。有以下几类：

1) 初始状态：S0～S9，共 10 点。

2) 回零：S10～S19，共 10 点。

3）通用：S20～S499，共 480 点。

4）保持：S500～S899，共 400 点。

（3）报警器（S900～S999）。用于故障诊断输出，共 100 点，均为失电保持型。

3. 定时器与计数器

（1）定时器（T）。定时器的功能相当于继电接触控制电路中的时间继电器。定时精度（即定时器的时钟脉冲）有 1 ms、10 ms、100 ms 三种。定时数据（定时时间）可由常数 K 设定，或由数据寄存器（D）的内容设定。FX 系列 PLC 的定时器分为非积算定时器和积算定时器两种。

1）非积算定时器，包括精度为 100 ms 的定时器 T0～T199，共 200 点，设定常数为 K＝1～32 767（相应定时时间为 0.1～3 276.7 s）；精度为 10 ms 的定时器 T200～T245，共 46 点，设定常数为 K＝1～32 767（相应定时时间为 0.1～327.67 s）。如图 5—10a 所示梯形图中，当 X0 接通时，T200 以 10 ms 脉冲进行计数，当计数值等于设定值 K1500 时（15 s 时），T200 的触点动作；当 X0 断开或停电时，T200 复位。

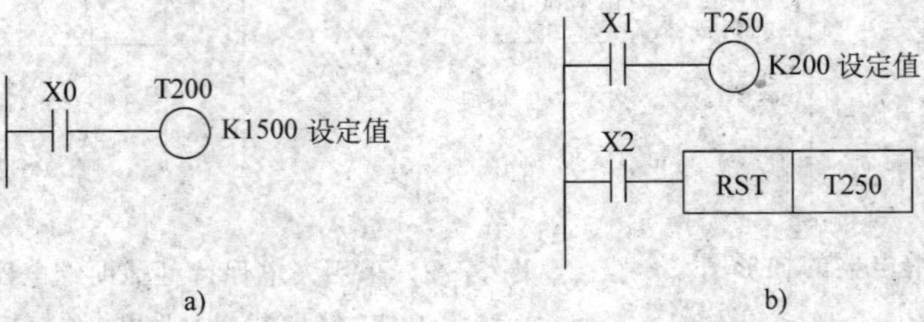

图 5—10　定时器梯形图举例

a）非积算定时器梯形图　b）积算定时器梯形图

单元 5

2）积算型定时器，包括精度为 1 ms 的定时器 T246～T249，共 4 点，设定常数为 K＝1～32 767（相应定时时间为 0.001 s～32.767 s）；精度为 100 ms 的定时器 T250～T255，共 6 点，设定常数为 K＝1～32 767（相应定时时间为 0.1 s～3 276.7 s）。如图 5—10b 所示梯形图中，当 X1 接通时，T250 以 100 ms 脉冲进行计数，当计数值等于设定值 K200 时（20 s 时），T250 的触点动作；当 X1 断开或停电时，T250 保持当前值；X1 再次接通或再来电时，T250 继续计数；当 X2 接通时，T250 复位。

当停电或输入断开时，非积算型定时器不保持当前值，来电或输入再次接通时，从零计数；积算型定时器停电或输入断开时，能保持当前值，来电或输入再次接通时，继续计数。

（2）计数器（C）。FX 系列 PLC 的计数器包括内部信号计数器和高速计数器两类。

1）内部信号计数器。它对内部元件（X、Y、M、S、T、C 等）的信号进行计数，当计数值等于设定值时动作，有如下类型：

①16 bit 计数器，包括通用型计数器 C0～C99，共 100 点；失电保持型计数器 C100～C199，共 100 点。全部为增计数。设定值：K1～K32767，其中 K0 与 K1 的作用相同（即计第 1 个数动作），也可采用数据寄存器来间接设定（如指定 D125，而

D125 的内容为 250，其功能等效于 K250）。

②32 bit 计数器，包括通用型的 C200～C219，共 20 点；失电保持型的 C220～C234，共 15 点。32 bit 计数器为双向计数器，可由特殊辅助继电器 M8200～M8234 设定为增或减计数，且元件编号一一对应（如当 M8211 为 1（接通）时，C211 被设定为减计数；M8211 为 0（断开）时，C211 被设定为增计数），计数设定值为−2 147 483 648～+2 147 483 647，也可用数据寄存器来间接设定（采用编号相邻的两个数据寄存器）。

2）高速计数器。C235～C255，共 21 点。其特点是：以中断方式工作，独立于扫描周期。计数信号由 X0～X5 六个输入端输入，每个输入端只能用于一个计数器，且该输入端不能同时用于其他用途。使用中应注意计数信号的输入继电器不是计数器线圈的驱动继电器，如图 5—11 所示。

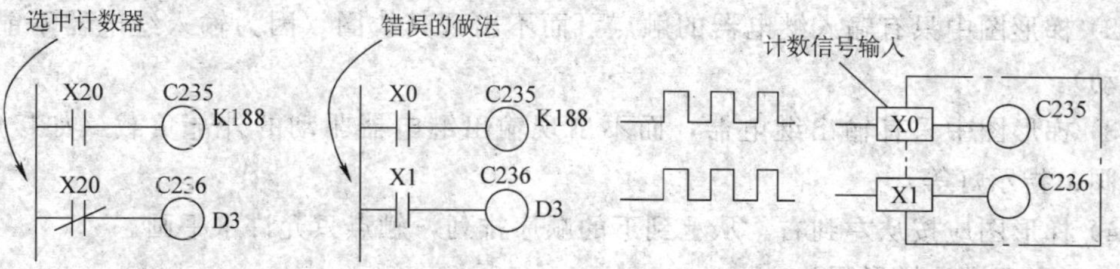

图 5—11　高速计数器的使用

高速计数器有如下类型：

①1 相型高速计数器。C235～C245，共 11 点。均为 32 bit 双向计数器，设定方法与普通 32 bit 双向计数器相同。

②2 相型高速计数器。C246～C255，共 10 点，其中 C246～C250 为 2 相双向计数器；C251～C255 为 2 相 A－B 相计数器。2 相型高速计数器具有两个计数输入端，一个专门用于增计数信号输入，另一个专门用于减计数信号输入，其中 C249～C250 还具有复位和启动输入端。

第二节　可编程序控制器的安装与使用

- 熟悉可编程序控制器的基本指令、编程方法及安装与使用方法，能用可编程序控制器对继电接触控制系统进行改造
- 能绘出相应的可编程序控制器控制系统电路图
- 能编制相应的逻辑运算控制程序
- 能够按图样要求安装带有 80 点以下开关量输入/输出的可编程序控制器的设备

一、可编程序控制器的基本指令及其编程

1. 可编程序控制器的编程规则（梯形图编程规则）

（1）关于左右母线

1）梯形图中最左边的垂直线称为左母线，最右边的垂直线称为右母线，梯形图的每一个逻辑行必须从左母线开始，终止于右母线。

2）左母线只能直接连接各继电器触点，继电器线圈不能直接连接左母线。

3）右母线只能直接连接各继电器线圈，继电器触点不能直接连接右母线。

（2）关于继电器线圈和触点

1）继电器编号应在 PLC 软元件表范围内。同一编号的继电器线圈只能出现一次（双线圈驱动容易引起误操作），同一编号的触点可以反复出现。

2）梯形图中只有输入继电器的触点，而不出现其线圈（因为输入继电器不能用程序驱动）。

3）梯形图中只有输出继电器，而不出现输出继电器驱动的外部负载（如接触器、电磁阀、指示灯等）。

4）梯形图应按从左到右、从上到下的顺序排列，触点只允许水平画。

（3）合理设计梯形图

1）多行并联时，串联触点多的电路（电路块）应安排在上面，单个触点在下面，以使程序简化（见图 5—12）。

2）多触点串联时，并联触点多的电路（电路块）应安排在左面，单个触点在右面，以使程序简化（见图 5—13）。

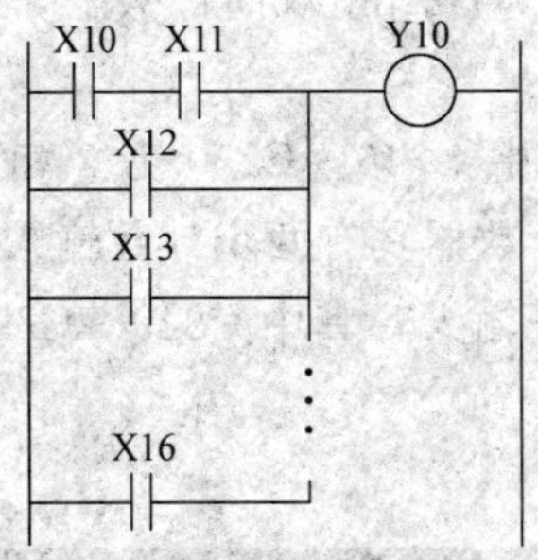

图 5—12　电路块与触点并联的梯形图

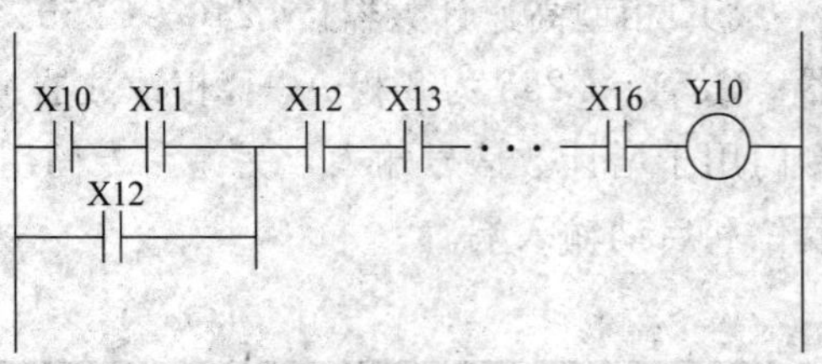

图 5—13　电路块与触点串联的梯形图

3）如多行都有相同的控制条件，可将相同的部分合列在一起，共用一个控制条件，采用主控指令编程，从而省去多条重复的指令，如图 5—14 所示。

4）梯形图的执行过程是从上→下，从左→右，按顺序逐一扫描，不存在几条并列支路同时动作的情况，这一点与继电接触控制电路不同。

2. 可编程序控制器的基本指令

（1）连接指令（开始指令、取指令）

1）功能：用于触点与左母线连接。该指令共有两条：LD——将常开触点与左母线连接；LDI——将常闭触点与左母线连接。

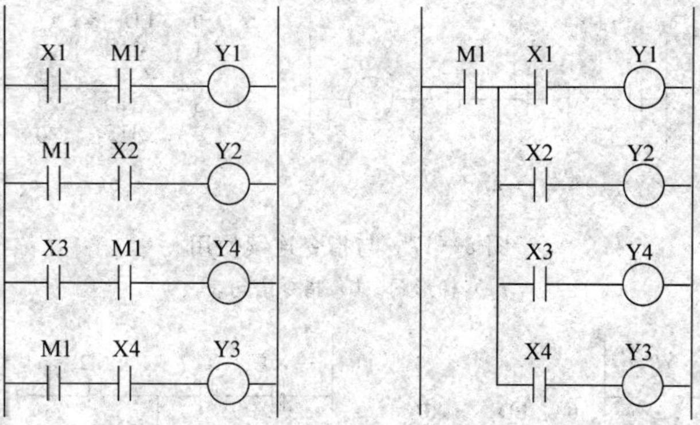

a) b)

图 5—14 主控指令应用举例

a）没采用主控指令的梯形图 b）采用主控指令的梯形图

2）应用范围：X、Y、M、T、C、S。

(2) 驱动指令（输出指令）

1）功能：驱动指令 OUT，用于将逻辑运算的结果驱动指定的线圈。

2）应用范围：Y、M、T、C、S。

3）说明

①OUT 指令不能驱动输入继电器 X（X 不能由程序驱动）。

②OUT 指令可以连续使用，不受次数限制。

③OUT 指令用于驱动定时器 T 和计数器 C 时，应后跟数值设定语句。

4）应用示例，如图 5—15 和图 5—16 所示。

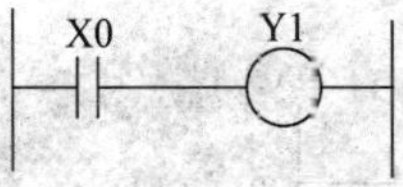

a)

0	LD	X0
1	OUT	Y1

b)

图 5—15 连接和驱动指令示例

a）梯形图 b）指令语句表

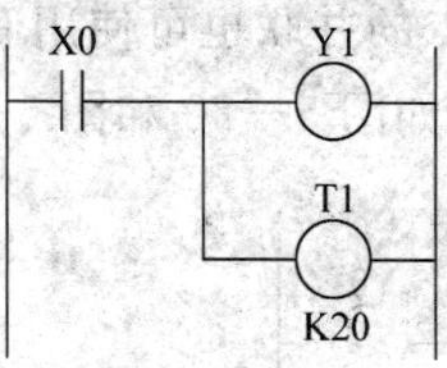

a)

0	LD	X0
1	OUT	Y1
2	OUT	T1
	K	20

b)

图 5—16 OUT 指令用于驱动定时器

a）梯形图 b）指令语句表

(3) 与指令

1）功能：用于触点的串联。该指令有两条：AND——与指令，用于串联常开触点；ANI——与非指令，用于串联常闭触点。

2）应用范围：X、Y、M、T、C、S。

3）说明

①AND、ANI 指令可以连续使用，不受次数限制。

②OUT 指令后仍可使用 AND、ANI 指令，称为纵接输出。

③电路块与触点的串联也可使用 AND、ANI 指令。

4）应用示例．如图 5—17 至图 5—19 所示。

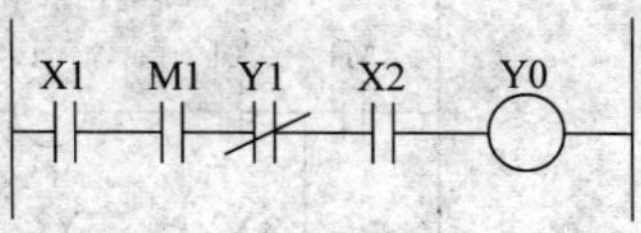

a)

0	LD	X1
1	AND	M1
2	ANI	Y1
3	AND	X2
4	OUT	Y0

b)

图 5—17　与指令连续使用

a）梯形图　b）指令语句表

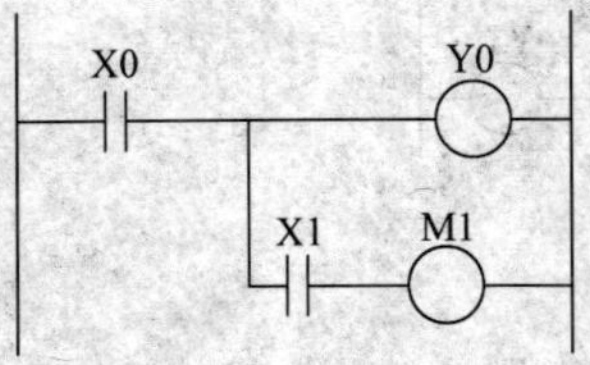

a)

0	LD	X0
1	OUT	Y0
2	AND	X1
3	OUT	M1

b)

图 5—18　纵接输出

a）梯形图　b）指令语句表

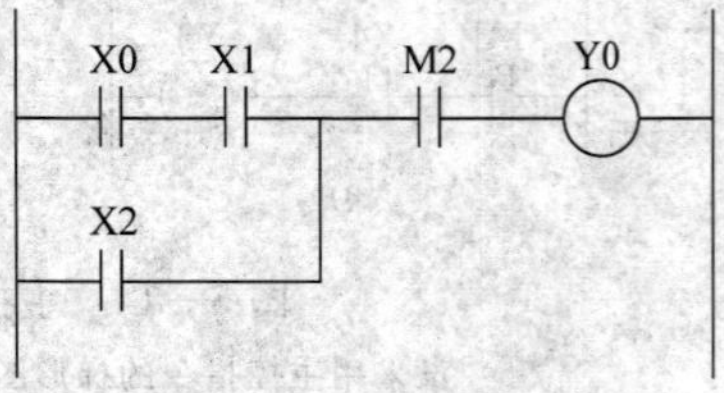

a)

0	LD	X0
1	AND	X1
2	OR	X2
3	AND	M2
4	OUT	Y0

b)

图 5—19　电路块与触点的串联

a）梯形图　b）指令语句表

（4）或指令

1）功能：用于触点的并联。该指令有两条：OR——或指令，用于并联常开触点；ORI——或非指令，用于并联常闭触点。

2）应用范围：X、Y、M、T、C、S。

3）说明

①OR、ORI 指令可以连续使用，不受次数限制。

②电路块与触点的并联也可使用 OR、ORI 指令。

4）应用示例，如图 5—20 和图 5—21 所示。

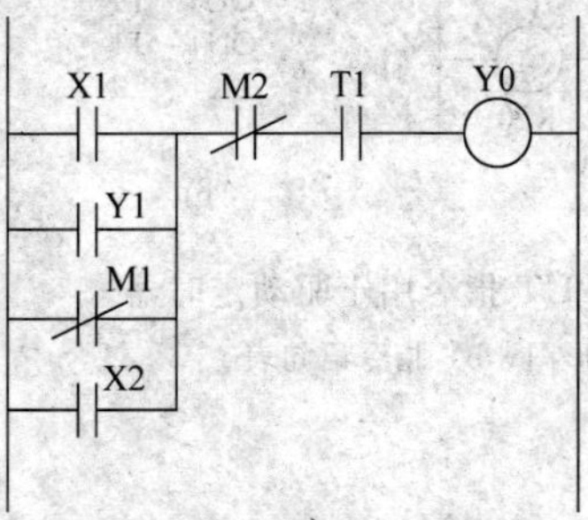

a)

0	LD	X1
1	OR	Y1
2	ORI	M1
3	OR	X2
4	ANI	M2
5	AND	T1
6	OUT	Y0

b)

图 5—20　或指令连续使用

a）梯形图　b）指令语句表

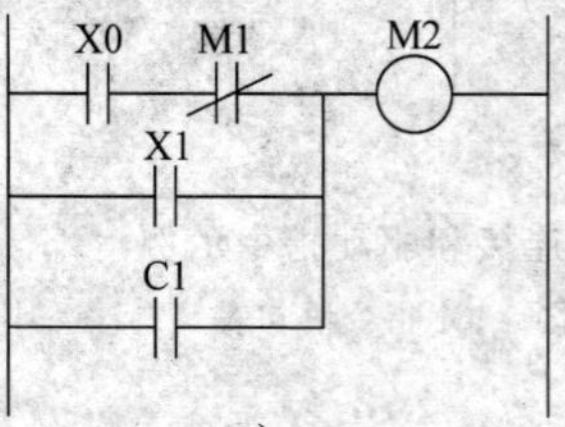

a)

0	LD	X0
1	ANI	M1
2	OR	X1
3	OR	C1
4	OUT	M2

b)

图 5—21　电路块与触点的并联

a）梯形图　b）指令语句表

（5）电路块指令

1）功能：用于电路块与电路块的串联或并联。该指令有两条：ANB——块与指令，用于电路块的串联；ORB——块或指令，用于电路块的并联。

2）用法：每个电路块的起点用 LD 或 LDI 开始，最后用块指令将它们串、并联。

3）说明

①可先将两个电路块串联或并联，然后再串联或并联第三个电路块……，使用次数不受限制，应用示例如图 5—22 和图 5—23 所示。

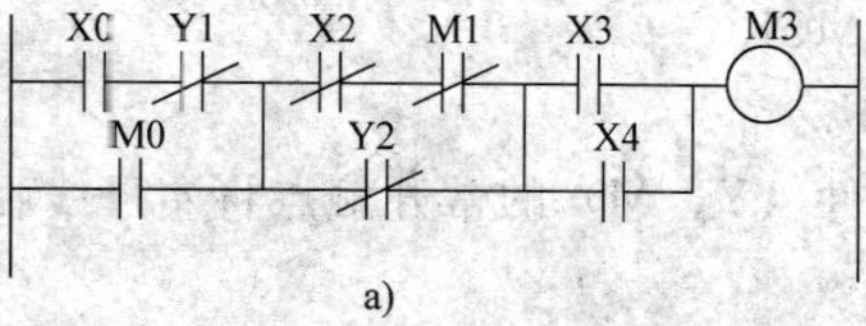

a)

0	LD	X0
1	ANI	Y1
2	OR	M0
3	LDI	X2
4	ANI	M1
5	ORI	Y2
6	ANB	
7	LD	X3
8	OR	X4
9	ANB	
10	OUT	M3

b)

图 5—22　ANB 指令的使用

a）梯形图　b）指令语句表

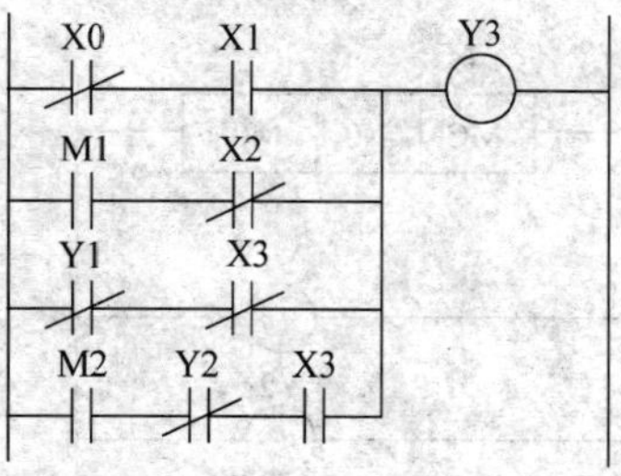

a)

0	LDI	X0
1	AND	X1
2	LD	M1
3	ANI	X2
4	ORB	
5	LDI	Y1
6	ANI	X3
7	ORB	
8	LD	M2
9	ANI	Y2
10	AND	X3
11	ORB	
12	OUT	Y3

b)

图 5—23　ORB 指令的使用

a）梯形图　b）指令语句表

②也可先将各电路块按顺序列出，再连续使用 ANB 或 ORB 指令，使用次数不允许超过 8 次，应用示例如图 5—24 所示。

```
0   LDI  X0 }电路块A
1   AND  X1 }
2   LD   M1 }电路块B
3   ANI  X2 }
4   LDI  Y1 }电路块C
5   ANI  X3 }
6   LD   M2 }
7   ANI  Y2 }电路块D
8   AND  X3 }
9   ORB ←— 电路块C和D并联成电路块F
10  ORB ←— 电路块B和F并联成电路块G
11  ORB ←— 电路块A和G并联成电路块H
12  OUT  Y3
```

（电路块C、电路块D → 电路块F；电路块B、电路块F → 电路块G；电路块A、电路块G → 电路块H）

图 5—24　ANB 指令的连续使用

③电路块与单个触点串、并联时，最好使用串、并联指令（AND、ANI、OR、ORI），不用块指令，以使程序简化。

（6）多路输出指令。它用于一个触点控制多个逻辑行的编程，可采用主控指令或栈操作指令实现。其主控指令为：MC/MCR。

1）MC——主控指令

①功能：通过主控指令的操作元件（Y、M）的常开触点将左母线临时移到所需位置，形成临时左母线和主控电路块。

②操作数。使用次数（层数）：N0～N7，按由小→大的顺序使用；主控元件号：Y或M（特殊继电器除外）。

2）MCR——主控复位指令

①功能：取消临时左母线（返回原位），结束主控电路块。

②操作数。只有次数（层数）：N7～N0，按由大→小的顺序返回，与MC指令相对应。

3）应用示例，如图5—25所示。

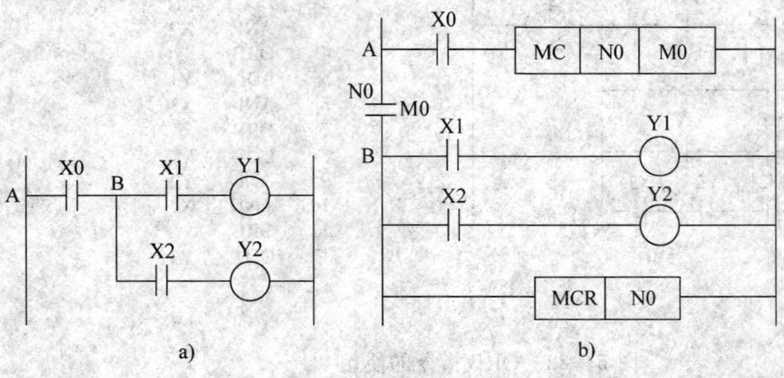

0	LD	X0
1	MC	N0
		M0
4	LD	X1
5	OUT	Y1
6	LD	X2
7	OUT	Y2
8	MCR	N0

c)

图5—25 主控指令示例

a）多路输出梯形图 b）采用主控指令的梯形图 c）指令语句表

4）栈操作指令：MPS/MRD/MPP。

①指令及其功能

a. MPS——进栈指令，没有操作元件，功能是将逻辑运算的结果存入栈存储器1号单元，栈中原数据依次下压（1号单元→2号单元→3号单元→……）。

b. MRD——读栈指令，没有操作元件，功能是将栈中1号单元的数据读出，栈中的数据不变。

c. MPP——出栈指令，没有操作元件，功能是将1号单元的数据取出，其余数据依次上托（1号单元←2号单元←3号单元←……）。

②使用说明

a. MPS和MPP指令必须成对使用，MRD指令可用可不用。

b. MPS指令最多使用次数不能超过11次。

c. 栈指令后面有单个触点串联时，用AND或ANI指令；有电路块串联时，用ANB指令；直接驱动线圈时，用OUT指令。

③应用示例，如图 5—26 所示。

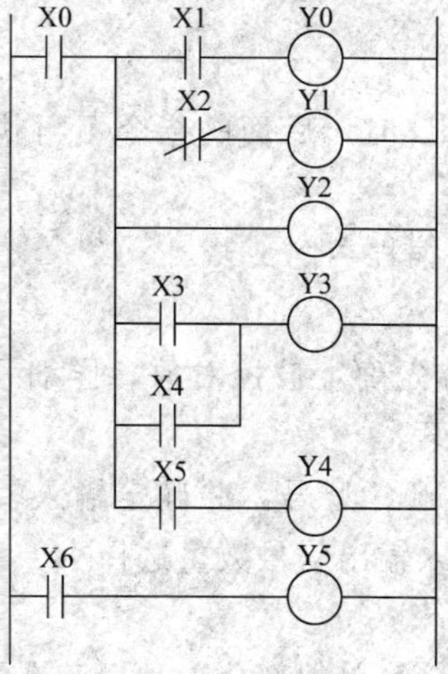

a)

0	LD	X0
1	MPS	
2	AND	X1
3	OUT	Y0
4	MRD	
5	ANI	X2
6	OUT	Y1
7	MRD	
8	OUT	Y2
9	MRD	
10	LD	X3
11	OR	X4
12	ANB	
13	OUT	Y3
14	MPP	
15	AND	X5
16	OUT	Y4
17	LD	X6
18	OUT	Y5

b)

图 5—26　栈操作指令示例

a）梯形图　b）指令语句表

（7）置位与复位指令

1）功能：用于驱动线圈，且具有自锁功能。

2）置位指令：SET。功能是驱动指定的线圈，且具有自锁功能。应用范围：Y、M、S。

3）复位指令：RST。功能是使具有自锁功能的线圈复位（取消自锁）。应用范围：Y、M、S、C、积算型定时器。

4）应用示例，如图 5—27 所示。

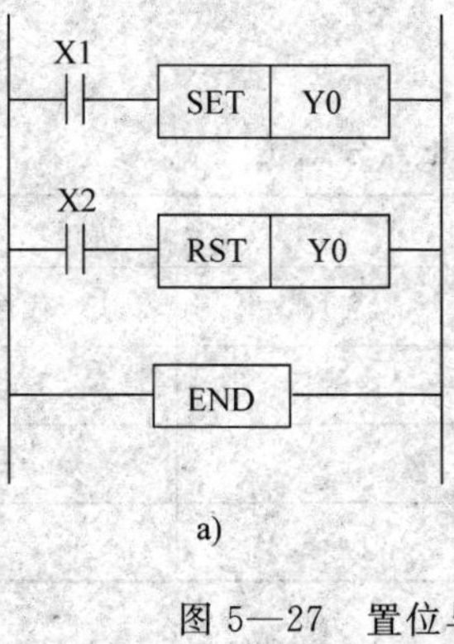

a)

0	LD	X1
1	SET	Y0
2	LD	X2
3	RST	Y0
4	END	

b)

图 5—27　置位与复位指令示例

a）梯形图　b）指令语句表

（8）空操作指令

1）指令：NOP，没有操作元件。

2）功能

①调试程序时，用 NOP 指令取代一些不必要的指令。

②在程序中插入 NOP 指令，可延长扫描周期。

(9) 结束指令

1) 指令：END，没有操作元件。

2) 功能：表明程序结束。执行到 END 时，后面的指令不再执行，并将程序的执行结果进行输出处理。

3. 可编程序控制器的基本编程方法及编程实例

(1) 可编程序控制器应用的一般步骤

1) 熟悉控制对象，确定控制方案。首先确定被控对象，详细了解工作特点和工艺过程，明确控制任务和要求，确定系统方案。

2) PLC 的选择。根据控制要求选择 PLC 型号，并确定输入输出点分配方案。如根据控制功能选择低、中、高档；根据输入输出信号数量选择小、中、大型等。

3) 应用程序的设计

①经验设计法。将控制任务分解为多个简单的部分，利用已有的典型程序，再根据各部分之间的关系设置必要的连锁和保护环节。例如，正反转控制＝正转控制＋反转控制＋连锁环节。

②流程图设计法。根据状态流程图编制编程梯形图。

③逻辑代数设计法。根据输入与输出之间的逻辑关系编制编程梯形图。

4) 调试程序。将设计好的应用程序输入 PLC，经检查无误后，不带负载进行模拟运行，检查输入输出信号的动作情况是否符合设计要求，发现问题后修改程序。

5) 将 PLC 接入控制设备，进行现场调试。

(2) 编程实例

1) 三相异步电动机直接启动（自锁）控制程序

①控制要求。能实现三相异步电动机带自锁的直接启动控制，并由热继电器实现过载保护。

②输入输出点分配表见表 5—3。

表 5—3　　PLC 输入输出点分配表

输入			输出		
名称	代号	输入点	名称	代号	输出点
启动按钮	SB1	X0	接触器	KM	Y0
停止按钮	SB2	X1	—	—	—
热继电器	KH	X2	—	—	—

③PLC 接线图如图 5—28 所示。

④编程梯形图和指令语句表如图 5—29 所示。

2) 延时控制程序

①控制要求。按下启动按钮 M1 启动，延时 10 s 后 M2 启动；按下停止按钮，M1 与 M2 同时停止。

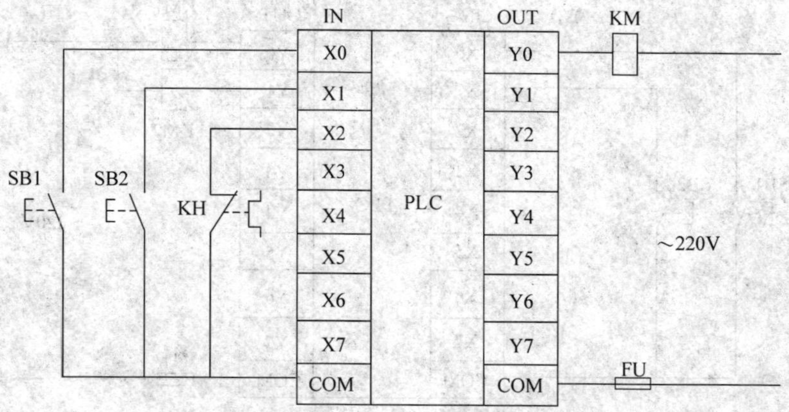

图 5—28　PLC 接线图

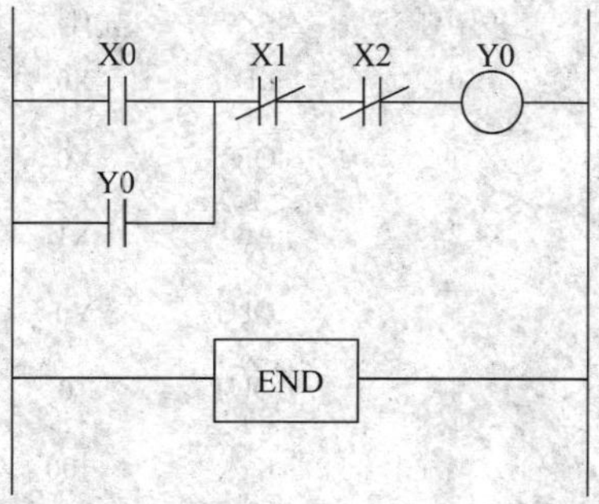

a)

步序号	指令	元件号
0	LD	X0
1	OR	Y0
2	ANI	X1
3	ANI	X1
4	OUT	Y0
5	END	

b)

图 5—29　编程梯形图和指令语句表

a）编程梯形图　b）指令语句表

②输入输出点分配表见表 5—4。

表 5—4　　PLC 输入输出点分配表

输入			输出		
名称	代号	输入点	名称	代号	输出点
启动按钮	SB1	X0	接触器	KM1	Y0
停止按钮	SB2	X1	接触器	KM2	Y1

③PLC 接线图如图 5—30 所示。

④编程梯形图和指令语句表如图 5—31 所示。

3）三相异步电动机正反转控制程序

①控制要求。能实现三相异步电动机的正反转直接启动控制，并有连锁功能和热继电器实现过载保护功能。

②输入输出点分配表见表 5—5。

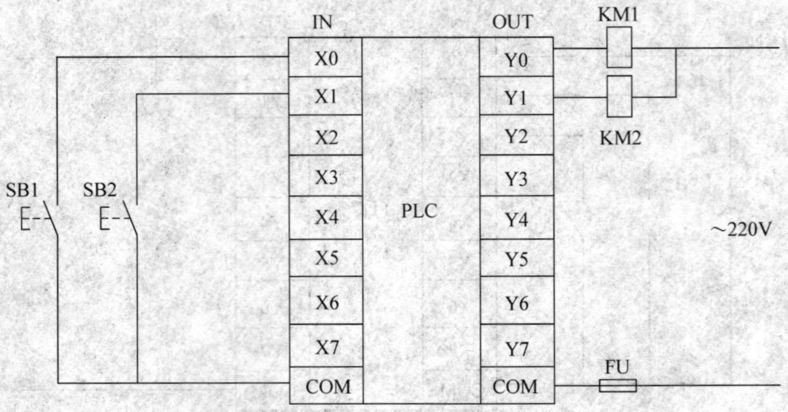

图 5—30　PLC 接线图

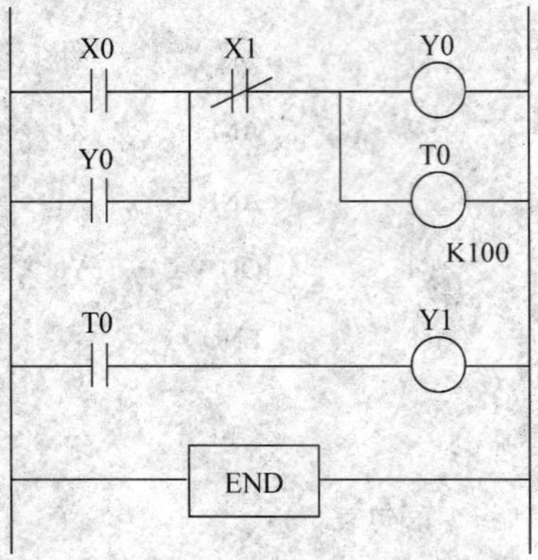

a)

步序号	指令	元件号
0	LD	X0
1	OR	Y0
2	ANI	X1
3	OUT	Y0
4	OUT	T0
	K	100
5	LD	T0
6	OUT	Y1
7	END	

b)

图 5—31　编程梯形图和指令语句表

a）编程梯形图　b）指令语句表

表 5—5　　PLC 输入输出点分配表

输入			输出		
名称	代号	输入点	名称	代号	输出点
正转启动按钮	SB1	X0	正转接触器	KM1	Y0
反转启动按钮	SB1	X1	反转接触器	KM2	Y1
停止按钮	SB2	X2	—	—	—
热继电器	KH	X3	—	—	—

③PLC 接线图如图 5—32 所示。

④编程梯形图和指令语句表如图 5—33 所示。

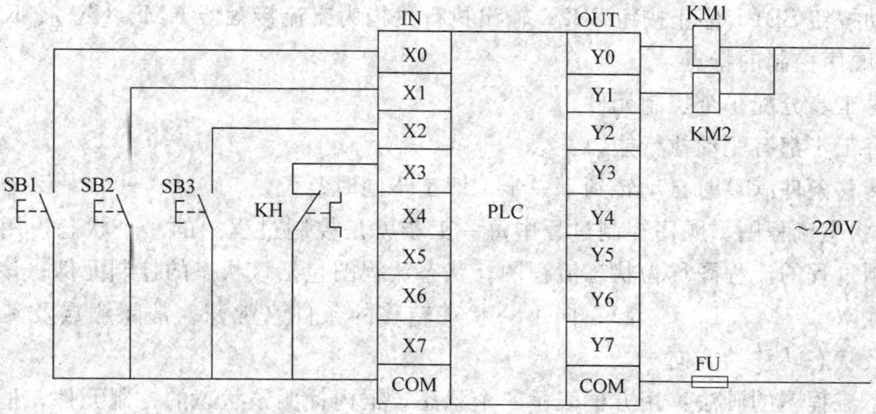

图 5—32　PLC 接线图

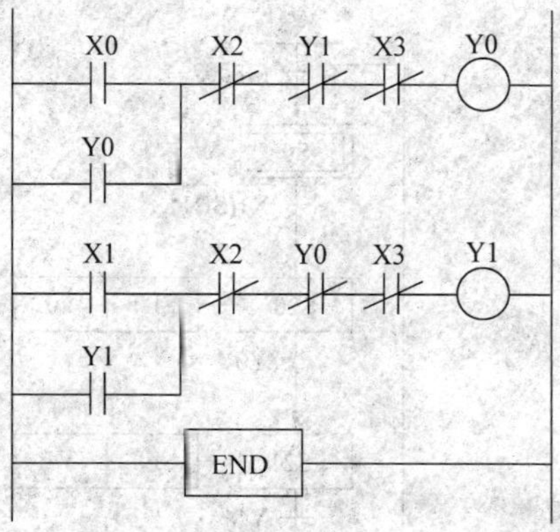

a)

步序号	指令	元件号
0	LD	X0
1	OR	Y0
2	ANI	X2
3	ANI	Y1
4	ANI	X3
5	OUT	Y0
6	LD	X1
7	OR	Y1
8	ANI	X2
9	ANI	Y0
10	ANI	X3
11	OUT	Y1
12	END	

b)

图 5—33　编程梯形图和指令语句表

a）编程梯形图　b）指令语句表

4. 步进指令及其编程

（1）顺序控制及状态流程图。顺序控制是指按生产工艺要求的动作规律，在各输入信号作用下，根据设定的状态和时间顺序，使各执行机构自动地、有秩序地进行操作。顺序控制的输入信号通常来自按钮、行程开关、接近开关、继电器（接触器）触点等；输出执行机构通常有接触器、电磁阀等。顺序控制的主要要求是按顺序、有步骤地连续工作，即将一个较复杂的生产过程分解为若干步（称为工步），每一工步对应一个控制任务（或称一个状态），每工步应含有相应的执行机构和转到下一步的条件。

1）顺序控制的执行过程

①执行到每一步时，该工步对应的控制元件被驱动，使输出执行机构动作，完成该步的控制任务。

②当转移条件满足时转移到下一步，同时该工步的控制元件自动复位。

如图 5—34 所示为三相异步电动机 Y-△减压启动的顺序控制流程图。其中输入信号为启动按钮 SB1、停止按钮 SB2；输出执行机构为交流接触器 KM、KM_Y、$KM_\triangle$。

2）顺序控制的特点

①每工步分配一个控制元件。

②每工步都有驱动执行能力。

③转移条件满足时自动转到下一步，旧工步同时复位。

3）状态流程图。顺序控制过程中每一工步就是控制过程中的一个状态，用状态来描述控制过程的流程图称为状态流程图。状态流程图包括该状态的控制元件；该状态驱动的负载（Y、M、T、C 等）；向下一状态转移的条件（常开、常闭触点及其触点组合）以及状态转移的方向。

状态流程图的画法：用方框表示一个状态；框内标明该状态的控制元件；框间用带箭头的线段连接；用短线及文字标注表示状态转移条件；框右画该状态的输出信号。如图 5—35 所示为三相异步电动机 Y -△减压启动控制过程的状态流程图。

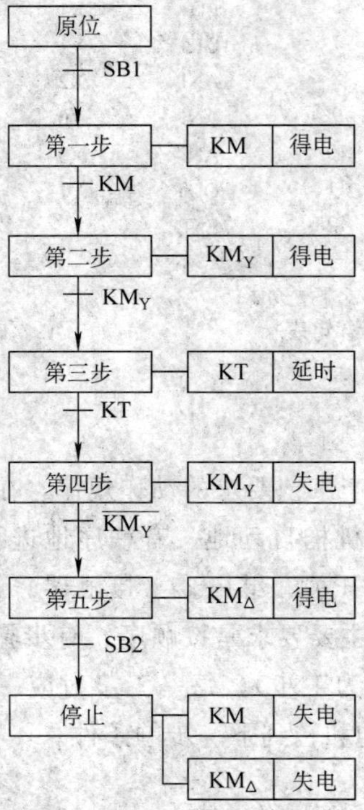

图 5—34　三相异步电动机 Y—△减压启动的顺序控制流程图

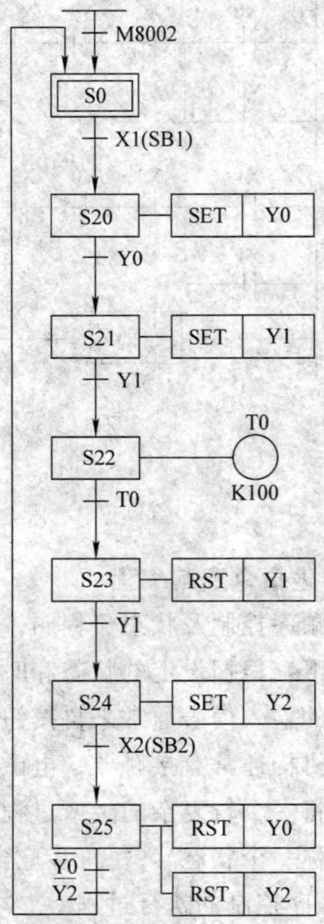

图 5—35　三相异步电动机 Y—△减压启动控制过程的状态流程图

（2）步进顺控指令及其编程

1）控制元件及梯形图。FX 系列 PLC 采用状态继电器作为控制元件，用常开触点控制状态动作。控制某一状态的常开触点称为步进接点。用 SET 指令使状态继电器置位→步进接点闭合→进入该步进接点所控制的状态。当条件满足时，用 SET 指令将下一状态的控制元件置位，进入下一步状态，同时上一个状态继电器自动复位，不用 RST 指令。与状态流程图相对应的梯形图的画法（以图 5—36 为例）：

①控制元件：画出状态继电器的步进接点。

②状态驱动对象：按流程图画。

③转移条件：可采用软继电器的触点及其组合。例如，X1——输入继电器 X1 的常开触点；$\overline{X1}$——输入继电器 X1 的常闭触点；X1X2——逻辑组合：触点 X1、X2 的串联。

④转移方向：用 SET 指令将下一个状态继电器置位。

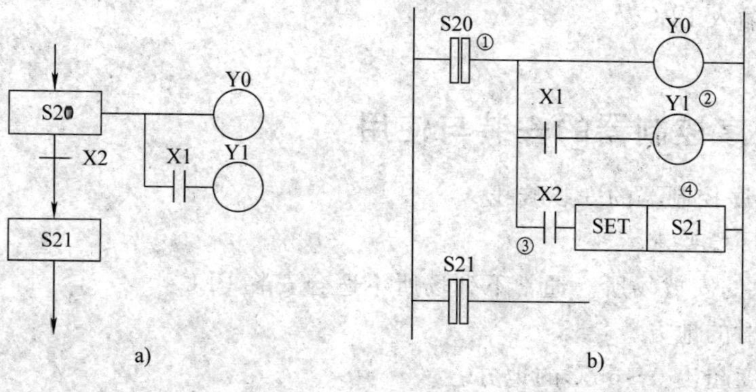

图 5—36　与状态流程图相对应的梯形图的画法

a）状态流程图　b）梯形图

2）步进指令：STL、RET。

①STL 指令——步进接点指令。

功能：将步进接点连接到左母线。

操作元件：状态继电器 S。

使用：只有常开触点，相当于主控触点，将左母线移到临时位置（步进接点的右边）。

②RET 指令——步进返回指令。

功能：使临时左母线返回原位。

操作元件：无。

作用：用于一系列步进指令最后，中间自动复位，不用 RET 指令。

③步进指令使用说明

• 步进接点与左母线相连，具有主控（接通转入）和跳转（断开复位）功能。

• 状态继电器 S0～S999 只有在 SET 指令下才具有步进功能，否则相当于普通辅助继电器（具有常开和常闭触点）。

• 两个状态中，若有不允许同时动作的负载，必须有连锁措施，如图 5—37 所示。

• 相邻两个状态不能使用同一定时器。

• 状态继电器编号可以按顺序或不按顺序，但不允许重复使用。

• 步进接点后边的电路块中，不允许使用主控指令（MC/MCR）。

3）步进指令的一般编程步骤

①分配 PLC 输入输出点，画出输入输出点分配表和 PLC 接线图。

②按控制要求画出状态流程图。

③根据状态流程图画出编程梯形图。

④根据梯形图写出指令语句表。

⑤将程序输入 PLC。

⑥调试程序。

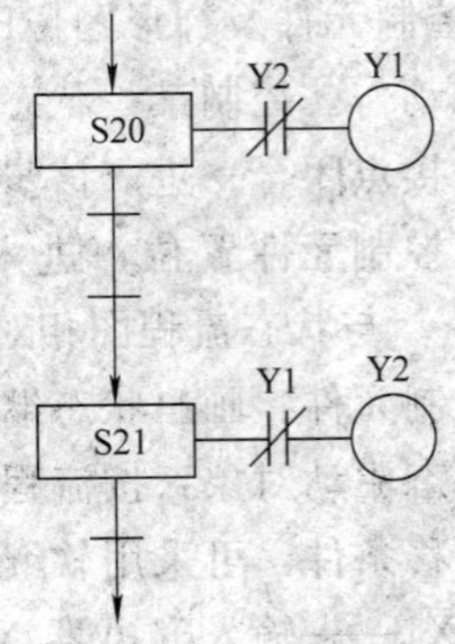

图 5—37　两个状态之间的连锁措施

二、可编程序控制器的安装与使用

1. 可编程序控制器的安装接线

（1）安装环境要求

1）需避免的安放场所。通常下列场所不适合安装 PLC：

①阳光直射的地方。

②环境温度超出 0～55℃的地方。

③相对湿度超出 10%～90% RH 的地方。

④因温度急剧变化而凝结露水的地方。

⑤有腐蚀性气体、可燃性气体、盐分的地方。

⑥有灰尘、铁粉的地方。

⑦可能触及水、油、药品粉末的地方。

⑧有直接的振动和冲击的地方。

2）改善环境条件的措施。若现场条件不符合要求，可采用下面的一些常用措施改善环境条件。

①高温对策。若环境温度超过极限温度（55℃），可采取以下措施降低环境温度：盘、柜内设置排风扇或冷风机，通过滤网将自然风引入盘、柜内。排风扇和滤网应定期检修，使用冷风机时要注意不能结露；把控制系统置于有空调的控制室内，不能直接放在日光下；控制器的安装应考虑通风，其上下都要留有 50 mm 的距离，I/O 模块配线时要使用线槽，以免妨碍通风；安装时要把发热体（如电阻器或接触器等）远离控制器，或者将控制器安装于发热体的下面。

②低温对策。若环境温度过低，可以采取如下措施：在盘、柜内设置加热器，设置加热器时要注意选择适当的温度传感器，以便检测温度，控制加热器的自动工作，保持恒温；停止运行时 PLC 不断电，靠其自身发热提高周围环境温度；温度有急剧变化的场合，不要打开盘、柜门，以保持内部温度。

③湿度对策。若环境湿度过大，可以采取的措施有：将盘、柜设计成密封型，并放入吸湿剂；把外部干燥的空气引入盘、柜内；PCB 板上覆盖保护层，如喷松香等；在湿度低的干燥场合进行检修时，人体尽量不接触 PLC 模块，以防感应电损坏电子器件。

④防振和防冲击对策。在有振动和冲击时，要首先明确振动源，以便采取相应的防振措施。若振动源来自盘、柜之外，可对盘、柜采用防振橡皮减振，或将盘、柜远离振源。若振动源来自盘、柜内部，则要把产生振动和冲击的设备从盘、柜内移走，或单独设置盘、柜。强固 PLC 模块、连接器等有可能产生松动的部件或器件，连接线也要固定紧。

⑤周围环境空气不清洁的对策。盘、柜采用密封结构；盘、柜内打入高压清洁空气，使外界空气不能进入盘、柜内部；PCB 板上覆盖保护层，如喷松香等。

3）屏蔽措施。在下列场所使用时，要考虑采取屏蔽措施：

①由于静电发生噪声的场所。

②产生强电及磁场的场所。

③有可能发出放射能的场所。

④靠近较大电源线的场所。

4）控制盘、柜内的安装

①对环境温度的要求。应留有充分通风的空间；避免在发热量较大的电器（如暖气片、变压器、大电阻器等）上安装；环境温度超过 55℃时必须安装电扇或空调。

②对防干扰能力的要求。避免在装配有高压设备的盘、柜内安装；应距动力线 200 mm以上安装；尽量与高压设备、动力设备分开来安装；安装在控制盘中距地面 1 000～1 600 mm 的高度。

（2）配线注意事项。配线时不要撕掉防尘标签，以防掉入线头引起误操作；配线后应撕掉防尘标签，以免影响散热。

1）外部配线。为防干扰，PLC 的输入输出线与动力线应分别布在各自的电缆线槽中。几种常见的配线实例如下：

①利用层叠式电缆槽配线。输入输出线、电源线和控制线、动力线分别放在上下线槽中，电缆槽要良好接地，层与层之间应相距 300 mm 以上，如图 5—38 所示。

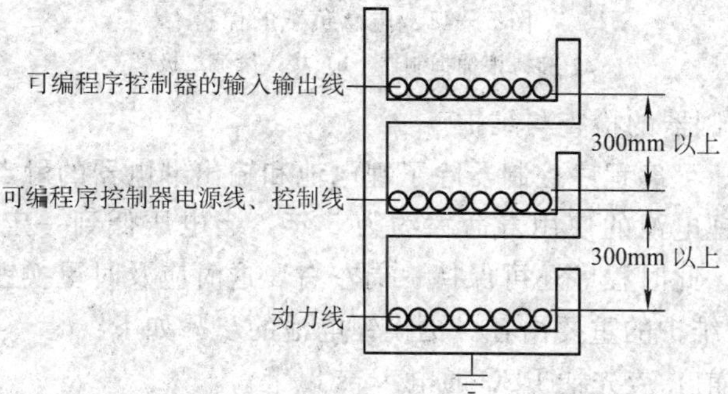

图 5—38　层叠式电缆槽配线

②利用并行金属电缆槽配线。若 PLC 的输入输出线、电源线和控制线、动力线需

要并行布线，可将输入输出线、电源线和控制线、动力线分别放在中间隔开的金属电缆槽中，电缆槽要良好接地，如图 5—39 所示。

③利用配线管配线。若有可能，最好使用配线管来铺设电缆，如图 5—40 所示。

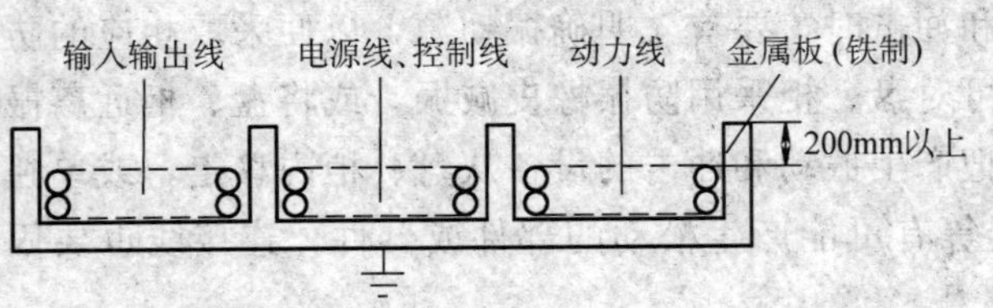

图 5—39 并行金属电缆槽配线

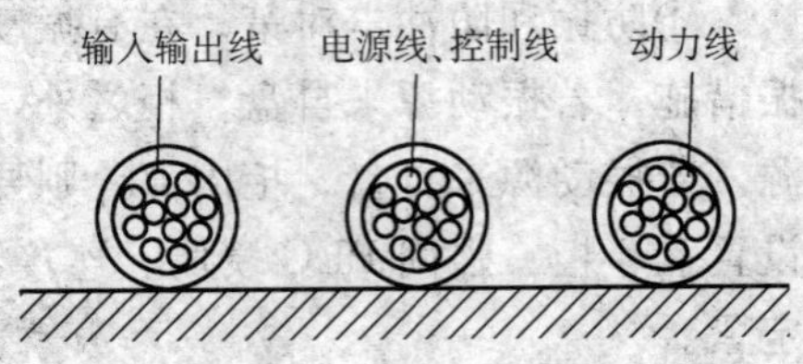

图 5—40 配线管配线

2）接地线的配线。为防干扰和电击，接地端子必须可靠接地，接地线应使用 1.5 mm^2 以上的导线，且各接地线独立接地。PLC 的接地线必须使用压接端子或单股导线，以避免端子打火现象。

3）CPU 单元的电源配线。为防止其他设备启动对电压的影响，应与动力线分开配线，使用多台 PLC 时，应分开配线，电源线应采用双绞线，若有条件，最好采用 1∶1 隔离变压器。

4）输入输出配线。输入输出配线与端子的连接务必使用压接端子或单股导线。配线时应注意：

①输出短路保护。为防止负载短路损坏 PLC，应在输出电路中加装保护熔断器。

②电感负载的保护。PLC 输出端连接电感性负载时，应接入浪涌抑制器或续流二极管，如图 5—41 所示。

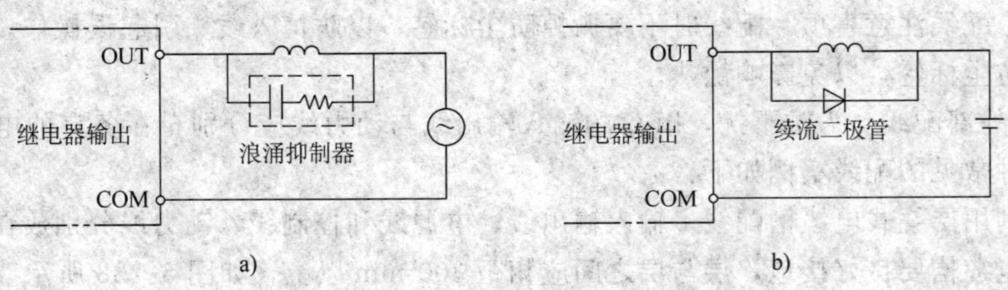

图 5—41 电感负载的保护

a）接入浪涌抑制器 b）接入续流二极管

2. 可编程序控制器的检查与维护

（1）日常维护。可编程序控制器除了锂电池和输出继电器的触点之外，基本上没有其他易损元器件。锂电池的使用寿命大约为 5 年，当电压低到一定程度时，PLC 上的电池欠压指示灯亮，此时程序还可保持一周左右，这时应及时更换锂电池。因此，更换锂电池是 PLC 日常维护的重要内容。更换锂电池的步骤如下：

1）拆装电池之前，应先让 PLC 通电 15 s 以上。

2）断开 PLC 的交流电源。

3）打开基本单元的电池盖板。

4）从电池支架上取下旧电池，再装上新电池。

5）盖上电池盖板。

更换电池时应注意：更换电池的操作时间要尽量短，一般从取下旧电池到装上新电池不允许超过 3 min。

（2）定期检查。考虑环境条件会导致元器件劣化，以及其他方面的影响，应对 PLC 进行定期维护检查，标准的维护检查时间为 6 个月～1 年一次，环境条件不好时，应缩短维护检查间隔。PLC 定期维护检查的项目和内容见表 5—6。

表 5—6　　PLC 定期维护检查的项目和内容

检查项目	检查内容	判断标准	备注
供给电源	在电源端子上判断电压变动是否在基准范围内	在各产品规定的范围内	万用表
周围环境	周围温度（盘内温度）是否适当	0～55℃	温度计
	周围湿度（盘内湿度）是否适当	10%～90% RH 无结露	湿度计
	是否有积灰	没有	目视
输入输出用电源	在输入输出端子上判断电压变动是否在基准范围内	在各产品规定的范围内	万用表
安装状态	各单元是否固定好	没有松动	旋具
	连接电缆是否插紧	没有松动	目视
	外部配线螺丝有无松动	没有松动	旋具
	外部配线电缆是否有断裂	没有外观异常	目视
寿命元件	锂电池	5 年左右	使用纪录
	输出继电器	各产品说明	

3. 编程器的使用

可编程序控制器应用程序的输入和编辑，主要有编程器编程和微机编程两种，目前微机编程的使用越来越广泛。微机编程需使用 PLC 生产商提供的相应编程软件，此处仅以三菱 FX 系列 PLC 最常用的 FX－20P－E 型手持简易编程器为例，简要介绍编程器的基本使用方法。

（1）FX－20P－E 简易编程器简介

1）基本组成。FX－20P－E 型简易编程器主要由液晶显示屏、ROM 写入器接口、存储器卡盒接口，以及包括功能键、指令键、元件符号键、数字键等的键盘组成。

2）编程器与 PLC 的连接。编程器与 PLC 主机之间采用生产厂商提供的专用电缆进行连接。FX－20P－E 型简易编程器与 FX 系列 PLC 的连接如图 5—42 所示。

3）操作面板。FX－20P－E 型简易编程器的操作面板如图 5—43 所示，面板上各键的功能如下：

①三个功能键："RD/WR" 为读出/写入键，"INS/DEL" 为插入/删除键，"MNT/TEST" 为监视/测试键。它们都是复用键，按第一次为左上方标注的功能，按第二次为右下方标注的功能，两者交替起作用。

②执行键 "GO"：用于指令的确认、执行、显示画面和检索。

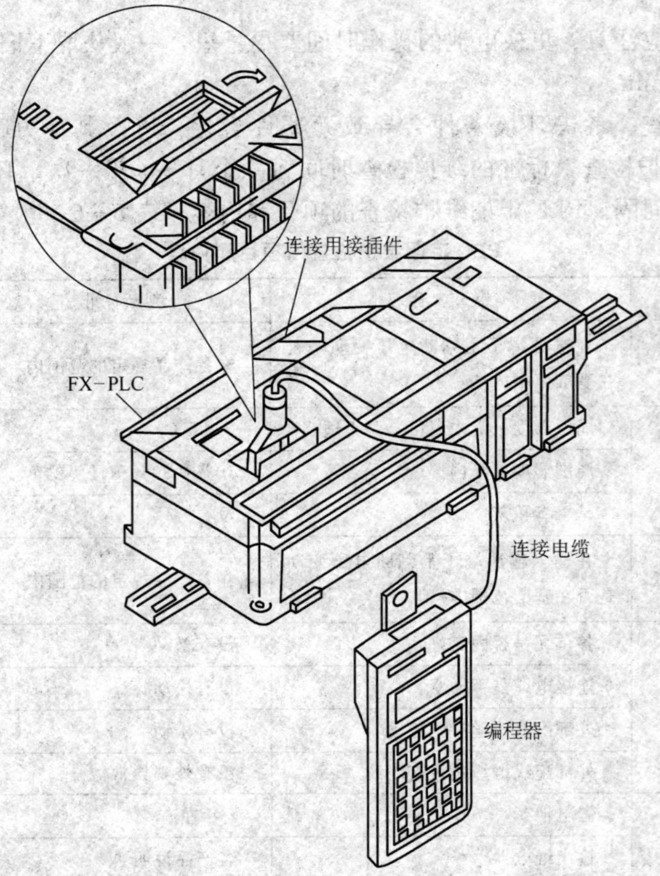

图 5—42　FX-20P-E 编程器与 FX 系列 PLC 的连接

③清除键“CLEAR”：清除键入的数据和显示屏上的错误信息，或恢复原来的画面。

④其他键“OTHER”：用于显示方式项目菜单。

⑤辅助键“HELP”：显示应用指令一览表，在监视状态时进行十进制数和十六进制数的转换。

⑥空格键“SP”：程序输入时，用此键指定元件号和常数。

⑦步序键“STEP”：用于设定步序号。

⑧光标移动键“↑”“↓”：用于移动光标和提示符，指定当前元件前一个或后一个地址号的元件，作行滚动。

⑨此外还有指令键、元件符号键、数字键。这些键都是复用键，键的上部为指令符号，下部为元件符号或数字，各键的上下功能按当前执行的操作自动转换。

4）显示屏。FX-20P-E 型简易编程器的显示屏能显示 4 行，每行 16 个字符。在编程操作时，显示画面如图 5—44 所示。其中，最上面一行黑三角旁的字母为功能方式提示，其字母含义为：R——读出；W——写入；I——插入；D——删除；M——监视；T——测试。

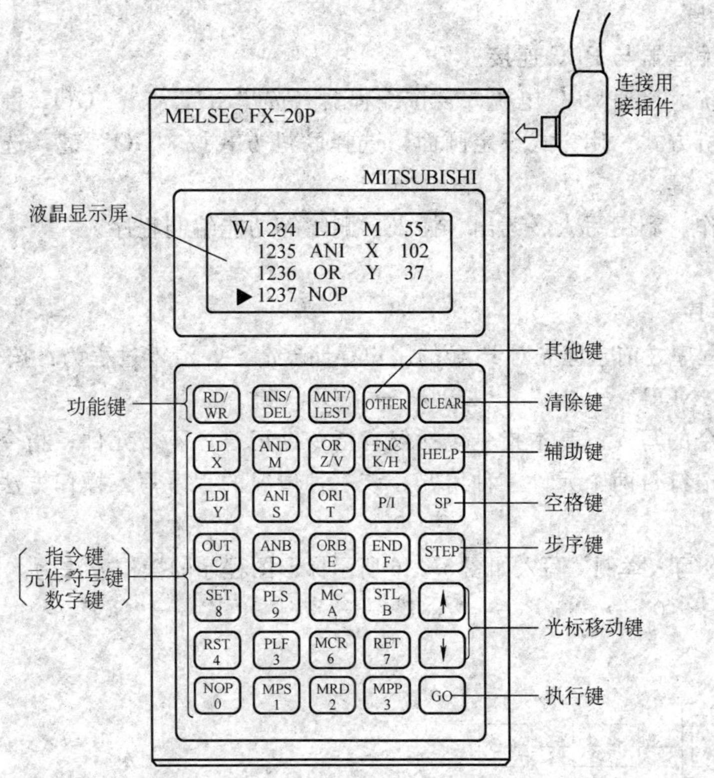

图 5—43　FX－20P－E 编程器的操作面板

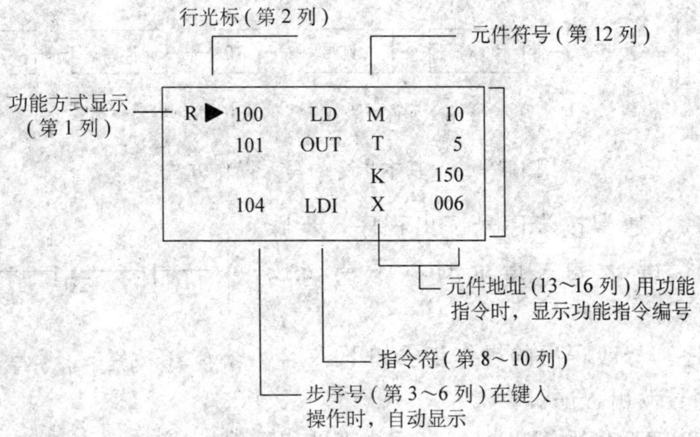

图 5—44　FX－20P－E 编程器的编程操作显示画面

(2) FX－20P－E 简易编程器的编程操作

1) 编程方式。FX－20P－E 型简易编程器有在线编程和离线编程两种方式。在线编程也叫联机编程，编程器与 PLC 连接，用编程器对 PLC 的用户存储器进行直接操作。当 PLC 装入 E^2PROM 卡盒时，程序写入该卡盒，否则写入 PLC 内部 RAM 中。离线编程时，程序先写入编程器内部的 RAM 中，再成批传送到 PLC 中。

2）编程步骤

①准备。编程器与 PLC 连接。

②启动系统。接通 PLC 电源并复位编程器（按“RST”→“GO”键）。

③设定联机方式。用方式设定画面，选择联机方式按“GO”键，选择脱机方式按“↓”→“GO”键。

④编程操作。利用写入、读出、插入、删除等功能编制程序。

⑤结束。

3）写入程序

①在写入程序之前，应先对 PLC 的用户存储器清零，清零过程为：按“RD/WR”→“RD/WR”→“NOP”→“A”→“GO”→“GO”键。

②基本指令的写入。基本指令包括仅有指令助记符，不带元件；指令助记符带一个元件；指令助记符带两个元件三种情况。该三种情况的程序写入操作方法如图 5—45 所示。

③基本指令写入举例。写入如图 5—46 所示梯形图程序的操作方法为：[写入功能]→“LD”→“X”→“0”→“GO”→“ANI”→“X”→“1”→“GO”→“OUT”→“Y”→“0”→“GO”

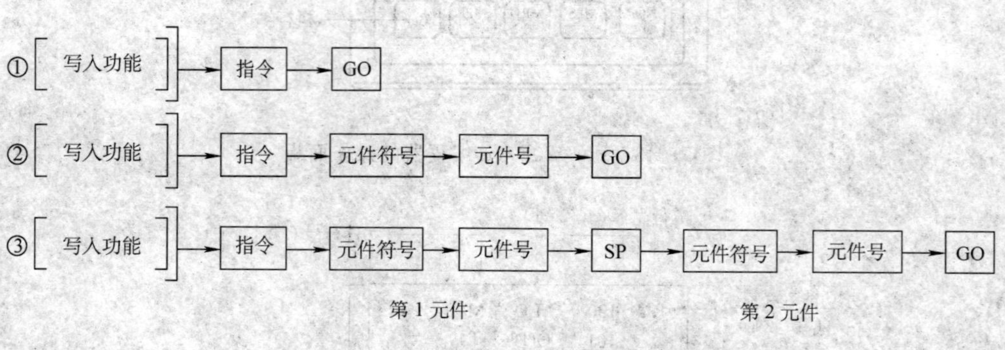

图 5—45　基本指令的写入操作方法

4）读出程序。通常按步序号读出程序，步骤为：按“STEP”键→键入指定的步序号→按“GO”键执行读出。

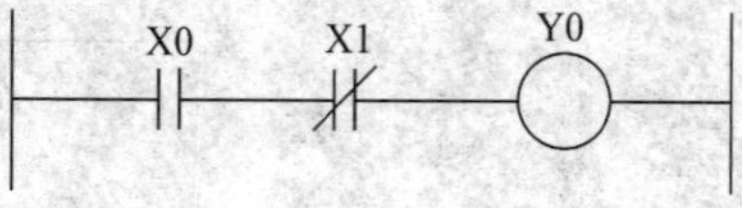

图 5—46　基本指令写入举例的梯形图

5）修改程序。修改程序的操作步骤如下：

①根据步序号读出程序。

②按“WR”键后依次键入指令、元件符号和元件号。

③按“SP”键后键入第二元件符号和元件号。

④按“GO”键将新指令写入。

6）插入程序。插入程序的操作步骤如下：

①根据步序号读出程序，按“INS”键，在光标指定的步序处进行插入。

②键入指令、元件符号和元件号。

③按“GO”键将指令插入。

7）删除程序。删除程序的操作步骤如下：

①根据步序号读出程序，按“INS”键和“DEL”键。

②按“GO”键后即删除了行光标所指定的指令，后面各部的步序号自动向前移动。

三、用可编程序控制器改造继电接触控制系统实例

1. 用 PLC 改造带能耗制动的三相异步电动机 Y-△启动控制电路

（1）分析控制要求。根据系统要完成的控制任务，对被控对象的控制过程、控制规律以及功能和特性进行分析，在此基础上确定系统改造方案。

1）控制对象。该电路通过 4 个交流接触器控制一台三相异步电动机，实现 Y-△启动和能耗制动。KM1 用于控制三相电源；KM2 用于电动机的△联结运行；KM3 用于电动机的 Y 联结启动；KM4 用于能耗制动，电路原理图如图 5—47 所示。

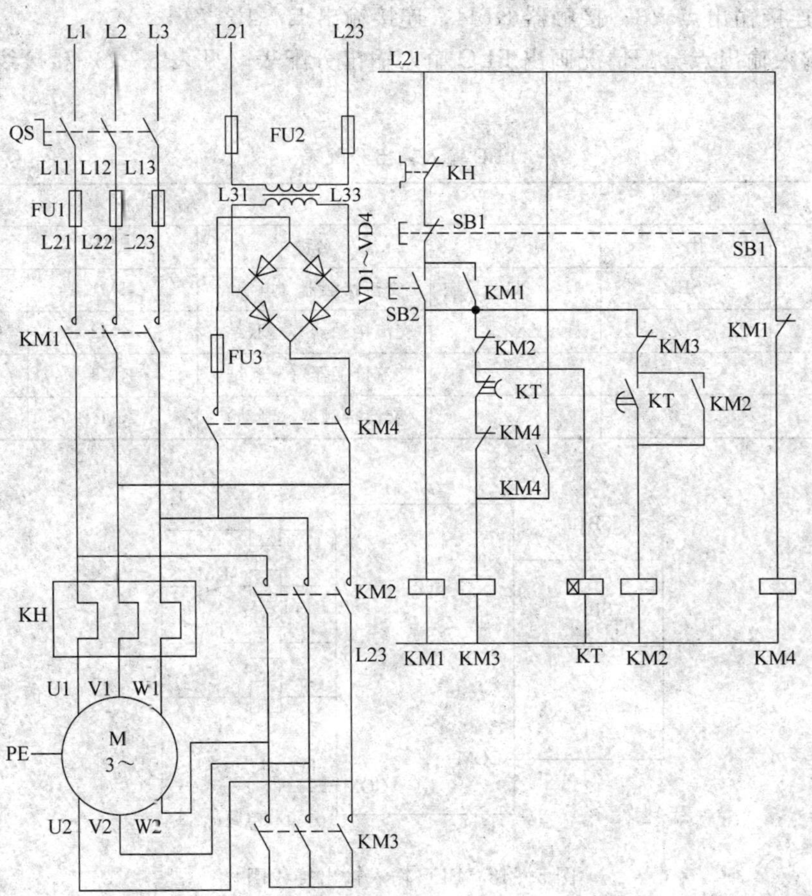

图 5—47　带能耗制动的 Y-△启动控制电路原理图

2）动作过程。启动时按下启动按钮 SB2，接触器 KM1、KM3 吸合，电动机接成 Y 联结启动，延时 10 s 后 KM3 释放，KM2 吸合，电动机接成△联结运行；停车时按下停止按钮 SB2，接触器 KM1、KM2 释放，电动机因惯性继续转动，同时 KM4、

KM3 吸合，电动机接成 Y，并通入直流电源进行能耗制动。

3）工作原理。对照继电接触控制电路原理图分析控制系统的工作原理，为 PLC 控制系统的设计打下基础。

4）工作任务。将带能耗制动的三相异步电动机 Y -△启动继电接触控制电路改造为 PLC 控制系统。

(2) 系统设计。选择 PLC；确定输入输出设备所需的输入输出继电器，并进行编号；画出 PLC 输入输出分配表和接线图；编写 PLC 的应用程序。

1）选择 PLC。根据系统控制要求选用 FX2 - 48MR 型 PLC。

2）输入输出点分配

①输入设备：启动按钮 SB2，连接输入点 X2；停止按钮 SB1，连接输入点 X1。

②输出设备：接触器 KM1，连接输出点 Y1；接触器 KM2，连接输出点 Y2；接触器 KM3，连接输出点 Y3；接触器 KM4，连接输出点 Y4。

根据输入输出点分配情况画出 PLC 输入输出分配表（见表 5—7）和接线图（见图 5—48）。

表 5—7　PLC 输入输出分配表

输入			输出		
名称	代号	输入点	名称	代号	输出点
停止按钮	SB1	X1	交流接触器（电源）	KM1	Y1
启动按钮	SB2	X2	交流接触器（△联结）	KM2	Y2
			交流接触器（Y 联结）	KM3	Y3
			交流接触器（制动）	KM4	Y4

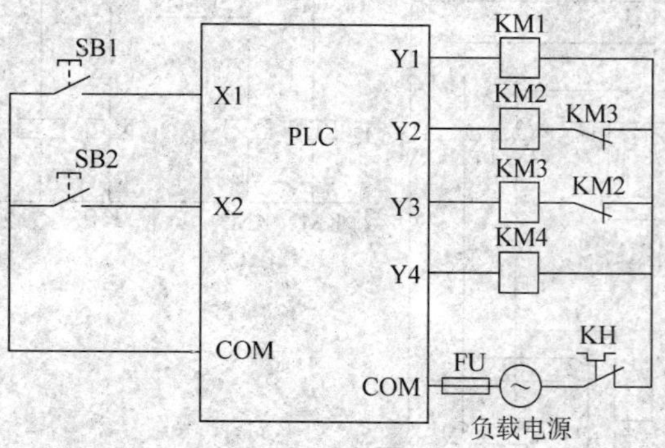

图 5—48　PLC 输入输出接线图

3）编写应用程序。按系统的控制要求编写 PLC 的编程梯形图和指令语句表，如图 5—49 所示。

(3) 系统安装和调试

1）安装接线

①按系统组成和安装调试要求准备所需器材和工具、仪表。

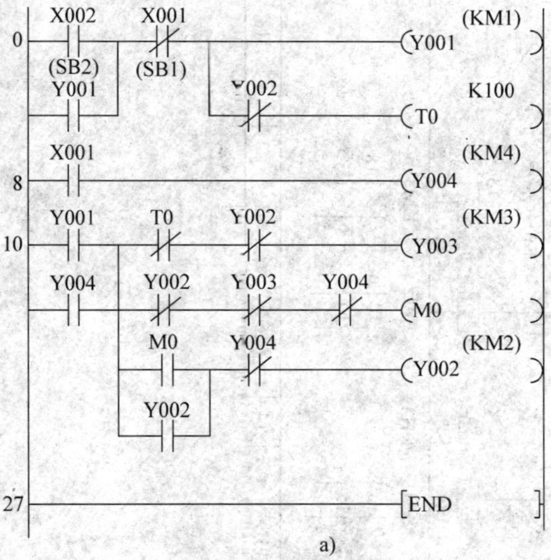

a)

0	LD	X002		15	OUT	Y003
1	OR	Y001		16	MRD	
2	ANI	X001		17	ANI	Y002
3	OUT	Y001		18	ANI	Y003
4	ANI	Y002		19	ANI	Y004
5	OUT	T0	K100	20	OUT	M0
8	LD	X001		21	MPP	
9	OUT	Y004		22	LD	M0
10	LD	Y001		23	OR	Y002
11	OR	Y004		24	ANB	
12	MPS			25	ANI	Y004
13	ANI	T0		26	OUT	Y002
14	ANI	Y002		27	END	

b)

图 5—49 PLC 编程梯形图和指令语句表

a）梯形图 b）指令语句表

②根据设计的电路图确定 PLC、交流接触器和其他电气元件的位置，要求布置整齐、匀称、合理，电器摆放和排列应符合 PLC 的安装要求。

③按设计的电路图进行布线。要求接线正确，牢固可靠，布线整齐、合理，符合 PLC 的安装布线要求。

④安装检查。安装完毕，对照电路图，用万用表等认真检查安装接线是否符合要求，有无错接、漏接现象，发现问题及时改正。

2）输入程序。利用编程器或计算机将编制好的应用程序输入 PLC，并进行检查和修改。

3）空载试运行。先不带负载，接上按钮、指示灯等进行 PLC 的运行调试，观察 PLC 的动作是否符合设计要求，发现问题仔细分析，通过调整硬件接线或修改程序来解决。

4）带载试运行。接上交流接触器、电动机等主电路的电气元件，接通交流电源，按操作程序进行整个系统的试运行，观察主电路工作是否正常，并监测三相电流是否正常，发现跳闸、电流不平衡等问题，应及时断电，排除故障。

5）试运行完毕，切断电源，清理现场。

2. 用 PLC 改造 X62W 万能铣床的电气控制系统

（1）分析控制要求。根据系统要完成的控制任务，对被控对象的控制过程、控制规律以及功能和特性进行分析，在此基础上确定系统改造方案。

1）控制对象。主电路共有三台电动机：M1 为主驱动电动机，驱动主轴带动铣刀进行切削加工；M2 为工作台进给电动机，驱动工作台进给运动；M3 是冷却泵电动机，供应切削液。每台电动机均有热继电器作过载保护。

2）控制过程及原理。读者可对照如图 5—50 所示的继电接触控制电路原理图自行分析，此处不再赘述。

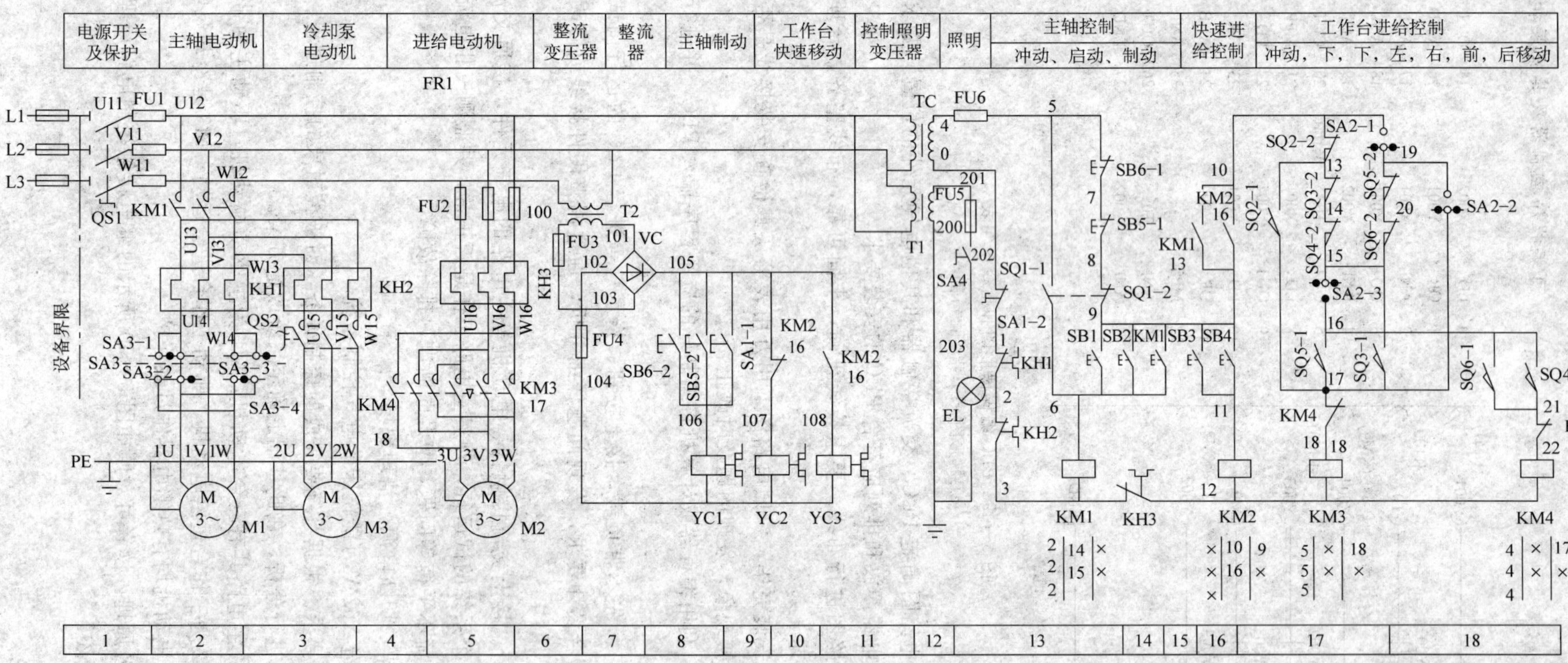

图 5—50 X62W 万能铣床的电气控制原理图

3）工作任务。将 X62W 万能铣床的电气控制系统改造为 PLC 控制系统。

（2）系统设计。选择 PLC；确定输入输出设备所需的输入输出继电器，并进行编号；画出 PLC 输入输出分配表和接线图；编写 PLC 的应用程序。

1）选择 PLC　根据系统控制要求选用松下 FP1－C40 型 PLC。

2）输入输出点分配

①PLC 输入输出点分配表见表 5—8。

②PLC 输入输出接线图如图 5—51 所示。

表 5—8　　PLC 输入输出点分配表

输入			输出		
名称	代号	输入点	名称	代号	输出点
主轴电动机启动按钮	SB1	X0	主轴运行接触器	KM1	Y0
快速进给按钮	SB2	X1	快速进给接触器	KM2	Y1
主轴电动机停止及制动按钮	SB3	X2	进给正转接触器	KM3	Y2
急停及制动开关	SA1	X3	进给反转接触器	KM4	Y3
正常进给转换开关	SA2—1	X4	主轴制动电磁离合器	YC1	Y5
圆工作台进给转换开关	SA2—3	X5	主轴常速电磁离合器	YC2	Y6
主轴变速冲动	SQ1	X6	工作台快速电磁离合器	YC3	Y7
进给变速冲动	SQ2	X7			
工作台向下、前进给	SQ3	X8			
工作台向上、后进给	SQ4	X9			
工作台向右进给	SQ5	XA			
工作台向左进给	SQ6	XB			
主轴电动机过载保护	KH1	XC			
冷却泵电动机过载保护	KH2	XD			
进给电动机过载保护	KH3	XE			

3）编写应用程序。按系统的控制要求编写 PLC 梯形图（见图 5—52）和指令语句表（略）。

（3）系统安装和调试。系统安装和调试的基本步骤及要求与用 PLC 改造带能耗制动的三相异步电动机 Y－△启动控制电路基本相同，此处不再赘述。

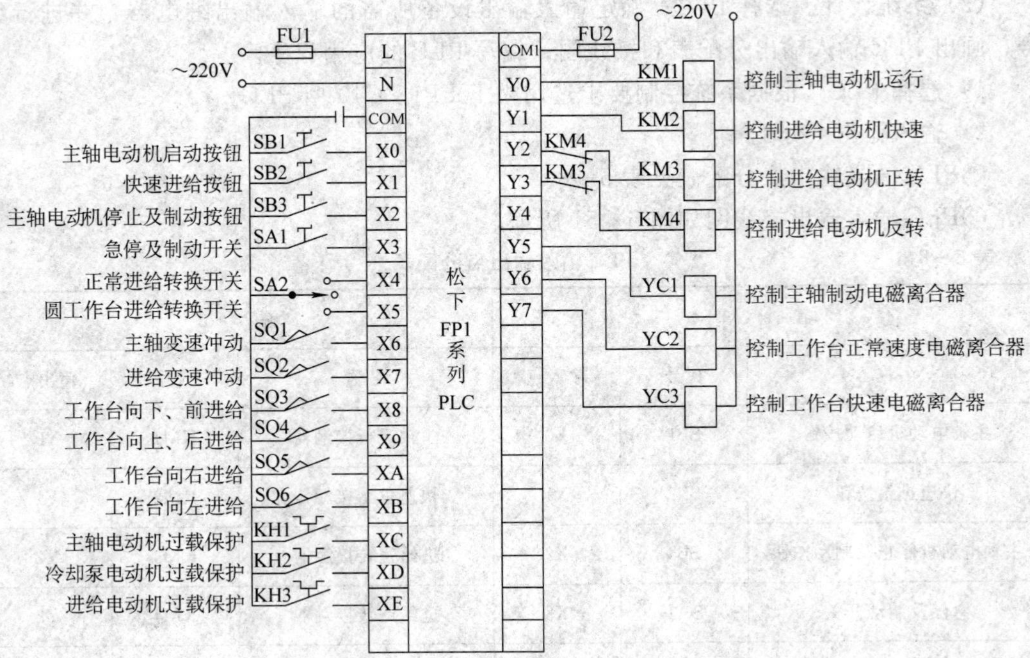

图 5—51 PLC 输入输出接线图

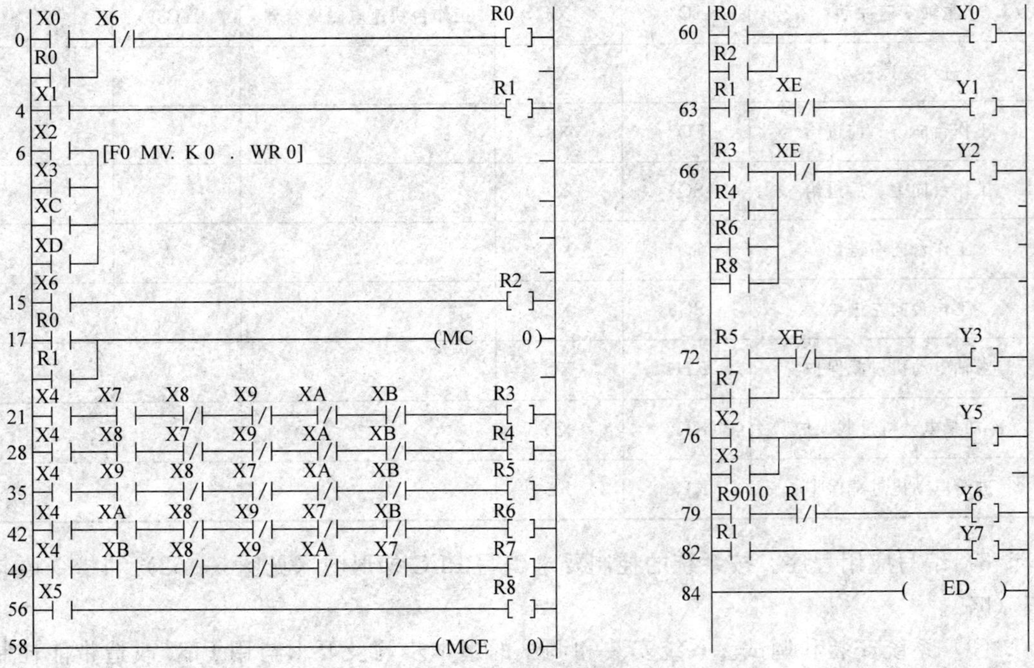

图 5—52 PLC 编程梯形图

单元考核要点

行为领域	鉴定范围	鉴定点	重要程度
理论知识	可编程序控制器基本知识	可编程序控制器及其特点	★★
		可编程序控制器的基本构成和工作原理	★★★
	可编程序控制器的安装与使用	可编程序控制器的基本指令及其编程	★★★
		可编程序控制器的安装与使用	★★★
		用可编程序控制器改造继电接触控制系统	★★★
操作技能	可编程序控制器的安装与使用	可编程序控制器的安装接线	★★★
		可编程序控制器的简单编程	★★★
		用可编程序控制器改造继电接触控制系统	★★★

单元测试题

一、填空题（请将正确的答案填在横线空白处）

1. 可编程序控制器是在______________基础上发展起来的、以_______为核心的____________，被广泛应用于工业生产的控制设备中。

2. 可编程序控制器通常由_________、_____、____________、____等部分组成。

3. PLC 输出接口的结构类型通常有_____输出、_____输出、_____输出三种形式。

4. PLC 的每一个扫描周期包括_______阶段、_______阶段和_______阶段。

5. PLC 的编程语言有_____编程、_________编程和_______编程等。

6. 在栈操作指令中，MPS 为____指令，MRD 为____指令，MPP 为____指令。

7. 顺序控制过程中每一____就是控制过程中的一个状态，用状态来描述控制过程的流程图称为_________。

8. FX 系列 PLC 采用_________作为控制元件，用_______控制状态动作，控制某一状态的常开触点称为_______。

9. PLC 的外部配线可采用__________配线、____________配线和_______配线。

10. PLC 的接地线应使用_________的导线，且各接地线_______。

二、单项选择题（下列每题的选项中，只有 1 个是正确的，请将其代号填在横线空白处）

1. 输入/输出总点数在 128 点以内的是_______PLC。

A. 微型　　B. 小型　　C. 中型　　D. 大型

2. PLC 的系统程序存放在_______中。

A. ROM　　B. RAM　　C. EPROM　　D. E^2PROM

3. 在 F1 系列 PLC 中，M 表示________。

A. 出入继电器　　B. 输出继电器　　C. 辅助继电器　　D. 定时器

4. LD 指令用于________。

A. 将常开触点连接左母线　　B. 将常闭触点连接左母线

C. 驱动线圈　　D. 程序结束

5. ANI 指令用于________。

A. 串联常开触点　　B. 串联常闭触点　　C. 并联常开触点　　D. 并联常闭触点

6. PLC 的输入输出线、电源线和控制线、动力线应分别放在上下线槽中，线与线之间相距________以上。

A. 100 mm　　B. 200 mm　　C. 300 mm　　D. 400 mm

7. 采用定时精度为 0.1 s 的定时器延时 5 s，常数设定值应为________。

A. 0.5　　B. 5　　C. 50　　D. 500

8. 安装 PLC 时应远离发热体（如电阻器、接触器等）或将 PLC 安装在发热体的________。

A. 上边　　B. 下边　　C. 左边　　D. 右边

9. 可编程序控制器的标准维护检查时间为________进行一次。

A. 1～2 个月　　B. 一季度　　C. 6 个月～1 年　　D. 1～2 年

10. PLC 使用________芯片存放用户程序时，应使用后备电池。

A. ROM　　B. EPROM　　C. E^2PROM　　D. RAM

三、判断题（下列判断正确的请打“√”，错误的打“×”）

1. 若采用 RAM 芯片作 PLC 的用户存储器，则需要后备电池。（　）
2. PLC 的输入接口通常具有光电隔离和电容滤波措施。（　）
3. PLC 内部软继电器的触点数量是有限的。（　）
4. PLC 内部软继电器的线圈都可以由程序驱动。（　）
5. PLC 内所有的定时器和计数器都具有掉电保持功能。（　）
6. 编程梯形图中的继电器线圈不能连接左母线，触点不能连接右母线。（　）
7. ANB 和 ORB 指令没有操作元件。（　）
8. 主控指令用于对主电路的控制。（　）
9. SET 指令具有自锁功能。（　）
10. PLC 输出端连接电感性负载时，应接入浪涌抑制器或续流二极管。（　）

四、简答题

1. 简述可编程序控制器的主要功能及特点。
2. 简述可编程序控制器对安装环境的主要要求。
3. 简述更换可编程序控制器锂电池的步骤和注意事项。
4. 简述可编程序控制器的定期维护检查的项目和内容。

五、设计题

1. 根据图示编程梯形图写出指令语句表。

2. 根据图示指令语句表画出编程梯形图。

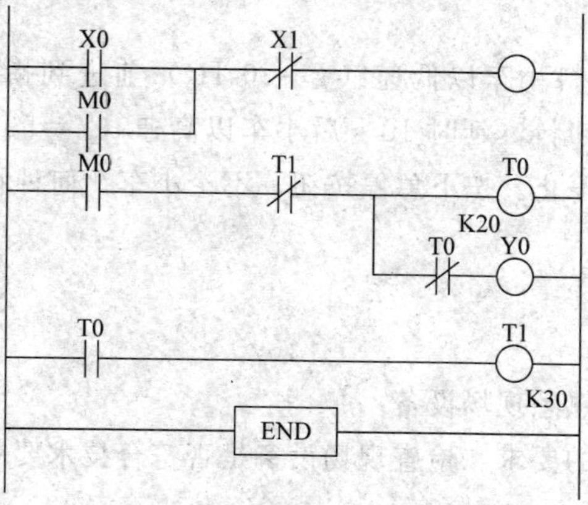

步序号	指令	元件号
0	LD	X0
1	OR	M0
2	ANI	X1
3	OUT	M0
4	LD	M0
5	ANI	T1
6	OUT	T0
	K	20
7	ANI	T0
8	OUT	Y0
9	LD	T0
10	OUT	T1
	K	30
11	END	

3. 根据图 5—35 所示三相异步电动机 Y -△减压启动控制过程的状态流程图画出编程梯形图。

4. 设计三节物料传送带自动控制程序，画出 PLC 输入输出点分配表、PLC 接线图、编程梯形图和指令语句表。该设备用三台电动机分别驱动三节传动带，为防止物料堆积损坏传动带，要求：

（1）启动顺序为：按下启动按钮，三相异步电动机 M1 先启动$\xrightarrow{\text{延时 5 s}}$M2 启动$\xrightarrow{\text{延时 5 s}}$M3 启动。

（2）停止顺序为：按下停止按钮，三相异步电动机 M3 先停止$\xrightarrow{\text{延时 5 s}}$M2 停止$\xrightarrow{\text{延时 5 s}}$M1 停止。

（3）为设备维修，各电机应具有临时点动功能。

5. 设计四路智力竞赛抢答器控制程序，画出 PLC 输入输出点分配表、PLC 接线图、编程梯形图和指令语句表，要求如下：

（1）外部设备：一个开始按钮，一个犯规指示灯，一个限时灯，一个铃，每组一个抢答按钮和指示灯。

（2）控制要求：按下开始按钮后，哪一组先按下抢答按钮，该组灯亮同时铃响 5 s，其他组再抢答无效；开始后延时 10 s，限时灯亮同时铃响 5 s；若在开始前抢答，除该组指示灯亮、铃响外，犯规指示灯亮。

六、技能题

第 1 题　物料运送装置 PLC 和变频器控制设备的设计与安装、试运行及故障排除

1. 操作准备

（1）小型 PLC、小型变频器、电气控制技能训练柜（包括按钮、行程开关、交流接触器等相应电气元件）、物料运送装置（或模拟实训装置）、微型计算机（含 PLC 编程软件）等。

（2）常用电工工具。

（3）万用表、钳形电流表、兆欧表、转速表等。

（4）PLC 和变频器的使用说明书或相关技术资料。

2. 操作要求

（1）控制要求。按下启动按钮，送料小车以低速（f=20 Hz）前进到指定位置，压下行程开关，小车停止并打开卸料门卸料，延时 10 s 后小车以高速（f=50 Hz）返回到原点，压下另一个行程开关，小车停止。按下急停按钮，不论小车在何种状态均原地停止。

（2）操作步骤

1）现场检查

①对照实物、图纸和有关技术资料熟悉现场设备。

②按照设备说明书和有关技术资料的要求，检查现场设备是否符合技术要求。

2）系统设计

①按控制要求确定 PLC 的外部设备，并分配 PLC 的输入输出单元，列出输入输出点分配表，画出系统原理图。

②按控制要求编制 PLC 的用户程序，画出编程梯形图。

3）设备安装

①按原理图正确安装 PLC、变频器和其他电气元件及设备。

②用微机将系统控制程序输入 PLC，并调试、修改。

③按控制要求正确设置变频器的控制模式和参数。

4）试运行

①先不带负载启动 PLC 运行程序，利用指示灯等观察系统运行情况，发现问题及时解决。

②接通变频器和其他执行电器，按说明书和相关技术资料的要求正确进行设备的通电试运行，确保试运行程序正确，安全操作，发现问题及时解决。

5）故障排除

①正确查出故障点并修复正常，不能扩大故障。

②故障诊断方法及分析思路正确。

③正确使用仪器仪表，确保安全操作。

（3）操作注意事项

1）线路安装接线应正确，尤其要注意分清强电线路与弱电线路，以免损坏设备。

2）接线端应连接牢固，不能有松动或短路现象。

3）安全操作，不得接触带电部位，未经监考人员允许不得擅自通电试运行，通电时须有人监护。

4）变频器运行模式和参数的调整须在断电情况下进行，不得在运行中调整模式和参数。

3. 配分及评分标准

序号	主要内容	考核要求	评分标准	配分	扣分	得分
1	现场检查	(1) 熟悉设备 (2) 安装前检查	对操作设备不熟悉扣 3～5 分 设备检查不全面扣 3～5 分	10		
2	系统设计	(1) 列输入输出分配表 (2) 画原理图 (3) 画编程梯形图	硬件设计错误或不合理扣 5～10 分 程序设计错误或不合理扣 5～10 分	20		
3	设备安装	(1) 电气元件安装接线 (2) PLC 程序输入 (3) 变频器参数设定	接线错误扣 10 分 安装接线不符合要求扣 3～5 分 不会输入程序扣 10 分 变频器参数设定错误扣 5～10 分	20		
4	通电试运行	(1) 模拟试运行 (2) 通电试运行	试运行程序不正确扣 10 分 因误操作造成短路或损坏设备扣 10～20 分	20		
5	故障排除	(1) 正确查出故障点并修复正常 (2) 故障诊断方法及分析思路正确 (3) 正确使用仪器仪表，确保安全操作	不能查出故障扣 20 分 处理方法不当扣 5～15 分 扩大故障扣 20 分	20		
6	安全文明生产	(1) 严格执行国家颁布安全法规及企业有关安全规定 (2) 遵守企业有关文明生产规定	违反安全生产规定扣 1～7 分 违反文明生产规定扣 1～3 分	10		
备注			合计	100		
			考评员签字			年　月　日

第 2 题　用 PLC 对 M7120 平面磨床电气控制系统进行改造

1. 操作准备

(1) 小型 PLC、M7120 平面磨床（或模拟电气控制柜）。

(2) 常用电工工具。

(3) 万用表，钳形电流表，直流电压、电流表，兆欧表，转速表等。

(4) PLC 和 M7120 平面磨床的使用说明书或相关技术资料。

2. 操作要求

(1) 现场检查

1) 对照实物、图纸和有关技术资料熟悉现场设备。

2) 按照设备说明书和有关技术资料的要求检查现场设备是否符合技术要求。

3）分析 M7120 平面磨床的工作原理和控制要求。

（2）系统设计

1）按控制要求确定 PLC 的外部设备，并分配 PLC 的输入输出单元，列出输入输出点分配表，画出系统原理图。

2）按控制要求编制 PLC 的用户程序，画出编程梯形图。

（3）设备安装

1）按原理图正确安装 PLC、变频器和其他电气元件及设备。

2）用微机将系统控制程序输入 PLC，并调试、修改。

（4）试运行

1）先不带负载启动 PLC 运行程序，利用指示灯等观察系统运行情况，发现问题及时解决。

2）接通执行电器，按说明书和相关技术资料的要求正确进行设备的通电试运行，确保试运行程序正确，安全操作，发现问题及时解决。

（5）故障排除

1）正确查出故障点并修复正常，不能扩大故障。

2）故障诊断方法及分析思路正确。

3）正确使用仪器仪表，确保安全操作。

（6）操作注意事项

1）线路安装接线应正确，尤其要注意分清强电线路与弱电线路，以免损坏设备。

2）接线端应连接牢固，不能有松动或短路现象。

3）安全操作，不得接触带电部位，未经监考人员允许不得擅自通电试运行，通电时须有人监护。

3. 配分及评分标准

序号	主要内容	考核要求	评分标准	配分	扣分	得分
1	现场检查与分析	（1）熟悉设备 （2）安装前检查 （3）分析控制要求	对操作设备不熟悉扣 3～5 分 设备检查不全面扣 3～5 分	10		
2	系统设计	（1）列输入输出分配表 （2）画原理图 （3）画编程梯形图	硬件设计错误或不合理扣 5～10 分 程序设计错误或不合理扣 5～10 分	20		
3	设备安装	（1）电气元件安装接线 （2）PLC 程序输入	接线错误扣 10 分 安装接线不符合要求扣 3～5 分 不会输入程序扣 10 分	20		
4	通电试运行	（1）模拟试运行 （2）通电试运行	试运行程序不正确扣 10 分 因误操作造成短路或损坏设备扣 10～20 分	20		

续表

序号	主要内容	考核要求	评分标准	配分	扣分	得分
5	故障排除	（1）正确查出故障点并修复正常 （2）故障诊断方法及分析思路正确 （3）正确使用仪器仪表，确保安全操作	不能查出故障扣 20 分 处理方法不当扣 5～15 分 扩大故障扣 20 分	20		
6	安全文明生产	（1）严格执行国家颁布安全法规及企业有关安全规定 （2）遵守企业有关文明生产规定	违反安全生产规定扣 1～7 分 违反文明生产规定扣 1～3 分	10		
备注			合计	100		
			考评员签字			年 月 日

单元测试题答案

一、填空题

1. 继电接触控制电路　微处理器　通用工业控制器　2. 中央处理器　存储器　输入/输出单元　电源　3. 继电器　晶体管　晶闸管　4. 输入采样　程序执行　输出刷新　5. 梯形图　指令语句表　高级语言　6. 进栈　读栈　出栈　7. 工步状态流程图　8. 状态继电器　常开触点　步进接点　9. 层叠式电缆槽　并行金属电缆槽　配线管　10. 1.25 mm^2 以上　独立接地

二、单项选择题

1. B　2. A　3. C　4. A　5. B　6. C　7. C　8. B　9. C　10. D

三、判断题

1. √　2. √　3. ×　4. ×　5. ×　6. √　7. √　8. ×　9. √　10. √

四、简答题

答案略。

五、设计题

答案略。

六、技能题

答案略。

单元 5

第6单元

机电装置的测绘

在电气设备安装、维护与检修中，图样是必不可少的基本技术资料，但由于多方面原因，很多生产设备缺少图样和相关技术资料，给设备的安装、维护与检修工作带来了很大困难。按照实物绘制出设备的原理图、接线图、电气元件明细表等有关技术资料称为测绘。机电装置的测绘是高级维修电工应具备的基本技能之一。

电气线路的测绘主要分为继电接触控制电路的测绘和电子电路的测绘两大类，其中电气元件的测绘是电气测绘的重要内容，若不能准确地识别和确定各电气元件的编号、型号、极性、引脚和相关技术参数，就不能完整、准确地绘制出电气原理图和电气元件明细表，因此，掌握电气元件的测绘方法对完成电气测绘具有重要意义。

在生产设备中，电气部件和机械部件往往是密不可分的，因此，对较简单的机械零件和部件进行测绘，根据实物绘制出相关部件的零件图和装配图也是高级维修电工应具备的技能。进行机械装置的测绘需要了解机械制图、公差与配合、金属材料及热处理等相关基本知识。

第一节　电气装置的测绘

培训目标

- 熟悉常用电子元器件的参数标识及常用单元电路
- 能够测绘 X62W 铣床等较复杂机械设备的电气原理图、接线图及电气元件明细表
- 能够测绘晶闸管触发电路等电子线路，并绘出其原理图

电子电路的测绘需要掌握一定的专业知识，同时还要了解常用元器件的参数和型号，会识别电子元器件。电子电路中常用的元器件有各种电阻器、电容器和二极管、三极管等半导体器件，它们的性能参数和型号命名方式在《维修电工（基础知识）》《维修电工（初级）》和《维修电工（中级）》中已介绍过，此处不再赘述。

一、常用单元电路

1. 晶体管串联式稳压电路

晶体管串联式稳压电路属于线性稳压电源电路，线路组成和工作原理较简单，稳压性能指标较好，常用于功率较小的直流稳压供电场合，按其电路结构有分立件的三极管串联式稳压电路和由三端集成稳压器构成的稳压电路两大类。

（1）三极管串联式稳压电路。较简单的三极管串联式稳压电路如图 6—1 所示。该电路主要由采样电路、比较放大环节、基准电压和调整管等部分构成，利用电压负反馈的自动调节作用实现稳定输出电压的目的。

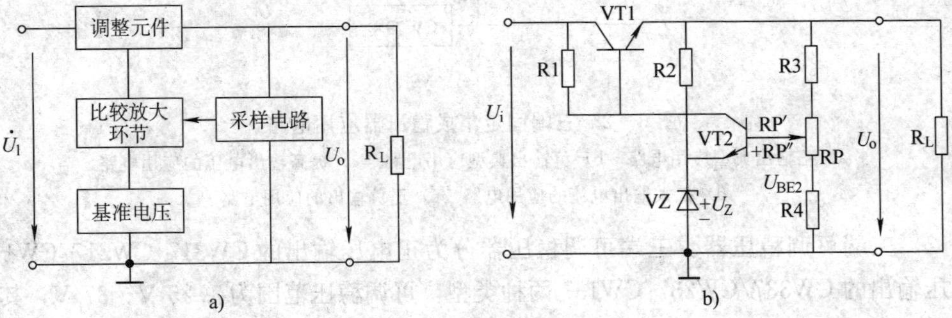

图 6—1　三极管串联式稳压电路
a）组成框图　b）电路原理图

（2）由三端集成稳压器构成的稳压电路。三端集成稳压器将三极管串联式稳压电路中的调整元件、采样放大环节、基准电压、启动与保护等电路全部集成在一块半导体芯片上，外部只有三个引脚，体积小、接线简单、使用方便、工作可靠性高。三端集成稳压器分为三端固定稳压器和三端可调稳压器两大类。

1）三端固定稳压器。国产三端固定稳压器分为正电压输出的 CW78××系列和负

电压输出的 CW79××系列两大类（其中××表示稳压值，如 7805、7812、7815、7824 等），常见应用电路如图 6—2 所示。使用中要注意，为防止调整管被反向电压击穿，电容 C2 的容量应小于 C1 的容量。

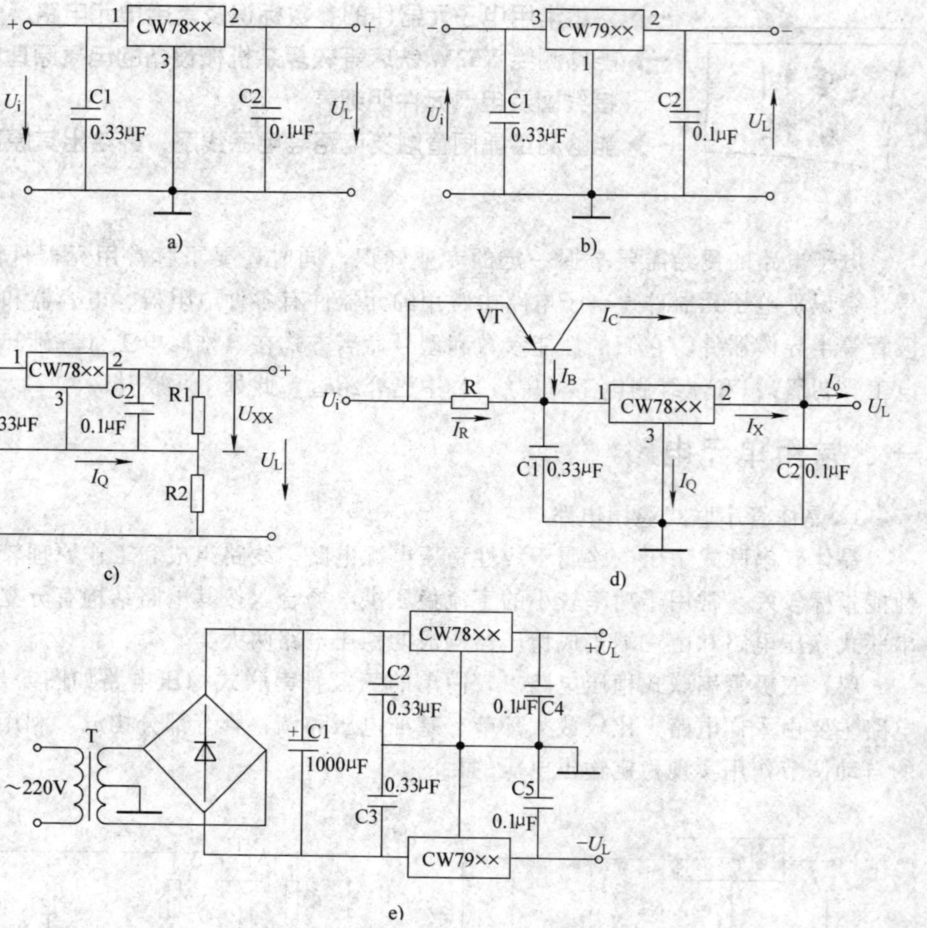

图 6—2　三端固定集成稳压器应用电路

a）正输出典型应用电路　b）负输出典型应用电路　c）提高输出电压的应用电路
d）扩大输出电流的应用电路　e）正负输出的应用电路

2）三端可调稳压器。三端可调稳压器分为正电压输出的 CW317/CW217/CW117 和负电压输出的 CW337/CW237/CW137 两种类型，可调稳压范围为 1.25 V～37 V，其典型应用如图 6—3 所示。使用中应注意，R1 的阻值是由器件手册给定的，不得随意改变。

2. 555 时基电路的典型应用电路

555 时基集成定时器是一种将模拟电路和数字电路巧妙结合在一起的多用途单片集成电路，外接少量的阻容元件便能构成自激多谐振荡器、单稳态触发器和施密特触发器等多种应用电路，广泛应用于定时电路和脉冲的产生与整形电路中。其内部主要由分压器、比较器、基本 RS 触发器、开关管和输出缓冲器等部分组成，按制造工艺分为 TTL 集成电路（国产型号为 5G555）和 CMOS 集成电路（国产型号为 CC7555）两种类型，也

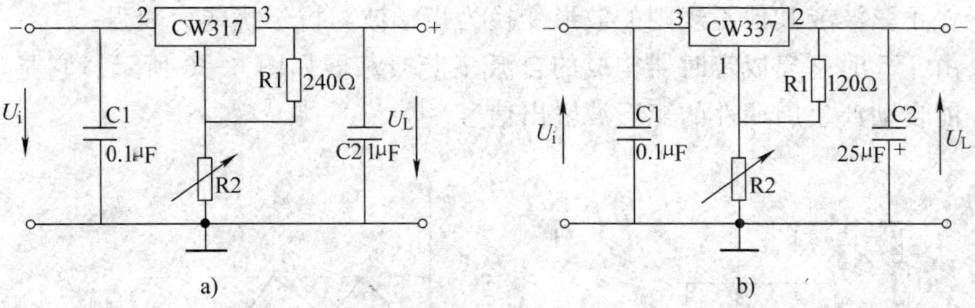

图 6—3　三端可调稳压器典型应用

a）正输出典型应用　b）负输出典型应用

有将两个或四个定时器单元集成在一块芯片上的（如 556 或 558）集成定时器。CC7555 型 CMOS 集成定时器的内部结构框图和外部引脚如图 6—4 所示。

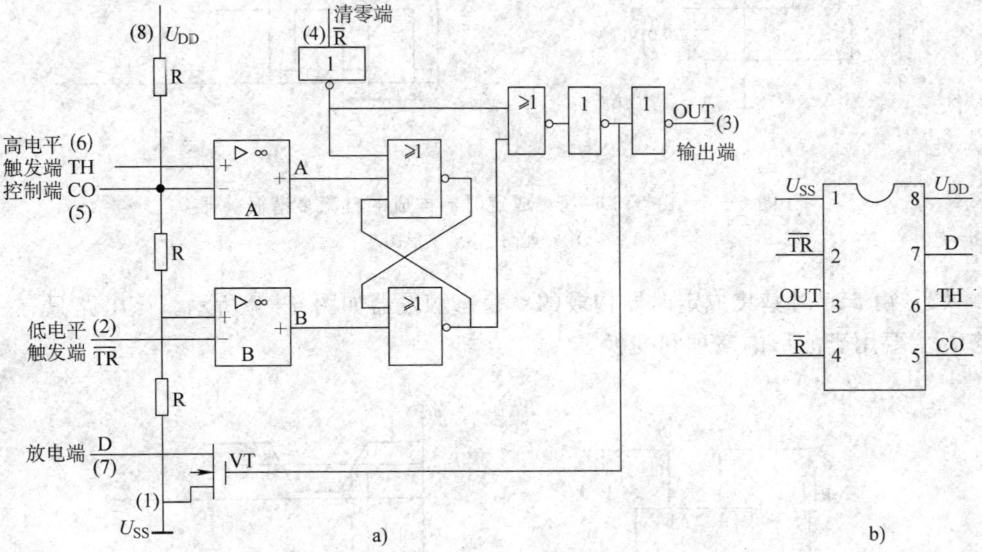

图 6—4　CC7555 集成定时器的内部结构框图和外部引脚

a）内部结构框图　b）外部引脚

（1）由 555 时基集成定时器构成的施密特触发器如图 6—5 所示。它具有两个稳态，

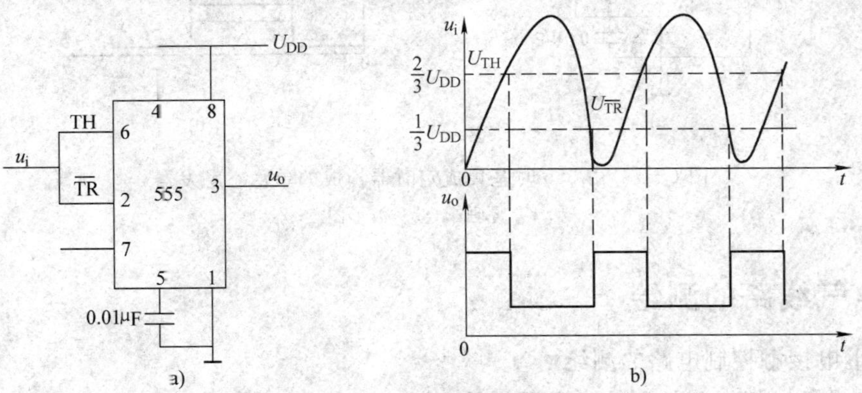

图 6—5　由 555 时基集成定时器构成的施密特触发器

a）原理图　b）波形图

主要用于将正弦波或其他不规则的波形变换为矩形波，抗干扰能力较强。

（2）由 555 时基集成定时器构成的自激多谐振荡器如图 6—6 所示。它是一种无稳态电路，能自动产生周期性的矩形波输出信号。

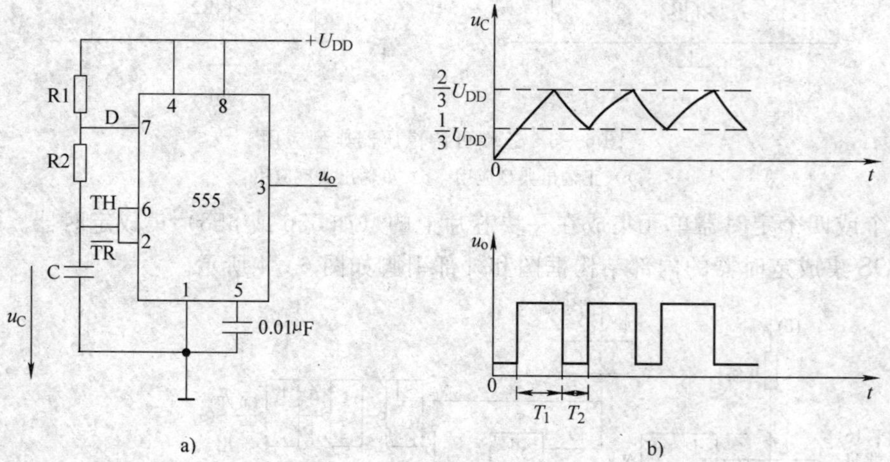

图 6—6　由 555 时基集成定时器构成的自激多谐振荡器

a）原理图　b）波形图

（3）由 555 时基集成定时器构成的单稳态触发器如图 6—7 所示。该电路只有一个稳态，主要用于波形的整理和变换。

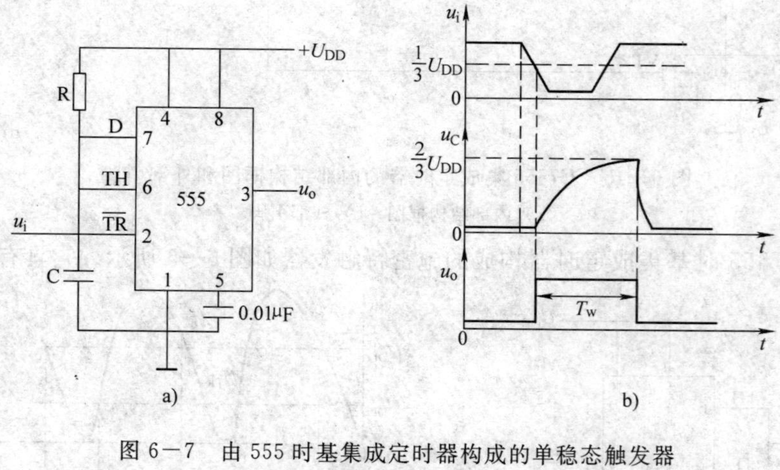

图 6—7　由 555 时基集成定时器构成的单稳态触发器

a）原理图　b）波形图

二、电气线路的测绘

1．继电接触控制电路的测绘

机床设备电气线路的测绘常采用两种方法：电气位置图-接线图-原理图测绘法和查对测绘法。下面以 X62W 万能铣床电气原理图的测绘为例，简要介绍机床设备电气线路的测绘方法。

(1) 电气位置图-接线图-原理图测绘法。电气位置图-接线图-原理图测绘法简便、直接，容易掌握，是电气线路测绘的基本方法，测绘步骤如下：

1) 将生产设备停电，并使所有电气元件处于常态（释放状态）。

2) 对照实物画出设备的电气元件布置图。X62W 万能铣床电气控制箱（柜）内的电气元件布置图如图 6—8 所示。

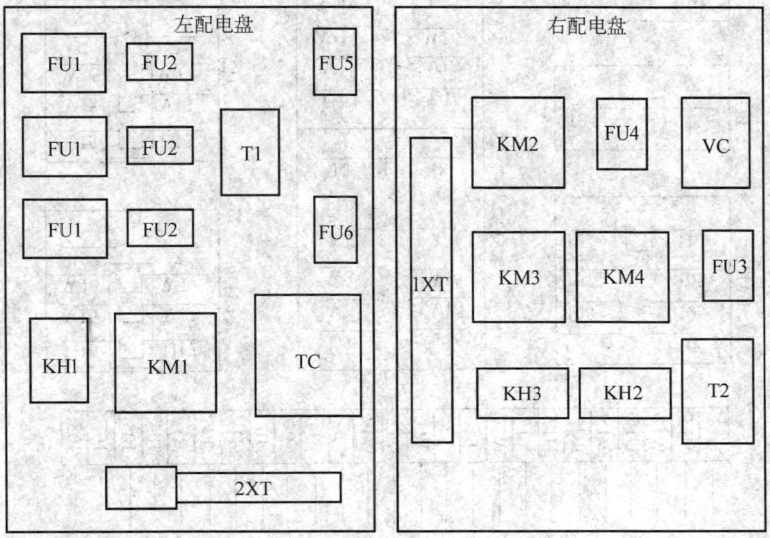

图 6—8　X62W 万能铣床电气控制箱（柜）内的电气元件布置图

3) 在电气元件布置图的基础上绘出箱（柜）内的电气元件接线图，并标明线号，如图 6—9 所示，再绘出电气系统整体连接图，如图 6—10 所示。

4) 根据电气接线图按照先画主电路，后画控制电路和信号电路，最后绘制照明等电路的原则绘制电气原理图，如图 6—11 所示。

5) 根据电气元件所标注的型号、规格和各种电气元件的数量列出电气元件明细表。X62W 万能铣床的电气元件明细表见表 6—1。

(2) 查对测绘法。采用该方法绘制电气原理图需要一定的基础，既要熟悉常用电气元件的作用和接法，又要清楚典型的电气环节，掌握起来有一定难度。采用查对法测绘电气原理图的步骤见表 6—2。

2. 一般电子电路的测绘

在日常检修工作中，维修电工经常会遇到机床或其他装置中的电路板没有图样的情况，因此，会看懂印制电路板（PCB 板），并把它反画成电路原理图，是维修电工的必备技能。下面以单结晶体管移相触发电路为例，简要介绍一般电子电路的测绘方法（见表 6—3）。

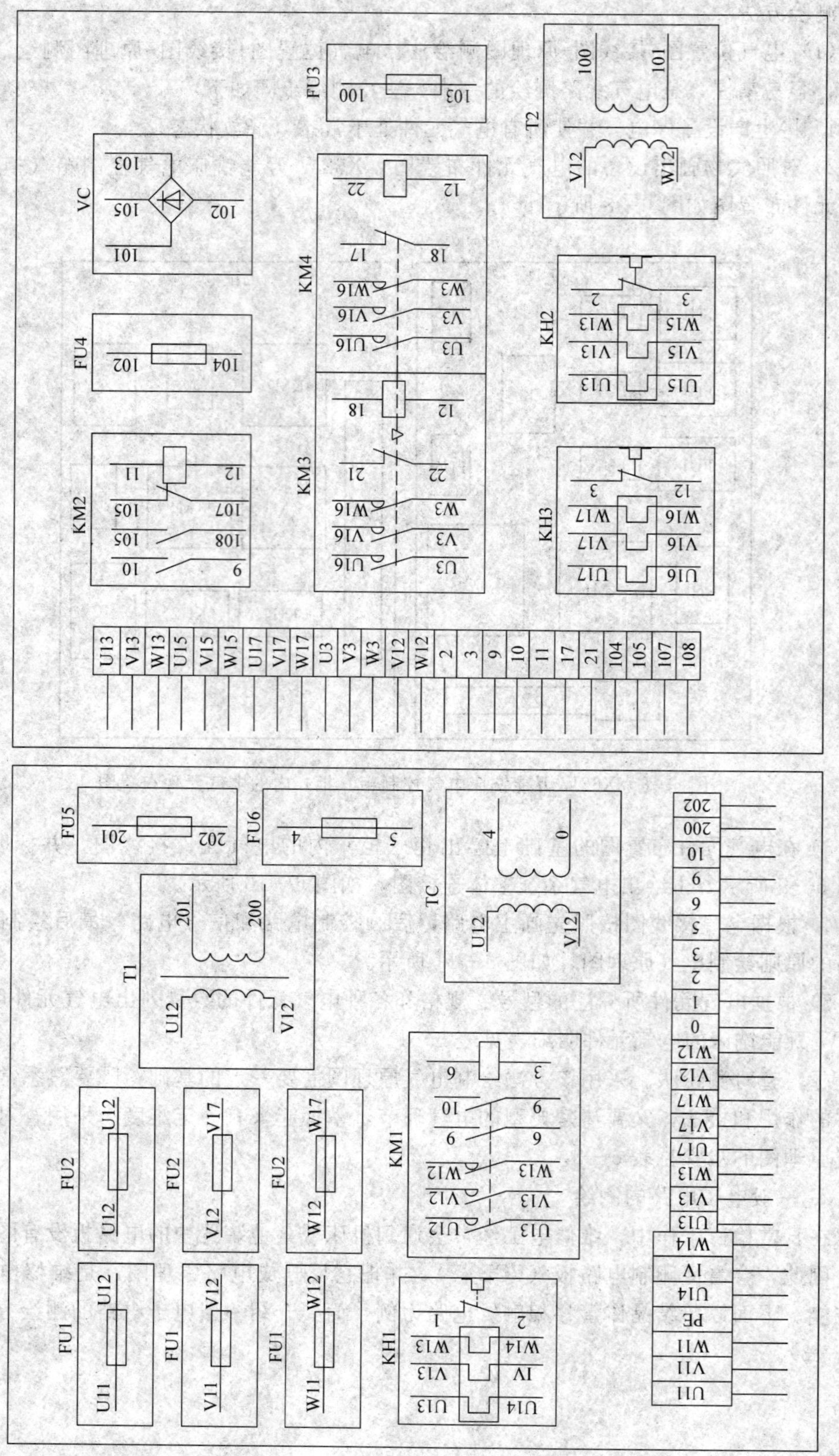

图 6—9　X62W 万能铣床电气控制箱（柜）内的电气元件接线图

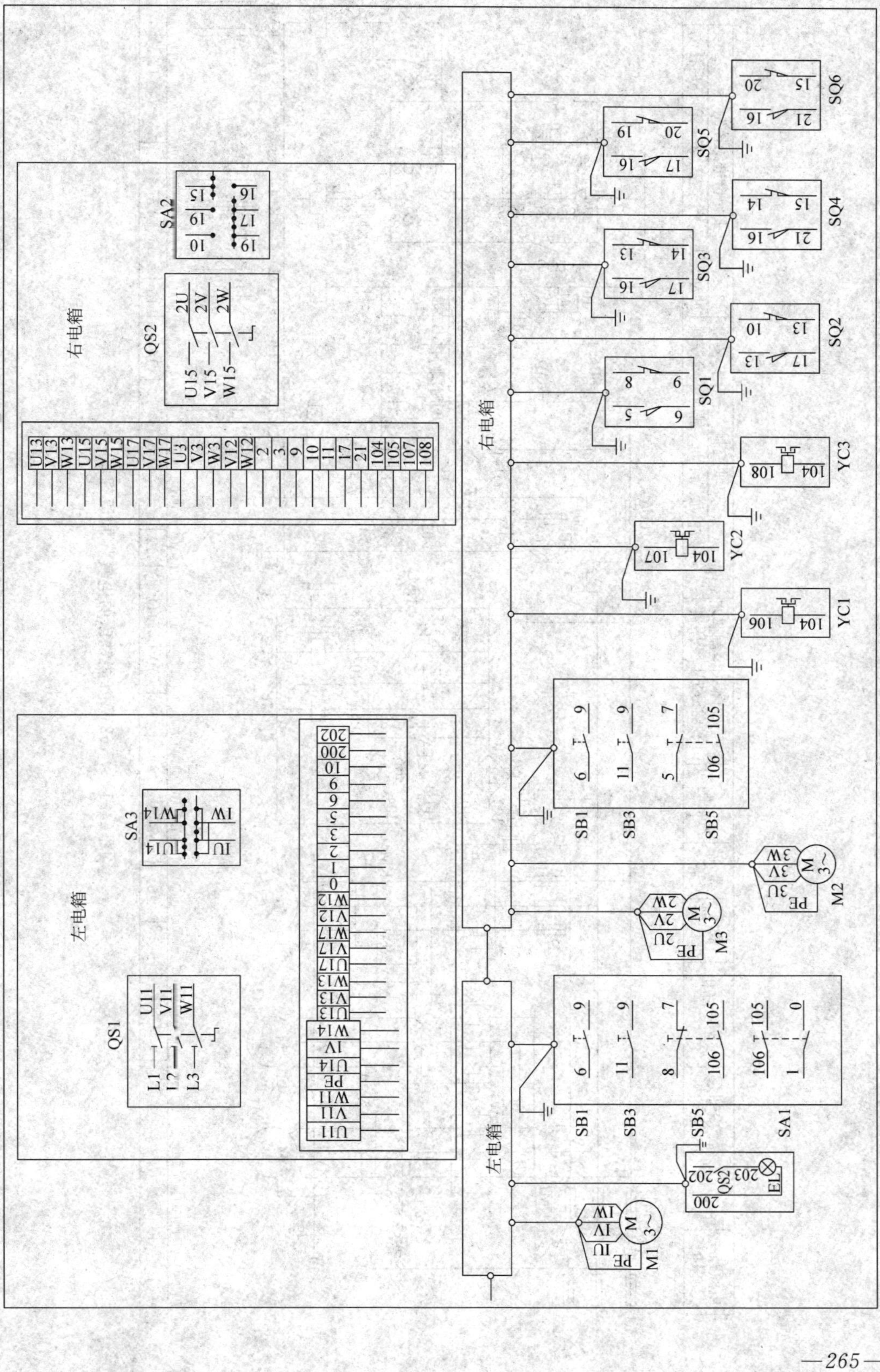

图 6—10　X62W 万能铣床的电气系统连接图

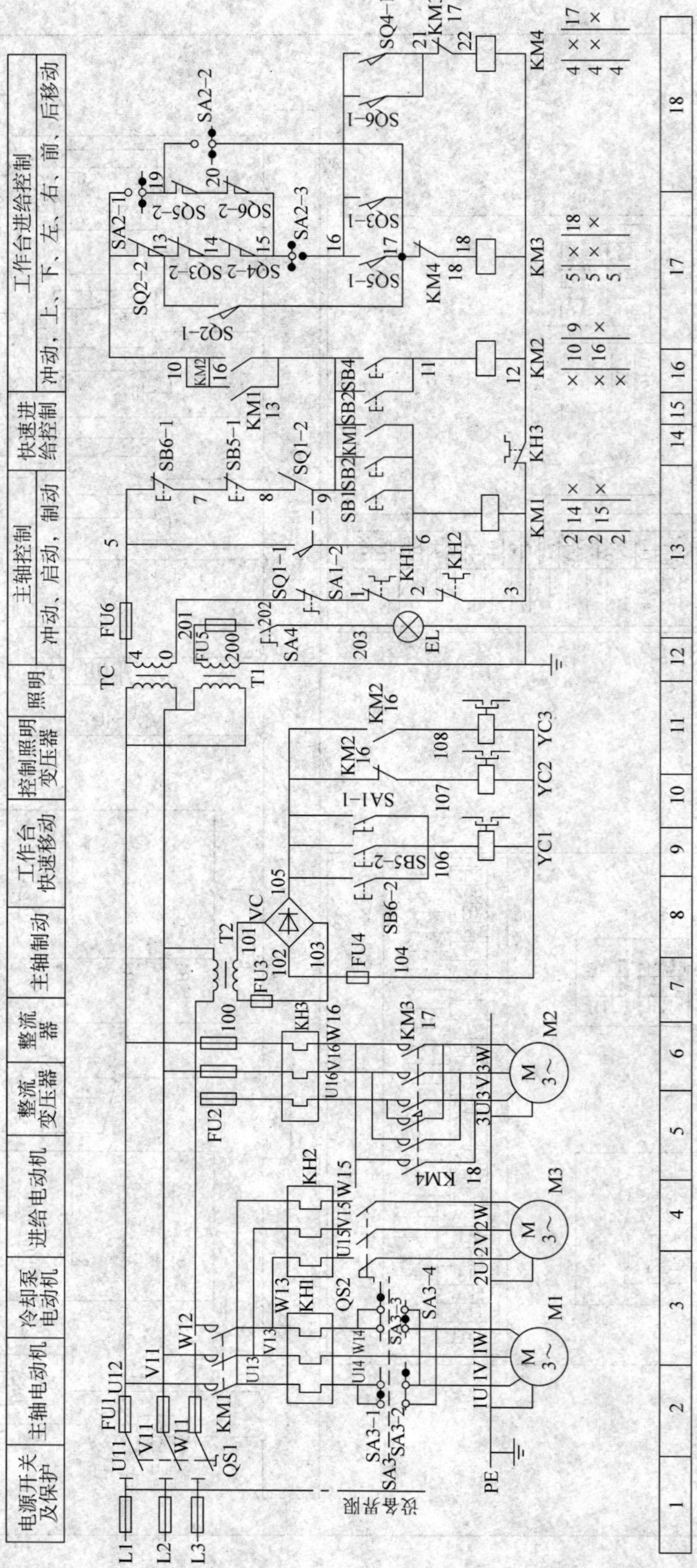

图 6—11　X62W 万能铣床的电气控制原理图

表 6—1　　**X62W 万能铣床电气元件明细表**

代号	名称	型号	规格	数量	用途
M1	主轴电动机	Y132M-4-B3	7.5 kW、380 V、1 450 r/min	1	驱动主轴
M2	进给电动机	Y90L-4	1.5 kW、380 V、1 400 r/min	1	驱动进给
M3	冷却泵电动机	JCB-22	125 W、380 V、2 790 r/min	1	驱动冷却泵
QS1	开关	HZ10-60/3J	60 A、380 V	1	电源总开关
QS2	开关	HZ10-10/3J	10 A、380 V	1	冷却泵开关
SA1	开关	LS2-3A		1	换刀开关
SA2	开关	HZ10-10/3J	10 A、380 V	1	圆工作台开关
SA3	开关	HZ3-133	10 A、500 V	1	M1 换向开关
FU1	熔断器	RL1-60	60 A、熔体 50 A	3	电源短路保护
FU2	熔断器	RL1-15	15 A、熔体 10 A	3	进给短路保护
FU3、FU6	熔断器	RL1-15	15 A、熔体 4 A	2	整流、控制电路短路保护
FU4、FU5	熔断器	RL1-15	15 A、熔体 2 A	2	直流、照明电路短路保护
KH1	热继电器	JR0-40	整定电流 16 A	1	M1 过载保护
KH2	热继电器	JR10-10	整定电流 0.43 A	1	M3 过载保护
KH3	热继电器	JR10-10	整定电流 3.4 A	1	M2 过载保护
T2	变压器	BK-100	380/36 V	1	整流电源
TC	变压器	BK-150	380/110 V	1	控制电路电源
T1	照明变压器	KB-50	50 W、380/24 V	1	照明电源
VC	整流器	2CZ×4	5 A、50V	1	整流用
KM1	接触器	CJ0-20	20 A 线圈电压 110 V	1	主轴启动
KM2	接触器	CJ0-10	10 A 线圈电压 110 V	1	快速进给
KM3	接触器	CJ0-10	10 A 线圈电压 110 V	1	M2 正转
KM4	接触器	CJ0-10	10 A 线圈电压 110 V	1	M2 反转
SB1、SB2	按钮	LA2	绿色	2	启动 M1
SB3、SB4	按钮	LA2	黑色	2	快速进给点动
SB5、SB6	按钮	LA2	红色	2	停止、制动
YC1	电磁离合器	B1DL-Ⅲ		1	主轴制动
YC2	电磁离合器	B1DL-Ⅱ		1	正常进给
YC3	电磁离合器	B1DL-Ⅱ		1	快速进给
SQ1	位置开关	LX3-11K	开启式	1	主轴冲动开关
SQ2	位置开关	LX3-11K	开启式	1	进给冲动开关
SQ3	位置开关	LX3-131	单轮自动复位	1	M3 正、反转及连锁
SQ4	位置开关	LX3-131	单轮自动复位	1	
SQ5	位置开关	LX3-11K	开启式	1	
SQ6	位置开关	LX3-11K	开启式	1	

表 6—2　　　　查对法测绘电气原理图的步骤

序号	测绘步骤	举例说明
1	了解机床的基本结构和各部分的运动形式，分清电气控制和机械、液压传动控制（见图 6—12）	X62W 万能铣床主要由床身、主轴、刀杆、悬梁、工作台、回转盘、横溜板、升降台、底座等部分组成。床身内装有主轴传动和变速操纵机构；床身顶部有水平导轨，装着带刀杆支架的悬梁，悬梁和刀杆支架都可以做水平运动；铣刀心轴的一端由刀杆支架支撑，另一端固定在主轴上，由主轴电动机带动铣刀进行铣削；床身前面装有垂直导轨，供升降台上下移动；在升降台的水平导轨上装有可前后移动的溜板；溜板上装有可转动的回转盘，工作台可在回转盘的导轨上左右移动；工件被固定于工作台的 T 形槽上，可以在 3 个坐标的 6 个方向调整位置或进给
		铣床的主运动是主轴带动铣刀的旋转运动；进给运动是工作台的前后、左右、上下 6 个方向的运动；辅助运动是工作台的其他运动
2	了解机床的电动机种类、数量及其控制功能（如连锁、保护、限位、正反转控制、顺序控制、制动等，解各电气开关、按钮、手柄的位置见图 6—13）。	电动机：X62W 万能铣床共有三台电动机，分别是主轴电动机、进给电动机、冷却泵电动机
		主轴控制：主轴电动机正反转由组合开关控制；主轴制动采用电磁离合器实现
		进给控制：进给电动机的进给运动、快速运动和正反转通过操纵手柄和机械离合器的配合来实现
		电气连锁措施：一是顺序控制，主轴旋转后才允许工作台进给运动和快速移动，进给停止后主轴才能停止或同时停止；二是采用机械操纵手柄和位置开关相配合，实现 6 个运动方向的连锁
		保护措施：三台电动机要有过载保护；加工过程中要有冷却系统、照明设备和其他保护措施
3	根据各运动部件和电气元件的动作情况分析控制电路采用的基本控制环节，并绘出线路草图	绘制主运动及进给运动主电路草图：主轴电动机 M1 的可逆运行由转换开关 SA3 控制；进给电动机 M2 通过操纵手柄和机械离合器的配合拖动工作台完成 6 个方向的进给和快速移动，其正反转由接触器 KM3、KM4 来实现；冷却泵电动机 M3 与主轴电动机 M1 采用顺序控制，当 M1 启动后，用手动开关 QS2 启动 M3；主电路采用熔断器 FU1 作短路保护，热继电器 KH1、KH2、KH3 用于三台电动机的过载保护
		绘制主运动及进给运动控制电路草图：主轴电动机 M1 采用两地控制，两组按钮分别安装在工作台和床身上，两组停止按钮串联，启动按钮并联，M1 的启动由接触器 KM1 控制，制动由电磁离合器 YC1 实现，位置开关用于主轴变速时的瞬时电动控制；进给电动机 M2 采用操纵手柄转换开关 SA2 和机械联动机构控制相应的位置开关 SQ3、SQ4、SQ5、SQ6，通过接触器 KM3、KM4 实现 M2 的正反转控制，且在 6 个方向的运动有连锁，工作台的快速移动采用 SB3、SB4 点动（两地）控制；冷却泵电动机 M3 由组合开关 QS2 直接控制，控制电路中不用表示；照明电源由变压器提供 24 V 安全电压，用开关 SA4 控制，熔断器 FU5 用于照明电路的短路保护
		对绘制出的原理图按实物进行编号
		对照实际控制电路对图样进行仔细的查对和修改

续表

序号	测绘步骤	举例说明
4	检查草图，并绘制完整的电气原理图	按电路的工作原理和动作程序，检查电气控制线路草图与实际操作的电器动作情况是否一致，图样布置是否合理，图形和连线是否正确，标注和注释是否有遗漏等，最后绘制成完整的电气原理图
5	绘制电气实物布置图和安装接线图	根据已绘制完成的电气原理图和实际电气元件的安装位置绘出电气实物布置图和电气安装接线图
6	编写电气元件明细表	根据实际电气元件所标注的型号、规格和电气元件的数量，列出电气元件明细表

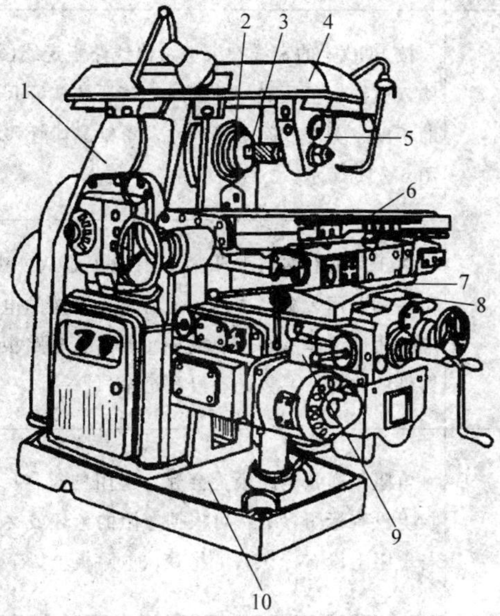

图 6—12　X62W 万能铣床基本结构示意图

1—床身　2—主轴　3—刀杆　4—悬梁　5—刀杆挂脚

6—工作台　7—回转盘　8—横溜板　9—升降台　10—底座

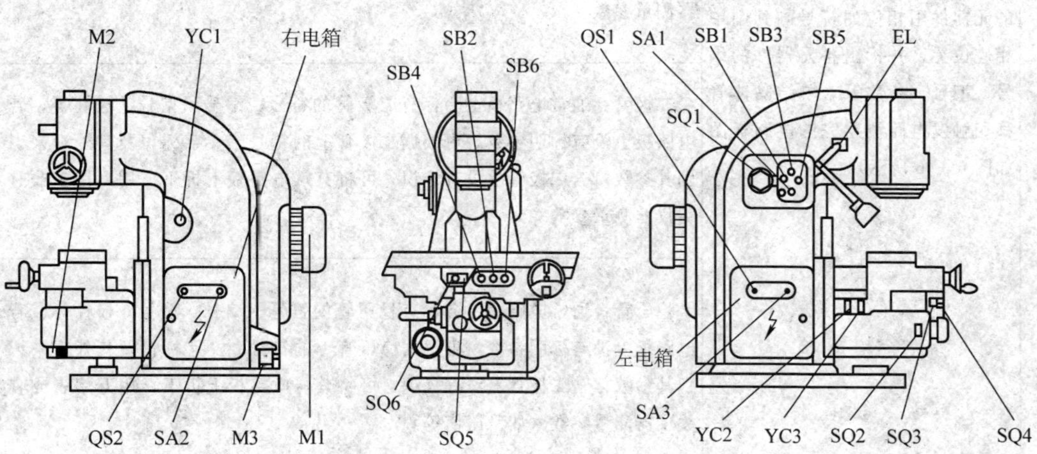

图 6—13　X62W 万能铣床电动机及电气开关、按钮、手柄位置图

表 6—3　　一般电子电路的测绘方法

序号	测绘步骤	测绘方法
1	测绘前的准备	了解待测绘电路板及其有关设备的情况，如该电路板的结构（单面、双面或多层板以及采用的元器件类型等）、功能、特点和损坏情况等。单结晶体管移相触发电路 PCB 板的结构如图 6—16 所示
		准备测绘所用的工具，如图纸、铅笔、橡皮、万用表、电烙铁等。对于多层 PCB 板，最好采用多种颜色的笔，每层画成一种颜色
2	绘制 PCB 板走线草图	按 PCB 上的走线在纸上绘出线路板走线图。若不要求尺寸，图应画大一些，覆铜线可画成一条细线；若要按实际尺寸测绘，可用卡尺测量覆铜线的长度、宽度和间距等尺寸。单结晶体管移相触发电路 PCB 板走线草图如图 6—15 所示
		对于双面和多层 PCB 板，有时很难从外观直接判断线路的通断和走向，可借助万用表测量通断，为防止元器件的电阻对测量带来的影响，万用表应选用低倍率欧姆挡，或将元器件从电路板上拆下再测，但要注意做好元器件的位置、参数、型号等记录
3	测绘元器件：逐一将电路板上的元器件用相应的符号画到图中相应位置，并标出各元器件的编号、型号、参数等（单结晶体管移相触发电路测绘完的电路板图如图 6—16 所示）	电阻：通常电路板上会标有电阻的符号、编号、阻值、功率等；若电路板上没有标明参数，可根据电阻的色环或文字标识及其外观来识别其参数；若电阻上没有标识，可将其从电路板上拆下，用万用表测量参数
		电容：通常电路板上会标有电容的符号、编号、容量、耐压、极性等；若电路板上没有标明参数，可根据电容的文字标识及其外观来识别其参数和种类；若电容上没有标识，可将其从电路板上拆下，用万用表或有关仪器测量参数
		二极管：通常电路板上会标有二极管的符号、编号、型号、极性等；若电路板上没有标明参数，可根据二极管上的符号、文字标识及其外观来识别其参数；若二极管上没有标识，可将其从电路板上拆下，用万用表或有关仪器测量参数
		稳压管：通常电路板上会标有稳压管的符号、编号、型号、极性等；若电路板上没有标明参数，可根据稳压管上的符号、文字标识及其外观来识别其参数；若二极管上没有标识，可将其从电路板上拆下，用万用表或有关仪器测量参数（如稳压值等）

续表

序号	测绘步骤	测绘方法
3	测绘元器件：逐一将电路板上的元器件用相应的符号画到图中相应位置，并标出各元器件的编号、型号、参数等（单结晶体管移相触发电路测绘完的电路板图如图 6—16 所示）	三极管：通常电路板上会标有三极管的符号、编号、型号、管脚等；若电路板上没有标明参数，可根据三极管上的文字标识及其外观来识别其参数；若三极管上没有标识，可将其从电路板上拆下，用万用表或有关仪器测量参数（如 β、U_{CEO}等）
		变压器：通常电路板上会标有变压器的符号、编号、型号等；若电路板上没有标明参数，可根据变压器上的图形和文字标识及其外观来识别其参数；若变压器上没有标识，可利用万用表或有关仪器测量参数（如变比、空载电流等）
		集成电路：通常电路板上会标有集成电路的符号、编号、型号等；若电路板上没有标明参数，可根据集成电路上的文字标识结合查阅有关集成电路资料来识别其参数；若集成电路上没有标识，可利用集成电路测试仪或有关仪器测量参数
4	绘制原理图	按照测绘完成的电路板图画出电路原理草图，绘图中要注意元器件摆放合理及尽量减少线路的交叉，并注意按照从左端输入、右端输出的顺序进行绘制，对于双面和多层 PCB 板，还要注意层与层之间的线路连接
		对照绘出的原理图，仔细分析电路的工作原理，检查是否有遗漏和错误之处，若有问题再进行二次测绘和修改，确认图样正确后完成最终的原理图绘制。单结晶体管移相触发电路的原理图如图 6—17 所示

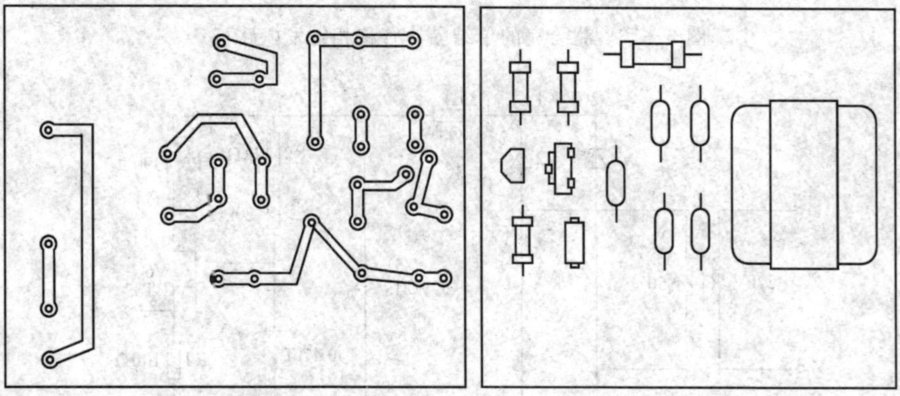

背面　　　　正面

图 6—14　单结晶体管移相触发电路的 PCB 板

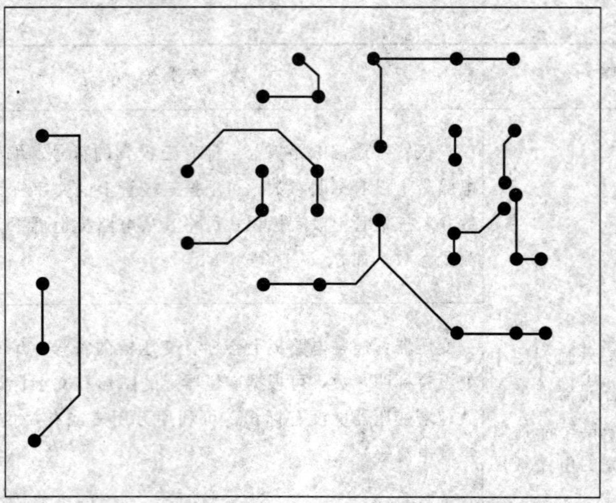

图 6—15　单结晶体管移相触发电路 PCB 板走线草图

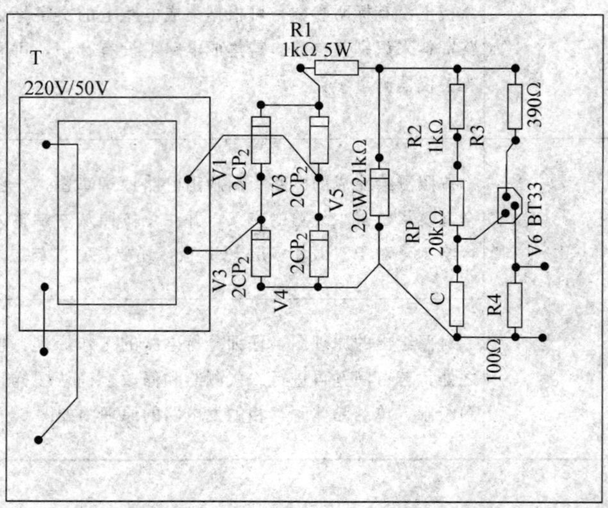

图 6—16　测绘完的单结晶体管移相触发电路板

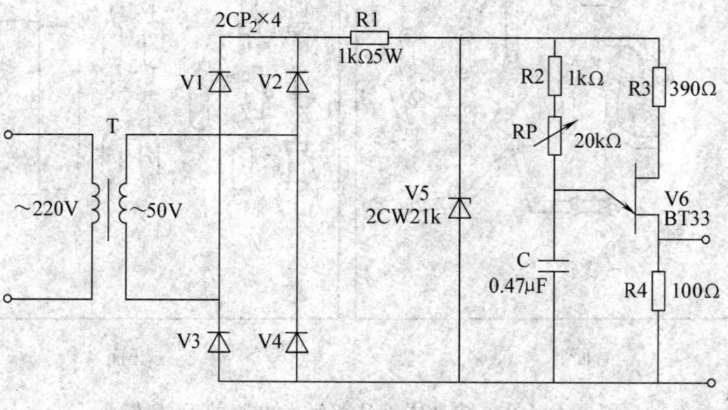

图 6—17　单结晶体管移相触发电路原理图

第二节　简单机械装置的测绘

培训目标

- 熟悉机械制图与公差配合基本知识及材料知识
- 能够测绘固定板、支架、轴、套、连轴器等机电装置的零件图及简单装配图

一、机械制图与公差配合基础

1. 机械制图基础

（1）基本概念和规则。机械零件的轮廓形状基本上都是由直线、圆弧和其他曲线所组成的几何图形，绘图时，应掌握图线、图形比例、尺寸标注、图纸幅面与格式、字体等要素和规定，其中图线是基本要素。

1）图线。在机械零件图中，各种图线有不同的含义和用途。常用图线的名称、形式、代号、宽度及一般应用方法见表 6—4，各种常用图线的应用实例如图 6—18 所示。

表 6—4　　常用图线及其用途

名　称	形　式	宽　度	主要用途
粗实线		b（0.5～2 mm）	可见轮廓线
细实线		约 $b/2$	尺寸线、尺寸界线、剖面线、引出线等
虚线	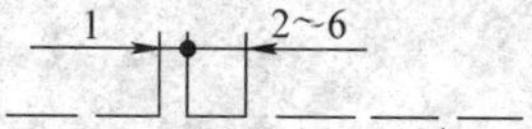	约 $b/2$	不可见轮廓线
细点画线	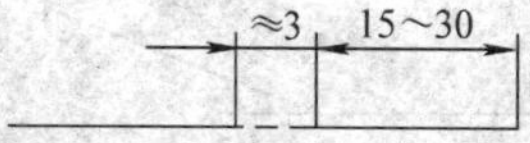	约 $b/2$	轴线、对称中心线
粗点画线		b	有特殊要求的表面的表示线
双点画线	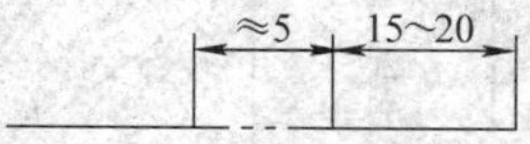	约 $b/2$	假想投影轮廓线、断线
双折线		约 $b/2$	断裂处的边界线
波浪线		约 $b/2$	断裂处的边界线、视图和剖视的界线

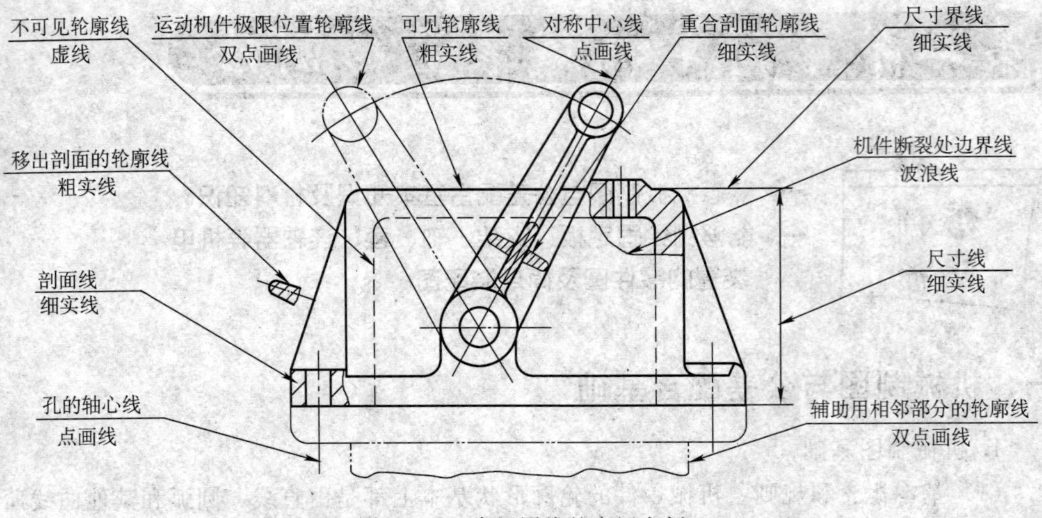

图 6—18　常用图线的应用实例

2）绘图比例。绘图比例是指图形尺寸与物体实际尺寸之比，一般在图纸的标题栏中标出。为真实反映实物大小，常用的绘图比例为 1∶1，根据零件的大小和复杂程度，也可从表 6—5 中选取适当的比例，采用放大或缩小的比例绘图。无论采用何种比例，图样中标注的尺寸必须是零件的实际尺寸。

表 6—5　　**绘图比例**

种　类	比　例	注
原值比例	1∶1	
放大比例	5∶1　2∶1　5×10^n∶1　2×10^n∶1　1×10^n∶1	n 为整数
缩小比例	1∶2　1∶5　1∶2×10^n　1∶5×10^n　1∶1×10^n	

3）尺寸标注。在图样中，机件的结构形状用图形来表达，其大小则由尺寸来确定。进行尺寸标注时，应包括尺寸界线、尺寸线（含箭头）、尺寸数字三个要素，如图 6—19 所示。尺寸标注的基本规则为：

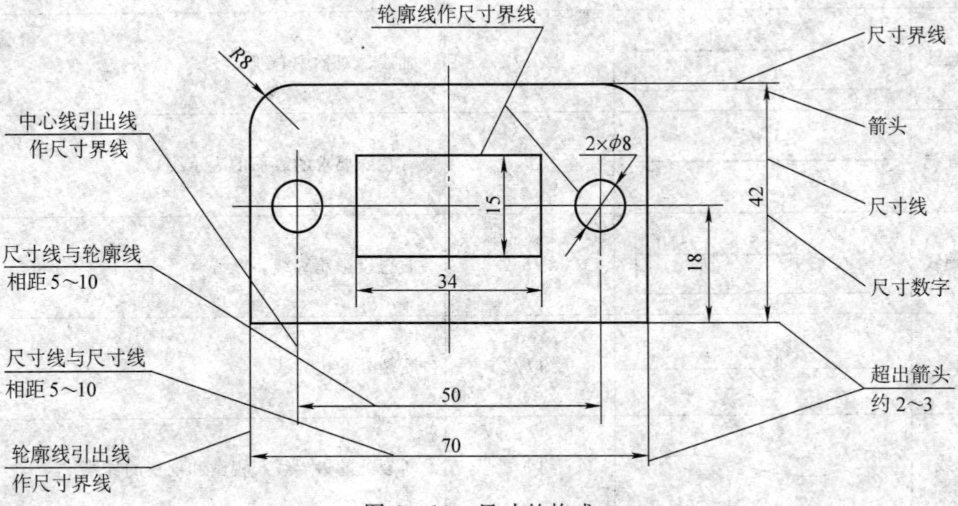

图 6—19　尺寸的构成

①机件的真实大小应以图样上所标注的尺寸数值为依据，而与图形的大小和绘图的准确度无关。

②尺寸以 mm 为单位时，不用标注计量单位的代号和名称；若采用其他单位，则必须注明计量单位。

③图样中所标注的尺寸为机件的最后完工尺寸，否则应另加说明。

④机件的每一个尺寸一般只标注一次，并应标注在反映该结构最清晰的图形上。

常用的尺寸标注方法见表 6—6。

表 6—6　　常用的尺寸标注方法

标注内容	示　　例	说　　明
线性尺寸的数字方向	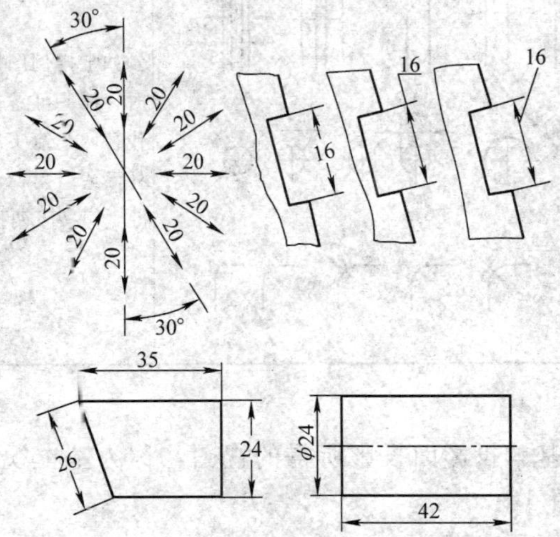	第一种方法、尺寸数字应按左上图所示方向注写，并尽可能避免在图示 30°范围内标注尺寸，当无法避免时可按右上图的形式标注 第二种方法：在不致引起误解时，对于非水平方向的尺寸，其数字可水平地注写在尺寸线的中断处 在一张图样中，应尽可能采用同一种方法，一般应采用第一种方法注写
角度	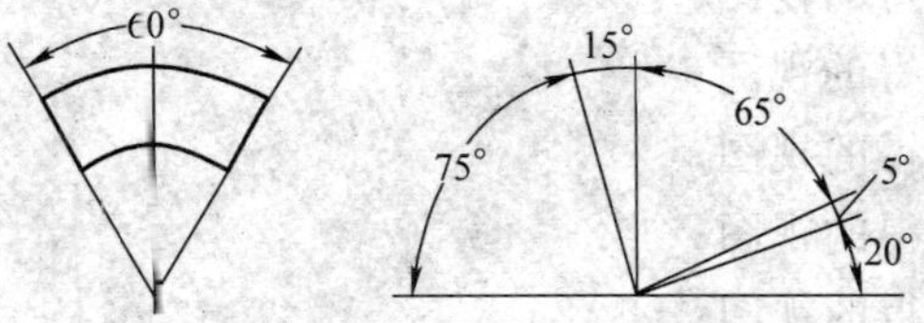	尺寸界线应沿径向引出，尺寸线画成圆弧，圆心是角的顶点。尺寸数字应一律水平书写，一般注在尺寸线的中断处，必要时也可按右图的形式标注在尺寸线的上方、外侧或引出标注
圆	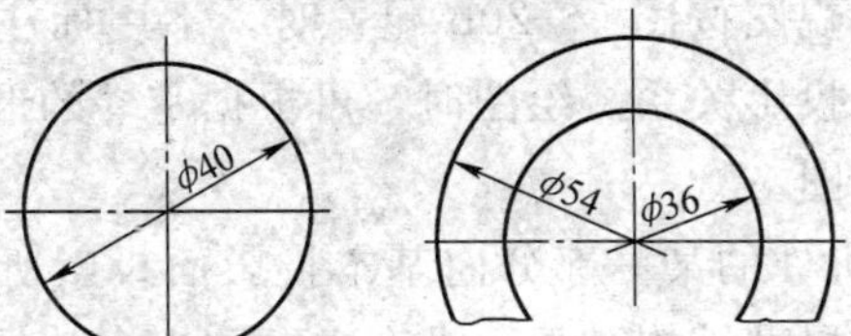	圆的直径尺寸一般应按例图的形式标注
圆弧	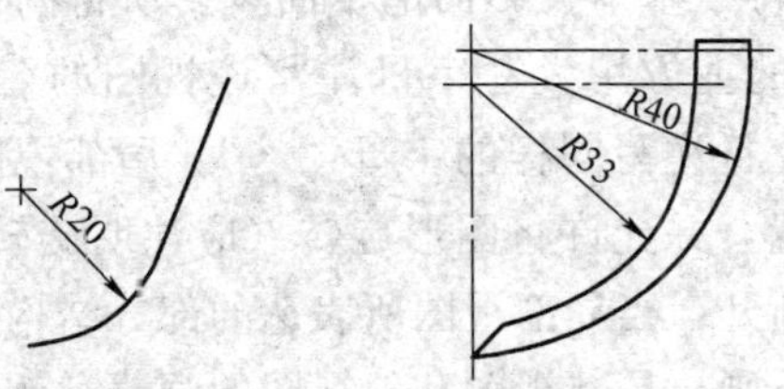	圆弧的半径尺寸一般应按例图的形式标注

续表

标注内容	示　例	说　明
大圆弧	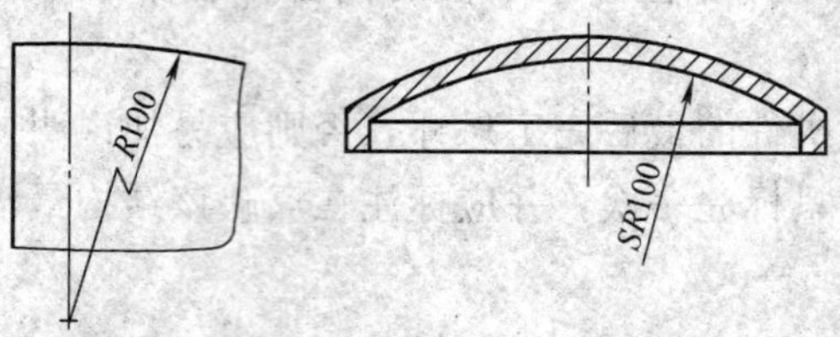	在图纸范围内无法标出圆心位置时，可按左图标注；不需标出圆心位置时，可按右图标注
小尺寸	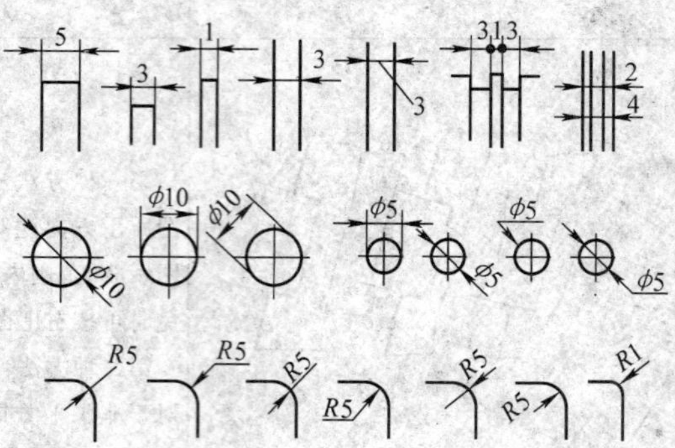	如上排例图所示，没有足够地方时，箭头可露在外面，或用小圆点代替两个箭头；尺寸数字也可写在外面或引出标注。圆和圆弧的小尺寸，可按下两排例图标注

（2）机件的基本表示方法

1）基本视图。将机件向基本投影面投影所得的视图，称为基本视图。六个基本视图的名称和投影方向为（见图 6—20）：

主视图：由前向后投影所得的视图；

俯视图：由上向下投影所得的视图；

左视图：由左向右投影所得的视图；

右视图：由右向左投影所得的视图；

仰视图：由下向上投影所得的视图；

后视图：由后向前投影所得的视图。

在同一张图纸内，六个基本视图按图 6—20b 配置时，不用标注视图的名称，并应保持长对正、高平齐、宽相等的投影关系。绘图时，可根据零件的形状，按实际需要决定除主视图外还需要绘制哪些视图。

2）局部视图和斜视图。将机件的某一部分向基本投影面投影所得的视图称为局部视图，它是用于表达清楚机件的局部结构，而又没有必要画出完整的基本视图时的一种简洁的表达方法。将机件向不平行于基本投影面的平面投影所得的视图称为斜视图。画局部视图或斜视图时，应在视图的上方用大写字母注写该视图的名称“×”，并在相应视图的附近用箭头指明投影方向，且注写同样的字母“×”。局部视图和斜视图一般按投影关系配置，也可配置在其他位置，并允许将图形旋转（应注明旋转方向）。画局部结构时，机件的其他部分可用波浪线断开，当局部视图所表达的部分结构是完整的，且外轮廓线呈封闭状时，波浪线可以省略不画。局部视图和斜视图的画法举例如图 6—21 所示。

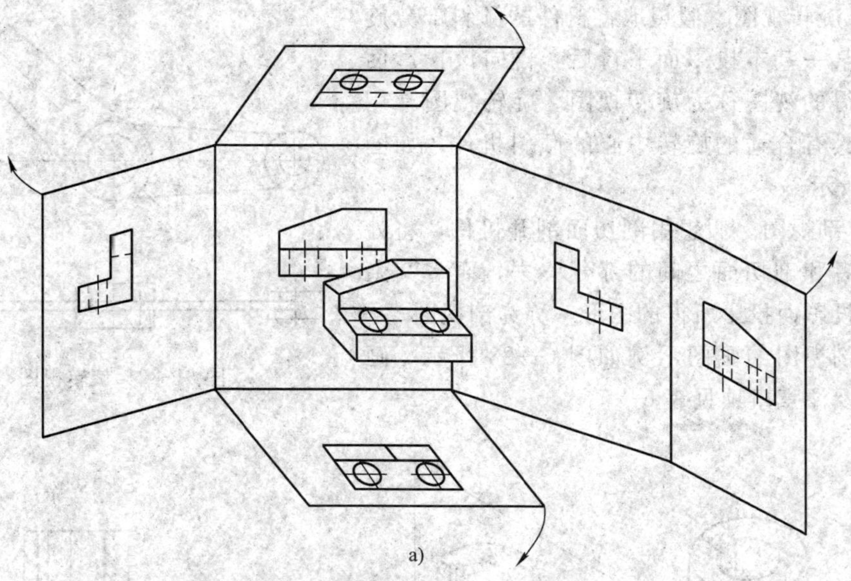
a)

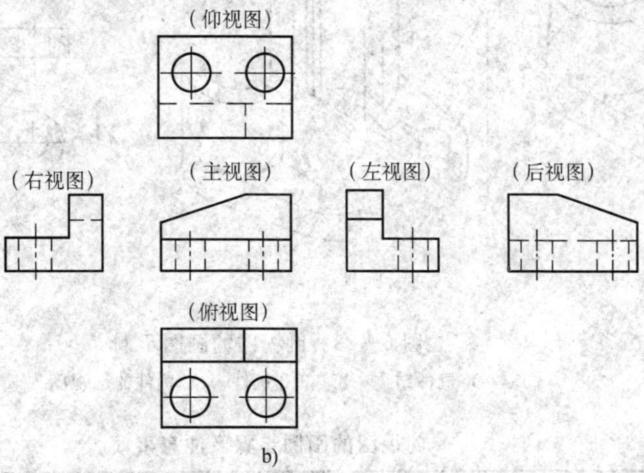

b)

图 6—20 六个基本视图

a）基本投影面及其展开 b）视图的配置

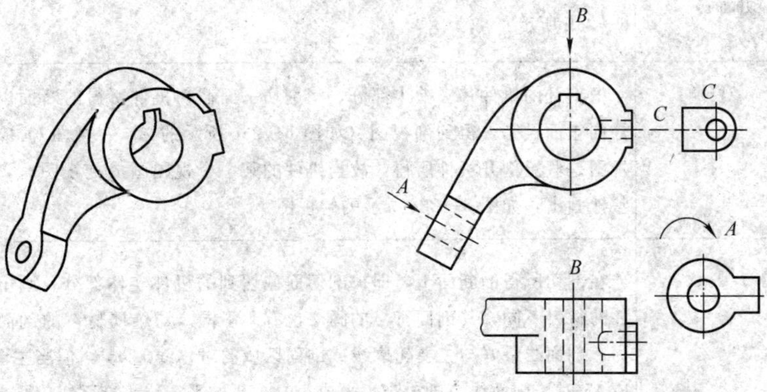

a) b)

图 6—21 压紧杆及其视图

a）压紧杆的结构 b）压紧杆的视图

3）旋转视图。假想地将机件的倾斜部分旋转到与某一基本投影面平行后，再向该投影面投影所得的视图称为旋转视图。旋转视图常用来表达具有合适的旋转中心的倾斜机件，如图6—22所示。

4）剖视图。假想用剖切面剖开机件，将处在观察者和剖切面之间的部分移去，而将其余部分向投影面投影所得的图形，称为剖视图。

①剖视图的画图示例如图6—23所示，画图步骤及注意事项见表6—7。

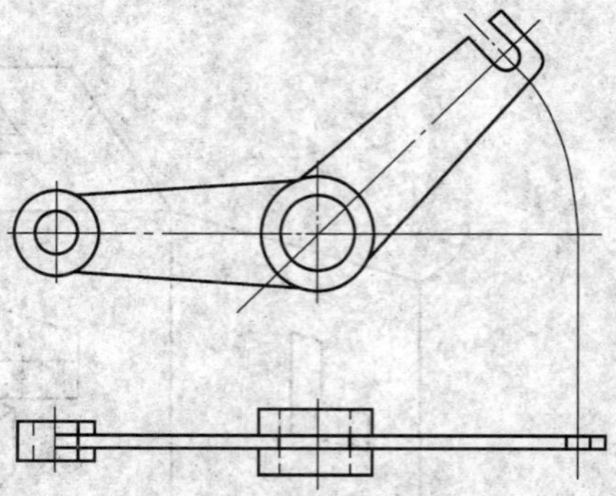

图6—22　旋转视图

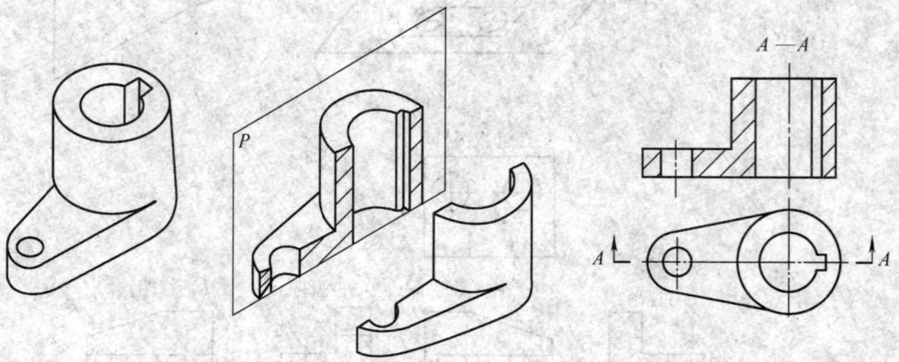

a)　　b)　　c)

图6—23　剖视图的画图示例

a）机件结构　b）剖开机件　c）机件的剖视图

表6—7　　剖视图的画图步骤及注意事项

序号	步　骤	方法及注意事项
1	确定剖切面	选取平行于正面且通过机件对称轴的平面为剖切面（P），假想将机件剖开，如图6—23b所示
2	画剖视图	把剖开的机件移去前半部分，将剖切平面截切机件所得的断面以及机件的后半部分向正面投影，得到剖视图（如图6—23c所示的A—A视图）。应注意的是：因剖视图是假想剖开机件所得，故当机件的某一个视图画成剖视图时，其他视图仍应完整地画出，如图6—23c所示的俯视图
3	画剖面符号	在剖切所得的断面上，即被剖切面截切到的机件实体部分，画上剖面符号。按机件的材料不同，其剖面符号的画法也有所不同。对金属材料的剖面符号的画法规定为：剖面线最好与主要轮廓线或剖面区域的对称线成45°，但当主要轮廓线与水平线成45°时，剖面线应画成与水平成30°或60°的平行线。剖面线应画成间隔均匀的平行细实线，同一机件的各个视图中的剖面线方向应一致

续表

序号	步　骤	方法及注意事项
4	标注	在剖视图的上方，用字母标出剖视图的名称“×—×”；在相应的视图上用剖切符号表示剖切面的起讫及转折位置（用粗短画表示）及投影方向（用箭头表示），并标注相同的字母“×”。当剖视图按投影关系配置、且中间又没有其他图形隔开时，可省略箭头。当单一剖切平面通过机件的对称平面，剖视图按投影关系配置，且中间又没有其他图形隔开时，可省略标注

②剖视图的种类一般有全剖视图、半剖视图和局部剖视图三大类，它们的含义和用途见表6—8。

表6—8　　剖视图的种类

序号	种类名称	视图含义	用　途
1	全剖视图	用剖切面将机件完全剖开所得的剖视图	全剖视图适用于外形较简单，内部结构较复杂，且前后对称，左右、上下不对称的机件
2	半剖视图	当机件具有对称平面时，以对称中心为界线，用剖切面沿对称平面将机件剖开一半，将视图一半画成剖视图，另一半画成外部视图	半剖视图既充分表达了机件的内部形状，又保留了外部形状，适用于内、外形状都比较复杂的对称机件
3	局部剖视图	用剖切面将机件的局部剖开，表达其内部结构，其余部分表达外形，用波浪线表示剖切范围	局部剖视图能把机件局部的内部结构和其外形都表达清楚，且剖切范围可按需要而定，表达较灵活，适用于既要表达某一部分的内部结构、又要保留大部分外形的机件

③剖视图的常用剖切方法主要有单一剖、阶梯剖、旋转剖三种，它们的剖切方法及视图标注和注意事项见表6—9。

表6—9　　剖视图的常用剖切方法

序号	种类名称	剖切方法	视图标注和注意事项
1	单一剖	用一个剖切平面剖切机件。一般采用平行于基本投影面的剖切面剖切机件，按需要也可以采用不平行于基本投影面的剖切平面	采用不平行于基本投影面的剖切面时，应注意标注剖切符号，注写字母、名称。剖视图一般配置在箭头所指的方向，也可配置在其他部位或把视图转正，但要作适当地标注
2	阶梯剖	采用两个（或几个）平行的剖切面来剖切机件	画图时要注意，不应画出剖切面转折处的投影，并在相应视图上用剖切符号表示剖切平面的起讫和转折位置，且注写相同字母
3	旋转剖	采用两个（或几个）相交的剖切面来剖切机件	剖切符号和视图标注可采用与阶梯剖相同的处理方法

单元 6

（3）零件图和装配图的绘制

1）零件图。零件图是制造和检验零件用的生产图纸，是分析零件结构形状、了解零件尺寸和技术要求，从而进行加工的依据。

①零件图的内容和绘制步骤。零件图示例如图 6—24 所示，零件图应包括的内容和绘制步骤见表 6—10。

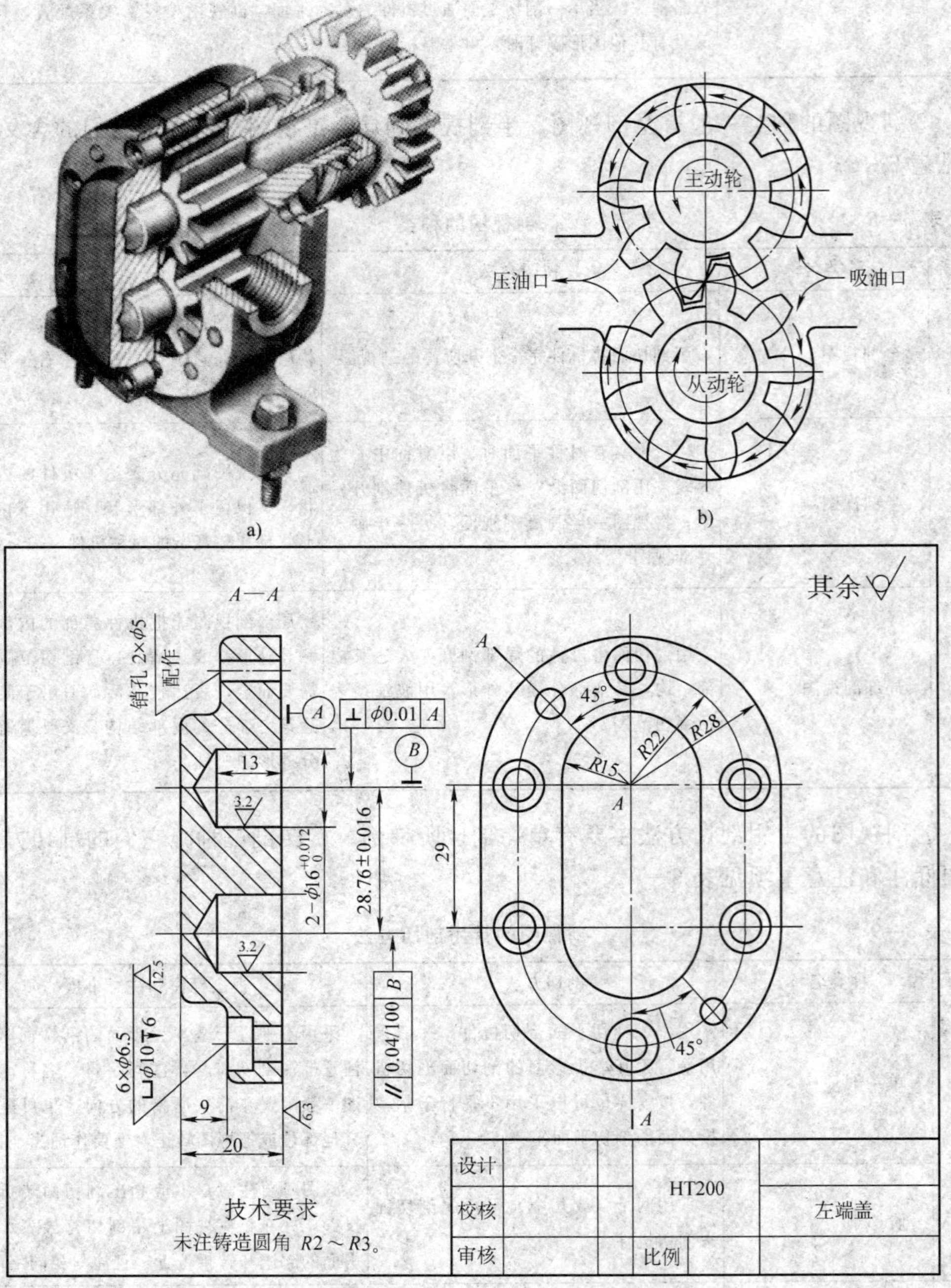

c)

图 6—24　零件图示例

a）齿轮泵结构　b）齿轮泵工作原理示意　c）齿轮泵端盖零件图

表 6—10　　　　**零件图应包括的内容和绘制步骤**

序号	项　目	名　称		要　求
1	零件图应包括的内容	一组视图		用必要的视图、剖视图、断面图等表达方式，将零件的内外形状完整、清晰地表达出来
		零件尺寸		正确、齐全、清晰、合理地标注制造零件所需的全部尺寸
		技术要求		标注或说明制造和检验零件的工艺要求，如表面粗糙度、尺寸公差、形位公差和热处理要求等
		标题栏		填写零件的名称、材料、数量、比例、图号及有关人员的签字等
2	零件图的绘制步骤	选择视图	选择主视图	主视图的选择包括确定零件的安放位置和确定投影方向两个方面，零件的安放位置应符合其加工位置或工作位置，投影方向应能清楚地反映零件的形状特征
			选择其他视图	(1) 将主视图不能表达清楚的形状选择其他视图来表达 (2) 先考虑基本视图表达，必要时再选用其他表达方式 (3) 在表达清楚的前提下，尽量减少视图数量 (4) 尽量避免使用虚线表达零件的轮廓或棱线
		确定比例和幅面		根据零件的形状大小和选择的视图确定绘图比例和图纸幅面，为真实地反映实物，尽量采用1∶1的比例
		标注尺寸和公差		选择尺寸基准：通常选择零件的主要安装面、重要端面、装配结合面、对称面及回转体的轴线等作为尺寸基准
				合理标注尺寸的一般原则：重要尺寸直接注出；尺寸标注要便于加工和测量；避免出现封闭的尺寸链
		标注技术要求		字体工整、笔画清楚、间隔均匀、排列整齐、符号规范、数据准确
		填写标题栏		

②零件图的分类。通常分为五大类。各类零件图的结构特点、视图特点和基准特点见表 6—11。

表 6—11　　　　**零件图的分类及特点**

零件分类	结构特点	视图特点	基准特点
轴套类	大部分是由圆柱体组成，轴上常有倒角、倒圆、退刀槽、键槽、销孔、中心孔、滚花等结构。零件大部分工序在车床上加工	通常采用一个主视图，并将轴线水平放置，轴上各结构常采用移出剖面、局部放大、局部剖视来表示，较长的轴常采用断裂画法	轴线常作为径向尺寸基准。长度基准常选择在一个重要的端面

续表

零件分类	结构特点	视图特点	基准特点
盘盖类	大部分是由圆柱体组成，轮盘上常有肋、轮辐、减重孔等结构，中间轮毂部分有键槽、螺纹、方孔等结构。这类工件多半是铸造毛坯，大部分工序在车床上加工，部分工序在磨床和插床上加工	通常采用一两个视图，主视图一般根据加工位置将轴线水平放置，并画成全剖视图；左视图一般是表示圆的视图，用来表示圆周上分布的肋、辐、孔，并往往采用旋转剖切法	轴线常作为径向尺寸基准。长度基准常选择在一个重要的端面
叉架类	零件上有一个或几个主要孔，中间用肋板或杆体连接，这些肋板或杆体的剖面有多种形状，如T字形、工字形、十字形等。毛坯多为铸件	通常采用两个或三个基本视图，主视图反映零件的形状特征，并按零件工作位置放；孔常用局部剖，中间肋板和杆体常用剖面表示；另加局部视图表示零件的特殊结构	尺寸标注较复杂，通常以支架底面、主要孔的轴线为尺寸基准
箱体类	零件形状像箱，常用来装置其他零件，多为铸件，有轴孔、空腔、箱壁、凸台，底部常用凹坑等，主要在铣、刨、镗床上加工	一般需要三个或三个以上的视图，视图采用较多的剖视，如全剖、局部剖、半剖来表示内部形状	尺寸以主要轴线、对称面为基准
钣金类	大部分是薄板，可以冲压成形。零件的弯曲处一般有小圆角，有时在圆角处还冲出带棱的凸筋作加强用	通常采用两个或三个基本视图，主视图反映零件的形状特征；孔一般是通孔，只在反映实型的那个视图画出；有凸筋处应加注解表示	通常以支架底面、主要孔的轴线为基准

2）装配图。装配图是用来表示机器或部件的工作原理、装配关系、连接方式和结构形状的一组图形。在产品的生产制造过程中，装配图是制定装配工艺规程、进行装配和检验的技术依据；在使用和维修机械设备时，装配图是了解机器构造的重要技术资料。

①装配图的基本内容。一张完整的装配图应包括的基本内容见表6—12，装配图示例如图6—25所示。

表6—12　　装配图应包括的基本内容

序号	内　容	说　明
1	一组视图	表示机器或部件的工作原理、零件之间的装配关系、连接方式及主要零件的结构形状
2	必要的尺寸	表示机器或部件的性能（规格）尺寸、装配尺寸、安装尺寸、总体尺寸及设计时确定的重要尺寸
3	技术要求	用文字或符号、代号说明机器或部件的性能和加工、装配、安装、调试、使用与维护等方面的要求以及试验和检验的方法，通常标注在标题栏的左方或上方空白处
4	零件序号、明细表和标题栏	在装配图上对每种不同的零件进行编号，并在明细表内依次填写零件序号、名称、代号、数量、材料等内容，标题栏内填写装配体的名称、规格、比例、图号以及有关人员的签名

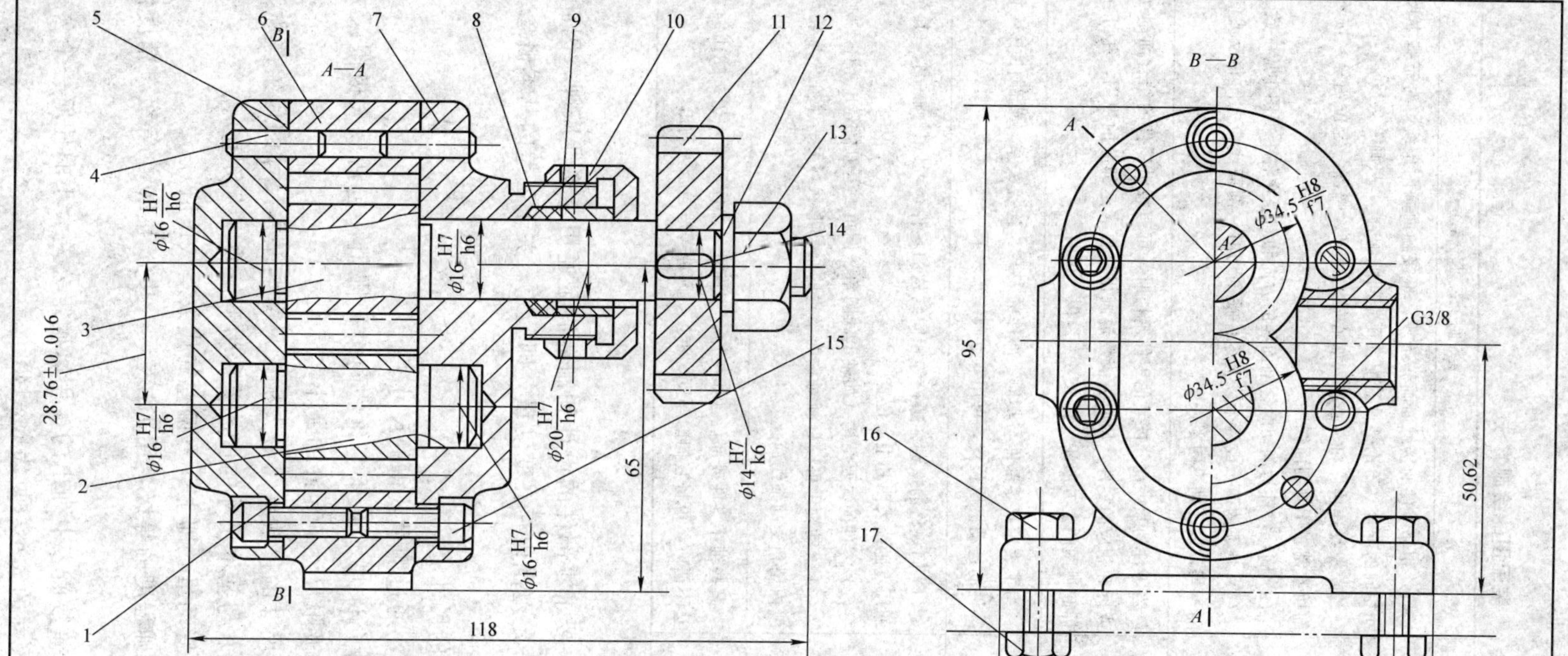

技术要求

1. 齿轮安装后，用手转动传动齿轮时，应灵活旋转。
2. 两齿轮轮齿的啮合面占齿长的3/4以上。

					10	压紧螺母	1	35		2	齿轮轴	1	45	$m=3, z=9$
17	螺母 M6	2	Q235-A		9	轴套	1	45		1	左端盖	1	HT200	
16	螺栓 M6×30	2	Q235-A		8	密封圈	1	橡胶		序号	名称	件数	材料	备注
15	螺钉 M6×16	12	35		7	右端盖	1	HT200		设计				
14	键 5×10	1	45		6	泵体	1	HT200						
13	螺母 M12×1.5	1	35		5	垫片	2	纸	厚 1	校核				齿轮油泵
12	垫圈 12	1	65Mn		4	销 A5×18	4	45						
11	传动齿轮	1	45	$m=2.5, z=20$	3	传动齿轮轴	1	45	$m=3, z=9$	审核		比例		

图 6—25　装配图示例（齿轮泵装配图）

②装配图的绘制方法见表 6—13。

表 6—13　　　　装配图的绘制方法

序号	画法种类		绘制要求
1	规定画法		（1）相邻零件的接触面画一条线，不接触面画两条线，对于基本尺寸相同的配合（不论是过盈配合还是间隙配合），只画一条线 （2）螺纹连接件和实心件（如心轴、螺母、垫圈、定位销等）按不剖切绘制，不画剖面线 （3）同一零件被剖切时，剖面线的方向和间隔在各个视图中应一致 （4）相邻的两个或两个以上零件被剖切时，剖面线应方向相反或间隔不等，以区别不同零件
2	特殊画法	剖切和拆卸画法	当零件的某一部分被其他零件遮挡时，可假想沿零件的结合面剖切或拆卸相应的零件，从而更清楚地画出需要表达部分的视图，并可在拆卸视图的上方加注"拆去××"以示说明
		假想画法	为了表示某零部件与其他零部件的安装与连接关系，或部件中某个零件的运动极限位置，可用双点画线来表示
		简化画法	（1）同规格的螺钉、螺栓等相同结构的零件，可以只画一个，其余的用点画线表明其中心位置 （2）零件的次要结构（如轴上的圆角、倒角、退刀槽等）允许不画 （3）滚动轴承可以只画对称的半边的结构形状，另一半在外形轮廓线内用相交的细线简化
		夸大画法	某些细小零件或部位（如垫片、小锥度、小间隙等）按实际比例表达不清时，可将它们的厚度、锥度、间隙等适当夸大画出

2. 公差与配合基础

（1）公差。在现代生产中，要求零部件的设计和制造满足通用互换性原则，因此，必须允许零部件的实际尺寸在一定范围内存在变动量，即公差。关于公差的基本概念主要有：

1）基本尺寸。指设计给定的尺寸。

2）实际尺寸。零件加工后，通过测量获得的尺寸。

3）极限尺寸。零件加工时允许基本尺寸变化的两个极限值，包括最大极限尺寸（允许的最大实际尺寸）和最小极限尺寸（允许的最小实际尺寸）。

4）偏差。某一尺寸与基本尺寸的代数差。最大极限尺寸与基本尺寸的代数差称为上偏差（为正值）；最小极限尺寸与基本尺寸的代数差称为下偏差（为负值）。

5）尺寸公差。允许尺寸的变动量，即上、下偏差的代数差（正值）。

6）公差等级。确定尺寸精确程度的等级，用 IT 表示，共分为 20 个等级，精度依次下降。

7）标准公差。国家标准公差数值表中列出的，用以确定公差大小的任何一个公差值，它取决于公差等级和基本尺寸的大小（见表 6—14）。

表 6—14　　　　　　　　　　　　标准公差表

基本尺寸(mm)		公差等级																			
		IT01	IT0	IT1	IT2	IT3	IT4	IT5	IT6	IT7	IT8	IT9	IT10	IT11	IT12	IT13	IT14	IT15	IT16	IT17	IT18
大于	至	μm													mm						
—	3	0.3	0.5	0.8	1.2	2	3	4	6	10	14	25	40	60	0.10	0.14	0.25	0.40	0.60	1.0	1.4
3	6	0.4	0.6	1	1.5	2.5	4	5	8	12	18	30	48	75	0.12	0.18	0.30	0.48	0.75	1.2	1.8
6	10	0.4	0.6	1	1.5	2.5	4	6	9	15	22	36	58	90	0.15	0.22	0.36	0.58	0.90	1.5	2.2
10	18	0.5	0.8	1.2	2	3	5	8	11	18	27	43	70	110	0.18	0.27	0.43	0.70	1.10	1.8	2.7
18	30	0.6	1	1.5	2.5	4	6	9	13	21	33	52	84	130	0.21	0.33	0.52	0.84	1.30	2.1	3.3
30	50	0.6	1	1.5	2.5	4	7	11	16	25	39	62	100	160	0.25	0.39	0.62	1.00	1.60	2.5	3.9
50	80	0.8	1.2	2	3	5	8	13	19	30	46	74	120	190	0.30	0.46	0.74	1.20	1.90	3.0	4.6
80	120	1	1.5	2.5	4	6	10	15	22	35	54	87	140	220	0.35	0.54	0.87	1.40	2.20	3.5	5.4
120	180	1.2	2	3.5	5	8	12	18	25	40	63	100	160	250	0.40	0.63	1.00	1.60	2.50	4.0	6.3
180	250	2	3	4.5	7	10	14	20	29	46	72	115	185	290	0.46	0.72	1.15	1.85	2.90	4.6	7.2
250	315	2.5	4	6	8	12	16	23	32	52	81	130	210	320	0.52	0.81	1.30	2.10	3.20	5.2	8.1
315	400	3	5	7	9	13	18	25	36	57	89	140	230	360	0.57	0.89	1.40	2.30	3.60	5.7	8.9
400	500	4	6	8	10	15	20	27	40	63	97	155	250	400	0.63	0.97	1.55	2.50	4.00	6.3	9.7
500	630	4.5	6	9	11	16	22	30	44	70	110	175	280	440	0.70	1.10	1.75	2.8	4.4	7.0	11.0
630	800	5	7	10	13	18	25	35	50	80	125	200	320	500	0.80	1.25	2.00	3.2	5.0	8.0	12.5
800	1 000	5.5	8	11	15	21	29	40	56	90	140	230	360	560	0.90	1.40	2.30	3.6	5.6	9.0	14.0
1 000	1 250	6.5	9	13	18	24	34	46	66	105	165	260	420	660	1.05	1.65	2.60	4.2	6.6	10.5	16.5
1 250	1 600	8	11	15	21	29	40	54	78	125	195	310	500	780	1.25	1.95	3.10	5.0	7.8	12.5	19.5
1 600	2 000	9	13	18	25	35	48	65	92	150	230	370	600	920	1.50	2.30	3.70	6.0	9.2	15.0	23.0
2 000	2 500	11	15	22	30	41	57	77	110	175	280	440	700	1 100	1.75	2.80	4.40	7.0	11.0	17.5	28.0
2 500	3 150	13	18	26	36	50	69	93	135	210	330	540	860	1 350	2.10	3.30	5.40	8.6	13.5	21.0	33.0

注：基本尺寸小于 1 mm 时，无 IT14 至 IT18。

8）公差带。采用图解方法表示上偏差和下偏差两条直线所限定的区域称为公差带；公差带中的一条基准线（通常表示基本尺寸线）称为零线，如图 6—26 所示。

9）基本偏差。用来确定公差带相对于零线位置的上偏差或下偏差，指靠近零线的偏差，如图 6—27 所示。国家标准对孔和轴规定了 28 个基本偏差，其中大写字母表示孔，小写字母表示轴，如图 6—28 所示。

（2）配合。基本尺寸相同的互相结合的孔与轴公差带之间的关系称为配合。配合分为间隙配合、过盈配合和过渡配合三种。

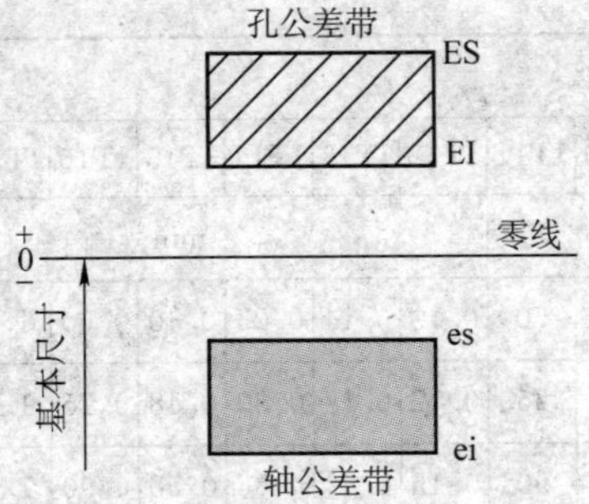

图 6—26　公差带

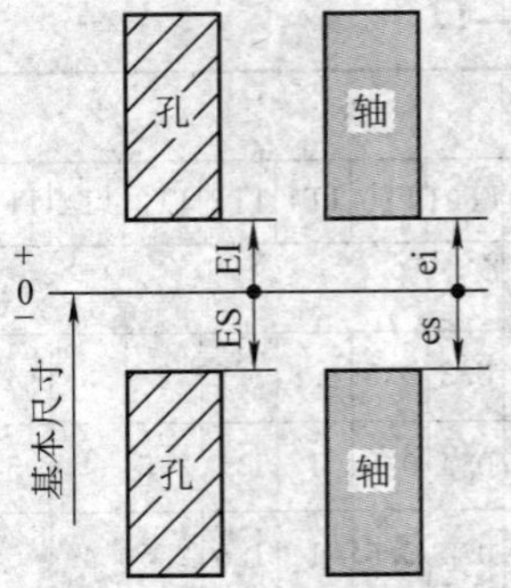

图 6—27　基本偏差

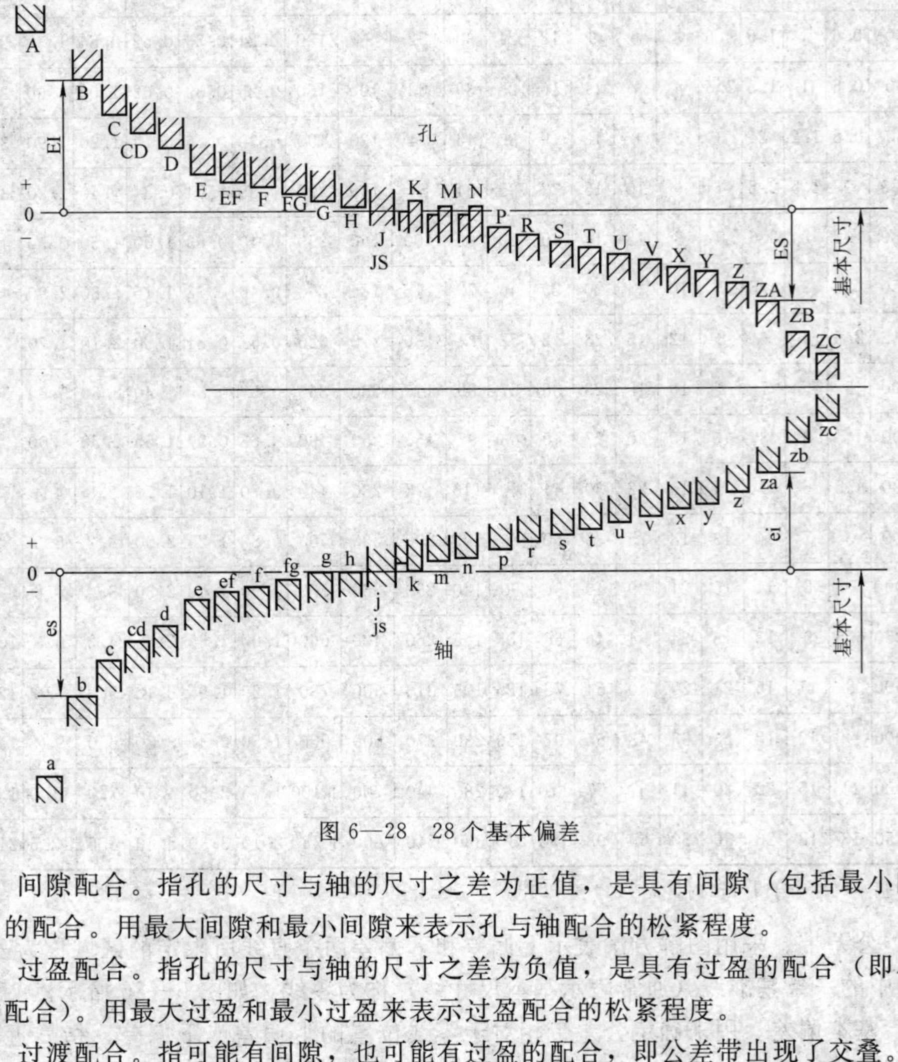

图 6—28　28 个基本偏差

1）间隙配合。指孔的尺寸与轴的尺寸之差为正值，是具有间隙（包括最小间隙等于零）的配合。用最大间隙和最小间隙来表示孔与轴配合的松紧程度。

2）过盈配合。指孔的尺寸与轴的尺寸之差为负值，是具有过盈的配合（即小孔与大轴的配合）。用最大过盈和最小过盈来表示过盈配合的松紧程度。

3）过渡配合。指可能有间隙，也可能有过盈的配合，即公差带出现了交叠。

（3）基准制

1）基孔制。孔的公差带固定，而改变轴的公差带大小和位置，从而形成各种配合的一种制度。在基孔制配合中，孔为基准孔，是配合的基准件。国家标准规定基孔制的下偏差为零，上偏差大于零，代号为“H”。

2）基轴制。轴的公差带固定，而改变孔的公差带大小和位置，从而形成各种配合的一种制度。在基轴制配合中，轴为基准轴，是配合的基准件。国家标准规定基孔制的上偏差为零，下偏差小于零，代号为“h”。

基孔制和基轴制如图 6—29 所示。

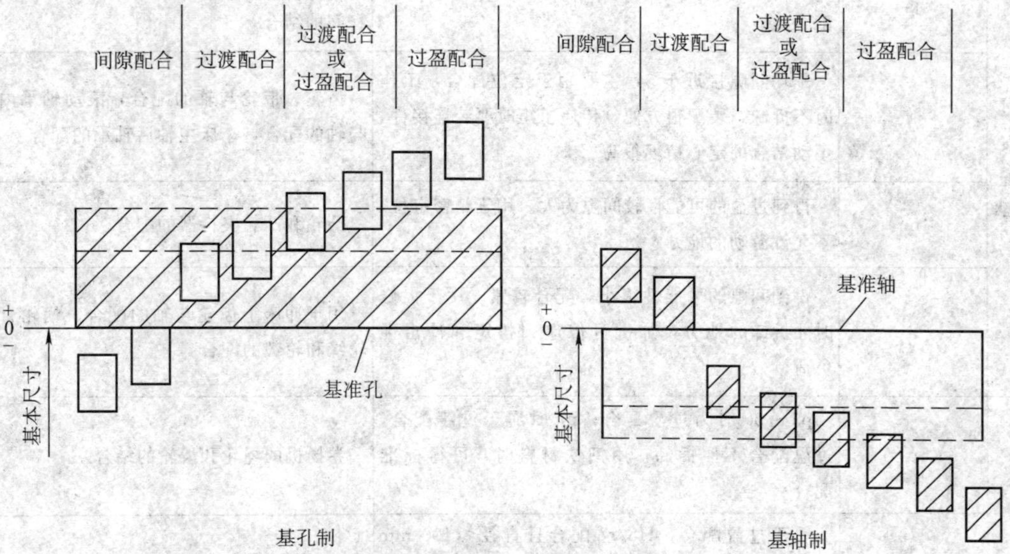

图 6—29　基孔制和基轴制

（4）配合的特性与应用。各类配合的特性及应用见表 6—15。

表 6—15　　**各类配合的特性及应用**

配合种类		配合特性和使用条件	应用举例
间隙配合	基本偏差 abc 组成的配合	配合间隙很大，应用不多。工作环境多尘土且有负载时，能灵活动作。工作中轴的温度较高，目的只是为了便于装配	某些农业机械、管道连接的法兰盘凸缘和凹槽、内燃机气门导阀和阀座等的配合
	d	间隙较大。公差等级 IT6～IT11 的机器中很松的转动配合、大直径滑动轴承的配合。工作时轴的温度较高	空转的张紧带轮和轴的配合、大直径滑动轴承的配合（如透平机上的滑动轴承）、活塞环和活塞环槽的配合
	e	多用于 IT6～IT9 级，要求有明显的间隙、易于转动的支撑配合。高等级、大型、高速重载支撑和补偿位置误差用的大间隙配合	汽轮机、大电机的轴承、内燃机轴承、滑块机构中槽宽的滑动配合、车床尾架套筒的配合
	f	最常用的一种转动配合，多用于 IT5～IT9 级。普通用油润滑，工作时孔、轴的温差不显著	普通齿轮箱、泵、小电动机中的滑动轴承配合或蒸汽机中汽缸和活塞的配合
	g	配合间隙很小，多用于 IT5～IT7 高公差级的精密滑动配合或同轴度要求高、工作中要求快速装拆的定位配合	分度头主轴承的配合、钻模中钻套和衬套的配合、钻头和钻套内孔的配合
	h	间隙更小，最小间隙为 0，用于公差级 IT4～IT12 级，孔、轴有相对滑动，速度很低，或只做定位用的配合。用于不动结合时，要加键、销或螺钉固定	车床尾架体孔和顶尖套筒的配合、齿轮孔和轴的配合、铣刀和刀杆心轴的配合

续表

配合种类		配合特性和使用条件	应用举例
过渡配合	j js	用做定位配合，其间隙和过盈都很小，既保证精度，又便于拆装；也用于不传递扭矩的不动配合	车床主轴上齿轮与轴的配合、齿圈和钢轮毂的结合、尾架中两个压块和压板、压杆间的结合
	k	平均间隙接近于0，主要用于定位配合，工作时不拆卸，装配很方便。传递扭矩时要装连接件，不动结合的定心精度很高	齿轮、带轮与轴的配合，滚动轴承内圈与轴的配合，车床主轴后轴承的配合
	m	得到过盈的可能性较间隙为大。用于精密定位、不允许游动的地方	凸轮和凸轮夹持器的配合
	n	得到间隙的可能性很小，配合较紧。用于大修时才拆卸的地方，加键可传递大扭矩和冲击性负荷	用于冲床上齿轮与轴的配合、蜗轮青铜轮缘和轮毂的配合
过盈配合	p	p5～p6时为过盈配合；p7时属于过渡配合。过盈配合不便拆卸，用钢铁材料时，可得标准配合	卷扬机的绳轮和齿轮的结合
	r	属于过盈配合，H8/r7配合且直径≤100 mm时属过渡配合。能承受中等的力和扭矩，可用于压入的轴承衬套的配合，传力大时或带有冲击性时要加键	连杆小头孔和衬套的配合
	s	过盈可产生足够大的夹紧力，钢和铸铁用此种配合可作永久性或半永久性结合	水泵阀座和壳体的结合、曲柄销和曲拐的结合
	t	过盈较大，可作永久结合，不加键即可传力	内燃机阀座和缸头的结合、联轴节和轴的结合
	u	过盈很大，用热套法装配	火车轮和轴的结合
	v～zc	经验资料不足，需经实验后应用	

二、材料知识

1. 金属材料的基本性能

金属材料的性能包括使用性能和工艺性能两大类。使用性能是指保证零件的正常工作所应具备的性能，即在使用过程中所表现出来的性能，如力学性能、物理性能、化学性能等；工艺性能是指材料在被加工过程中适应各种冷热加工的性能，如热处理性能、铸造性能、锻压性能、焊接性能、切削加工性能等。

（1）常用金属材料的物理性能。物理性能是材料的固有属性，金属材料的物理性能包括密度、熔点、热性能、电性能、磁性能等。

1）密度。密度是指在一定温度下单位体积物质的质量。材料密度的大小在很大程度上决定了工件的自重，不同的机械设备或部位对自重有不同的要求，可选用相应密度的材料来制造。常用金属材料的密度见表6—16。

表 6—16 常用金属材料的密度

材料名称	铝	铁	铜	锡	铅	钛	碳钢	黄铜	铸铁	铝合金
密度（g/cm^3）	2.7	7.8	8.9	7.3	11.3	4.5	7.85	8.85	6.6～7.4	2.55～3.1

2）熔点。熔点是材料从固态转变为液态的温度。金属等晶体材料一般具有固定的熔点，材料不同，其熔点也不同，高熔点的材料可用于制造耐高温的零件，低熔点的材料可用于制造熔丝和焊接钎料等。常用金属的熔点见表 6—17。

表 6—17 常用金属材料的熔点

材料名称	铝	铜	铁	锡	铅	钨	铬	锰	碳钢	铝合金
熔点（℃）	660	1 083	1 538	213.9	327.5	3 410	1 868	1 244	1 394～1 538	930～980

3）热性能。金属材料的热性能主要包括热导率和线膨胀系数。

①热导率。指单位厚度金属、温差为 1℃时，每秒钟从单位截面通过的热量。热导率表示材料传导热量的能力。散热器等传热部件应采用导热性好（热导率较大）的材料制造；相反，保温材料则应采用导热性差（热导率小）的材料制造。常用金属的热导率见表 6—18。

表 6—18 常用金属的热导率

材料名称	银	铜	铝	铁	灰铸铁	碳钢
热导率（W/m·K）	419	393	222	75	～63①	67（100℃）②

注：①灰铸铁的热导率大约为 63，表示“～63”。

②碳钢的热导率当温度为 100℃时为 67，表示为“67（100℃）”

②线膨胀系数。指温度上升 1℃时单位长度金属材料的伸长量。线膨胀系数表示材料随温度的变化而导致的体积变化的大小。对精密机器、量具、仪器仪表等，应选用线膨胀系数小的材料。常用金属的线膨胀系数见表 6—19。

表 6—19 常用金属的线膨胀系数

材料名称	铝	铅	锡	铜	铁	钛	碳钢	黄铜	青铜	铸铁
线膨胀系数（10^{-6}/℃）	23.6	29.3	23.0	17.0	11.76	8.2	10.6～13	17.8～20.9	17.6～18.2	8.7～11.6

4）电性能。电性能是指金属材料传导电流的能力，描述材料电性能的物理量主要有电阻率和电导率。单位长度、单位面积的电阻值称为材料的电阻率，电导率为电阻率的倒数。导电器材应选用导电性良好的材料，以减少损耗；而加热元件、电阻丝等则应选用导电性较差的材料制造。常用金属的电阻率见表 6—20。

表 6—20 常用金属的电阻率

材料名称	银	铜	铝	铁	铬	钛
电阻率（Ω·m）	1.5×10^{-8}	1.673×10^{-8}	2.69×10^{-8}	9.7×10^{-8}	12.9×10^{-8}	55×10^{-8}

（2）常用金属材料的力学性能。金属材料的力学性能是指其在外力作用下发生变形

或受到破坏，即材料抵抗外力造成的变形和破坏的能力。金属材料的力学性能主要有弹性、塑性、强度、硬度、韧性、疲劳极限等。力学性能是机械零件设计、选材、验收、鉴定的主要依据，同时也是对产品加工过程实行质量控制的重要参数。

1）弹性。指金属材料在有限外力作用下发生变形后，仍能恢复原来状态的性质。

2）塑性。指金属材料在有限外力作用下发生变形后而不破裂，并在外力取消后仍能保持变形后状态的能力。

3）强度。指金属材料在外力作用下，抵抗塑性变形和断裂破坏的能力。

4）硬度。指金属材料在外力作用下，抵抗局部变形，特别是塑性变形、压痕或划痕的能力。用于机械加工的各种工具（如刀具、量具、磨具等）应具备足够的硬度，某些机械零件（如齿轮、轴等）也应具有一定的硬度。常用金属材料的硬度见表6—21。

表6—21　　常用金属材料的硬度

材料名称	中碳结构钢	碳素工具钢	灰铸铁	硬铝合金	黄铜
状态	热轧	淬火	铸态	硬化	硬化态
硬度	170～255HBS	＞62HRC	100～250HBS	100～150HBS	140～160HBS

2. 钢材料的热处理

钢的热处理是将钢在固态下以一定的方式进行加热、保温，然后再采取合适的方式冷却，让其获得所需要的组织结构和性能的工艺。热处理是一种改善钢材使用性能和工艺性能的重要工艺，通过恰当的热处理，可以充分挖掘材料的潜力，减少零件重量，提高产品质量，延长产品使用寿命。

（1）热处理的种类。按加热、保温和冷却工艺方法的不同，热处理工艺大致分为三大类（见表6—22）。

表6—22　　热处理工艺的种类

序号	热处理种类	工艺特点	处理方法
1	整体热处理	对工件整体进行穿透加热	退火
			正火
			淬火
			回火
2	表面热处理	仅对工件表面进行热处理	感应加热表面淬火
			火焰加热表面淬火
			气相沉积
3	化学热处理	改变工件表层的化学成分、组织和性能	渗碳
			渗氮
			渗金属
			多元共渗

（2）热处理的方法。按在加工工序中所处的位置不同，钢的热处理分为预备热处理和最终热处理。为消除内应力，减少原始组织缺陷，改善切削加工性能，为最终热处理

做组织准备而进行的热处理称为预备热处理；为使工件满足使用条件下的性能要求而进行的热处理称为最终热处理。通常退火和正火多用于预备热处理，但对于一些受力不大、性能要求不高的机械零件，也可作为最终热处理。钢的热处理方法及其作用见表6—23。

表 6—23　钢的热处理方法及其作用

序号	名称	处理方法	特点和作用
1	退火	将工件加热到适当的温度，保持一定的时间，然后缓慢冷却	主要目的是降低硬度，去除内应力，提高塑性，改善切削加工性能，为最终热处理做好组织准备
2	正火	将工件加热到一定温度，保持一段时间后，在空气中快速冷却	正火与退火的作用相似，但正火后钢件的硬度和强度要比退火高，且冷却速度快，操作简便，生产周期短，成本低，是一种广泛采用的预先热处理方法
3	淬火	将工件加热到一定温度，保持一段时间后，在水或油中快速冷却	能提高材料的强度、硬度和耐磨性，是一种强化和硬化钢件的热处理方法
4	回火	将淬火后的钢件重新加热到某一温度，保持一段时间后，再以适当的速度冷却至室温	经回火处理的钢件比正火的强度高、硬度高，而且塑性好，从而提高了材料的综合机械性能
5	表面淬火	把钢的表面迅速加热到淬火温度后，快速喷水冷却，使钢件表面得到强化，是一种局部淬火的方法。常用加热方法有感应加热表面淬火和火焰加热表面淬火	不仅提高了钢件表面的硬度和耐磨性，还保持了钢件中心部位的塑性和韧性，适用于齿轮、曲轴等受力零部件的处理
6	化学热处理	将钢件放在化学介质中加热和保温，从而改变钢件表面的化学成分和组织结构。常用处理方法有渗碳、渗氮和氰化等	可以提高钢件的表面硬度、耐磨性、抗疲劳性和耐腐蚀性等性能

3. 碳素钢及合金钢

(1) 碳素钢

1) 碳素钢的特点。碳素钢简称碳钢，是含碳量低于2.11%的铁碳合金。碳钢中除了含有铁和碳元素外，还含有硅、锰等有益元素和硫、磷等有害杂质。碳素钢冶炼容易，价格低廉，具有较好的力学性能和工艺性能，可满足一般工程构件、普通机械零件和工具的使用要求，在生产中获得了广泛应用。

2) 碳素钢的分类。碳素钢的分类方法和种类见表6—24。

表 6—24　碳素钢的分类

序号	分类方法	种类	说明
1	按钢的含碳量分	低碳钢	$w(C)<0.25\%$
		中碳钢	$0.25\%\leqslant w(C)\leqslant 0.60\%$
		高碳钢	$w(C)>0.60\%$

单元 6

续表

序号	分类方法	种　类	说　明
2	按钢的质量等级分	普通质量碳素钢	$w(S) \geqslant 0.045\%$，$w(P) \geqslant 0.045\%$，指生产过程中不需要特别控制质量的钢种，主要包括一般用途的碳素结构钢、碳素钢筋钢、铁道用钢等
		优质碳素钢	硫、磷含量比普通碳素钢少，生产过程中需要特别控制质量。主要包括机械结构用优质碳素钢、工程结构用碳素钢、冲压薄板的低碳结构钢、造船用碳素钢、焊条用碳素钢、优质铸造碳素钢等
		特殊质量碳素钢	$w(S) \leqslant 0.020\%$，$w(P) \leqslant 0.020\%$，生产过程中需要特别严格控制质量和性能，主要包括保证淬透性的碳素钢、航空和兵器专用碳素钢、碳素弹簧钢、碳素工具钢等
3	按钢的用途分	碳素结构钢	主要用于制造机械零件和工程结构，一般属于低、中碳钢
		碳素工具钢	主要用于制造各种刃具、量具和模具，一般属于高碳钢

3）常用碳素结构钢和优质碳素结构钢的力学性能和用途见表 6—25 和表 6—26。

表 6—25　　常用碳素结构钢的力学性能和用途

牌号	等级	拉伸试验									应　用
		屈服强度 σ_s（N/mm^2）				抗拉强度 σ_b（N/mm^2）	伸长率 δ_s（%）				
		钢材厚度（直径）（mm）					钢材厚度（直径）（mm）				
		>16～40	>40～60	>60～100	>100～150		>16～40	>40～60	>60～100	>100～150	
		≥					≥				
Q195（A1）		（185）				315～390	32				金属结构载荷小的零件、垫铁、铆钉、垫圈、地脚螺栓、开口销、拉杆、冲压零件及焊接件
Q215（A2）	A B	205	195	185	175	335～410	30	29	28	27	金属结构件、拉杆、套圈、铆钉、螺栓、短轴、心轴、凸轮、载荷不大的吊钩、垫圈、渗碳零件及焊接件

续表

<table>
<tr><td rowspan="4">牌号</td><td rowspan="4">等级</td><td colspan="9">拉伸试验</td><td rowspan="4">应用</td></tr>
<tr><td colspan="4">屈服强度 σ_s（N/mm²）</td><td rowspan="3">抗拉强度 σ_b（N/mm²）</td><td colspan="4">伸长率 δ_s（%）</td></tr>
<tr><td colspan="4">钢材厚度（直径）（mm）</td><td colspan="4">钢材厚度（直径）（mm）</td></tr>
<tr><td>>16～40</td><td>>40～60</td><td>>60～100</td><td>>100～150</td><td>>16～40</td><td>>40～60</td><td>>60～100</td><td>>100～150</td></tr>
<tr><td></td><td></td><td colspan="4">≥</td><td></td><td colspan="4">≥</td><td></td></tr>
<tr><td rowspan="4">Q235（A3）</td><td>A</td><td rowspan="4">225</td><td rowspan="4">215</td><td rowspan="4">205</td><td rowspan="4">195</td><td rowspan="4">375～460</td><td rowspan="4">25</td><td rowspan="4">25</td><td rowspan="4">23</td><td rowspan="4">22</td><td rowspan="4">金属结构件，心部强度要求不高的渗碳或氰化零件，吊钩、拉杆、车钩、套筒、汽缸、齿轮、螺栓、螺母、连杆、轮轴、楔、盖、焊接件</td></tr>
<tr><td>B</td></tr>
<tr><td>C</td></tr>
<tr><td>D</td></tr>
<tr><td rowspan="2">Q255（A4）</td><td>A</td><td rowspan="2">245</td><td rowspan="2">235</td><td rowspan="2">225</td><td rowspan="2">215</td><td rowspan="2">410～510</td><td rowspan="2">23</td><td rowspan="2">22</td><td rowspan="2">21</td><td rowspan="2">20</td><td rowspan="2">金属结构件、转轴、心轴、拉杆、吊钩、箍、摇杆、螺栓、楔以及其他强度要求不高的零件。焊接性尚可，一般很少采用</td></tr>
<tr><td>B</td></tr>
<tr><td>Q275（A5）</td><td></td><td>265</td><td>255</td><td>245</td><td>235</td><td>490～610</td><td>19</td><td>18</td><td>17</td><td>16</td><td>转轴、心轴、销轴、链轮、刹车杆、螺栓、螺母、垫圈、连杆、吊钩、楔、齿轮以及其他强度较高的零件。焊接性尚可</td></tr>
</table>

（2）合金钢

1）合金钢的特点。合金钢是指为了提高钢的力学性能，改善钢的工艺性能和得到某些特殊的理化性能，炼钢时有目的地加入某些合金元素（如硅、锰、铬、镍、钼、钨、钒、钴、钛、铝、硼、氮和稀土元素等）。为充分发挥合金元素的作用，一般合金钢使用前都要经过热处理。

2）合金钢的分类。合金钢的分类方法和种类见表 6—27。

表 6—26　　优质碳素结构钢的力学性能和用途

类别	牌号	力学性能 屈服强度 σ_s（MPa）≥	抗拉强度 σ_b（MPa）≥	伸长率 δ_s（%）≥	收缩率 ψ（%）≥	冲击吸收功 A_k，（J）≥	硬度 HB ≤	应用举例
普通含锰量钢	10F	185	315	33	55	—	137	常用于轧制钢带、薄板及冷拉钢丝，并适用于制作深冲压、深拉伸的制品，还可制作心部强度要求不高的渗碳或氮碳共渗的零件
	10	205	335	31	55	—	134	用于采取镦、弯、冷冲、热压、拉延及焊接等方法制造各种韧度高、负荷小的零件，在退火状态下制作电磁吸铁零件
	15F	205	355	29	55	—	143	用于心部强度不高的渗碳或氰化零件，也可制作塑料要求好的零件及各种钣金件和冲压件
	15	225	375	27	55	—	143	用于制作受载不大、韧度要求较高的零件及冲模锻件、紧固件、不需热处理的低载零件及焊件性能要求较好的中、小结构件
	20	245	410	25	55	—	156	在热轧或正火状态下制作低负载、高韧性零件，或一般机械用的不甚重要的中、小型渗碳，氰化零件以及钢管等
	25	275	450	23	50	71	170	用于制作焊接构件，以及经锻、冲或切削加工的低载零件，也可制作表面要求良好耐磨性的渗碳或氰化零件
	30	295	490	21	50	63	179	用于制造受载不大、工作温度低于 150℃ 的截面尺寸小的零件，亦可制作要求心部强度较高、表面耐磨的渗碳或氰化零件、焊接构件及冷镦零件
	35	315	530	20	45	55	187	广泛用于制造负载较大，但截面尺寸较小的各种机械零件，一般不用于制造焊接件
	40	335	570	19	45	47	217	用于制造机器中的运动零件，可以是心部强度要求不高，表面耐磨的淬火零件，也可以是小截面、负载较大的调质零件或应力不大的大型正火零件
	45	355	600	16	40	39	241	适用于制造较高强度的运动零件，通常在调质或正火状态下使用，可代替渗碳钢制造表面耐磨零件
	50	375	630	14	40	31	241	主要用于制造动载荷、冲击载荷不大，并要求耐磨性好的机械零件

续表

	牌号	力学性能 屈服强度 σ_s (MPa) ≥	抗拉强度 σ_b (MPa) ≥	伸长率 δ_s (%) ≥	收缩率 ψ (%) ≥	冲击吸收功 A_k，(J) ≥	硬度 HB ≤	应用举例
普通含锰量钢	55	380	645	13	35	—	255	主要用于制造耐磨性、强度较高的机械零件及弹性零件，也可用作铸钢件
	60	400	675	12	35	—	255	主要用于制造耐磨性、强度较高、受大较大及有相当弹性的零件
	65	410	695	10	30	—	255	主要用于制造弹性零件，也可在正火状态下制造耐磨零件
较高含锰量钢	15Mn	245	410	26	55	—	163	主要用于制造心部要求力学性能较高的渗碳或氰化零件，也可在正火或热轧状态下制造韧性要求高而受力小的零件，还可轧成板材制作低温条件下工作的油罐等容器
	20Mn	275	450	24	50	—	197	
	25Mn	295	490	22	50	71	207	一般用于制造渗碳件及焊接件
	30Mn	315	540	20	45	63	217	一般用于制造低负荷的各种零件，亦可用冷拉钢材制造高应力负载的细小零件
	35Mn	335	560	19	45	55	229	一般用于制造中等载荷的零件，亦可在淬火回火状态下制造耐磨零件
	40Mn	355	590	17	45	47	229	经调质处理后，可代替 40Cr 钢使用，用于制造在疲劳负载下工作的零件
	45Mn	375	620	15	40	39	241	一般用于制造负载较大及受磨损较严重条件下工作的零件
	50Mn	390	645	13	40	31	255	一般用于制造高耐磨、高应力的零件
	60Mn	410	695	11	35	—	269	用于制造尺寸较大的各种弹簧及直径小于 7 mm 的冷拉钢丝
	65Mn	430	735	9	30	—	285	经淬火及低温回火或调质、表面淬火、用于制造受摩擦、高弹性、高强度的机械零件；或经淬火、中温回火，用于制造受中等载荷的各种弹簧

表 6—27　　合金钢的分类方法和种类

序号	分类方法	种类	说明
1	按用途分	合金结构钢	低合金结构钢具有良好的塑性、良好的焊接性和冷变形能力，主要用于工程构件；易切削结构钢具有较小的切削抗力，主要用于大批量生产的螺栓、螺母、螺钉等标准件，也可用于轻型机械（如自行车、缝纫机、计算机零件等）

单元 6

续表

序号	分类方法	种　类	说　明
1	按用途分	合金工具钢	工具钢用于制造各种工具（如量具、刃具、模具等），按化学成分分为碳素工具钢、合金工具钢、高速工具钢三类 合金工具钢包括量具刃具钢、冷作模具钢、热作模具钢、塑料模具钢等。量具刃具钢具有高硬度、高耐磨性、高热硬性和足够的韧性；冷作模具钢具有高硬度、耐磨性和足够的韧性；热作模具钢在高温下具有较高的综合力学性能和良好的耐热疲劳性能；塑料模具钢具有良好的加工性能、良好的抛光性、较高的硬度、良好的耐磨性、足够的强度和韧性，且热处理变形小，焊接性能好 高速工具钢主要用来制造中、高速切削刀具（如车刀、铣刀、铰刀、拉刀、钻头等），具有较高的热硬性
		特殊性能钢	弹簧钢、轴承钢、不锈钢、耐热钢、耐磨钢等
2	按化学成分分	低合金钢	合金元素总含量＜5％
		中合金钢	合金元素总含量在5％～10％
		高合金钢	合金元素总含量＞10％
3	按质量等级分	优质合金钢	如一般工程结构用合金钢、耐磨钢、硅锰弹簧钢等
		特殊质量合金钢	如合金结构钢、轴承钢、合金工具钢、高速工具钢、不锈钢、耐热钢等
4	按合金元素分	铬钢、锰钢、硅锰钢、铬镍钢等	

3）维修电工常用合金结构钢的力学性能和用途见表6—28。

表6—28　　维修电工常用合金结构钢的力学性能和用途

牌号	试样毛坯尺寸（mm）	热处理					力学性能						应用举例
		淬火			回火								
		温度（℃）第一次淬火	温度（℃）第二次淬火	冷却剂	温度（℃）	冷却剂	抗拉强度 σ_b（MPa）≥	屈服强度 σ_s（MPa）≥	伸长率 δ_s（％）≥	收缩率 ψ（％）≥	冲击吸收功 A_k（J）≥	供货状态硬度HB≤	
2Mn2	15 15	850 850	—	水、油 水、油	200 440	水、空气 水、空气	785 785	590 590	10 10	40 40	47 47	187	用于制造渗碳零件，如小齿轮、小轴、活塞销等，或在热轧及正火状态下，制造螺栓、螺母、铆焊件
30Mn—2MoW	25	900	—	油	610	水、油	980	835	12	50	71	269	在调质状态下用于制造淬透性要求高的轴类零件，如转向节、半轴等

续表

牌号	试样毛坯尺寸(mm)	热处理					力学性能						应用举例
		淬火			回火		抗拉强度 σ_b(MPa)	屈服强度 σ_s(MPa)	伸长率 δ_s(%)	收缩率 ψ(%)	冲击吸收功 A_k(J)	供货状态硬度 HB≤	
		温度(℃)		冷却剂	温度(℃)	冷却剂	≥						
		第一次淬火	第二次淬火										
40MnB	25	850	—	油	500	水、油	980	785	10	45	47	207	用于制造拖拉机、汽车及其他通用机械中的中、小重要调质零件
30Cr—MnSi	25	880	—	油	520	水、油	1 080	885	10	45	39	229	多用于制造高负载、高速度的各种重要零件，如齿轮、轴、离合器、轴套等，也用于制造工作温度不高的耐磨零件及受变载荷的焊接构件
30Cr	25	860	—	油	500	水、油	885	685	11	45	47	187	用于制造各种耐磨或受冲击的零件，如齿轮、滚子、轴、螺栓、螺母等，还可用作高频表面淬火用钢，制造表面高硬度的耐磨零件
35Cr	25	860	—	油	500	水、油	930	735	11	45	47	207	

4. 其他金属及非金属材料

(1) 铸铁。含碳量大于2.11%的铸造铁-碳-硅合金称为铸铁。铸铁是一种脆性材料，不能锻造和轧制，但具有优良的铸造性能和耐磨性，且生产工艺简便、成本低，所以应用较为广泛。常见的铸铁有白口铸铁、灰口铸铁、可锻铸铁和球墨铸铁四大类，它们的性能和特点对比见表6—29。

表6—29　　常见铸铁的性能和特点

材料类型		白口铸铁	灰口铸铁	可锻铸铁	球墨铸铁
抗拉强度		最差	较差	较好	最好
塑性、韧性		最差	较差	较好	最好
耐磨性	有润滑	差	最好	好	好
	无润滑	最好	差	差	差
铸造性		好	最好	好	较好
消振性		差	最好	较好	较好
切削加工性		级差	最好	较好	较好

（2）有色金属及其合金。铁及其合金以外的铝、镁、铅、锡、铜等金属及其合金称为有色金属，其中较常用的有铝及其铝合金和铜及其铜合金。

1）铝及铝合金。纯铝是呈银白色的低熔点轻金属。纯铝的导电、导热性好，具有良好的耐腐蚀性，力学表现为强度低、塑性好，适于变形加工。纯铝不宜用来制作承重零件，通常用来制作导电材料。

在纯铝中加入硅、镁、锌、锰等合金元素形成的铝合金可有效地提高铝的强度，并具有较高的比强度（强度与密度之比），在航空航天工业、汽车制造、民用工业中得到了广泛应用。铝合金按化学成分和工艺性能分为变形铝合金和铸造铝合金两大类：变形铝合金主要包括防锈铝合金、硬铝合金、超硬铝合金、锻造铝合金；铸造铝合金主要包括铝硅合金、铝铜合金、铝镁合金、铝锌合金。常见变形铝合金的力学性能及用途见表6—30，常用铸造铝合金的力学性能及用途见表6—31。

表6—30　　常见变形铝合金的力学性能及用途

类别	牌号	材料状态	力学性能						应用举例
			抗拉强度 σ_b（MPa）	屈服强度 $\sigma_{0.2}$（MPa）	剪切强度 τ（MPa）	伸长率 δ_s（%）	收缩率 ψ（%）	布氏硬度HB	
工业纯铝	L4、L6	M Y	80 150	30 100	55 —	30 6	80 60	25 32	制作铝箔、垫片、电缆、电子管隔离罩及其他不受力的结构元件
防锈铝	LF2	M Y2	190 250	100 210	125 150	23 6	64 —	45 60	常用于焊接零件、管道容器及受中等载荷的零件和制品，线材可用作焊条和铆钉
	LF6	M	325	170	210	20	25	70	用于制作受力零件、飞机蒙皮及骨架零件
	LF21	M Y2 Y	130 160 220	50 130 180	80 100 110	23 10 5	70 55 60	30 40 55	用于在气、液介质中工作的焊接零件、管道容器、深压延及弯曲制造的低载零件，以及铆钉、线材等
硬铝	LY1	M CS	160 300	60 170	— 200	24 24	— 50	38 70	主要作铆钉材料，用于中等强度及工作温度不大于100℃的结构用铆钉
	LT4	CZ	460	280	290	23	42	115	用于工作温度125～250℃的铆钉
	LY6	CZ Y2	440 540	300 440	— —	20 10	— —	— —	用于制作模锻件、飞机蒙皮、骨架零件、隔框及铆钉等
	LY11	M CZ	210 420	110 240	— 270	18 15	58 30	45 100	适于制造各种中等强度的零件和构件、冲压的连接件、空气螺旋桨叶片及铆钉等
	LY12	M CZ	210 460	110 300	— —	18 17	35 30	42 105	适于制作各种高负荷的零件和构件，如飞机的骨架零件、蒙皮、隔框、肋、梁等

续表

类别	牌号	材料状态	力学性能 抗拉强度 σ_b (MPa)	屈服强度 $\sigma_{0.2}$ (MPa)	剪切强度 τ (MPa)	伸长率 δ_s (%)	收缩率 ψ (%)	布氏硬度 HB	应用举例
锻铝	LD2	M	180	—	80	30	65	30	用于制造高塑性、高耐蚀性、受中等负荷的零件和构件，如气冷式发动机的曲轴箱、直升机的桨叶等
		C	220	120	—	22	50	65	
		CS	330	280	210	16	20	95	
	LD5	CS	420	300	—	13	—	105	适用于制作形状复杂的冲压零件和锻件
	LD6	CS	410	320	260	—	40	—	
	LD8	CS	440	270	—	10	—	120	用于制造内燃机活塞、压气机叶片、叶轮、圆盘以及高温下工作的发动机的其他零部件
	LD9	CS	440	280	—	13	—	115	
	LD10	CS	490	380	290	12	25	135	用于制造高载荷冲压件及形状简单的锻件
超硬铝	LC3	CS	520	440	320	15	45	150	用于制造结构铆钉
	LC4	M	250	130	—	13	—	—	用于制造受力构件及高载荷零件，如飞机的大梁、桁架、加强框、起落架零件等
		CS	600	550	—	12	—	—	

注：铝合金状态代号：M—退火；C—淬火；Y—冷作硬化；Y2—半冷作硬化；CZ—淬火及自然时效；CS—淬火及人工时效。

表 6—31　　常用铸造铝合金的力学性能及用途

类别	牌号	代号	主要特点	用途举例
铝硅合金	ZAlSi12 YZAlSi12	ZL102 YL102	熔点低，密度小，流动性好，收缩和热倾向小，耐蚀性、焊接性好，可切削性差，不能热处理强化，有足够的强度，但耐热性低	用于铸造形状复杂，耐蚀性和气密性高，强度不高的薄壁零件，如飞机仪器零件、船舶零件等
	ZAlSi5Cu1Mg	ZL105	铸造工艺性能好，不需变质处理，可热处理强化，焊接性、切削性好，强度高，塑韧性低	用于形状复杂、工作温度低于或等于 250℃的零件，如汽缸体、汽缸盖、发动机箱体等
	ZAlSi12Cu2Mg1 YZASi12Cu2	ZL108 YL108	铸造工艺性能优良，线收缩小，可铸造尺寸精确的铸件，强度高，耐磨性好，需要变质处理	用于汽车、拖拉机的活塞，工作温度低于或等于 250℃的零件
铝铜合金	ZAlCu5Mn	ZL201	铸造性能差，耐蚀性能差，可热处理强化，室温强度高，韧性好，焊接性能、切削性能好，耐热性好	用于承受中等载荷、工作温度低于或等于 300℃的飞机受力铸件、内燃机汽缸头
	ZAlRE5Cu3Si2	ZL207	铸造性能好，耐热性高，可在 300～400℃下长期工作，室温力学性能较低，焊接性能好	用于铸造形状复杂，在 300～400℃下长期工作的液压零部件

续表

类别	牌号	代号	主要特点	用途举例
铝镁合金	ZAlMg10	ZL301	铸造性能差，耐热性不高，焊接性差，切削性能好，能耐大气和海水腐蚀	用于承受高静载荷、冲击载荷，工作温度低于或等于200℃、长期在大气和海水中工作的零件，如船舰配件等
	ZAlMg5Si1	ZL303	铸造性能比ZL301好，热处理不能明显强化，但切削性能好，焊接性好，耐蚀性一般，室温力学性能较低	用于承受中等载荷，工作温度低于或等于200℃的耐蚀零件，如轮船、内燃机配件
铝锌合金	ZAlZn11Si7	ZL401	铸造性能优良，需变质处理，不经热处理可以达到高的强度，焊接性和切削性能优良，耐蚀性低	用于承受高静载荷、形状复杂、工作温度低于或等于200℃的铸件，如汽车、仪表零件
	ZAlZn6Mg	ZL402	铸造性能优良，耐蚀性能好，可加工性能好，有较高的力学性能，但耐热性能低，焊接性一般，铸造后能进行自然时效	用于承受高的静载荷或冲击载荷、不能进行热处理的铸件，如活塞、精密仪表零件等

2）铜及铜合金。纯铜又称紫铜，其导电性、导热性优良，抗大气腐蚀性能良好，塑性好，易加工，强度和硬度较低。纯铜主要用于制造电线电缆、电子元件和配置合金。

铜合金是以铜为基体，加入合金元素形成的金属。铜合金不仅比纯铜强度高，而且具有优良的理化性能，在工业中应用较为广泛。铜合金按化学成分可分为黄铜、白铜、青铜三类：黄铜是以铜为基体，以锌为主加元素的铜合金；白铜是以铜为基体，以镍为主加元素的铜合金；青铜是指除黄铜和白铜以外的铜合金，主要有锡青铜、铝青铜、铍青铜等。常用铜合金的力学性能及用途见表6—32。

表6—32　　常用铜合金的力学性能及用途

类别	牌号	试样状态		力学性能						应用举例
				抗拉强度 σ_b（MPa）	屈服强度 $\sigma_{0.2}$（MPa）	剪切强度 τ（MPa）	伸长率 δ_s（%）	收缩率 ψ（%）	布氏硬度HB	
纯铜	T2、T3	棒材	软的 硬的	240 450	70 380	190 430	50 6	75 35	45 120	电线、电缆、电气开关、垫圈、铆钉、油管、化工蒸发器、储藏器等
普通黄铜	H96	管材 条材	硬的，变形 50%软的	400 240	350 60	— —	3 52	— 82	117～137 51～59	在一般机械中制作导管、冷凝管、散热器管、散热片、汽车水箱带及导电零件等

续表

类别	牌号	试样状态		力学性能						应用举例
				抗拉强度 σ_b (MPa)	屈服强度 $\sigma_{0.2}$ (MPa)	剪切强度 τ (MPa)	伸长率 δ_s (%)	收缩率 ψ (%)	布氏硬度 HB	
普通黄铜	H90	加工的	软的	260	130	—	44	80	53	制作水管、工艺品、水箱带及双金属片等
			半硬的	340	300	—	20	60	70	
			硬的	600	—	—	4	—	130	
	H80	加工的	软的	310	120	190	52	69.5	53	制作造纸网、薄壁管、皱纹管等
			硬的	560	360	—	10	40	145	
	H68	带材	软的	300	100	200	50	70	55	制作复杂的冷冲件和深冲件，如散热器外壳、导管、波纹管、弹壳、垫片等
			硬的	520	—	—	12	52	150	
	H62	管材	软的	360	110	—	49	66	56	制作各种深引伸和弯折制造的受力零件，如销钉、铆钉、垫圈、螺母、导管、气压表弹簧、筛网、散热器零件等
			硬的	680	480	—	3	20	140	
		棒材	供应状态	370	160	—	49	—	—	
锰黄铜	HMn58－2		软的	440	—	320	36	52.5	85	制作在腐蚀条件下工作的重要零件和弱电工业用的零件
			硬的	600	—		10	—	120	
锡青铜	QSn4－3		软的	350	—	—	40	—	60	制作弹簧及其他弹性元件、化工设备上的耐蚀耐磨零件、抗磁零件等
			硬的	550	—	—	4	—	160	
	QSn6.5－0.1	带材	硬的	600	350	—	12	—	—	制作弹簧及导电性好的弹簧触片、精密仪器中的耐磨抗磁零件
	QSn6.5－0.4		硬的	750	620	—	10	—	180	除制作弹簧和耐磨零件外，主要用于造纸工业作耐磨的铜网
			软的	400	220	—	65	—	80	
	QSn7－0.2	棒材	硬的	500	—	—	15	20	180	制作中等负荷、中等滑动速度下承受摩擦的零件，如轴承、轴套、蜗轮等
铝青铜	QAl5		硬的	800	500	—	4	—	200	制作弹簧及其他要求耐蚀的弹性元件、齿轮摩擦轮、涡轮传动机构等
			软的	380	160	—	65	70	60	
			金属模铸造	280	70	252	55	48	65	
	QAl7		硬的	1 000	—	—	3～10	40	154	
			软的	420	—	—	70	75	70	
			金属模铸造	300	—	—	45	—	70	

续表

类别	牌号	试样状态		力学性能						应用举例
				抗拉强度 σ_b (MPa)	屈服强度 $\sigma_{0.2}$ (MPa)	剪切强度 τ (MPa)	伸长率 δ_s (%)	收缩率 ψ (%)	布氏硬度 HB	
铝青铜	QAl9－4	棒材	硬模铸造 压制的	500 550	200 300	350 380	15 12	30 —	125 140	制作在高负荷下工作的抗磨耐蚀零件，如齿轮、轴套、轴承、蜗轮、阀座等
	QAl10－3－1.5	棒材	硬模铸造 挤压的	550 650	220 350	380 —	20 —	25 —	135 160	制作高温工作的耐磨零件和各种标准件，如齿轮、轴承、衬套、螺母等

（3）常用非金属材料。常用非金属材料包括高分子材料、陶瓷材料、复合材料三种类型。

1）塑料。塑料是一种高分子化合物，主要由树脂和添加剂组成，是目前工业上应用最多的非金属材料。常用塑料按其使用范围可分为通用塑料和工程塑料；按热性能可分为热塑性塑料和热固性塑料。常见塑料的分类见表 6—33，常用塑料的特性及应用见表 6—34。

表 6—33　　　　常见塑料的分类

类别	典型塑料	代号	特性
热塑性塑料	聚氯乙烯 聚乙烯 聚酰胺 缩醛塑料 聚碳酸酯	PVC PE PA POM PC	能溶于有机溶剂，可加热软化，易于加工成形，并能通过加热反复塑化成形
热固性塑料	酚醛塑料 氨基塑料 有机硅塑料 环氧塑料	PF UF SI EP	固化后重新加热不再软化和熔融，不溶于有机溶剂，不能再成形使用

2）陶瓷材料。陶瓷是非金属固体材料的一种，大体上可分为普通陶瓷和特种陶瓷两大类。普通陶瓷采用天然原料（如长石、黏土和石英等）烧结而成，按其性能和用途可为日用陶瓷、建筑陶瓷、电绝缘陶瓷、化工陶瓷等；特种陶瓷是指各种新型陶瓷，它采用高纯度人工合成的原料，并具有某些特殊性能，按其用途分为高温陶瓷、高硬度陶瓷和功能陶瓷等，按其主要组成不同可分为氧化物陶瓷、氮化物陶瓷、碳化物陶瓷、金属陶瓷等。

陶瓷是各类材料中刚度最好、硬度最高的材料，用陶瓷制作的刀具，可用于加工高硬度、难加工的材料；陶瓷一般具有高的熔点，且在高温下具有极好的化学稳定性，可用来制成耐高温的材料和隔热材料；大多数陶瓷具有良好的电绝缘性，大量用于制作各种电压的绝缘器件，铁电陶瓷具有较高的介电常数，可用于制作电容器；陶瓷在高温下不易氧化，并对酸、碱、盐具有良好的抗腐蚀能力，可用于制作耐腐蚀材料。

工业陶瓷主要用于制作工模具、耐高温元件、耐磨元件、绝缘材料、高硬度耐磨材料和各种功能材料等。常用工业陶瓷的种类、特性及用途见表 6—35。

表 6—34　常用塑料的特性及应用

塑料名称	特　性	应 用 举 例
聚氯乙烯（PVC）	硬聚氯乙烯强度高，绝缘性、耐蚀性好，但耐热性差，使用温度为－10～55℃	可部分代替不锈钢、铜、铝等金属材料制作耐腐蚀设备及零件，如灯头、插座、开关、阀门管件等
	软质聚氯乙烯强度低、伸长率高、易老化、绝缘性和耐蚀性好；泡沫聚氯乙烯密度低、隔热、隔声、防振	农用和工业用包装薄膜、电线绝缘层、人造革、密封件衬套垫。因有毒，不能用于食品和药品包装；泡沫聚氯乙烯可制作衬垫
聚丙烯（PP）	是最轻的塑料之一，刚度好，耐热性好，可在100℃以上的高温下使用，化学稳定性好，几乎不吸水，高频电性能好，易成形，低温呈脆性，耐磨性不高	用于耐腐蚀的化工设备及零件，受热的电气绝缘零件，电视机、收音机等家用电器壳，一般用途的齿轮、管道、接头等
聚苯乙烯（PS）	有较好的韧性，优良的透明度（与有机玻璃相似），化学稳定性较好，易成形	用于透明结构零件，如汽车用各种灯罩、电气零件、仪表零件、浸油式多点切换开关、电池外壳等
聚酰胺（尼龙）（PA）	尼龙 6 的疲劳强度、刚度和耐热性不及尼龙 66，但弹性好，有较好的消振和消声性，其余同尼龙 66	用于轻载荷、中等温度（80～100℃）、无润滑或少润滑、要求低噪声条件下工作的耐磨受力零件
	尼龙 66 的疲劳强度和刚度较高，耐热性较好，耐磨性好，摩擦系数低，但吸湿大，尺寸不够稳定	适用于中等载荷、使用温度低于或等于 100～120℃、无润滑或少润滑条件下工作的耐磨受力传动零件
聚碳酸酯（PC）	力学性能优异，尤其具有优良的抗冲击性，尺寸稳定性好，耐热性高于尼龙、聚甲醛，长期工作温度可达 130℃，但疲劳强度低，易产生应力开裂，耐磨性欠佳，透光率达 89%，接近有机玻璃	用于支架、壳体、垫片等一般结构零件；也可制作耐热透明结构零件，如防爆灯、防护玻璃等；各种仪器、仪表的精密零件；高压蒸煮消毒医疗器械、人工内脏
聚四氟乙烯（PTFE）	具有高的化学稳定性，俗称“塑性王”，有异常好的润滑性，对金属的摩擦系数只有 0.07～0.14；可在－250～260℃使用；电绝缘性好，耐老化；但强度低，刚度差	用于耐腐蚀化工设备及其衬里与零件，如反应器、管道；减摩自润滑零件，如轴承、活塞销、密封圈等；电绝缘材料及零件，如高频电缆、电容线圈架等
聚甲基丙烯酸甲酯（有机玻璃）（PMMA）	有好的透光性（可透过 92% 的太阳光，紫外线光达 73.5%）；综合性能、力学性能好，有一定的耐热、耐寒性；耐蚀性和耐绝缘性良好；尺寸稳定，易于成形；能进行机械加工；硬度不高，易擦毛	可制作要求有一定强度的透明零件、透明模型、装饰品、广告牌、飞机窗、灯罩、油标、油杯等

续表

塑料名称	特性	应用举例
酚醛塑料（电木）(PF)	高强度、高硬度，耐热性好（<140℃使用），绝缘和化学稳定性好，耐冲击、耐酸、耐水、耐霉菌，但加工性能差	用于一般机械零件、水润滑轴承、电绝缘件、耐化学腐蚀的结构件和容器衬里、电器绝缘板、绝缘齿轮、耐酸泵、刹车片、整流罩
环氧塑料 (EP)	强度高，电绝缘性好，化学稳定性好，耐有机溶剂，防潮、防霉，耐热、耐寒，对许多材料的粘着力强，成形方便	用于塑料模具、精密量具、电气和电子元件的灌封与固定、机件修复
氨基塑料 (UF)	又称“电玉”，力学性能、耐热性、绝缘性能接近电木、半透明如玉，颜色鲜艳，耐水性差，可在80℃下长期使用	用于机械零件、电器绝缘、装饰件，如开关、插座、把手、旋钮、仪表外壳等

表 6—35　　常用工业陶瓷的种类、特性及用途

种类		特性	主要组成	用途
耐热陶瓷		热稳定性高	MgO、ThO_2	耐火件
		高温强度高	SiC、Si_3N_4	燃气轮机叶片、火焰导管、火箭燃烧室内壁喷嘴
高硬度陶瓷		高弹性模量	SiC、Al_2O_3	复合材料用纤维
		高硬度	WC、TiC、B_4C、BN	切削刀具、连续铸造用的模具、玻璃成形高温模具
功能陶瓷	介电陶瓷	绝缘性	Al_2O_3、Mg_2SiO_4	集成电路基板
		热电性	$PbTiO_3$、$BaTiO_3$	热敏电阻器
		压电性	$PbTiO_3$、$LiNbO_3$	振荡器
		强介电性	$BaTiO_3$	电容器
	光学陶瓷	荧光、发光性	Al_2O_3CrNd 玻璃	激光器
		红外透过性	CaAs、CdTe	红外线窗口
		高透明度	SiO_2	光导纤维
		电发色效应	WO_3	显示器
	磁性陶瓷	软磁性	$ZnFe_2O$、$\gamma-Fe_2O_3$	磁带、各种高频磁心
		硬磁性	$SrO \cdot 6Fe_2O_3$	电声器件、仪表及控制器件的磁心
	半导体陶瓷	光电效应	CdS、Ca_2S_x	太阳电池
		阻抗温度变化效应	VO_2、NiO	温度传感器
		热电子放射效应	LaB_6、BaO	热阴极

3）复合材料。复合材料是由两种或两种以上性质不同的物质组成的多相材料，通常以其中一种材料作为基体起黏结作用，另一种作为增强材料，提高承载能力。两种或多种材料复合后，仍保留各自的性能优点，从而使复合材料具有优良的综合性能。

按增强材料的性质和形状，复合材料可分为纤维增强复合材料、粒子增强复合材料、层叠复合材料三种；按基体不同，可分为树脂基复合材料、陶瓷基复合材料和金属基复合材料。

复合材料具有高的比强度和比模量（弹性模量与相对密度之比），具有良好的抗疲劳性能，吸振能力强，高温性能好，材料破损安全性好，且具有良好的化学稳定性，制造工艺简单，是近代重要的工程材料。常用复合材料的类型、特性和用途见表6—36。

表6—36　　常用复合材料的类型、特性和用途

类型	复合材料名称	主要特性	用途
纤维增强复合材料	玻璃纤维增强复合材料	以树脂为基体，以玻璃纤维为增强剂，柔软、抗拉强度高，且具有很好的韧性	以热塑性树脂为基体的又称为增强塑料，常用的有：聚酰胺、聚乙烯、聚苯乙烯、聚碳酸酯等；以热固性树脂为基体的又称为玻璃钢，常用的有：环氧树脂、酚醛树脂、有机硅树脂、不饱和聚酯等，其力学性能优良，抗拉和抗压强度可超过钢和硬铝，广泛应用于机器护罩、复杂壳体、车辆、船舶、仪表、化工容器、管道等
	碳纤维增强复合材料	碳纤维的强度和弹性模量比玻璃纤维要高，且具有较好的高温力学性能。碳纤维可以和树脂、碳、金属以及陶瓷等组成复合材料，常与环氧树脂、酚醛树脂、聚四氟乙烯等复合，保持了玻璃钢的优点，且许多性能优于玻璃钢，如密度小，耐磨、减摩、耐热和自润滑性良好	多用于齿轮、活塞、轴承密封件、航天器外层、人造卫星和火箭机架、壳体等，也可用于化工设备及运动器材，还可制造复合建筑材料，用于建筑物具有良好的抗震性能
	有机纤维增强复合材料	其密度是所有纤维中最小的，而强度和弹性模量都很高	与环氧树脂结合的复合材料在航空、航天领域得到应用，芳纶纤维还可用于轮胎帘子线、传动带、电绝缘件等
层叠复合材料		广泛应用于高强度、耐蚀、耐磨、装饰和安全防护等方面。夹层复合材料以广泛应用于飞机机翼、船舶、火车车厢、运输容器、安全帽、滑雪板等；将两种膨胀系数不同的金属板制成的双层金属复合材料，可用于测量和控制温度的简易恒温器等	
粒子增强复合材料		加入金属粉末可改善导电性和导磁性；加入 MoS_2 可提高减摩性；陶瓷颗粒增强的金属基复合材料具有高的强度、硬度、耐磨性、耐腐蚀性和小的膨胀系数，常用于制作刀具、重载轴承和火焰喷嘴等高温工作零件	

三、简单机械装置的测绘

1. 简单机械装置的测绘方法

简单机械装置的测绘是指对现有的机械零部件进行测量、绘图，并整理出零部件图和装配图的工作过程。简单机械装置测绘的方法一般分为了解测绘对象和拆卸零件、画装配示意图、画零件草图、画部件装配图和画零件工作图等步骤。简单机械装置测绘的步骤和一般方法见表 6—37。

表 6—37　　简单机械装置测绘的步骤和一般方法

序号	测绘步骤	测绘方法和注意事项
1	了解测绘对象和拆卸零件	了解测绘对象：测绘前首先对要测绘的部件进行全面地了解和分析，通过观察实物和参阅有关图样、资料，了解部件的用途、性能、工作原理、装配关系和结构特点等
		拆卸零件：在对要测绘的部件有初步了解的基础上，依次拆卸各个零件，同时进一步了解各零件的装配关系和零件之间的配合关系和性质（如间隙配合或过盈配合）。拆卸时要注意，在不影响测绘的情况下，一般不要拆卸过盈配合的零部件；拆卸的同时要妥善保管好零部件，并作相应的编号和记录，以免产生零部件的丢失或混乱
2	画装配示意图	对于较复杂的部件，应先画出它的装配示意图，用来记录部件中各零件的装配关系，以备进行装配或画装配图时作为参考
3	画零件草图：在现场采用徒手、目测的方法，按实物大致比例画出零件草图，要注意仔细、认真，做到图形正确、表达清晰、尺寸完整、图面整洁、线条分明，并注明技术要求等相关内容	画零件的视图：针对零件的结构特点，先表达主要部分，再考虑次要部分，使每个基本视图和其他视图都要有重点地表达，一组视图互相配合，使零件的表达既完整、清晰，又不多余、复杂，同时兼顾合理地利用图幅
		标注尺寸的选择：尺寸标注除完整、清晰外，还应注意下面问题：①从设计和加工的要求出发，恰当选择尺寸基准；②切削加工部分的尺寸标注要符合加工要求和测量方便；③不切削加工的部分可按形体分析标注尺寸；④两个零件有联系的部分尺寸基准应统一，相配合的部分尺寸标注应相同；⑤重要尺寸（如定位尺寸、配合尺寸，以及保证加工精度和性能的尺寸）要直接标注；⑥零件内腔与外形尺寸应分别标注在视图的上、下两边；⑦在尺寸链中要有一个尺寸不标注，而由其他尺寸制约，避免尺寸封闭
		尺寸的测量：先确定尺寸基础，合理布置尺寸界线和尺寸线，然后进行尺寸测量，测量零件尺寸要注意以下几点：①根据零件的精确度选用相应的量具；②有配合关系的零件（如孔与轴的配合）一般只测量实际尺寸，配合性质和公差应通过分析并查阅相关手册确定；③没有配合关系或不太重要的尺寸，允许将测量结果适当取整；④对于标准键槽、螺纹及齿轮的轮齿等，应将测量结果与标准值进行核对，一般采用标准结构尺寸
		确定材料和技术要求：根据实物的具体情况，结合有关资料的分析，初步确定零件的材料和有关技术要求，如尺寸公差、表面形状和位置公差、表面粗糙度、热处理以及表面修饰的说明等

续表

序号	测绘步骤	测绘方法和注意事项
4	画部件装配图	确定表达方案：先选择好主视图，再确定其他视图。选择视图通常考虑：①主视图位置应与部件的工作位置相符合；②视图的选择应能更好地反映各部件之间的装配关系
		确定图样比例和图幅大小：布置视图时，应考虑各视图之间留有适当的空隙，以便标注尺寸和编写件号，图幅右下角还要留有画标题栏和明细表的地方
		画装配图的主要步骤：①先画出各基本视图的中心线和作图基线；②画出主体件或装配干线上主要零件的主要轮廓，作为画其他零件的基础；③从主视图开始，按装配关系逐个画出各个零件的视图，并注意画图顺序，对于有投影关系的视图应联系起来同时画；④画出俯视图和局部视图，并画出各视图中的细节；⑤标注尺寸及编写零件号，对有配合关系的尺寸还应在装配图上标注配合代号；⑥经检查无误后加深图线，填写标题栏和明细表，注写技术要求
5	画零件工作图	根据零件草图和部件装配图整理绘制零件工作图。应注意从零件草图到零件工作图不是简单地重复照抄，而是随着测绘过程中对零件认识的不断深入，从而对视图、尺寸和技术要求等方面逐步加以调整和充实，使零件工作图更加完善与合理

2. 较简单零件图的测绘举例

现以电动机转子轴为例，简要介绍较简单的零件图的测绘方法。

(1) 测绘转子轴所需的相关数值。电动机转子轴属于圆柱体零件，通常以圆柱体轴线为基准，首先要测量各圆柱体的直径尺寸，然后测量轴向尺寸。

(2) 绘图

1) 对于轴类零件，一般将主视图轴线画成水平方向，以便于对照图样进行车磨加工。为反映平键键槽的形状和位置，可将键槽画在正视方向。

2) 轴端键槽应画出剖视图，而各轴段的尺寸用标注即可表达清楚，所以其他视图可以不画剖视图。

3) 图样上的技术要求，如轴承、转子安装处的表面粗糙度、直径的尺寸公差等级、圆柱面、轴线的同轴度、形位公差等都要一一标注。

电动机转子轴图例如图 6—30 所示。

绘图比例：1∶1。

零件材料：45 号碳素钢，调质处理。

工艺要求：ϕ17 轴段外圆表面，进行表面压花处理。

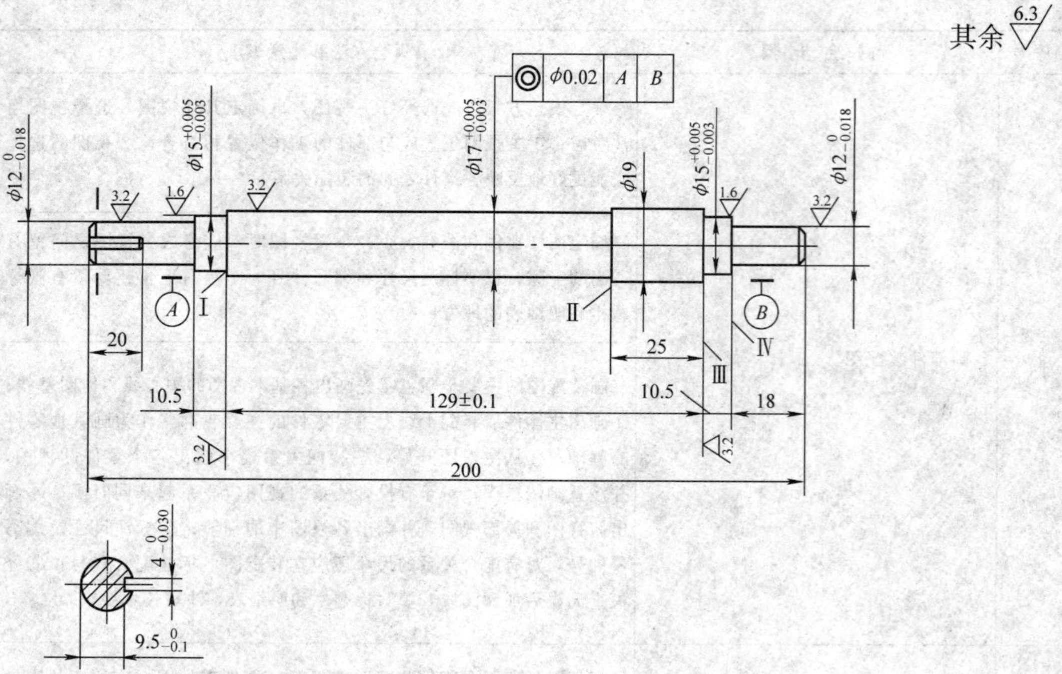

图 6—30　电动机转子轴图例

单元考核要点

考核类别	考核范围	考核点	重要程度
理论知识	电气装置的测绘	常用电子元器件的参数标识	★★★
		常用单元电路	★★★
	简单机械装置的测绘	机械制图与公差配合基本知识	★★★
		材料知识	★★
操作技能	电气线路的测绘	继电接触控制电路的测绘	★★★
		一般电子电路的测绘	★★★
	简单机械装置的测绘	机械零件的测绘	★★
		简单装配图的测绘	★★

单元测试题

一、填空题（请将正确的答案填在横线空白处）

1. 三极管串联式稳压电路主要由________、____________、________和________等部分构成，利用__________的自动调节作用实现稳定输出电压的目的。

2. 555 时基集成定时器是一种将模拟电路和数字电路巧妙结合在一起的多用途单片集

成电路，外接少量的阻容元件便能构成______、______和______等多种应用电路。

3. 机床设备电气线路的测绘常采用两种方法：______测绘法和____测绘法。

4. 电气元件明细表一般包括各个电气元件的____、____、____、____、____和____等内容。

5. 一般电子电路的测绘是根据______画出______。

6. 金属材料的性能包括______和______两大类。前者主要包括______等；后者主要包括______等。

7. 物理性能是材料的固有属性，金属材料的物理性能主要包括____、____、____、____和____等。

8. 金属材料的力学性能主要有____、____、____、____、____、____等。

9. 钢的热处理是将钢在固态下以一定的方式进行____、____，然后再采取合适的方式____，让其获得所需要的组织结构和性能的工艺。

10. 按工艺方法不同，热处理工艺的种类大致分为______、______和______三大类。

11. 纯铝的______性好，具有良好的____性，力学表现为______，适于变形加工，不宜用来制作______，通常用来制作______。

12. 在纯铝中加入______等合金元素形成的____可有效地提高铝的____，并具有较高的____，在______中得到了广泛应用。

13. 纯铜又称紫铜，其______优良，______性能良好，塑性好，易加工，______较低，主要用于______。

14. 工业陶瓷主要用于制作工模具、____元件、____元件、____材料、______材料和各种功能材料等。

15. 绘制机械零件图时，应掌握____、______、______、______、____等要素和规定。

16. 进行尺寸标注时，应包括______、______、______三个要素。

17. 六个基本视图包括____、____、____、____、____、____。

18. 零件图应包括的内容有______、______、______和____。

19. 装配图是用来表示机器或部件的______、______、______和______的一组图形。

20. 基本尺寸相同的互相结合的孔与轴公差带之间的关系称为____，分为______、______和______三种。

二、单项选择题（下列每题的选项中，只有1个是正确的，请将其代号填在横线空白处）

1. CW7812是______三端稳压器。

A. 正输出固定的　　　　　　B. 负输出固定的
C. 正输出可调的　　　　　　D. 负输出可调的

2. 使用三端稳压器时，输出电容 C2 与输入电容 C1 的容量应符合________的要求。
A. C2＞C1　　B. C2＜C1　　C. C2＝C1　　D. 无要求

3. X62W 万能铣床共有________台电动机。
A. 2　　B. 3　　C. 4　　D. 5

4. 下面几种材料中，密度最小的是________。
A. 碳钢　　B. 黄铜　　C. 铸铁　　D. 铝合金

5. 铸铁材料中抗拉强度最高的是________铸铁。
A. 白口　　B. 灰口　　C. 可锻　　D. 球墨

6. 为真实反映实物大小，常用的绘图比例为________。
A. 5∶1　　B. 2∶1　　C. 1∶1　　D. 1∶2 或 1∶5

7. 尺寸以________为单位时，不用标注计量单位的代号和名称。
A. m　　B. mm　　C. cm　　D. 国际单位制

8. 假想地将机件的倾斜部分旋转到与某一基本投影面平行后，再向该投影面投影所得的视图称为________。
A. 局部视图　　B. 斜视图　　C. 剖视图　　D. 旋转视图

9. 设计者给定的尺寸是________。
A. 基本尺寸　　B. 实际尺寸　　C. 极限尺寸　　D. 尺寸公差

10. 采用图解方法表示上偏差和下偏差两条直线所限定的区域称为________。
A. 公差等级　　B. 标准公差　　C. 公差带　　D. 基本偏差

三、判断题（下列判断正确的请打“√”，错误的打“×”）

1. 三端可调稳压器的可调稳压范围为 0～37 V。（　）
2. 在三端可调稳压器的典型应用电路中，R1 的阻值由器件手册给定，不得随意改变。（　）
3. CC7555 型 CMOS 集成定时器的①脚是电源端，⑧脚是接地端。（　）
4. 由 555 时基集成定时器构成的施密特触发器，能自动产生周期性的矩形波输出信号。（　）
5. 铸铁是一种脆性材料，不能锻造和轧制，但具有优良的铸造性能和耐磨性。（　）
6. 铜合金按化学成分可分为黄铜、紫铜、青铜三类。（　）
7. 塑料是一种高分子化合物，是目前工业上应用最多的非金属材料。（　）
8. 复合材料是由两种或两种以上性质不同的物质组成的多相材料，以一种材料作为基体起粘结作用，另一种作为增强材料，提高承载能力。（　）
9. 画零件图时，通常选择零件的主要安装面、重要端面、装配结合面、对称面及回转体的轴线等作为尺寸基准。（　）
10. 剖视图的常用剖切方法主要有单面剖、多面剖、斜面剖三种。（　）

四、简答题

1. 简述用电气位置图-接线图-原理图法测绘机床电气线路的基本步骤。

2. 简述一般电子电路测绘的基本步骤。

3. 如何测绘 PCB 板的走线草图？

4. 如何测绘电子元器件的参数？

5. 简述碳素钢的分类。

6. 简述合金钢的分类。

7. 简述绘制零件图时选择视图的要求。

8. 简述装配图应包括的基本内容。

9. 简述什么是基孔制和基轴制，各有什么特点？

五、技能题

第 1 题　X62W 万能铣床电气线路的测绘

1. 操作准备

（1）X62W 万能铣床或其电气线路模拟实训与考核装置。

（2）常用电工工具、万用表等。

（3）绘图纸、绘图板、铅笔、绘图工具等。

2. 操作要求

（1）测绘前的准备

1）仔细观察被测绘设备的结构组成和工作情况。

2）观察了解该设备电气控制线路的组成和布局，分清主线路和控制线路及其相互关系。

3）将被测绘设备停电，并使所有电气元件处于常态（释放状态）。

（2）测绘

1）对照实物画出设备的电气元件布置图。

2）在电气元件布置图的基础上绘出箱（柜）内的电气元件接线图，并标明线号，再绘出电气系统整体连接图。

3）根据电气接线图，按照先画主电路，后画控制电路和信号电路，最后绘制照明等电路的原则绘制电气原理图。

4）根据电气元件所标注的型号、规格和各种电气元件的数量，列出电气元件明细表。

3. 配分及评分标准

序号	主要内容	考核要求	评分标准	配分	扣分	得分
1	测绘前的准备	（1）熟悉设备 （2）设备停电	设备不熟悉扣 3～6 分 带电测绘或因操作不当造成短路、损坏设备、发生事故扣 5～10 分	10		
2	绘制电气元件布置图	（1）绘图正确 （2）图样布局合理，电气元件排列整齐 （3）图样整洁、清楚	绘图不正确每错一处扣 5～10 分 图样排列不合理扣 3～6 分 图样不整洁、不清楚扣 3～6 分	20		

续表

序号	主要内容	考核要求	评分标准	配分	扣分	得分
3	绘制电气元件和电气系统接线图	（1）绘图正确 （2）图样布局和走线合理，电气元件排列整齐 （3）图样整洁、清楚	绘图不正确每错一处扣5～10分 图样排列及走线不合理扣3～6分 标错或漏标线号每处扣3～6分 图样不整洁、不清楚扣3～6分	20		
4	绘制电气原理图	（1）绘图正确 （2）符号标注符合规定 （3）图样布局和走线合理，电气元件排列整齐 （4）图样整洁、清楚	绘图不正确每错一处扣5～10分 符号标注错误或漏标一处每处扣5～10分 图样布局和走线不规范扣3～6分 图样不整洁、不清楚扣3～6分	20		
5	编写电气元件明细表	（1）项目完整，格式规范 （2）编写内容正确，包含电气元件全面 （3）图样整洁、清楚	项目不完整，格式不规范每项扣5～10分 内容不正确，包含电气元件不全面每处扣3～6分 图样不整洁、不清楚扣3～6分	20		
6	安全文明生产	（1）严格执行国家颁布安全法规及企业有关安全规定 （2）遵守企业有关文明生产规定	违反安全生产规定扣1～7分 违反文明生产规定扣1～3分	10		
备注			合计	100		
			考评员签字			年　月　日

第2题　带放大环节的单结晶体管移相触发电路PCB板的测绘

1. 操作准备

（1）带放大环节的单结晶体管移相触发电路PCB板。

（2）常用电工工具、万用表、电烙铁及焊锡、焊油等。

（3）绘图纸、绘图板、铅笔、绘图工具等。

2. 操作要求

（1）测绘前的准备

1）了解和熟悉待测绘电路板及其有关设备的情况。

2）准备测绘所用的工具和物品。

（2）测绘

1）按被测电路板上的走线绘制PCB板走线草图。

2）测绘元器件，并逐一将电路板上的元器件用相应的符号画到草图相应位置，并标出各元器件的编号、型号、参数等。

3）根据测绘完成的电路板图画出电路原理草图。

4）分析电路的工作原理，经检查和修改，确认图样正确后完成最终的原理图绘制。

3. 配分及评分标准

序号	主要内容	考核要求	评分标准	配分	扣分	得分
1	测绘前的准备	（1）熟悉设备 （2）准备工具和物品	设备不熟悉扣3～6分 工具和物品准备不充分、使用不合理扣5～10分	10		
2	绘制PCB板走线草图	（1）绘图正确 （2）图样布局合理 （3）图样整洁、清楚	绘图不正确每错一处扣5～10分 图样布局不合理扣3～6分 图样不整洁、不清楚扣3～6分	20		
3	测绘元器件	（1）元器件参数测绘正确、全面 （2）绘制和标注元器件的符号编号、型号、参数等正确无误 （3）图样整洁、清楚	元器件参数测绘不正确、不全面，每处扣5～10分 绘制和标注元器件的符号编号、型号、参数等不正确、不全面，每处扣5～10分 图样不整洁、不清楚扣3～6分	20		
4	绘制电路原理草图	（1）绘图正确 （2）电路符号和文字标注符合要求 （3）图样布局和走线合理，元器件排列整齐 （4）图样整洁、清楚	绘图不正确每错一处扣5～10分 电路符号和文字标注不规范或有遗漏，每处扣5～10分 图样布局和走线不规范扣3～6分 图样不整洁、不清楚扣3～6分	20		
5	分析、检查、修改，完成最终原理图绘制	（1）仔细分析工作原理，认真检查和修改 （2）绘制原理图正确、规范 （3）图样布局合理、整洁、清楚	分析不仔细，检查和修改不认真扣3～6分 原理图不正确、不规范，每处扣5～10分 图样布局不合理、不整洁、不清楚扣3～6分	20		
6	安全文明生产	（1）严格执行国家颁布安全去规及企业有关安全规定 （2）遵守企业有关文明生产规定	违反安全生产规定扣1～7分 违反文明生产规定扣1～3分	10		
备注			合计	100		
			考评员签字		年　月　日	

单元测试题答案

一、填空题

1. 采样电路　比较放大环节　基准电压　调整管　电压负反馈　2. 自激多谐振荡器　单稳态触发器　施密特触发器　3. 电气位置图-接线图-原理图　查对　4. 代号　名称　型号　规格　数量　用途　5. 印制电路板　电路原理图　6. 使用

性能　工艺性能　力学性能、物理性能、化学性能　热处理性能、铸造性能、锻压性能、焊接性能、切削加工性能　7. 密度　熔点　热性能　电性能　磁性能　8. 弹性、塑性、强度、硬度、韧性、疲劳极限　9. 加热　保温　冷却　10. 整体热处理　表面热处理　化学热处理　11. 导电、导热　耐腐蚀　强度低、塑性好　承重零件　导电材料　12. 硅、镁、锌、锰　铝合金　强度　比强度　航空航天工业、汽车制造、民用工业　13. 导电性、导热性　抗大气腐蚀　强度和硬度　制造电线电缆、电子元件和配置合金　14. 耐高温　耐磨　绝缘　高硬度耐磨　15. 图线　图形比例　尺寸标注　图纸幅面与格式　字体　16. 尺寸界线　尺寸线（含箭头）　尺寸数字　17. 主视图　俯视图　左视图　右视图　仰视图　后视图　18. 一组视图　零件尺寸　技术要求　标题栏　19. 工作原理　装配关系　连接方式结构形状　20. 配合　间隙配合　过盈配合　过渡配合

二、单项选择题

1. A　2. B　3. B　4. D　5. D　6. C　7. B　8. D　9. A　10. C

三、判断题

1. ×　2. √　3. ×　4. ×　5. √　6. ×　7. √　8. √　9. √　10. ×

四、简答题

1. 答案略。

2. 答案略。

3. 答：(1) 按 PCB 上的走线在纸上绘出线路板走线图。若不要求尺寸，图应画大一些，覆铜线可画成一条细线；若要按实际尺寸测绘，可用卡尺测量覆铜线的长度、宽度和间距等尺寸。(2) 对于双面和多层 PCB 板，有时很难从外观上直接判断线路的通断和走向，可借助万用表测量通断，为防止元器件的电阻对测量带来的影响，万用表应选用低倍率欧姆挡，或将元器件从板上拆下再测，但要注意做好元器件的位置、参数、型号等记录。

4. 通常电路板上会标有各元器件的符号、编号、型号、极性、管脚、额定值等参数，若板上没有标明参数，可根据元器件上的文字和图形标识及其外观来识别其参数；若元器件上没有标识，可将其从板上拆下，用万用表和相关仪器测量参数。

5. 答：(1) 按钢的含碳量分为低碳钢、中碳钢和高碳钢。(2) 按钢的质量等级分为普通质量碳素钢、优质碳素钢和特殊质量碳素钢。(3) 按钢的用途分为碳素结构钢和碳素工具钢。

6. 答：(1) 按用途分为合金结构钢、合金工具钢和特殊性能钢。(2) 按化学成分分为低合金钢、中合金钢和高合金钢。(3) 按质量等级分为优质合金钢和特殊质量合金钢。(4) 按合金元素分有铬钢、锰钢、硅锰钢、铬镍钢等。

7. 答：(1) 主视图的选择包括确定零件的安放位置和确定投影方向两个方面，零件的安放位置应符合其加工位置或工作位置，投影方向应能清楚地反映零件的形状特征。(2) 选择其他视图应考虑：1) 将主视图不能表达清楚的形状选择其他视图来表达。

2）先考虑基本视图表达，必要时再选用其他表达方式。3）在表达清楚的前提下，尽量减少视图数量。4）尽量避免使用虚线表达零件的轮廓或棱线。

8．答：答案请参考表6—12。

9．答案略。

五、技能题

答案略。

第7单元

工艺编制与培训指导

本单元主要介绍电气设备修理工艺的编制方法和对初、中级维修电工进行操作指导的方法，并通过实例具体说明方法、步骤和注意事项。编制电气设备的修理工艺和对初、中级工进行操作指导是高级维修电工应该具备的基本技能之一。

编制生产工艺的作用是在设计者和操作者之间架设一座沟通的桥梁，以使操作者更好、更方便地明确设计所要求的加工方法和技术要求，按设计要求进行操作，确保生产质量和操作安全，因此，生产工艺文件是用于直接指导和规范生产操作的重要依据。故编制电气设备的修理工艺，对于电气设备的检修操作具有重要的指导意义。

在生产过程中，高级工对于低级工应负起传、帮、带的职责。高级工对低级工的培训指导主要包括理论指导和操作指导两个方面，其中操作指导是培训和提高操作技能的重要手段。操作指导应与生产活动同步进行，密切结合生产实际，使被指导者在干中学，学中干，边学边干，在从事生产的同时丰富专业知识，提高操作技能。

第一节　工艺编制

培训目标

→能够编制一般机械设备的电气修理工艺

一、电气设备修理工艺基础

1. 电气设备的检修质量标准

电气设备的检修质量标准通常包括外观检查、外部配线、电气配电箱（柜）、电气装置和电气仪表等的质量标准，详见表 7—1。

表 7—1　电气设备的检修质量标准

序号	项　目	质　量　标　准
1	外观检查	(1) 所有电气设备及元件应按图样要求配备齐全，规格正确无误 (2) 所有电气设备及元件应外表整洁无损坏，安装牢固可靠，便于拆卸、维修和调整 (3) 机床电气设备应有可靠的、符合要求的接地线
2	外部配线	(1) 全部配线必须整齐、清洁、绝缘无破损，更换的导线规格、型号应符合图样规定的技术要求 (2) 导线的绝缘强度应符合国家及行业的耐压试验标准，低压电气线路的绝缘电阻不低于 1 MΩ (3) 配线线管布置整齐，可靠固定，连接处应采用管接头连接 (4) 敷设在易受机械损伤部位的导线应采用铁管或金属软管保护，敷设在发热部件上方或旁边的导线应加耐热瓷管保护 (5) 连接活动部分（如箱门、活动支架等）的导线应采用多股软线配线，多根导线应采用线绳或尼龙绳绑扎，除采用必要的防护措施外，还应留有足够的弯曲活动长度，以防导线磨损或扯断 (6) 各回路导线特别是接地线的颜色应有区别，导线端头应有线号，配线管内应留有数量符合图样要求的备用导线 (7) 导线的连接应可靠，并有防止松动的措施
3	电气配电箱（柜）	(1) 盘面整洁无损，箱（柜）门关闭严紧，开启灵活 (2) 箱（柜）内电气元件应符合质量要求，并可靠固定，且有防振动、防松动措施 (3) 箱（柜）内电气元件及配线应符合图样要求，附件无缺损 (4) 配线应横平竖直，导线用线夹可靠固定，导线颜色要符合要求 (5) 导线的敷设应不妨碍电气元件的功能和拆装，线号应准确、清楚 (6) 各导电部分对地绝缘电阻应不小于 1 MΩ (7) 箱（柜）内电气元件以及分散安装的电气部件均有与原理图一致的标志代号

单元 7

续表

序号	项　目	质　量　标　准
4	电气装置	（1）各种电气装置的技术参数（如线圈电压、触头容量等指标）应符合原图样或标准的技术要求 （2）电气装置的外观要整洁无损，无油垢和炭化现象 （3）电气绝缘要完好，绝缘电阻符合规定标准 （4）电气装置的可动部件动作要灵活，无卡阻现象，可动部件释放后应能完全恢复到原位 （5）带电部位之间及带电部位与外壳的距离应符合要求 （6）电气装置上的灭弧罩要保持完好、清洁，安装牢固 （7）触头、结点表面和衔铁的接触面应平整、光洁，接触良好 （8）指示装置应工作正常，能正确发出信号
5	电气仪表	（1）仪表的外观要整洁、无破损 （2）仪表应计量准确，表针动作要灵活 （3）仪表刻度盘上的刻度和字码要清晰可读
6	技术文件	设备的技术文件应齐全、完好。例如，设备的使用说明书、有关图样和相关技术资料、设备的使用及维修档案，调试记录和电气试验报告、设备的检修工艺文件及质量验收标准等

2. 电气设备检修的一般要求

（1）采取的检修程序和方法必须正确，并切实可行。

（2）检修中不得损坏完好的电气元件，不能扩大故障。

（3）损坏的电气元件要尽量修复使用，但不能降低其应有的电气性能。

（4）不允许擅自改动原电气设备的控制线路和线号，若有改进，需留下文字记录。

（5）不得随意更换设备中电气元件和连接导线的型号、规格。

（6）检修后的电气设备，其各种保护功能必须符合要求，保护动作要准确可靠。

（7）通电试运行时，电气设备的绝缘电阻必须合格，控制环节的动作程序要符合要求，能满足设备的各种功能和工作性能。

（8）检修后的电气设备或电气装置必须满足其质量标准要求。

（9）检修和试运行过程中应严格遵守检修操作程序及操作注意事项和安全操作规程，不能发生短路、火灾、损坏仪表及设备，甚至人身伤亡等事故，确保安全操作。

二、电气设备修理工艺的编制

1. 电气设备修理工艺的编写要求

电气检修工艺具体规定了设备的检修程序及电气元件的修理、调整方法，装配及试运行的程序和技术要求等，用以指导检修工作按计划、有步骤地正确进行，规范检修操作，确保检修任务安全、顺利地完成，并达到设备检修整体质量标准。编写检修工艺应从修前设备的实际技术状况、本单位维修装备和技术水平出发，既要考虑技术上的可行性，又要考虑经济上的合理性，合理地安排工艺程序，缩短检修时间。检修工艺宜多采用图表形式，力求简明。在组织检修施工时要合理配备检修人员，使检修人员分担的工作与本人的技术水平和操作技能相适应，并使检修人员有明确的工作职责。

2. 电气大修工艺的内容和编制步骤

编制电气大修工艺的一般步骤通常包括检修工艺编制前的技术准备和工艺编写两大部分，具体内容和步骤见表7—2。

表7—2　编制电气大修工艺的具体内容和步骤

序号	项　目	内　容　和　步　骤
1	技术准备	(1) 阅读设备使用说明书，熟悉电气系统的原理及结构 (2) 查阅设备档案，包括设备安装验收记录、故障维修记录等，全面了解电气系统的技术状况 (3) 现场了解设备的状况和存在的问题，以及生产工艺对电气系统的要求。其中包括操作装置的可靠性，各仪器仪表及安全连锁与限位保护装置是否齐全可靠，各电气元件的老化、破损程度和线路的缺损情况等 (4) 在进行现场了解摸底和预检的基础上提出检修方案，主要电器的修理工艺以及主要更换电气元件的名称、型号、规格和数量，预计停机时间，并填写电气修理技术任务书，与机械修理技术任务书汇总后一起上报主管部门审查、批准，以便做好生产技术准备工作
2	检修工艺的编写	(1) 整机及部件的拆卸程序及拆卸过程中应检测的数据和注意事项 (2) 主要电气设备和电气元件的检查、修理工艺及其应达到的质量标准 (3) 电气装置的安装程序、工艺以及应达到的要求 (4) 系统的调试工艺及其应达到的性能指标 (5) 需要的仪器仪表和专用工具应另行注明 (6) 试运行程序以及需要特别说明的事项 (7) 操作中的安全措施

3. 电气设备大修工艺的编写举例

(1) 电机大修工艺

1) 电机大修工艺的主要内容。主要内容为电机修理的工艺程序，包括以下几点：

①电机拆卸的步骤、方法、应作的标记、应记录的数据以及拆卸中应注意的事项。

②铁心的修理方法和应达到的技术标准。

③绕组的修理。包括：拆卸的方法、注意事项和需记录的数据；绕组绕制的方法和技术要求；绕组嵌线的方法和技术要求；绕组打箍的方法和技术要求；绕组浸漆、干燥的工艺和质量标准。

④换向装置的修理。包括：换向器或集电环的修理工艺和技术要求；更换电刷的技术要求；修理刷握的技术要求；修理刷架的技术要求；轴承、端盖、机壳等零部件的修理和技术要求。

⑤电机装配的方法、步骤和技术要求。

⑥电机大修后应做的试验项目和技术标准。

⑦检修过程中所需的材料、备件、仪表和工具。

⑧检修操作中的安全措施等。

⑨工时定额。

2）编制大修工艺表。典型的浸漆工艺表见表 7—3。

表 7—3　　典型的浸漆工艺表

序号	工序名称	绝缘等级	烘炉温度（℃）	机座号	干燥时间（h）	炉温测定的稳定绝缘电阻（MΩ）	备　注
1	预烘	A	110±5	5 号以下	4～5	＞50～100	纱包线
		E、B	120±5	6～9 号	6～8	＞30～50	漆包线
2	第一次浸漆		60～80	1～9	＞15 min		浸透漆的黏度以 18～22 s 不冒气泡为止
3	滴干		室温	1～9	＞30 min		滴干为止
4	第一次干燥	A	升温 125±5	1～5	4～8	10	浸漆后放入炉的时间大于 1 h，小于 4 h
				6～9	4～10	8	
		E、B	升温 130±5	1～5	5～8	10	
				6～9	5～12	8	
5	第二次浸漆		60～80		10～15		黏度为 30～50 s 浸透不冒气泡为止
6	滴干		室温		＞30 min		滴干为止
7	第二次干燥	A	120±5	1～9	4～12	8	浸漆到入炉时间大于 1 h，小于 4 h
		E、B	120±5	1～9	4～12	5	
8	第三次浸漆		60～80	1～9	10 min		浸透无气泡为止，黏度为 30～35 s
9	滴干			1～9	30 min		滴干为止
10	第三次烘干		升温 130±5	1～9	5～14	5	漆膜固化，不粘手为止

（2）CA6140 型车床的电气大修工艺。该车床已使用多年，存在控制箱线路混乱、导线绝缘老化、接触器和继电器触点烧损较严重等现象。根据上述情况，对该车床电气大修工艺编制步骤如下：

1）查阅说明书和该设备的修理技术档案，并到现场了解有关情况。

2）制订检修方案

①对电动机进行中修。

②对控制箱中损坏的电气元件进行更换，并重新敷线，将配电盘全面更新。

③对设备已老化、腐蚀较严重的管路线路和床身线路进行大修更新敷设。

3）编制修理时需要补充或更换的电气元件及导线明细表，进行生产准备。

4）安排修理施工进度。

5）检修工艺步骤及技术要求

①切断总电源，并采取安全防范措施。

②拆线并做好记录，所有部件归类保管。

③拆除低压控制柜，重新配盘，控制柜（箱）内外重新喷漆。

④对交流电动机进行中级维修，更换润滑脂和轴承，并进行绝缘测试。

⑤对热敏元件重新进行整定。

⑥安装低压控制柜。

⑦按图样要求，线管重新穿线后查线、穿线号，并进行绝缘检测。

⑧按图对号接线并进行检查，确保接线正确。

⑨检查接地电阻，保证接地系统处于完好状态。

⑩接线无误后进行试运行、调试。

⑪配合机械做负载试验。

⑫对所有电气设备重新喷漆。

⑬投入运行合格后，办理设备移交手续。

⑭移交技术资料，包括技改图样、调试试验记录等。

第二节　指导操作

培训目标 → 能够指导本职业初、中级工进行实际操作

一、指导操作的基本方法

1. 指导操作的意义和要求

(1) 指导操作的意义。指导操作是通过具体示范操作和现场技术指导训练，使学员的动手操作能力不断增强和提高，熟练掌握操作技能。指导操作是在生产实践中培养和提高操作技能的重要手段。

(2) 指导操作的要求

1) 严格执行安全技术操作规程。为保障电气设备及操作人员的人身安全，国家和行业有关部门颁布了一系列电气安全操作的规定和规程。这些规定和规程包含了对电气设备安装和检修的安全技术要求和质量标准，以及进行电气安装和检修工作时，操作者应遵守的安全操作规程。指导操作时，首先要对初、中级工进行安全、文明操作教育，要求他们掌握安全操作要求和安全用电常识，在安装和检修工作中严格执行安全操作规程。

2) 注重理论联系实际。在指导操作过程中要正确处理理论知识和操作能力的关系，做到理论联系实际。维修电工是一个技术含量相对较高的工种，电气安装和检修工作需要相应的电工专业理论知识作基础，指导操作中应以提高操作技能为目标，同时不应忽视理论知识对操作的指导作用。

3) 以提高能力为重点。指导操作的目的是提高初、中级工的操作技能，但真正的

操作技能绝不仅仅是跟在别人后面的简单模仿，而应是能独立完成电气设备的安装、试运行和检修操作，因此，必须掌握一定的分析和处理现场技术问题的能力。指导操作中师傅不应只是就事论事地简单教给徒弟怎样做，而应站在更高的角度上，教会徒弟灵活运用相应的专业知识和技能来解决现场的技术问题，启发他们独立思考，提高独立操作和现场应变的能力。

4）注意以身作则，言传身教。俗话说有什么师傅带什么徒弟，身教重于言教，高级工的一举一动、一言一行都会对初、中级工形成很大影响，而这些影响主要来自平时工作的潜移默化之中。因此，指导操作不应是一时一事，而应贯穿于平时的工作之中，师傅首先要对自己高标准、严要求，规范自己的一言一行、一举一动，严格执行安全操作规程和文明生产规定，要求徒弟不做的事情，师傅首先不要做，要求徒弟做到的事情，师傅应带头做到，即发挥好示范和带头作用。

2. 指导操作的主要内容

指导初、中级维修电工操作的主要内容见表 7—4。

表 7—4　　指导初、中级维修电工操作的主要内容

序号	指导的项目	要求掌握的内容
1	相关知识要求	（1）常用工具和量具（手电钻、拆卸器、游标卡尺、千分尺、塞尺、常用电工工具等）的用途，以及使用和维护方法 （2）锯削、钻削、攻螺纹、套螺纹等基本操作方法 （3）电动机的拆装知识（常用轴承的拆卸和电动机的拆装方法等） （4）能识读简单的机械零件图
2	基础知识要求	（1）直流电与电磁方面的基本知识 （2）交流电路的基本知识 （3）电工仪表与测量的基本知识 （4）电气识图的基本知识 （5）供配电和安全用电的基本知识
3	专业知识要求	（1）晶体二极管、三极管和整流稳压电路的工作原理 （2）晶闸管基础知识 （3）常用变压器与异步电动机的结构组成和工作原理 （4）常用低压电器的功能、结构、原理及其使用和选择 （5）常用电工材料名称、规格和用途 （6）常用生产机械设备基本电气控制线路的组成、原理和分析方法
4	操作技能要求	（1）电工基本操作技术与工艺 （2）照明线路的安装接线与故障检修 （3）常用电工仪表的使用与维护 （4）电子线路的焊接、安装与测试 （5）常用低压电器的拆装与维修 （6）机床配线的安装及检修工艺知识 （7）电动机基本控制线路的安装、调试与维修 （8）常用生产机械电气控制线路的安装、调试与维修 （9）中小型电动机和变压器的拆卸、检查、修复、装配和测试

3. 指导操作的一般方法

指导操作的一般方法参见表 7—5。

表 7—5　　指导操作的一般方法

序号	采用的方法	指导的内容和要求
1	现场讲授法	根据初、中级维修电工实际操作应掌握的基础、专业和相关知识的内容要求，运用准确的语言，系统地讲解、叙述现场设备的结构和原理、工作任务及操作内容、步骤和要求，讲清完成任务的工作程序和具体的操作方法等。对操作的重点、要领和难点，要进行详细的分析和讲解。讲解中，要求通俗简练、形象生动、思路清晰、严谨准确、有启发性，并注意理论联系实际
2	示范操作法	结合工作实际，如结合某电气设备的故障分析和排除方法或设备的拆装与检修过程，通过指导者的示范操作，使学员直观、形象、具体地学习操作技能。示范操作法直观性强，不仅便于理解和接受，而且有利于技能技巧的掌握和解决实际问题的能力培养 示范操作法通常有实际操作演示法和教具、实物演示法两种形式。实际操作演示法是先通过放慢操作速度，把完整的操作过程进行分解演示，采用边演示边讲解的方法进行示范操作表演，使被指导者学会每一步操作的内容和要领，再进行正常操作的演示，使被指导者对操作全过程有连贯、系统地了解；当直接对现场设备进行操作演示不方便时，可利用与现场设备相似的教具或实物进行演示，给被指导者以鲜明、生动、具体的形象，增加感性认识，有利于知识和技能技巧的掌握和观察、想象能力的提高
3	操作训练法	操作训练法是让学员在指导者的指导下进行操作训练。训练中，指导者可采取集中指导和个别指导相结合的方法，有计划、有目的、有组织地进行全面的检查和指导，检查操作者的劳动组织和工作位置是否合理，操作方法是否正确，是否严格遵守操作规程，是否能正确使用设备、工具、量具和仪器仪表，以及遇到技术、质量、事故等问题能否妥善处理等。通过反复进行独立操作训练，锻炼学员的实际操作能力，加深和巩固操作技能
4	重视安全教育	安全教育是维修电工指导操作中的重要内容，应贯穿于指导操作的全过程，通过经常性地进行安全操作、文明施工教育，使初、中级维修电工养成自觉穿戴安全防护用品，遵守操作规程的良好习惯和工作作风，确保安全操作、文明施工，防范生产事故的发生
5	总结	实际操作结束时，指导者应对学员的操作情况进行验收，通过检查操作中的安全文明生产行为，对学员现场的清扫和设备的维护，工具、仪表的使用、保管等方面的表现进行总结和讲评，对存在的问题提出改进措施，有利于操作者发扬成绩，克服不足，提高操作技能

二、操作指导举例

现以常用电工工具和仪表的使用为例，简单介绍对初、中级维修电工进行操作指导的内容、方法和注意事项（见表 7—6）。

表 7—6　　常用电工工具和电工仪表的使用方法

序号	操作项目	操作内容、方法和注意事项
1	低压验电器（试电笔）的使用 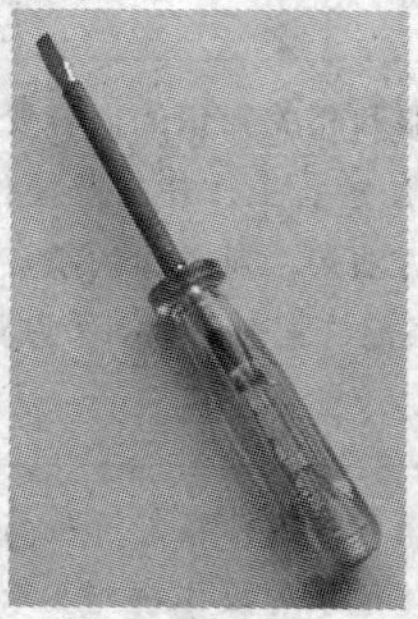	（1）使用要领：手指触及笔尾的金属体，氖管背光朝向自己，电压检测范围为 60～500 V，当笔尖所测的电压超过 60 V 时，氖管发光 （2）判别相线与零线：正常情况下，当试电笔触及导线时，氖管发光的是相线，一般情况下零线是不会使氖管发光的，除非发生线路故障或感应电流等情况 （3）判别直流电与交流电：测试直流电时，试电笔的氖管一端发光；测试交流电时，试电笔的氖管两端同时发光 （4）判别相线碰外壳：用试电笔测试电机、变压器等电气设备的外壳，若氖管发光，则该设备存在相线碰外壳现象，同时也说明接地装置存在问题 （5）判别相线接地：用试电笔测试三相三线制 Y 接法电路时，若发现其中两相氖管亮度比平时亮，另一相亮度较暗，则说明较暗的一相存在不太严重的接地故障；若有一相氖管不亮，则说明该相有严重的接地故障。当三相四线制有相线接地时，用试电笔测试中线时，氖管会发光
2	螺钉旋具（螺丝刀）的使用	（1）电工不允许使用金属杆直通柄顶的螺钉旋具，以防发生触电事故 （2）为避免对带电体使用螺钉旋具时金属杆触及皮肤或金属物体造成触电和短路，可给金属杆套上绝缘套管 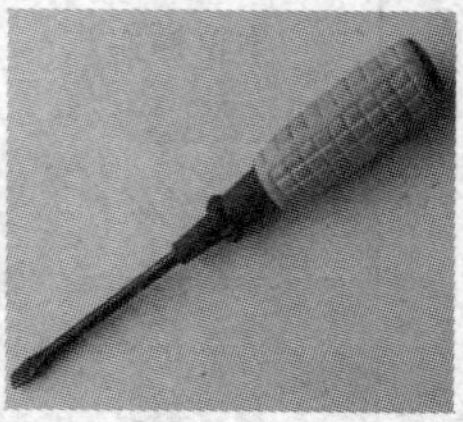
3	电工钢丝钳（带绝缘手柄）的使用	（1）使用前先检查绝缘柄的绝缘是否良好 （2）切断带电导线时不能同时剪两条导线，以免发生短路事故 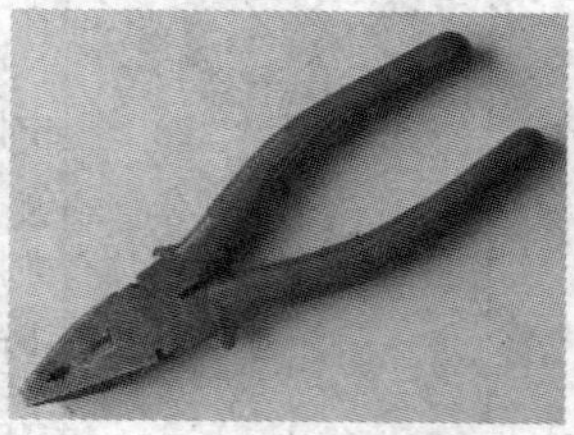
4	尖嘴钳（带绝缘手柄）的使用	（1）尖嘴钳可用于将单股导线弯成一定圆弧的线圈 （2）尖嘴钳可用来夹持螺钉、垫圈等小零件 （3）带有刀口的尖嘴钳能剪断细的单股或多股导线 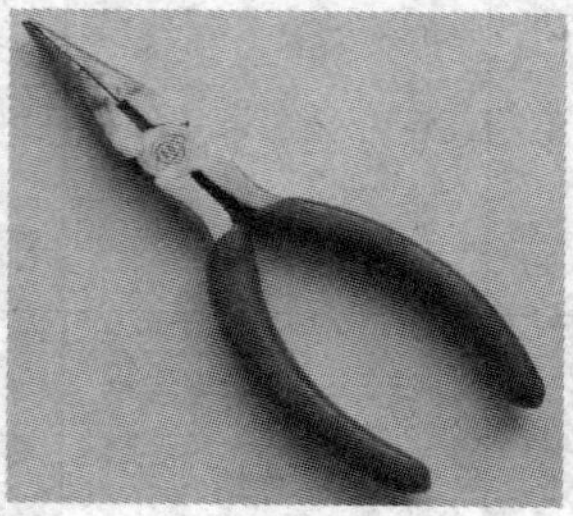
5	剥线钳（带绝缘手柄）的使用	使用方法：将导线放入剥线钳相应的刃口（比线芯略粗一点）中，用手紧握钳柄，导线的绝缘层即被自动剥下并弹出 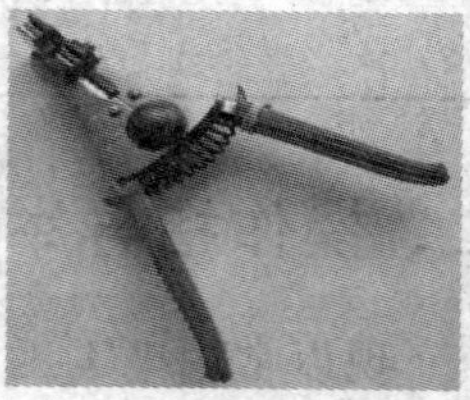

单元 7

续表

序号	操作项目	操作内容、方法和注意事项
6	电工刀的使用 	(1) 使用电工刀时，应将刀口向外，以防伤手 (2) 剖切导线绝缘层时，应使刀面与导线呈小角度，以防割伤导线 (3) 使用后应将刀身折进刀柄 (4) 因刀柄无绝缘保护，电工刀不能带电操作
7	活扳手的使用 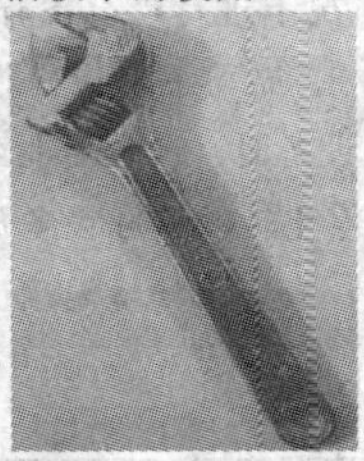	(1) 握法：扳动小螺母时用力较小，手应握在接近头部的部位；扳动大螺母时用力较大，手应握在靠近手柄的尾部 (2) 扳手不能反用，以免损坏扳唇 (3) 不得使用钢管接长手柄来增大力矩
8	电烙铁的使用 	(1) 电烙铁的功率要选择适当，功率过大会烧坏电子元器件；功率过小则会影响焊接质量 (2) 电烙铁使用中应放在金属架上，不可直接放在木板上，以防发生火灾 (3) 电烙铁的金属外壳必须可靠接地，以防触电 (4) 不准甩动正在使用中的电烙铁，以免焊锡溅出伤人 (5) 焊头因氧化不吃锡时应及时打磨上锡或更换，以免损坏焊件
9	万用表的使用 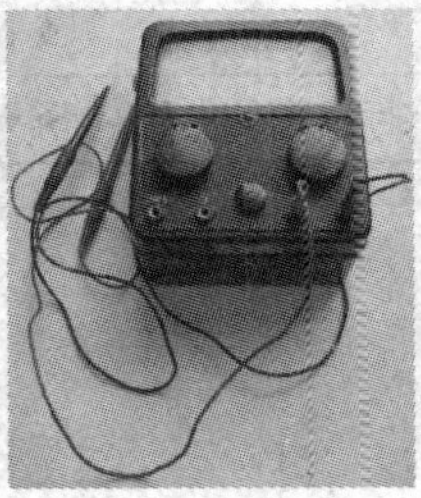	(1) 调零：测量之前应先进行机械调零，测量电阻时还要进行欧姆调零 (2) 正确接线：①测电压时应将表并接在被测两点之间；测电流时应将表串接于被测回路中。②红表笔与“+”极相连（电流流进万用表）；黑表笔与“−”极相连（电流流出万用表）；测晶体管时应注意红表笔与表内电池的负极相连，黑表笔与电池正极相连 (3) 正确选择挡位和量程：①根据被测量的种类选择相应的挡位。②根据被测量的大小选择合适的量程（测量电压或电流时，最好使表针指在标度尺三分之二以上的位置；测电阻时，表针最好处于中间位置），若不知被测量的大小，可先选择大量程，再逐渐改小，直到合适为止 (4) 正确读数：读数时应注意标度尺刻度与量程的配合，并选择合适的刻度线进行读数 (5) 注意操作安全：①测量或接近高电压时应注意仪表和人身安全。②测量高电压和大电流时严禁带电切换量程开关。③严禁带电测量电阻。④使用完毕应将转换开关置于交流电压最高挡或空挡
10	钳形电流表的使用 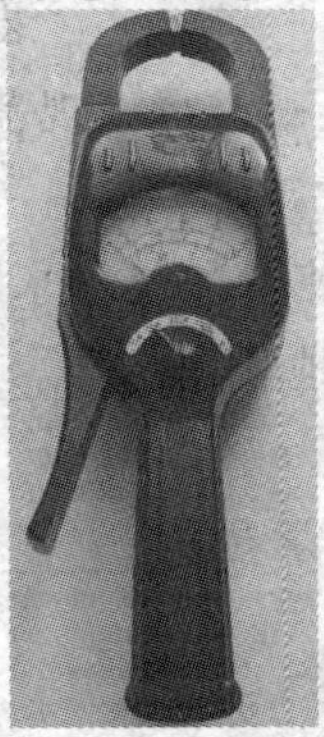	(1) 测量前估计被测电流大小，选择合适的量程（若不知被测电流大小可先选择大量程，再逐渐改小），转换量程时应退出被测导线 (2) 被测导线应置于钳口中央 (3) 钳口要闭紧，若有噪声应清洗钳口污垢 (4) 测量小电流可将被测导线多穿几匝，测后除以穿绕匝数。若将单相设备的两条导线或电动机的三条相线同时穿入钳口，则读数为零 (5) 测量完毕置于最大量程

续表

序号	操作项目	操作内容、方法和注意事项
11	兆欧表的使用 	（1）根据被测电气设备的额定电压选择合适的兆欧表 （2）测量之前先验表：①不接被测电阻，匀速摇动手柄至 120 r/min，表针应指向“∞”。②将“L”端和“E”端短接，慢摇手柄，表针应指“0” （3）接线：测电气设备对地绝缘时，“L”接电气设备，“E”接地；测量电缆时，应使用“G”端，将其接电缆绝缘层表面 （4）操作注意事项：①测量绝缘电阻应在断电的情况下进行，设备有电容时，应先放电再测量。②连线不得使用双股导线或绞线。③摇动手柄应由慢到快达 120 r/min，表针指零时应马上停止。④测量有电容的设备时，读数后兆欧表不能立即停止，应一边降速，一边拆去接地线，在兆欧表停止转动前和设备放电之前不能用手触及被测带电部位。⑤测量绝缘电阻的同时，应记录环境温度、湿度以及设备状况等

单元考核要点

考核类别	考核范围	考核点	重要程度
理论知识	工艺编制	电气设备修理工艺基本知识及其编制方法	★★★
	指导操作	指导操作的基本方法	★★★
		指导操作举例	★★
操作技能	工艺编制	电气设备修理工艺的编制	★★★
	指导操作	指导本职业初、中级工进行实际操作	★★★

单元测试题

一、填空题（请将正确的答案填在横线空白处）

1. 电气设备的检修质量标准通常包括________、________、________、________和________等的质量标准。

2. 电气检修工艺规定了设备的________及电气元件的________，装配及试运行的________等，用以指导检修工作________地正确进行，规范检修操作，确保检修任务安全、顺利地完成，并达到设备检修________。

3. 编写检修工艺应从修前设备的实际技术状况、本单位维修装备和技术水平出发，既要考虑______的可行性，又要考虑______的合理性，合理地安排________，缩短________。

4. 指导操作是通过________和________，使学员的________不断增强和提高，熟练掌握________。

5. 对初、中级维修电工指导操作的主要内容应包括：________要求、________要

求、________要求、________要求四个方面。

6. 指导操作的一般方法通常有________法、________法、________法等方法。

二、简答题

1. 简述电气设备检修的一般要求。

2. 简述电气大修工艺应包括的主要内容。

3. 简述指导操作的一般要求。

4. 简述示范操作法的具体内容和要求。

5. 简述操作训练法的具体内容和要求。

三、技能题

第 1 题　编制小型异步电动机的修理工艺

1. 操作准备

(1) 小功率三相异步电动机。

(2) 电动机维修和验收试验的有关资料、手册等。

(3) 纸和笔等所需文具。

2. 操作要求

(1) 现场调研

1) 对照实物及有关参考资料，观察和分析待修理电动机的结构组成和工艺特点。

2) 在熟悉设备具体情况的基础上，确定电动机的修理方案。

(2) 工艺编制。在现场调研确定修理方案的基础上，着手编制电动机的修理工艺。

1) 工艺编制内容

①电动机的拆卸。

②电动机定子绕组的修理。

③轴承的装配。

④电动机的装配。

⑤修理后的检查和试验。

2) 工艺编制要求

①电动机及部件的拆卸程序及拆卸过程中应作的标记、应检测的数据和操作注意事项。

②零件和部件的检查、修理工艺及其应达到的质量标准。

③电动机及其部件的安装程序、工艺以及应达到的要求。

④修理后的检查试验项目、方法和技术要求。

⑤需要的仪器仪表和专用工具应另行注明。

⑥操作中的安全措施和注意事项。

3. 配分及评分标准

序号	主要内容	考核要求	评分标准	配分	扣分	得分
1	现场调研	(1) 熟悉待修设备 (2) 确定修理方案	对设备不熟悉扣 5～15 分 修理方案不合理扣 10～20 分	20		

续表

序号	主要内容	考核要求	评分标准	配分	扣分	得分
2	工艺编制	（1）电动机的拆卸 （2）电动机定子绕组的修理 （3）轴承的装配 （4）电动机的装配 （5）修理后的检查和试验	拆装和修理程序不正确扣10～20分 操作方法和工艺不正确扣10～20分 技术要求不正确扣10～20分 修理内容、操作方法和技术要求不全面每项扣5分	70		
3	安全文明生产	（1）操作完毕将所用物品摆放整齐，现场清理干净 （2）卷面整洁，字迹工整，图表清楚	操作现场和卷面不符合要求扣5～10分	10		
备注			合计	100		
			考评员签字			年 月 日

第2题 进行电气控制线路安装的操作指导

1. 操作准备

（1）与操作指导相关的电气设备或模拟训练盘（柜）。

（2）与现场设备相关的技术资料和图样等。

（3）常用电工工具和仪表。

（4）黑板、粉笔、教具以及电化教学设备等。

2. 操作要求

（1）指导前的准备

1）对照实物及有关参考资料熟悉现场设备，分析其结构组成和工作原理。

2）在熟悉设备的基础上，确定工作任务和安装操作程序、方法、技术要求和注意事项。

3）按工作任务和操作要求考虑指导操作的方案和内容、步骤及重点与难点。

（2）操作指导。在充分备课的基础上进行电气控制线路安装的操作指导。

1）现场讲授。讲解、叙述现场设备的结构和原理、工作任务及操作内容、步骤和要求，讲清完成任务的工作程序和具体的操作方法等。对操作的重点、要领和难点要进行详细地分析和讲解。讲解中要求通俗简练、形象生动、思路清晰、严谨准确、有启发性，并注意理论联系实际。

2）示范操作。利用现场设备和有关教具，结合操作任务，通过示范操作进行操作指导，边讲解，边操作。要求操作规范，讲解操作程序和内容具体，方法、要求和注意事项明确，重点突出。

3. 配分及评分标准

序号	主要内容	考核要求	评分标准	配分	扣分	得分
1	指导前的准备	(1) 熟悉操作设备 (2) 明确操作任务 (3) 确定指导方案	对设备不熟悉扣 5～10 分 操作任务和步骤、要求不明确扣 5～10分 指导操作的方案不合理扣 5～10分	20		
2	现场讲授	结构、原理、工作任务及操作内容、程序、方法、步骤、要求讲解清楚和全面，重点、难点和操作要领突出，讲解通俗简练、形象生动、思路清晰、严谨准确、有启发性，理论联系实际	讲解不全面扣 5～15 分 思路不清楚扣 5～15 分 重点、难点和操作要领不突出扣5～10 分 理论脱离实际扣 10～20 分	30		
3	示范操作	边讲解边操作，要求操作规范，讲解操作程序和内容具体，方法、要求和注意事项明确，重点突出	操作不规范扣 10～20 分 讲解不全面、具体扣 5～15 分 重点不突出扣 5～10 分 讲解和操作脱节扣 10～20 分	40		
4	安全文明生产	(1) 严格执行国家颁布安全法规及企业有关安全规定 (2) 遵守企业有关文明生产规定	违反安全生产规定扣 1～7 分 违反文明生产规定扣 1～3 分	10		
备注			合计	100		
			考评员签字			年　月　日

单元 7

单元测试题答案

一、填空题

1. 外观检查　外部配线　电气配电箱（柜）　电气装置　电气仪表　2. 检修程序　修理、调整方法　程序和技术要求　按计划、有步骤　整体质量标准　3. 技术上　经济上　工艺程序　检修时间　4. 具体示范操作　现场技术指导训练　动手操作能力　操作技能　5. 相关知识　基础知识　专业知识　操作技能　6. 现场讲授　示范操作　操作训练

二、简答题

答案略。

二、技能题

答案略。

理论知识考核试卷

一、填空题（请将正确的答案填在横线空白处；每题1分，共20分）

1. 数控机床的基本组成通常包括加工程序、______________、______________、______________、____________、______________和机床本体等部分。

2. 伺服驱动装置是数控机床的执行部件，是数控系统和机床本体之间的电气联系环节，由________和__________组成。

3. 变流电路的换流方式有________、________、________和________四种。

4. KGPS100－1型晶闸管中频电源装置主要由______、______、______、____、________等部分组成。

5. GP100－C3A型高频电源装置主要由___________电路、________电路、________电路以及__________电路等部分组成。

6. 调试晶闸管可控整流设备时应先调试____回路，后调试__回路，其中控制回路中应重点调试________电路。

7. KJZ6集成化六脉冲触发组件主要由三片KC04（KJ004）______________、一片KC41C（KJ041）________________、一片KC42（KJ042）________和六只__________等组成。

8. 中频感应加热设备的工作特点主要表现在两个方面，一是___________，二是______________________，因此，设备在工作中出现___________现象的机会较多。

9. 软启动设备采用______________原理，通过改变晶闸管的______，自动将启动电压从初始值________到额定电压。

10. 变频器的操作面板运行或停车时显示________________________，参数设定时显示____________，故障时显示____________。

11. 他励（并励）直流电动机的调速方法主要有______________、______________和____________________三种方法。

12. 为使自动控制系统很好地完成控制任务，对系统的基本要求主要有系统的______、______和______三个方面。

13. 时序逻辑电路在任何时刻的输出信号不仅取决于_______________，还取决于______________。

14. MCS－51系列单片机的引脚除+5（U_{CC}）和地（GND）以外，主要分为三大部分：________、______、________。

15. 可编程序控制器通常由__________、______、______________和____等部分组成。

16. PLC输出接口的结构类型通常有______输出、______输出和______输出三种形式。

17. PLC 的接地线应使用________的导线，且各接地线________。

18. 电气元件明细表一般包括各个电气元件的____、____、____、____、____和____等内容。

19. 电气检修工艺规定了设备的________及电气元件的________，装配及试运行的________等，用以指导检修工作________地正确进行，规范检修操作，确保检修任务安全、顺利地完成，并达到设备检修________。

20. 对初、中级维修电工指导操作的主要内容应包括：________要求、________要求、________要求和________要求四个方面。

二、单项选择题（下列每题的选项中，只有 1 个是正确的，请将其代号填在横线空白处；每题 1 分，共 20 分）

1. 数控机床的核心是________。

A. 输入/输出装置　　B. CNC 装置

C. 伺服驱动装置　　D. 检测和反馈装置

2. 经济型数控机床一般采用________控制系统。

A. 开环　　B. 闭环　　C. 半闭环　　D. 混合闭环

3. 经济型数控机床一般采用________作为驱动执行部件。

A. 直流伺服电动机　　B. 交流伺服电动机

C. 直流或交流伺服电动机　　D. 步进电动机

4. 步进电动机的角位移量与________成正比。

A. 输入脉冲的大小　　B. 输入脉冲的频率

C. 输入脉冲的相位　　D. 输入脉冲的个数

5. 在晶闸管可控整流电路中，增大控制角 α，可使输出电压平均值________。

A. 增大　　B. 减小　　C. 不变　　D. 不一定

6. 晶闸管三相半控桥式可控整流电路采用________。

A. 三只晶闸管　　B. 三只二极管

C. 六只晶闸管　　D. 三只晶闸管和三只二极管

7. 同步环节的作用是使晶闸管变流装置的________。

A. 触发信号与晶闸管阳极电压同步　　B. 输出电压与输入电压同步

C. 输出电压与输出电流同步　　D. 直流电与交流电同步

8. 大功率高频电源电路的逆变部分通常采用________。

A. 晶闸管逆变电路　　B. 晶体管振荡电路

C. 电子管振荡电路　　D. 场效应管振荡电路

9. 调试晶闸管变流设备应使用________。

A. 高频示波器　　B. 单路示波器

C. 双路或双路以上示波器　　D. 不使用示波器

10. 晶闸管可控整流设备通电之前，应将控制角 α 调节为________。

A. 最大　　B. 最小　　C. 中间值　　D. 任意值

11. 若 1 500 A/7 V 晶闸管电镀电源出现某一相指示灯比其他两相灯亮时，可能是

试卷

该相晶闸管________。

A. 短路　　B. 断路　　C. 丢失触发脉冲　　D. 工作正常

12. GP100－C3A 型高频感应加热设备电压负反馈过强可造成整流输出电压________。

A. 过高　　B. 过低　　C. 不稳　　D. 无输出

13. 变频器过流保护值一般为________左右。

A. 110％　　B. 120％　　C. 150％　　D. 200％

14. 三相异步电动机的电磁转矩与电源电压________。

A. 成正比　　B. 成反比　　C. 的平方成正比　　D. 的平方成反比

15. 下面属于组合逻辑电路的是________。

A. 译码器　　B. 触发器　　C. 加法器　　D. 脉冲分配器

16. 数控机床试运行的时间一般为________。

A. 12 h　　B. 24 h　　C. 36 h　　D. 48 h

17. B2010A 龙门刨床的电流截止负反馈用于________。

A. 稳定电压　　B. 稳定电流　　C. 稳定转速　　D. 限流保护

18. PLC 的系统程序存放在________中。

A. ROM　　B. RAM　　C. EPROM　　D. E^2PROM

19. 采用定时精度为 0.1 s 的定时器延时 5 s，常数设定值应为________。

A. 0.5　　B. 5　　C. 50　　D. 500

20. 为真实反映实物大小，常用的绘图比例为________。

A. 5∶1　　B. 2∶1　　C. 1∶1　　D. 1∶2或1∶5

试卷

三、判断题（下列判断正确的请打“√”，错误的打“×”；每题 1 分，共 20 分）

1. CNC 装置是数控机床的执行部件。（　）

2. 通常位置比较是由硬件电路完成的，而速度比较一般是通过软件来完成的。（　）

3. 续流二极管用于变流装置带感性负载的场合。（　）

4. 三相半控桥式变流电路不能用于有源逆变。（　）

5. 有源逆变时，变流装置必须工作在 $\beta>90°$（或 $\alpha<90°$）范围内。（　）

6. 观察晶闸管可控整流主电路波形时，示波器外壳应可靠接地。（　）

7. KGLF11 系列晶闸管同步电动机励磁装置的触发电路采用带小功率晶闸管放大的单结晶体管触发电路。（　）

8. 软启动器和变频器都应垂直安装。（　）

9. 变频器切断电源后即可打开机壳检查。（　）

10. 开环控制系统的结构简单，且工作稳定性好。（　）

11. 与非门的逻辑表达式是 Y＝A＋B。（　）

12. 当 B2010A 龙门刨床励磁发电机的转向正确时，若其输出极性反，可能是并励绕组或电枢绕组其中之一接反。（　）

13. PLC 内部软继电器的线圈都可以由程序驱动。（　）

14. 编程梯形图中的继电器线圈不能连接左母线，触点不能连接右母线。（　　）

15. PLC 输出端连接电感性负载时，应接入浪涌抑制器或续流二极管。（　　）

16. 三端可调稳压器的可调稳压范围为 0～37 V。（　　）

17. 由 555 时基集成定时器构成的施密特触发器，能自动产生周期性的矩形波输出信号。（　　）

18. 一般铸铁是一种脆性材料，不能锻造和轧制，但具有优良的铸造性能和耐磨性。（　　）

19. 画零件图时，通常选择零件的主要安装面、重要端面、装配结合面、对称面及回转体的轴线等作为尺寸基准。（　　）

20. 指导操作的一般方法通常有现场讲授法、示范操作法、操作训练法等方法。（　　）

四、简答题（每题 5 分，共 30 分）

1. 晶闸管对触发电路的要求主要有哪些？

2. 简单分析 KGPS100－1 晶闸管中频感应加热设备发生整流器缺相故障的原因及检修方法。

3. 简述数控机床故障诊断的步骤。

4. 简述可编程序控制器定期维护检查的项目和内容。

5. 简述用电气位置图-接线图-原理图法测绘机床电气线路的基本步骤。

6. 简述电气大修工艺应包括的主要内容。

五、计算与画图题（每题 5 分，共 10 分）

1. 某三相全控桥式可控整流电路，带大电感负载，已知 $U_2=100$ V，$R=5\ \Omega$，画出电路图和输出电压波形图，求当 $\alpha=60°$时的负载电压、电流平均值和晶闸管最高反向电压及电流平均值、有效值。

2. 根据下表指令语句表画出编程梯形图。

步序号	指令	元件号
0	LD	X0
1	OR	M0
2	ANI	X1
3	OUT	M0
4	LD	M0
5	ANI	T1
6	OUT	T0
	K	20
7	ANI	T0
8	OUT	Y0
9	LD	T0
10	OUT	T1
	K	30
11	END	

理论知识考核试卷答案

一、填空题

1. 输入/输出装置　计算机数控装置　伺服和驱动装置　辅助控制装置　检测和反馈装置　2. 伺服电路　驱动电动机　3. 电网换流　负载换流　电容换流　器件换流　4. 整流器　滤波器　逆变器　负载　控制电路　5. 交流电源输入　高压整流　高频振荡　控制和保护　6. 控制　主　触发　7. 晶闸管移相触发器　六路双脉冲形成器　脉冲列调制形成器　输出驱动管　8. 工作频率较高　功率大、高电压、大电流　过电压和放电　9. 晶闸管交流调压　控制角　平稳升高　10. 频率、电压、转速、转矩等　功能码和数据　故障原因代码　11. 改变电枢电压 U　改变励磁磁通 Φ　改变电枢回路电阻（$R_{pa}+R_a$）　12. 稳定性　准确性　快速性　13. 该时刻的输入信号　电路原来的状态　14. 时钟电路　控制线　I/O 口　15. 中央处理器　存储器　输入/输出单元　电源　16. 继电器　晶体管　晶闸管　17. 1.25 mm^2 以上　独立接地　18. 代号　名称　型号　规格　数量　用途　19. 检修程序　修理、调整方法　程序和技术要求　按计划、有步骤　整体质量标准　20. 相关知识　基础知识　专业知识　操作技能

试卷

二、单项选择题

1. B　2. A　3. D　4. D　5. B　6. D　7. A　8. C　9. C　10. A　11. A　12. B　13. C　14. C　15. A　16. D　17. D　18. A　19. C　20. C

三、判断题

1. ×　2. ×　3. √　4. √　5. ×　6. ×　7. √　8. √　9. ×　10. √　11. ×　12. ×　13. ×　14. √　15. √　16. ×　17. ×　18. √　19. √　20. √

四、简答题

1. 答：晶闸管对触发电路的要求主要有：(1) 触发信号应有足够的功率（电压与电流），以使所有合格的元件在各种工作条件下都能可靠触发。(2) 触发信号应有足够的宽度，使晶闸管被触发后能维持导通。(3) 触发脉冲的前沿要陡，以保证控制的准确性。(4) 触发脉冲应与阳极电压同步，以使每周期控制角 α 相同，从而得到稳定的输出电压。(5) 触发脉冲的移相范围要满足电路的要求。

2. 答：

故障现象	原因分析		排除方法
整流器缺相	某相触发脉冲丢失	整流触发器损坏	检修触发板
		脉冲变压器开路或短路	检查并更换脉冲变压器
		脉冲传输线上的二极管损坏	检查并更换二极管
		接线有松动	检查并修复接线
		晶闸管门极损坏使晶闸管不能触发	检查并更换晶闸管
	有一相熔断器熔断		排除短路故障，更换熔断器
	三相电源缺相		检查三相电源并排除故障

3. 答：(1) 观察是否有报警显示，若有报警显示，则较容易判断故障。(2) 用系统自诊断功能发现故障。(3) 检查零件加工程序有无错误。(4) 检查数控系统和驱动系统电路板上的指示灯有无不正常显示。(5) 在确认为非破坏性故障后，可按复位按钮清除故障，重新进行与故障产生前相同的操作，观察现象，验证诊断的正确性。

4. 答：

检查项目	检查内容	判断标准	备注
供电电源	在电源端子上判断电压变动是否在基准范围内	在各产品规定的范围内	万用表
周围环境	周围温度（盘内温度）是否适当	0～55℃	温度计
	周围湿度（盘内湿度）是否适当	10%～90% RH 无结露	湿度计
	是否有积灰	没有	目视
输入输出用电源	在输入输出端子上判断电压变动是否在基准范围内	在各产品规定的范围内	万用表
安装状态	各单元是否固定好	没有松动	旋具
	连接电缆是否插紧	没有松动	目视
	外部配线螺钉有无松动	没有松动	旋具
	外部配线电缆是否有断裂	没有外观异常	目视
寿命元件	锂电池	5年左右	使用记录
	输出继电器	各产品说明	

5. 答：(1) 将生产设备停电，并使所有电气元件处于常态（释放状态）；(2) 对照实物画出设备的电气元件布置图；(3) 在电气元件布置图的基础上绘出箱（柜）内的电气元件接线图，并标明线号，再绘出电气系统整体连接图；(4) 根据电气接线图按照先画主电路、后画控制电路和信号电路，最后绘制照明等电路的原则绘制电气原理图；(5) 根据电气元件所标注的型号、规格和各种电气元件的数量列出电气元件明细表。

6. 答：(1) 整机和部件的拆卸程序及拆卸过程中应检测的数据和注意事项；(2) 主要电气设备和电气元件的检查、修理工艺及其应达到的质量标准；(3) 电气装置的安装程序、工艺以及应达到的要求；(4) 系统的调试工艺及其应达到的性能指标；(5) 需要的仪器仪表和专用工具应另行注明；（6）试运行程序以及需要特别说明的事项；（7）操作中的安全措施。

五、计算与画图题

1. 解：负载直流电压平均值：$U_d = 2.34U_2\cos\alpha = 2.34\times100\times\cos60° = 117$（V）

负载直流电流平均值：$I_d = \frac{U_d}{R} = \frac{117}{5} = 23.4$（A）

晶闸管最高反向电压：$U_{VM} = \sqrt{6}U_2 = \sqrt{6}\times100 = 245$（V）

晶闸管电流平均值：$I_{dV} = \frac{1}{3}I_d = \frac{1}{3}\times23.4 = 7.8$（A）

晶闸管电流有效值：$I_V = \frac{1}{\sqrt{3}}I_d = \frac{1}{\sqrt{3}}\times23.4 = 13.5$（A）

电路图和输出电压波形图如图卷—1和图卷—2。

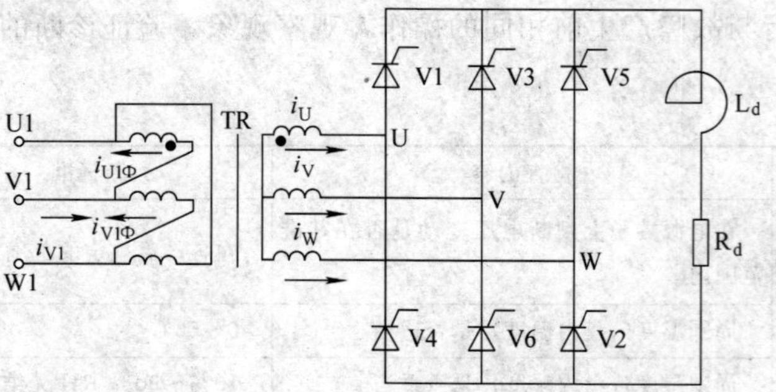

图卷—1　三相全控桥式可控整流大电感负载电路

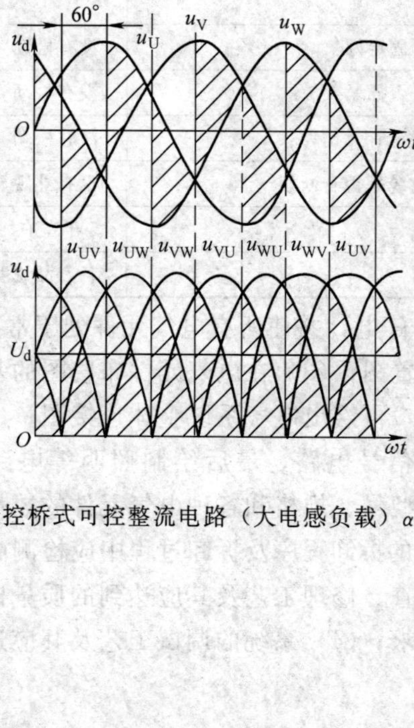

图卷—2　三相全控桥式可控整流电路（大电感负载）$\alpha=60°$的电压波形图

2. 编程梯形图

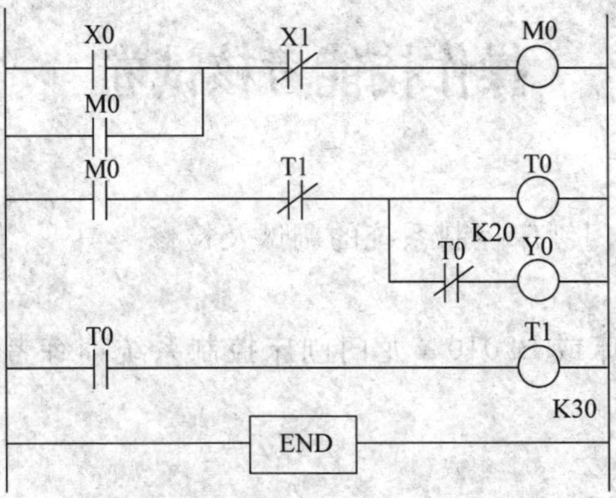

操作技能考核试卷

第 1 题　B2010A 龙门刨床控制系统的调试及检修

1. 操作准备

(1) B2010A 龙门刨床或 B2010A 龙门刨床控制系统训练考核装置及其相应的技术资料。

(2) 常用电工工具。

(3) 万用表，钳形电流表，直流电压、电流表，兆欧表，转速表等。

2. 操作要求

(1) 设备检查

1) 对照实物、图样和有关技术资料，搞清现场设备的各部分位置、作用和相互关系。

2) 按照设备说明书和有关技术资料的要求，检查现场设备的安装是否符合技术要求。

3) 按图样检查系统各环节的接线是否正确和牢固。

(2) 试运行及调试

1) 通电试运行。按说明书和相关技术资料的要求，正确进行设备的通电试运行，确保试运行程序正确，安全操作。

2) 系统调试。检测机床各个主要操作功能、连锁和保护措施的工作情况，并按说明书要求对相应的技术参数进行调整和整定，使各项指标符合要求。

(3) 故障排除

1) 正确查出故障点并修复正常，不能扩大故障。

2) 故障诊断方法及分析思路正确。

3) 正确使用仪器仪表，确保安全操作。

3. 配分及评分标准

序号	主要内容	考核要求	评分标准	配分	扣分	得分
1	设备检查	(1) 熟悉设备 (2) 安装检查 (3) 接线检查	对操作设备不熟悉扣 5～10 分 设备检查不全面扣 5～10 分	20		
2	试运行及调试	(1) 通电试运行 (2) 系统调试	操作程序不正确扣 10～15 分 调试项目不齐全、不准确扣 5～15 分 调试指标不符合要求扣 5～10 分 因操作错误导致事故或损坏设备扣 15～30 分	30		

续表

序号	主要内容	考核要求	评分标准	配分	扣分	得分
3	故障排除	(1) 正确查出故障点并修复正常 (2) 故障诊断方法及分析思路正确 (3) 正确使用仪器仪表，确保安全操作	不能查出故障扣 20～40 分 处理方法不当扣 1～20 分 扩大故障扣 10～30 分	40		
4	安全文明生产	(1) 严格执行国家颁布安全法规及企业有关安全规定 (2) 遵守企业有关文明生产规定	违反安全生产规定扣 1～7 分 违反文明生产规定扣 1～3 分	10		
备注			合计	100		
			考评员签字		年 月 日	

第 2 题　用 PLC 对 M7120 平面磨床电气控制系统进行改造

1. 操作准备

(1) 小型 PLC、M7120 平面磨床（或模拟电气控制柜）。

(2) 常用电工工具。

(3) 万用表，钳形电流表，直流电压、电流表，兆欧表，转速表等。

(4) PLC 和 M7120 平面磨床的使用说明书或相关技术资料。

2. 操作要求

(1) 现场检查

1) 对照实物、图样和有关技术资料，熟悉现场设备。

2) 按照设备说明书和有关技术资料的要求，检查现场设备是否符合技术要求。

3) 分析 M7120 平面磨床的工作原理和控制要求。

(2) 系统设计

1) 按控制要求确定 PLC 的外部设备，并分配 PLC 的输入输出单元，列出输入输出点分配表，画出系统原理图。

2) 按控制要求编制 PLC 的用户程序，画出编程梯形图。

(3) 设备安装

1) 按原理图正确安装 PLC 和其他电气元件及设备。

2) 用微机将系统控制程序输入 PLC，并调试、修改。

(4) 试运行

1) 先不带负载启动 PLC 运行程序，利用指示灯等观察系统运行情况，发现问题及时解决。

2) 接通执行电器，按说明书和相关技术资料的要求正确进行设备的通电试运行，确保试运行程序正确，安全操作，发现问题及时解决。

(5) 故障排除

1）正确查出故障点并修复正常，不能扩大故障。

2）故障诊断方法及分析思路正确。

3）正确使用仪器仪表，确保安全操作。

（6）操作注意事项

1）线路安装接线应正确，尤其要注意分清强电线路与弱电线路，以免损坏设备。

2）接线端应连接牢固，不能有松动或短路现象。

3）安全操作，不得接触带电部位，未经监考人员允许不得擅自通电试运行，通电时须有人监护。

3．配分及评分标准

序号	主要内容	考核要求	评分标准	配分	扣分	得分
1	现场检查与分析	（1）熟悉设备 （2）安装前检查 （3）分析控制要求	对操作设备不熟悉扣3～5分 设备检查不全面扣3～5分	10		
2	系统设计	（1）列输入输出分配表 （2）画原理图 （3）画编程梯形图	硬件设计错误或不合理扣5～10分 程序设计错误或不合理扣5～10分	20		
3	设备安装	（1）电气元件安装接线 （2）PLC程序输入	接线错误扣10分 安装接线不符合要求扣3～5分 不会输入程序扣10分	20		
4	通电试运行	（1）模拟试运行 （2）通电试运行	试运行程序不正确扣10分 因误操作造成短路或损坏设备扣10～20分	20		
5	故障排除	（1）正确查出故障点并修复正常 （2）故障诊断方法及分析思路正确 （3）正确使用仪器仪表，确保安全操作	不能查出故障扣20分 处理方法不当扣5～15分 扩大故障扣20分	20		
6	安全文明生产	（1）严格执行国家颁布安全法规及企业有关安全规定 （2）遵守企业有关文明生产规定	违反安全生产规定扣1～7分 违反文明生产规定扣1～3分	10		
备注			合计	100		
			考评员签字			年 月 日